安装工程计量与计价

主　编　刘建锋　李松波　刘秀华
副主编　刘　颖　张宇本　邬海燕　田　芳
参　编　王少仪　施文君　张邹钰　胡　苗
　　　　骆张航之　杨泽平
主　审　施永坚　方巧丹

机械工业出版社

本书以常用的实际工程为例题，结合安装工程二级造价工程师资格考试内容编写而成，内容包括安装工程计量与计价概述、电气设备安装工程计量与计价、给排水工程计量与计价、通风空调工程计量与计价、消防工程计量与计价等。除安装工程计量与计价概述外，其余项目均包含下列内容：安装工程相关的专业基础知识；定额与清单计量规则及计价方法；实际工程改编的典型例题；从实际工程改编而来的大型案例（招标控制价编制实例），具体包括了施工图识读与内容讲解、工程量计算与汇总及招标控制价编制等内容；课后习题精心选用历年二级造价工程师考试真题和其他相关重要知识点编写而成，相应参考答案列于书后。本书各项目相对独立，教师在教学过程中可根据课时安排或其他实际需求灵活机动地进行教学顺序调整或内容取舍。

本书可作为大学本科、高职高专和中职院校相关专业的教材，也可作为造价咨询企业、施工单位相关从业人员学习的参考用书，以及二级造价工程师考试的培训教材等。此外，本书罗列了大量图例、参数、对比等表格，还兼具简明工具书的功能，可作为安装工程造价业内人士的案头工具书。

图书在版编目（CIP）数据

安装工程计量与计价/刘建锋，李松波，刘秀华主编. —北京：机械工业出版社，2024.2（2025.2 重印）
ISBN 978-7-111-75092-5

Ⅰ.①安… Ⅱ.①刘… ②李… ③刘… Ⅲ.①建筑安装-工程造价 Ⅳ.①TU723.3

中国国家版本馆 CIP 数据核字（2024）第 038462 号

机械工业出版社（北京市百万庄大街 22 号 邮政编码 100037）
策划编辑：周晓伟 高 伟 责任编辑：周晓伟 高 伟 舒 宜
责任校对：韩佳欣 张 薇 责任印制：单爱军
保定市中画美凯印刷有限公司印刷
2025 年 2 月第 1 版第 2 次印刷
184mm×260mm · 19 印张 · 470 千字
标准书号：ISBN 978-7-111-75092-5
定价：59.80 元

电话服务
客服电话：010-88361066
010-88379833
010-68326294

网络服务
机 工 官 网：www.cmpbook.com
机 工 官 博：weibo.com/cmp1952
金 书 网：www.golden-book.com
机工教育服务网：www.cmpedu.com

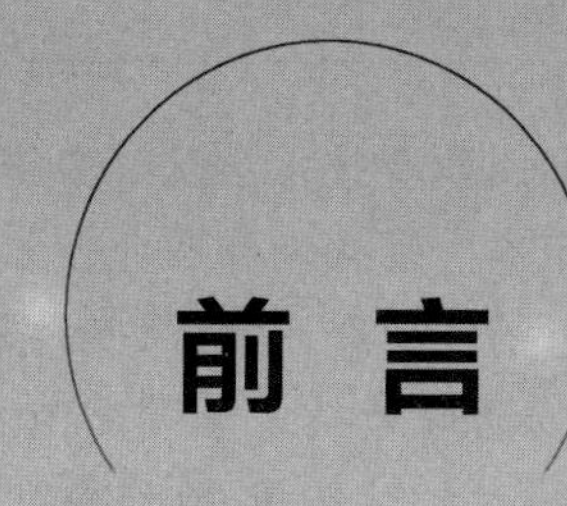

前言

安装工程计量与计价是工程造价专业的一门核心专业课程。通过课程学习，学生在完成具体项目的过程中学会定额与清单计价规范等的使用，并掌握相关的理论知识，发展造价人员核心职业能力，初步具备编制预结算和结算审核的能力。

本书以《建设工程工程量清单计价规范》(GB 50500—2013)、《通用安装工程工程量计算规范》(GB 50856—2013)、《浙江省通用安装工程预算定额》(2018 版) 和《浙江省建设工程计价规则》(2018 版) 等为主要依据进行编写。本书注重实践技能的培养，将工程实践与考试真题有机结合，通过案例教学的方式贯穿全书。内容上主要分为概述、电气设备、给排水、通风空调和消防工程（水灭火系统）的计量与计价五部分内容。各专业章节均在全面介绍专业知识的前提下，循序渐进地呈现规范和计算规则，并将具体例题与工程实际结合，力求将知识点以通俗易懂、系统实用的方式展现出来，以培养学习者的实际动手能力。

本书有以下特点：

(1) 新颖：按现行国家标准与浙江省最新定额解释，结合工程流行做法编写，图文并茂、形象新颖。

(2) 系统：各专业知识点叙述较系统、分类合理，多以表格对比形式出现，层次分明。

(3) 实用：各类系统图、代号、参数等表格齐全，结合安装工程二级造价工程师资格考试知识点与真题，理论与实践有机结合，实用性强。

(4) 适用广泛：适用于中职、高职与本科等在校生，也适用于安装造价从业人员或安装工程二级造价工程师备考者。

本书配套的电子教案和相关资源包可登录机械工业出版社教育服务网（http://www.cmpedu.com）下载，或与编辑（010-88379534）联系获取。

本书计划学时为 112 学时，学时分配建议如下表。

序号	授课内容	计划学时	备注
1	项目 1　安装工程计量与计价概述	6	
2	项目 2　电气设备安装工程计量与计价	36	
3	项目 3　给排水工程计量与计价	30	
4	项目 4　通风空调工程计量与计价	20	
5	项目 5　消防工程计量与计价	20	
合　计		112	

本书由金华职业技术学院刘建锋、嘉兴职业技术学院李松波和湖州职业技术学院刘秀华担任主编，浙江安防职业技术学院刘颖、浙江工业职业技术学院张宇本、嘉兴南洋职业技术学院邬海燕和绍兴职业技术学院田芳担任副主编；参与编写人员还有浙江宏誉工程咨询有限公司王少仪和张邹钰、金华市明城工程管理有限公司施文君、浙江安防职业技术学院胡苗、金华职业技术学院骆张航之和湖州职业技术学院杨泽平。金华职业技术学院造价20级学生张琳茹、苗慧和林沈乐对本书进行了校核。

具体编写分工如下：刘建锋负责项目1的编写并负责全书的统稿，刘秀华和施文君负责项目2的编写，张宇本和张邹钰负责项目3的编写，邬海燕和田芳负责项目4的编写，李松波、刘颖和王少仪负责项目5的编写，胡苗、骆张航之和杨泽平负责课后习题及参考答案的整理。

本书由浙江宏誉工程咨询有限公司施永坚（高级工程师、一级注册造价工程师）和金华通和置业有限公司方巧丹（高级工程师、一级注册造价工程师）主审。

本书编写过程中得到了浙江宏誉工程咨询有限公司的大力支持；此外，浙江华宇工程设计集团有限公司曹亚贞（高级工程师）也对本书提出了宝贵意见。在此一并表示诚挚的谢意。

限于编者的水平和经验，书中不足之处在所难免，敬请广大读者批评指正。

编　者

目录

安装工程计量与计价概述

知识目标：

1）熟悉安装工程造价的定义与内容、分类与特征、费用项目构成，以及安装工程预算的编制依据。

2）掌握安装工程计量与定额清单计价的方法与步骤。

3）掌握安装工程国标清单计价的方法与步骤。

技能目标：

能够根据给定的条件完成招标控制价的计算。

工程造价通常是指工程项目在建设期预计或实际支出的建设费用。它通常有两种含义，从投资者（业主）角度看，工程造价是指建设一项工程预期开支或实际开支的全部固定资产投资费用；从市场交易角度看，工程造价是指在工程发承包活动中形成的建筑安装工程费用或建设工程总费用。

1.1 安装工程造价简介

1.1.1 安装工程的定义与内容

安装工程是指按照工程建设施工图和施工规范的规定，把各种设备放置并固定在一定地方，或将工程原材料经过加工并安置、装配而形成具有功能价值产品的工作过程。

建筑行业常见的安装工程主要有电气设备安装工程，通风空调工程，工业管道工程，消防工程，给排水、采暖、燃气工程等。这些安装工程均属于单位工程，具有单独的施工图设计文件和独立的施工条件，是工程造价计算的完整对象。建筑行业常见的安装工程见表1-1。

表1-1 建筑行业常见的安装工程

序号	分类	举例
1	电气设备安装工程	1)工厂的电气设备安装 2)住宅的照明电气安装 3)变电所的配电控制设备安装 4)宾馆商务楼的电梯、空调电气安装

（续）

序号	分类	举例
2	通风空调工程	1）地下商场的通风管道、风口的制作和安装 2）通风空调设备安装（中央空调主机、风机盘管）
3	工业管道工程	1）燃油管道、工厂的设备管道安装 2）食品、饮料输送管道安装
4	消防工程	1）火灾自动报警系统安装 2）自动喷水灭火、气体灭火系统安装 3）监控、报警系统安装
5	给排水、采暖、燃气工程	1）学校室内外自来水管道安装（给水） 2）学校卫生间废水、污水、雨水管道安装（排水） 3）卫生洁具安装（洗脸盆、洗手盆、蹲便器、坐便器、小便斗、化验盆等） 4）民用、商用燃气设备安装（液化气、石油气管道等） 5）开水炉、采暖炉、热水器等安装

1.1.2 安装工程造价的内容及其特征

1. 安装工程造价的内容

安装工程造价的内容主要包括用于安装工程中的各类管道、电缆导线及设备的安装费用，各种需安装的机械设备及与之配套工程所需的装配、材料和安装费用，对设备或系统进行试运转的调试费等。

安装工程造价一般从两个方面计算工程的经济效果。一是“计量”，即计算工程建设所消耗的人工、材料和机械台班数量；二是“计价”，即以货币形式反映工程成本。这两个方面体现了预算编制的两种表现形式（实物预算和造价预算），也是安装工程造价编制的两大步骤。

2. 安装工程造价的特征

安装工程项目的特点决定了安装工程计价具有以下特征。

（1）计价的单件性　建筑产品的单件性决定了每项安装工程都必须单独计算造价。

（2）计价的多次性　工程项目需要按程序进行策划决策和建设实施，工程造价也需要在不同阶段多次进行，以保证计价的准确性和控制的有效性。多次计价是个逐步深入和细化、不断接近实际造价的过程。工程多次计价过程如图 1-1 所示。

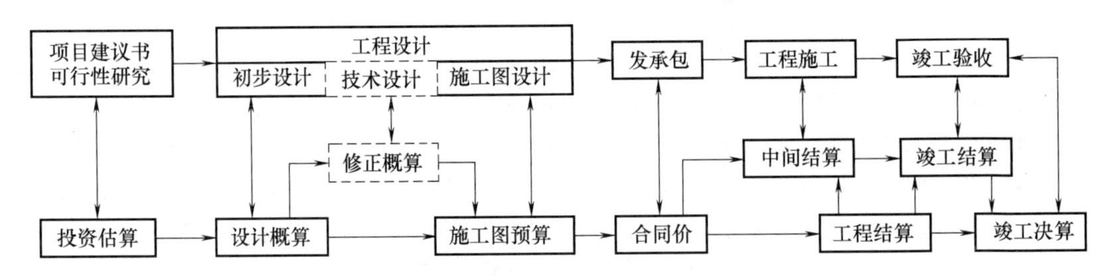

图 1-1　工程多次计价过程

注：竖向箭头表示对应关系，横向箭头表示多次计价流程及逐步深化的过程。

不同阶段造价的特点与作用情况见表 1-2。

表 1-2　不同阶段造价的特点与作用情况

序号	造价名称	建设阶段	定义	使用的标准	作用或特点
1	投资估算	项目建议书和可行性研究阶段	通过编制估算文件预先测算的工程造价	估算指标	1)估计工程投资 2)进行项目决策、筹集资金和合理控制造价的主要依据
2	设计概算	初步设计阶段	根据设计意图,通过编制设计概算文件,预先测算的工程造价	概算定额或概算指标	1)控制工程投资或主要物资指标 2)与投资估算造价相比,概算造价的准确性有所提高,但受估算造价的控制 3)设计概算一般可分为:建设项目总概算、各单项工程综合概算、各单位工程概算
3	修正概算	技术设计阶段(若有)	根据技术设计的要求,通过编制修正概算文件预先测算的工程造价		修正概算是对设计概算的修正调整,比设计概算准确,但受设计概算控制
4	施工图预算	施工图设计阶段	根据施工图,通过编制预算文件预先测算的工程造价	预算定额	1)确定安装工程造价和主要物资需用量 2)比设计概算或修正概算更为详尽和准确,但同样要受前一阶段工程造价的控制 3)目前,有些工程项目在招标时需要确定最高投标限价(招标控制价),以限制最高投标报价
5	合同价	发承包阶段	在工程发承包阶段通过签订合同所确定的价格	—	1)合同价属于市场价格,但不一定等同于最终结算的实际工程造价 2)因计价方式的不同,合同价内涵会有所不同
6	工程结算	工程施工中或竣工验收阶段	包括施工过程中的中间结算和竣工验收阶段的竣工结算	预算定额	1)需要按实际完成的合同范围内合格工程量考虑,同时按合同调价范围和调价方法,对实际发生的工程量增减、设备和材料价差等进行调整后确定的结算价格 2)结算文件一般由承包单位编制,由发包单位审查,也可委托工程造价咨询机构审查 3)反映的是工程项目的实际造价
7	竣工决算	竣工决算阶段	以实物数量和货币指标为计量单位,综合反映竣工项目从筹建至竣工交付使用为止的全部建设费用		1)决算文件一般由建设单位编制,上报至相关主管部门审查 2)最终确定的工程项目实际建设总费用

(3) 计价的组合性　安装工程计价与建设项目的组合性有关。建设项目是指按一个总体设计组织施工，建成后具有完整的系统，可以独立地形成生产能力或者使用价值的建设工

程。一个建设项目可按单项工程、单位工程、分部工程和分项工程不同层次分解为许多有内在联系的组成部分（见图 1-2）。

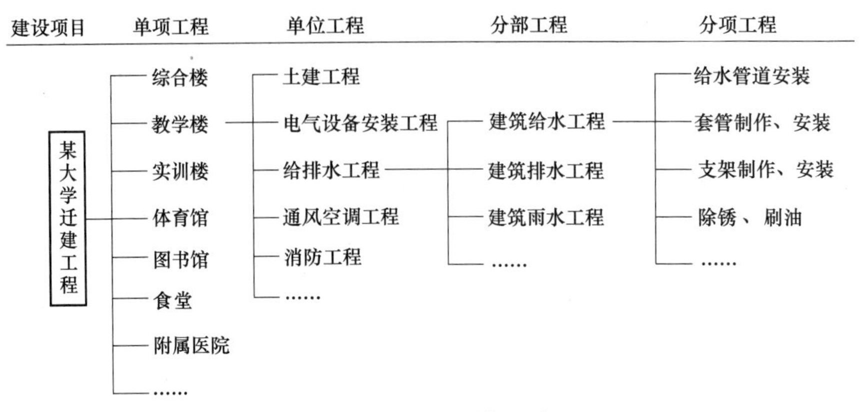

图 1-2　建设项目分解示意图

其中，单项工程是指具有独立的设计文件，可以独立组织施工，竣工建成后能够独立发挥生产能力或使用效益的工程。

单位工程是指具有独立的设计文件，可以独立组织施工，但竣工后不能独立发挥生产能力或使用效益的工程。

分部工程是单项或单位工程的组成部分，是指按结构部位、路段长度及施工特点或施工任务将单项或单位工程划分为若干分部的工程。

分项工程是分部工程的组成部分，是指按不同施工方法、材料、工序、路段长度等将分部工程划分为若干个分项或项目的工程。

建设项目的组合性决定了工程计价的组合过程。工程造价的组合过程通常按如下顺序进行：分部分项工程造价→单位工程造价→单项工程造价→建设项目总造价。

此外，还应注意“三算”，即设计概算、施工图预算和竣工结算。项目建设过程中应避免“三超”，即结算超预算、预算超概算、概算超估算。

（4）计价方法的多样性　工程项目的多次计价有各不相同的计价依据，每次计价的精确度要求也各不相同。这决定了计价方法的多样性。例如，投资估算法有设备系数法、生产能力指数估算法等；概算、预算造价的计算方法有单价法和实物法等。不同的方法有不同的适用条件，计价时应根据具体情况加以选择。

（5）计价依据的复杂性　工程造价的影响因素较多，这决定了计价依据的复杂性。

1.1.3　建筑安装工程费项目构成

目前，我国现行建筑安装工程费项目按两种不同的方式划分，即按费用的构成要素划分和按造价形成的内容划分。建筑安装工程费项目构成如图 1-3 所示。

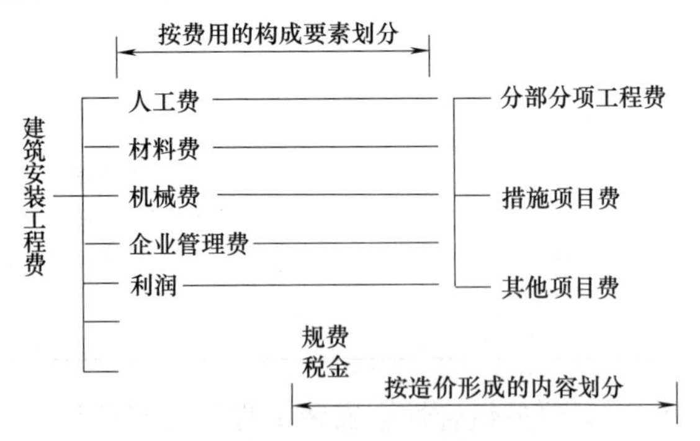

图 1-3　建筑安装工程费项目构成

按费用的构成要素划分，建筑安装工程费由人工费、材料费、机械费、企业管理费、利润、规费和税金组成，具体如图 1-4 所示。

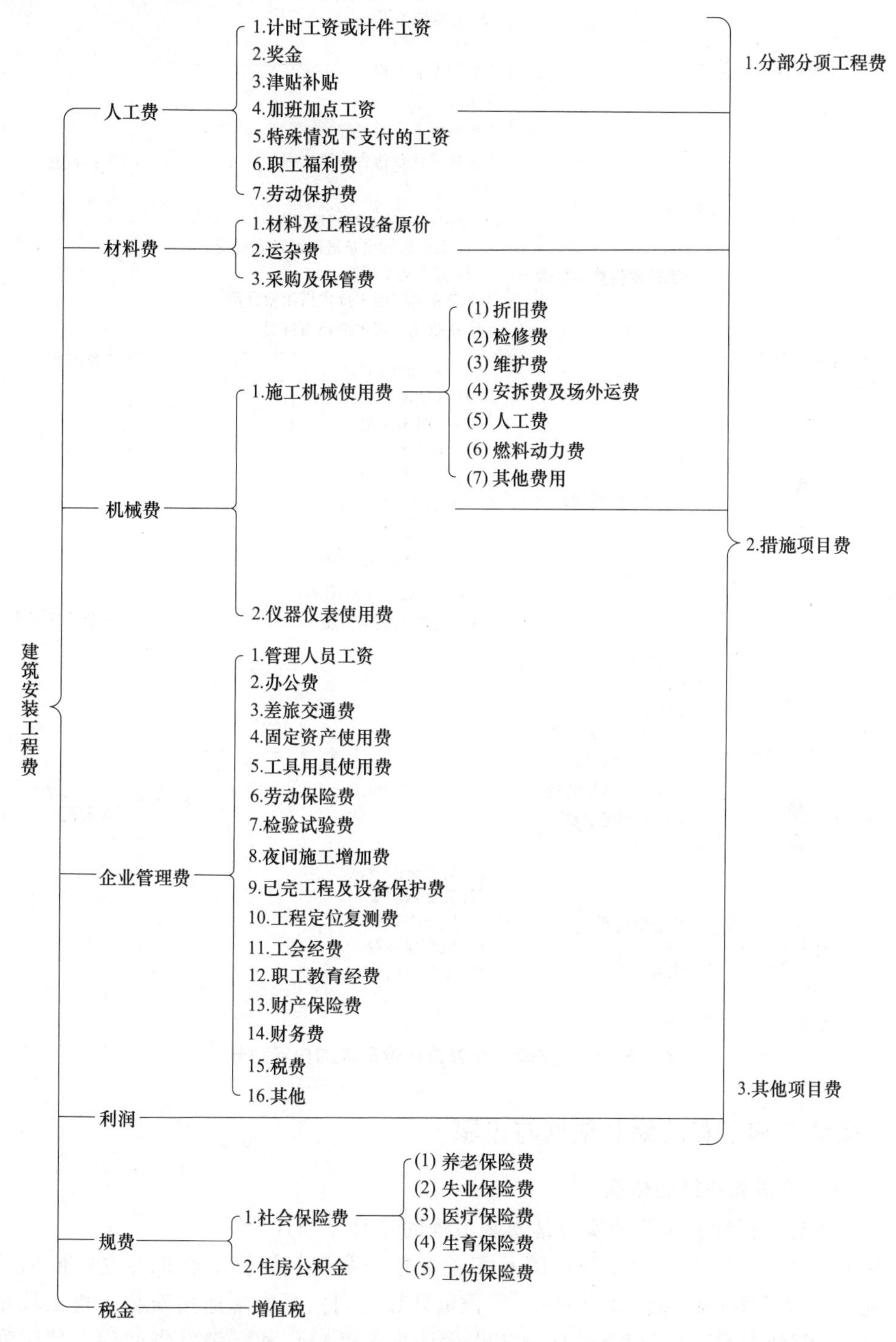

图 1-4　建筑安装工程费按费用的构成要素划分

按造价形成的内容划分，建筑安装工程费由分部分项工程费、措施项目费、其他项目费、规费和税金组成，具体如图 1-5 所示。

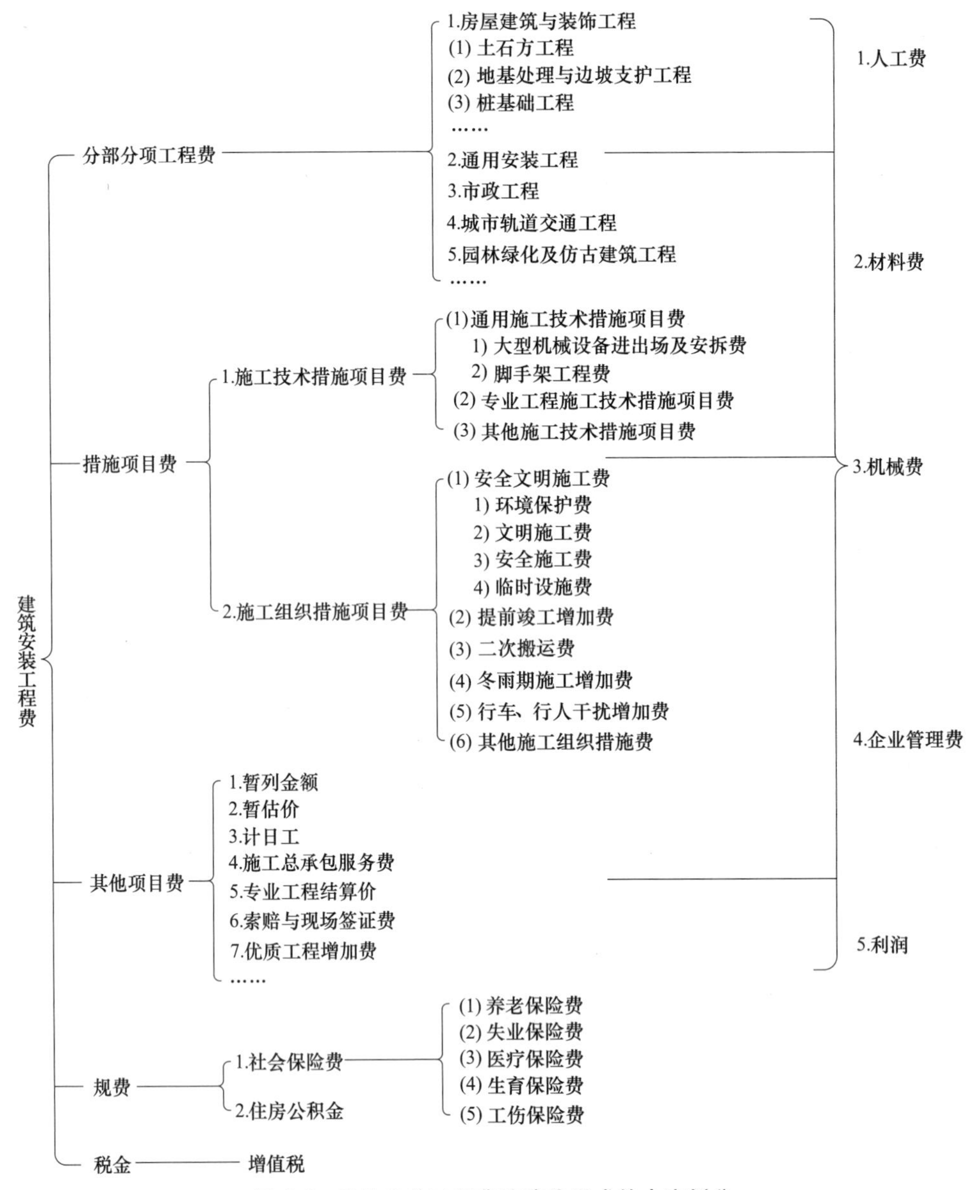

图 1-5　建筑安装工程费按造价形成的内容划分

1.1.4　安装工程预算的编制依据与步骤

1. 安装工程预算的编制依据

安装工程施工图预算编制的实质是安装工程的“计量与计价”。

安装工程“计量”是指根据施工图及相关规范、图集等计算工程量，主要依据是设计文件（施工图设计图和相关设计说明）、工程量计算规则依据如《通用安装工程工程量计算规范》（GB 50856—2013）（以下简称《工程量计算规范》）和《浙江省通用安装工程预算定额》（2018 版）等。

安装工程“计价”是指根据相关计价定额及造价信息等形成施工图阶段的造价，主要依据是工程造价管理体系中的工程造价管理标准体系、工程定额体系和工程计价信息体系等，具体如下：

（1）工程造价管理标准　工程造价管理标准主要是指《建设工程工程量清单计价规范》（GB 50500—2013）和《通用安装工程工程量计算规范》（GB 50856—2013）等。

（2）工程定额　工程定额主要是指国家、地方或行业主管部门及企业自身制定的各种定额，包括工程消耗量定额和工程计价定额等。在施工图设计阶段，工程定额主要指预算定额，如《浙江省通用安装工程预算定额》（2018版）、《浙江省建设工程计价规则》（2018版）。

随着工程造价市场化改革的不断深入，工程计价定额的作用主要在于建设前期造价预测及投资管控目标的合理化设定；而在建设项目交易过程中，定额的作用将逐渐弱化，计价活动将更趋向于依赖市场价格信息。

（3）工程计价信息　工程计价信息是指国家、各地区、各部门的工程造价管理机构、行业组织和信息服务企业发布的指导或服务于建设工程计价的人工、材料、工程设备、施工机具的价格信息，以及各类工程的造价指数、指标、典型工程数据库等。

例如，在浙江省或地级市工程造价管理机构发布的造价信息刊物中，可查询当期的人工、材料和施工机械台班的市场信息价格、工程造价指数和指标等。

（4）其他依据　其他依据主要包括工程造价管理机构发布的定额勘误表、定额综合解释及动态调整补充，以及其他通知、公告等。

例如，浙江省建设工程造价管理总站先后发文《关于印发〈浙江省建设工程计价依据（2018版）综合解释〉的通知》（浙建站定〔2019〕77号）、《关于印发〈浙江省建设工程计价依据（2018版）综合解释及动态调整补充〉的通知》（浙建站计〔2020〕11号）、《关于印发〈浙江省建设工程计价依据（2018版）综合解释及动态调整补充〉（二）的通知》（浙建站计〔2021〕4号）等，对定额相关问题进行了综合解释，同时对部分定额进行了调整与补充。

需要注意的是，在工程结算编制或结算审核阶段，编制的依据还包括预算文件（招标控制价）、施工合同、设计联系单和签证单等。

2. 安装工程预算的编制步骤

安装工程预算的编制步骤如图1-6所示。

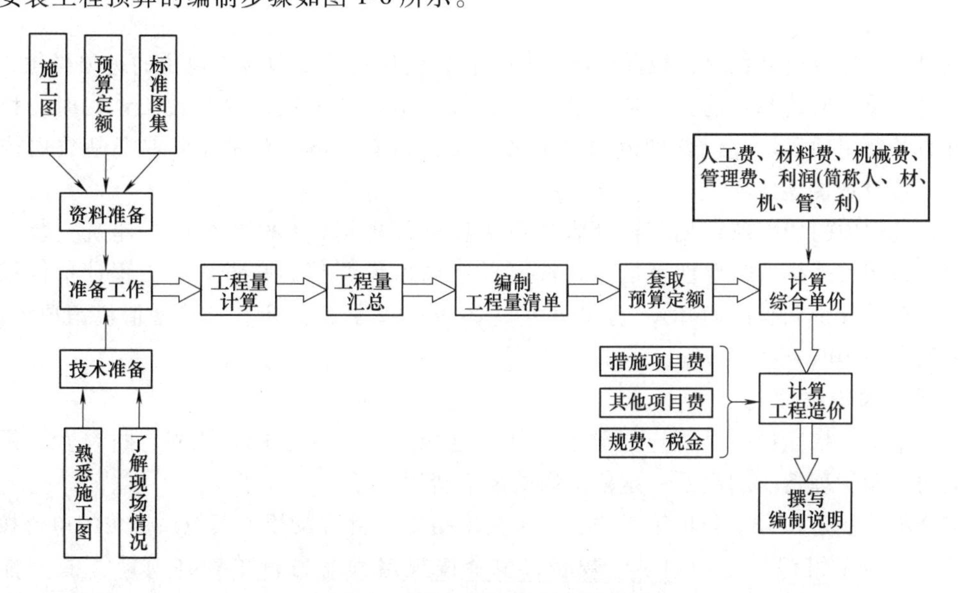

图1-6　安装工程预算的编制步骤

1.1.5 安装工程计价模式与综合单价

1. 安装工程工程量清单

根据安装工程工程量清单计价的一般原理，工程量清单应是载明建设工程项目名称、项目特征、计量单位和工程数量等的明细清单。

工程量清单可分为招标工程量清单和已标价工程量清单。招标工程量清单是指由招标人根据国家标准、招标文件、设计文件及施工现场实际情况编制的工程量清单。已标价工程量清单是指作为投标文件组成部分的、已标明价格并经承包人确认的工程量清单。

采用工程量清单方式招标，招标工程量清单必须作为招标文件的组成部分，它的准确性和完整性由招标人负责。

2. 安装工程计价模式

建筑安装工程统一按照综合单价法进行计价，它对应的是工程量清单计价（简称清单计价），包括国标工程量清单计价（以下简称国标清单计价）和定额项目清单计价（以下简称定额清单计价）两种。工程量清单计价的实质在于突出自由市场形成工程交易价格的实质，在招标人提供统一工程量清单的基础上，各投标人进行自主竞价，由招标人择优选择形成最终的合理价格。

清单计价适用于建设工程发承包及其实施阶段的计价活动。使用国有资金投资的建设工程发承包必须采用工程量清单计价模式；非国有资金投资的建设工程，宜采用工程量清单计价，不采用工程量清单计价的建设工程，应执行清单计价规范中除工程量清单等专门性规定外的其他规定。

采用“国标清单计价”和“定额清单计价”时，除分部分项工程费、施工技术措施项目费分别依据“计量规范”规定的清单项目和“专业定额”规定的定额项目列项计算外，其余费用的计算原则及方法应当一致。

建筑安装工程计价可采用一般计税法和简易计税法计税。建筑安装工程预算通常采用一般计税法计税。

采用一般计税法计税时，税前工程造价的各费用项目均不包含增值税的进项税额，相应价格、费率及其取费基数均按“除税价格”计算或测定；采用简易计税法计税时，税前工程造价的各费用项目均应包含增值税的进项税额，相应价格、费率及其取费基数均按“含税价格”计算或测定。

计算过程中的费率取定见《浙江省建设工程计价规则》（2018 版）中建筑安装工程施工取费费率相关表格。需要注意的是，按《关于增值税调整后我省建设工程计价依据增值税税率及有关计价调整的通知》（浙建建发〔2019〕92 号）规定，计算增值税销项税额时，增值税税率由 10%调整为 9%。

3. 综合单价法

综合单价是指完成一个规定清单项目（或定额项目）所需的人工费、材料费、机械费和对应的企业管理费、利润及一定范围内的风险费用。

综合单价法是指分部分项工程费、施工技术措施项目费及相关其他项目费的单价按综合单价计算，施工组织措施项目费、规费、税金按规定程序另行单独列项计算的一种计价方法。

编制招标控制价时，采用“国标清单计价”的工程，综合单价所含企业管理费、利润应以清单项目中的“定额人工费+定额机械费”乘以企业管理费、利润的相应费率分别进行计算，之后对清单项目中的“人、材、机、管、利”进行求和，得到综合单价。采用“定额清单计价”的工程，综合单价所含企业管理费、利润应以定额项目中的“定额人工费+定额机械费”乘以企业管理费、利润的相应费率分别进行计算，之后对定额项目中的“人、材、机、管、利”进行求和，得到综合单价。两种计价模式的企业管理费、利润费率均应按相应的施工取费费率的中值计取。

1.1.6 计算程序表与应用实例

建筑安装工程费用计算程序按照不同阶段的计价活动分别进行设置，包括建筑安装工程概算费用计算程序和建筑安装工程施工费用计算程序。其中，建筑安装工程施工费用计算程序分为招标投标阶段和竣工结算阶段两种，下面以此为重点进行阐述。

招标投标阶段建筑安装工程施工费用计算程序见表 1-3；竣工结算阶段建筑安装工程施工费用计算程序见表 1-4。

表 1-3 招标投标阶段建筑安装工程施工费用计算程序

<table>
<tr><th>序号</th><th colspan="2">费用项目</th><th>计算方法(公式)</th></tr>
<tr><td rowspan="2">一</td><td colspan="2">分部分项工程费</td><td>Σ(分部分项工程数量×综合单价)</td></tr>
<tr><td>其中</td><td>1. 人工费+机械费</td><td>Σ分部分项工程(人工费+机械费)</td></tr>
<tr><td rowspan="10">二</td><td colspan="2">措施项目费</td><td></td></tr>
<tr><td colspan="2">(一)施工技术措施项目费</td><td>Σ(技术措施项目工程数量×综合单价)</td></tr>
<tr><td>其中</td><td>2. 人工费+机械费</td><td>Σ技术措施项目(人工费+机械费)</td></tr>
<tr><td colspan="2">(二)施工组织措施项目费</td><td>按实际发生项之和进行计算</td></tr>
<tr><td rowspan="6">其中</td><td>3. 安全文明施工基本费</td><td rowspan="5">(1+2)×费率</td></tr>
<tr><td>4. 提前竣工增加费</td></tr>
<tr><td>5. 二次搬运费</td></tr>
<tr><td>6. 冬雨期施工增加费</td></tr>
<tr><td>7. 行车、行人干扰增加费</td></tr>
<tr><td>8. 其他施工组织措施费</td><td>按相关规定进行计算</td></tr>
<tr><td rowspan="10">三</td><td colspan="2">其他项目费</td><td>(三)+(四)+(五)+(六)</td></tr>
<tr><td colspan="2">(三)暂列金额</td><td>9+10+11</td></tr>
<tr><td rowspan="3">其中</td><td>9. 标化工地暂列金额</td><td>(1+2)×费率</td></tr>
<tr><td>10. 优质工程暂列金额</td><td>除暂列金额外税前工程造价×费率</td></tr>
<tr><td>11. 其他暂列金额</td><td>除暂列金额外税前工程造价×估算比例</td></tr>
<tr><td colspan="2">(四)暂估价</td><td>12+13</td></tr>
<tr><td rowspan="2">其中</td><td>12. 专业工程暂估价</td><td>按各专业工程的除税金外全费用暂估金额之和进行计算</td></tr>
<tr><td>13. 专项措施项目暂估价</td><td>按各专项措施的除税金外全费用暂估金额之和进行计算</td></tr>
<tr><td colspan="2">(五)计日工</td><td>Σ计日工(暂估数量×综合单价)</td></tr>
</table>

（续）

序号	费用项目		计算方法(公式)
三	(六)施工总承包服务费		14+15
	其中	14. 专业发包工程管理费	Σ专业发包工程(暂估金额×费率)
		15. 甲供材料设备管理费	甲供材料暂估金额×费率+甲供设备暂估金额×费率
四	规费		(1+2)×费率
五	税前工程造价		一+二+三+四
六	税金(增值税销项税或征收率)		五×税率
七	建筑安装工程造价		五+六

注：本表计算程序适用于单位工程的招标控制价和投标报价编制。

表 1-4　竣工结算阶段建筑安装工程施工费用计算程序

序号	费用项目		计算方法(公式)
一	分部分项工程费		Σ分部分项工程(工程数量×综合单价+工、料、机价差)
	其中	1. 人工费+机械费	Σ分部分项工程(人工费+机械费)
		2. 工、料、机价差	Σ分部分项工程(人工费价差+材料费价差+机械费价差)
二	措施项目费		
	(一)施工技术措施项目费		Σ技术措施项目(工程数量×综合单价+工料机价差)
	其中	3. 人工费+机械费	Σ技术措施项目(人工费+机械费)
		4. 工、料、机价差	Σ技术措施项目(人工费价差+材料费价差+机械费价差)
	(二)施工组织措施项目费		按实际发生项之和进行计算
	其中	5. 安全文明施工基本费	(1+3)×费率
		6. 标化工地增加费	
		7. 提前竣工增加费	
		8. 二次搬运费	
		9. 冬雨期施工增加费	
		10. 行车、行人干扰增加费	按相关规定进行计算
		11. 其他施工组织措施费	
三	其他项目费		(三)+(四)+(五)+(六)+(七)
	(三)专业发包工程结算价		按各专业发包工程的除税金外全费用结算金额之和进行计算
	(四)计日工		Σ计日工(确定数量×综合单价)
	(五)施工总承包服务费		12+13
	其中	12. 专业发包工程管理费	Σ专业发包工程(结算金额×费率)
		13. 甲供材料设备管理费	甲供材料确认金额×费率+甲供设备确认金额×费率
	(六)索赔与现场签证费		14+15
	其中	14. 索赔费用	按各索赔事件的除税金外全费用之和进行计算
		15. 签证费用	按各签证事项的除税金外全费用之和进行计算
	(七)优质工程增加费		按优质工程增加费外税前工程造价×费率
四	规费		(1+3)×费率
五	税前工程造价		一+二+三+四
六	税金(增值税销项税)		五×税率
七	建筑安装工程造价		五+六

施工阶段，国标清单计价法和定额清单计价法的施工费用计算程序是一致的。下面以招标控制价的计算实例进一步说明程序的应用过程。

【例1-1】 某市区办公楼电气设备安装工程，分部分项工程费合计为82900元（其中，人工费为6100元，机械费为1120元）；施工技术措施项目费为260元（仅计取脚手架搭拆费；其中，人工费、机械费之和为80元），施工组织措施项目费仅计取安全文明施工基本费，不考虑其他项目费；费率均按一般计税法（中值）计取，试完成招标控制价计算（结果保留至个位数）。

【解】 由题意，根据已知条件按招标控制价计算程序进行计算即可（见表1-5）。

分部分项工程费与施工技术措施项目费的人工费、机械费之和为［(6100+1120)+80］元=(7220+80)元=7300元。

安全文明施工基本费=7300元×7.1%≈518元，其余施工组织措施项目费暂不考虑，故施工组织措施项目费为518元；措施项目费=(260+518)元=778元。

规费=7300元×30.63%=2236元。

税前工程造价=(82900+778+0+2236)元=85914元。

税金=85914元×9%≈7732元。

招标控制价=(85914+7732)元=93646元。

表1-5　某市区办公楼电气安装工程招标控制价计算程序

序号	费用项目		计算方法(公式)	计算过程	金额(元)
一	分部分项工程费		Σ(分部分项工程数量×综合单价)	—	82900
	其中	1. 人工费+机械费	Σ分部分项工程(人工费+机械费)	6100+1120	7220
二	措施项目费		—	260+518	778
	(一)施工技术措施项目费		Σ(技术措施项目工程数量×综合单价)	—	260
	其中	2. 人工费+机械费	Σ技术措施项目(人工费+机械费)	—	80
	(二)施工组织措施项目费		按实际发生项之和进行计算	518	518
	其中	3. 安全文明施工基本费	(1+2)×费率	(6100+1120+80)×7.1%	518
三	其他项目费		(三)+(四)+(五)+(六)	—	—
	(三)暂列金额		9+10+11	—	—
	(四)暂估价		12+13	—	—
	(五)计日工		Σ计日工(暂估数量×综合单价)	—	—
	(六)施工总承包服务费		14+15	—	—
四	规费		(1+2)×费率	(6100+1120+80)×30.63%	2236
五	税前工程造价		一+二+三+四	82900+778+0+2236	85914
六	税金(增值税销项税或征收率)		五×税率	85914×9%	7732
七	建筑安装工程造价		五+六	85914+7732	93646

1.2　安装工程定额清单计价

1.2.1　工程定额体系

工程定额是指在正常施工条件下完成规定计量单位的合格建筑安装工程所消耗的人工、

材料、施工机具台班、工期及相关费率等的数量标准。

1. 工程定额的分类

工程定额是一个综合概念，是建设工程造价计价和管理中各类定额的总称，可以按照不同的原则和方法对它进行分类。

(1) 按定额反映的生产要素消耗内容分类

1) 劳动消耗定额，简称劳动定额（又称为人工定额），是指在正常的施工技术和组织条件下，完成规定计量单位合格的建筑安装产品所消耗的人工工日的数量标准。劳动定额的主要表现形式是时间定额，也表现为产量定额。时间定额与产量定额互为倒数。

2) 材料消耗定额，简称材料定额，是指在正常的施工技术和组织条件下，完成规定计量单位合格的建筑安装产品所消耗的原材料、成品、半成品、构配件、燃料，以及水、电等动力资源的数量标准。

3) 机具消耗定额。机具消耗定额由机械消耗定额和仪器仪表消耗定额组成。

机械消耗定额是指在正常的施工技术和组织条件下，完成规定计量单位合格的建筑安装产品所消耗的施工机械台班的数量标准，常以一台机械一个工作班为计量单位，所以又称为机械台班定额。它的主要表现形式是机械时间定额，也以产量定额形式表现。仪器仪表消耗定额的表现形式与机械消耗定额类似。

(2) 按定额的编制程序和用途分类　可以把工程定额分为施工定额、预算定额、概算定额、概算指标和投资估算指标等。

1) 施工定额。施工定额是完成一定计量单位的某一施工过程或基本工序所需消耗的人工、材料和施工机具台班的数量标准。

施工定额是以某一施工过程或基本工序为研究对象，以生产产品数量与生产要素消耗综合关系编制的定额，是施工企业（建筑安装企业）组织生产和加强管理而在企业内部使用的一种定额，属于企业定额。

施工定额项目划分很细，是工程定额中分项最细、定额子目最多的一种定额，也是工程定额中的基础性定额。

2) 预算定额。预算定额是在正常的施工条件下，完成一定计量单位的合格分项工程所需消耗的人工、材料、施工机具台班数量及其费用标准。

预算定额是一种计价性定额，是由国家主管机关或其授权单位组织编制并审批颁发执行的，是以施工定额为基础扩大编制的，也是编制概算定额的基础。

3) 概算定额。概算定额是完成单位合格扩大分项工程所需消耗的人工、材料和施工机具台班的数量及其费用标准。

概算定额也是一种计价性定额。它是编制扩大初步设计概算、确定建设项目投资额的依据。

概算定额的项目划分粗细程度与扩大初步设计的深度相适应，一般是在预算定额的基础上综合扩大而成的，每一扩大分项概算定额都包括数项预算定额。

4) 概算指标。概算指标以单位工程为对象，是反映完成一个规定计量单位建筑安装产品的经济指标。

概算指标也是一种计价性定额。它是概算定额的扩大与合并，是以扩大的计量单位来编制的。

概算指标的内容包括人工、材料、施工机具台班三个基础部分，同时列出了分部工程量及单位工程的造价。

5）投资估算指标。投资估算指标是以建设项目、单项工程、单位工程为对象，反映建设总投资及其各项费用构成的经济指标。它是在项目建议书和可行性研究阶段编制投资估算、计算投资需要量时使用的一种定额。它的概略程度与可行性研究阶段的深度相适应。

投资估算指标往往根据历史的预算、决算和价格变动等资料编制，但其编制基础仍然离不开预算定额、概算定额。

各种定额的对比见表1-6。

表1-6　各种定额的对比

<table>
<tr><th>序号</th><th>定额类型</th><th>编制对象</th><th>用途</th><th>项目划分</th><th>定额水平</th><th>定额性质</th></tr>
<tr><td>1</td><td>施工定额</td><td>施工过程或基本工序</td><td>编制
施工图预算</td><td>最细</td><td>平均先进</td><td>生产性定额</td></tr>
<tr><td>2</td><td>预算定额</td><td>分项工程</td><td>编制
施工图预算</td><td>细</td><td rowspan="4">平均</td><td rowspan="4">计价性定额</td></tr>
<tr><td>3</td><td>概算定额</td><td>扩大的分项工程</td><td>编制
扩大初步设计概算</td><td>较粗</td></tr>
<tr><td>4</td><td>概算指标</td><td>单位工程</td><td>编制
初步设计概算</td><td>粗</td></tr>
<tr><td>5</td><td>投资
估算指标</td><td>建设项目、单项
工程、单位工程</td><td>编制
投资估算</td><td>很粗</td></tr>
</table>

（3）按专业分类　安装工程定额按专业对象不同分为电气设备安装工程定额、机械设备安装工程定额、通风空调工程定额、工业管道工程定额、消防工程定额等。

（4）按主编单位和管理权限分类　按主编单位和管理权限分类，工程定额可分为全国统一定额、行业统一定额、地区统一定额、企业定额和补充定额等。

1）全国统一定额。全国统一定额是由国家建设行政主管部门综合全国工程建设中技术和施工组织管理的情况编制，并在全国范围内执行的定额。

2）行业统一定额。行业统一定额是考虑到各行业、专业工程技术特点，以及施工生产和管理水平编制的，一般只在本行业和相同专业性质的范围内使用。

3）地区统一定额。地区统一定额分为省、自治区、直辖市定额。地区统一定额主要是考虑地区性特点和全国统一定额水平做适当调整和补充编制的。

4）企业定额。企业定额是指由施工单位根据本企业的具体情况，参照国家、部门或地区定额的水平制定的定额。企业定额只在企业内部使用，是企业综合素质的一个标志。企业定额水平一般应高于国家现行定额水平，才能满足生产技术发展、企业管理和市场竞争的需要。

在工程量清单计价方法下，企业定额是施工企业进行投标报价的依据。

5）补充定额。补充定额是指随着设计、施工技术的发展，现行定额不能满足需要的情况下，为了补充缺陷而编制的定额。补充定额只能在制定的范围内使用，可以作为以后修订定额的基础。

上述各种定额虽然适用于不同的情况和用途，但它们是相互联系的，在实际工作中可以配合使用。

2. 工程定额的改革与发展

改革开放以来，工程造价管理坚持市场化改革方向，在工程发承包计价环节探索引入竞争机制，全面推行工程量清单计价，各项制度不断完善。但仍然存在定额等计价依据不能很好满足市场需要、造价信息服务水平不高、造价形成机制不够科学等问题。

与工程造价计价依据改革相关的任务主要为以下两方面：

（1）完善工程计价依据发布机制　加快转变政府职能，优化概算定额、估算指标编制发布和动态管理，取消最高投标限价定额计价的规定，逐步停止发布预算定额。

（2）加强工程造价数据积累　加快建立国有资金投资的工程造价数据库，利用大数据、人工智能等信息化技术为概算和预算编制提供依据。

1.2.2　定额编制情况

《浙江省通用安装工程预算定额》（2018 版）是按目前大多数施工企业在安全条件下采用的施工方法、机械化装备程度、合理的工期、施工工艺和劳动组织条件制定的，反映了社会平均消耗量水平。

该定额适用于浙江省行政区域范围内新建、扩建、改建项目中的安装工程。全部使用国有资金或国有资金投资为主的工程建设项目，编制招标控制价应执行该定额。

1. 定额编制依据

1）《通用安装工程消耗量定额》（TY 02-31—2015）。

2）《通用安装工程工程量计算规范》（GB 50856—2013）。

3）《浙江省安装工程预算定额》（2010 版）。

4）国家、省有关现行产品标准、设计规范、施工验收规范、技术操作规程、质量评定标准和安全操作规程。

5）行业、地方标准，以及有代表性的工程设计、施工资料和其他相关资料。

2. 定额的作用

1）该定额是完成规定计量单位分项工程计价所需的人工、材料、施工机械台班的消耗量标准。

2）该定额是统一浙江省安装工程预算工程量计算规则、项目划分、计量单位的依据。

3）该定额是指导设计概算、施工图预算、投标报价的编制，以及工程合同价约定、竣工结算办理、工程计价纠纷调解处理、工作造价鉴定等的依据。

3. 定额组成

《浙江省通用安装工程预算定额》（2018 版）共 13 册共 14307 个项目，各册定额项目数量情况见表 1-7。

《浙江省通用安装工程预算定额》（2018 版）未包括的项目，可按浙江省其他相应工程计价定额计算。如仍有缺项的，应编制地区性补充定额或一次性补充定额，并按规定履行申报手续。

表 1-7　各册定额项目数量情况

序号	册编号	册名	项目数量(个)
1	第一册	机械设备安装工程	1339
2	第二册	热力设备安装工程	864
3	第三册	静置设备与工艺金属结构制作安装工程	1916

（续）

序号	册编号	册名	项目数量（个）
4	第四册	电气设备安装工程	1805
5	第五册	建筑智能化工程	843
6	第六册	自动化控制仪表安装工程	874
7	第七册	通风空调工程	504
8	第八册	工业管道工程	2289
9	第九册	消防工程	220
10	第十册	给排水、采暖、燃气工程	1284
11	第十一册	通信设备及线路工程	187
12	第十二册	刷油、防腐蚀、绝热工程	1935
13	第十三册	通用项目和措施项目工程	247

4. 定额人工、材料、施工机械台班的确定

（1）人工工日消耗量及单价的确定

1）该定额的人工工日不分列工种和技术等级，一律以综合工日表示，内容包括基本用工、超运距用工、辅助用工和人工幅度差。

2）综合工日的单价按二类日工资单价 135 元计。

（2）材料消耗量及单价的确定

1）该定额中的材料消耗量包括在安装工作内容中直接消耗的主要材料、辅助材料和零星材料等，并计入了相应损耗。其内容和范围包括：从工地仓库、现场集中堆放地点或现场加工地点到操作或安装地点的运输损耗、施工操作损耗、施工现场堆放损耗。

2）定额基价不包括主材价格，主材价格应根据括号内所列的用量，按实际价格结算。

3）对用量很少，影响基价很小的零星材料合并为其他材料费，计入材料费内。

4）施工措施性消耗部分，周转性材料按不同施工方法、不同材质分别列出一次使用量和一次摊销量。

5）材料单价按《浙江省建筑安装材料基期价格》（2018 版）编制。

6）除另有说明外，施工用水、电（包括试验、空载、试车用水和用电）已全部计入基价，建设单位在施工中应装表计量，由施工单位自行支付水费、电费。

（3）施工机械台班消耗量及单价的确定

1）该定额的机械台班消耗量是按正常合理的机械配备和大多数施工企业的机械化装备程度综合取定的。

2）施工机械台班单价按《浙江省施工机械台班费用定额》（2018 版）编制。

3）该定额的施工仪器仪表消耗量是按正常施工工效综合取定的。

5. 其他有关说明

1）关于水平和垂直运输。

设备：包括自安装现场指定堆放地点运至安装地点的水平和垂直运输。

材料、成品、半成品：包括自施工单位现场仓库或现场指定堆放地点运至安装地点的水平和垂直运输。

垂直运输基准面：室内以室内地平面为基准面，室外以安装现场地平面为基准面。

2）该定额是按下列正常的施工条件进行编制的。

① 设备、材料、成品、半成品、构件完整无损，符合质量标准和设计要求，附有合格证书和试验记录。

② 安装工程和土建工程之间的交叉作业正常。

③ 安装地点、建筑物、设备基础、预留孔洞等均符合安装要求。

④ 水、电供应均能满足安装施工正常使用。

⑤ 正常的气候、地理条件和施工环境。

3）该定额的工作内容扼要地说明了主要工序；次要工序未一一列出，定额均已考虑。

4）该定额各项技术措施费一律按第十三册《通用项目和措施项目工程》相关规定执行。

5）该定额基价不包括进项税。

6）该定额中注有“×××以内”或“×××以下”者均包括×××本身，“×××以外”或“×××以上”者均不包括×××本身。

1.2.3 定额内容简介

《浙江省通用安装工程预算定额》（2018 版）共 13 册，第一～十一册均由总说明、目录、册说明、章说明、定额章节和附录 6 部分组成，第十二、十三册则由总说明、目录、册说明、章说明、定额章节 5 部分组成。

1. 总说明

各册的总说明内容一致，是对定额的综合说明。具体内容见 1.2.2 节。

2. 目录

目录主要列出定额组成的项目名称和相应页次，方便查找、检索定额项目。

3. 册说明

册说明对本册定额的共同性问题进行了综合性说明和规定，主要包括以下内容：

1）定额的适用范围和包含内容。

2）定额的编制依据。

3）定额包括与不包括内容的说明。

4）执行其他定额的情形和定额系数的规定。

5）本册定额与其他册定额的分界线。

6）定额的使用方法，使用中应注意的事项和有关问题的说明。

4. 章说明

章说明对本章定额的共同性问题进行了综合性说明和规定，主要包括以下内容：

1）定额包含的主要内容和不包含的内容。

2）定额使用的一些基本规定和有关问题的说明，如界限划分、使用范围等。

3）定额调整与换算的相关规定。

4）工程量计算规则及相关规定。

5. 定额章节

定额章节是预算定额的核心部分，主要包括以下内容：

1）定额工作内容，列于项目表的表头左侧。列出了定额所含工作内容、施工方法和质量要求等，还扼要地说明了主要施工工序（次要工序已综合在定额项目费用中）。

2）定额计量单位，列于项目表的表头右侧。定额项目除以基本单位作为计量单位外，部分还以扩大单位进行计量，如“10m、100m、100kg”等。

3）定额项目明细表，由定额编号、项目名称、基价3个部分组成。其中，定额基价包括人工费、材料费和施工机械台班使用费（货币指标）；消耗量明细是对定额基价各项费用（人工消耗量、材料和施工机械台班种类与数量标准）的展开（实物量）。

4）附注，列于项目表的左下方，解释定额说明中未尽的一些问题。

6. 附录

附录主要提供一些相关资料。如《浙江省通用安装工程预算定额》（2018版）第十册的定额附录中包括了主要材料损耗率表，塑料管、复合管、铜管公称直径与外径对照表，以及管道管件数量取定表等。

1.2.4 定额工程量计算

定额工程量计算是指按照定额工程量计算规则，对施工图、设计图中的相应分项工程量进行计算。计算结果通常需要按定额规定的计量单位进行转换。

1. 工程量单位与计算结果位数

工程量是以物理计量单位或自然计量单位表示的分项工程数量。物理计量单位包括长度单位（m）、面积单位（m^2）、体积单位（m^3）和质量单位（kg或t）等。自然计量单位包括台、套、件、个、根、组、系统等。

不同计量单位对计算结果小数点后保留位数有不同的要求。计算结果位数与计量单位关系见表1-8。

表1-8 计算结果位数与计量单位关系

序号	计算结果要求	相关计量单位	举例
1	取整	台、套、件、个、根、组、系统等	暗装普通二、三孔插座(16A)1套
2	保留两位小数	m、m^2、m^3、kg	室内给水PP-R管长度为10.55m 镀锌薄钢板矩形风管面积为78.54m^2 管道支架制作、安装工程量为35.78kg
3	保留三位小数	t	电缆桥架支承架安装工程量为12.345t

2. 计算方法

进行工程量计算时，应严格执行定额规定的计算规则，并且要和定额中相应的分项项目计算范围与计算单位保持一致。

此外，还要根据一定的顺序与方法来计算。例如，进行电气设备安装工程工程量计算时，通常按由室外到室内［进户线→总配电箱→干线→（楼层）分配电箱→支线→用户配电箱→用电设备］的顺序，以配电箱为节点、以回路为对象，分区域、逐楼层，分别计算照明、插座和应急照明等系统的工程量。进行给排水工程工程量计算时，通常按照水流方向（室外→室内或室内→室外）、分系统（给水、排水和雨水）、分区域、逐楼层的思路分别计算工程量。

1.2.5 主材费与常用施工技术措施费的计算

1. 定额主材费计算

定额中主材表现形式通常有以下三种：

1）绝大多数以未计价主材形式出现，其定额含量已包含损耗量，外加括号表示。

未计价主材单位价值=定额含量×主材预算单价(市场信息价)

2）未列主材含量的定额（如钢管避雷针制作定额），主材可按施工图所示尺寸用量，参照定额附录中的主要材料损耗率表计算出定额含量，再计算主材价值。

主材价值=定额未编列的主材定额含量×主材预算单价(市场信息价)

=设计工程量×(1+施工损耗率)×主材预算单价(市场信息价)

3）已计价主材的定额，主材价值已计入定额基价内，编制定额清单计价时不应另行计算。

2. 常用施工技术措施项目工程

《浙江省通用安装工程预算定额》（2018 版）第十三册《通用项目和措施项目工程》的第二章定额为浙江省常用的安装工程施工技术措施费，主要包括脚手架搭拆费，建筑物超高增加费，操作高度增加费，组装平台铺设与拆除费，设备、管道施工的安全、防冻和焊接保护措施费，压力容器和高压管道的检验费，大型机械设备进出场及安拆费，施工排水、降水费，其他技术措施费用。下面对三种常用的施工技术措施费进行简单介绍。

（1）脚手架搭拆费　脚手架搭拆费是指施工需要的各种脚手架搭、拆、运输费用及脚手架的摊销（或租赁）费用。

定额中的机械设备安装工程（起重设备安装及起重机轨道安装），热力设备安装工程，静置设备与工艺金属结构制作安装工程，电气设备安装工程（10kV 以下架空线路除外），建筑智能化工程，自动化控制仪表安装工程，通风空调工程，工业管道工程，消防工程，给排水、采暖、燃气工程，刷油、防腐蚀、绝热工程的脚手架搭拆费可按该册相应定额子目计算，以“工日”为计量单位。

单独承担的埋地管道工程，不计取脚手架搭拆费。

脚手架搭拆费执行以主册为主的原则。

脚手架搭拆费人工工日=分部分项中的总人工费/135/100(100 工日)

（2）建筑物超高增加费　建筑物超高增加费是指施工中施工高度超过 6 层或 20m 的人工降效，以及材料垂直运输增加的费用。

层数：指设计的层数（含地下室、半地下室的层数）。阁楼层、面积小于标准层 30%的顶层及层高在 2.2m 以下的地下室或技术设备层不计算层数。

高度：指建筑物从地下室设计标高至建筑物檐口底的高度，不包括凸出屋面的电梯机房、屋顶亭子间及屋顶水箱的高度等。

定额中的电气设备安装工程，建筑智能化工程，自动化控制仪表安装工程，通风空调工程，消防工程，给排水、采暖、燃气工程的建筑物超高增加费可按该册相应定额子目计算，以“工日”为计量单位。

建筑物超高增加费执行以主册为主的原则。

建筑物超高增加费人工工日=分部分项中的总人工费/135/100(100 工日)

（3）操作高度增加费　操作高度增加费是指操作物高度超过定额规定的高度时所发生

的人工降效的费用。

定额中的机械设备安装工程，电气设备安装工程，建筑智能化工程，自动化控制仪表安装工程，通风空调工程，消防工程，给排水、采暖、燃气工程，刷油、防腐蚀、绝热工程的操作高度增加费可按该册相应定额子目计算，以“工日”或“元”为计量单位。

操作高度增加费执行以主册为主的原则。

操作高度增加费人工工日=分部分项中超过基本高度部分的
总人工费/135/100(100工日)

3. 定额综合解释及动态调整补充

按《浙江省建设工程计价依据（2018版）综合解释及动态调整补充（二）》相关规定，《浙江省通用安装工程预算定额》（2018版）第十三册《通用项目和措施项目工程》的第二章“措施项目工程”定额基价中，以“元”为单位的“周转性材料费”和“其他机械费”的消耗量应乘以1.1。

例如，查定额13-2-4，得第四册电气设备安装工程的脚手架搭拆费基价为515.70元/100工日。按定额综合解释及动态调整补充规定，调整后基价=(515.70+380.70×0.1）元/100工日=553.77元/100工日，其中人工费为135.00元/100工日，材料费为（380.70×1.1）元/100工日=418.77元/100工日，机械费为0。

【例1-2】 某9层给排水工程，分部分项工程费为10万元（其中人工费为1万元，机械费为5000元）。操作高度增加部分占人工费的10%（操作高度增加3.6~8m时），综合工日按135元/工日考虑，试分别求该工程的脚手架搭拆费、建筑物超高增加费和操作高度增加费，以及人工费与机械费的总和，计算结果保留两位小数。

【解】 由题意，先确定施工技术措施套取的定额并计算出调整后的基价以及人工费、机械费，再根据人工工日计算出相应措施项目费，最后进行汇总。

(1) 脚手架搭拆费 查定额13-2-10知，定额基价为644.63元/100工日（其中人工费、材料费、机械费分别为168.75元/100工日、475.88元/100工日、0元/100工日)，调整后定额基价=(644.63+475.88×0.1) 元/100工日=692.22元/100工日。

脚手架搭拆费=(10000÷135÷100)(100工日)×692.22元/100工日=512.76元，人工费=(10000÷135÷100)(100工日)×168.75元/100工日=125.00元，机械费为0元。

(2) 建筑物超高增加费 查定额13-2-64知，定额基价为392.85元/100工日（其中人工费、材料费、机械费分别为202.50元/100工日、0元/100工日、190.35元/100工日)，调整后定额基价=(392.85+190.35×0.1) 元/100工日=411.89元/100工日。

建筑物超高增加费=(10000÷135÷100)(100工日)×411.89元/100工日=305.10元，人工费=(10000÷135÷100)(100工日)×202.50元/100工日=150.00元，机械费=(10000÷135÷100)(100工日)×(190.35×1.1) 元/100工日=155.10元。

(3) 操作高度增加费 查定额13-2-88知，定额基价为1350.00元/100工日（其中人工费、材料费、机械费分别为1350.00元/100工日、0元/100工日、0元/100工日)。

操作高度增加费=(10000×0.1÷135÷100)(100工日)×1350.00元/100工日=100.00元，人工费=(10000×0.1÷135÷100)(100工日)×1350.00元/100工日=100.00元，机械费为0元。

(4) 人工费+机械费总和 ∑(人工费+机械费)=[(10000+5000)+(125.00+0)+(150.00+155.10)+(100.00+0)] 元=15530.10元。

1.2.6 定额综合单价计算

如前所述，编制招标控制价时，采用“定额清单计价”的工程，综合单价所含企业管理费、利润应以定额项目中的“人工费+机械费”乘以企业管理费、利润的相应费率（按相应施工取费费率的中值计取）分别进行计算，之后对定额项目中的“人、材、机、管、利”进行求和，得到综合单价。

【例 1-3】 已知某会议室插座回路 WX3 的暗敷配管为 DN20 阻燃电工管（线缆敷设方式标注文字符号为 PC，表示穿硬塑料导管敷设），设其除税价为 1.50 元/m。试按定额清单计价法列出项目综合单价计算表。本题中安装费的人、材、机单价均按《浙江省通用安装工程预算定额》（2018 版）取定的基价考虑；管理费费率为 21.72%，利润费率为 10.40%，风险不计；计算结果保留两位小数。

【解】 按题意，DN20 刚性阻燃管沿砖、混凝土结构暗配套用定额 4-11-144。其中定额人工费、材料费、机械费分别为 391.23 元/100m、34.36 元/100m、0 元/100m。

未计价主材单位价值 = 106m/100m×1.50 元/m = 159.00 元/100m，共计材料费 = (34.36+159.00) 元/100m = 193.36 元/100m。

管理费 = (391.23+0) 元/100m×21.72% = 84.98 元/100m；利润 = (391.23+0) 元/100m×10.4% = 40.69 元/100m。

综合单价 = (391.23+193.36+0+84.98+40.69) 元/100m = 710.26 元/100m。

刚性阻燃管沿砖、混凝土结构暗配综合单价计算结果见表 1-9。

表 1-9 刚性阻燃管沿砖、混凝土结构暗配综合单价计算结果

项目编码（定额编码）	清单(定额)项目名称	计量单位	综合单价(元)					
			人工费	材料(设备)费	机械费	管理费	利润	小计
4-11-144	砖、混凝土结构暗配 PC20	100m	391.23	193.36	0.00	84.98	40.69	710.26
主材	刚性阻燃管	m		1.50				

需要说明的是，本书仅在各相关章节的“定额与应用”中介绍定额综合单价计算方法。大型案例（预算编制实例）中的分部分项工程和措施项目工程的综合单价仅采用国标综合单价法计算。

1.3 安装工程国标清单计价

国标工程量清单是由具有编制能力的招标人或受其委托具有相应资质的工程造价咨询人，根据设计文件、按照《通用安装工程工程量计算规范》（GB 50856—2013）中规定的项目编码、项目名称、项目特征、计量单位和工程量计算规范进行编制的。工程量清单应以单位工程为单位编制，主要由分部分项工程量清单、措施项目清单、其他项目清单、规费和税金项目清单组成。

1.3.1 国标工程量清单的编制依据与相关问题

1. 工程量清单的编制依据

国标工程量清单的编制依据主要有：

1）《建设工程工程量清单计价规范》（GB 50500—2013）。

2）《通用安装工程工程量计算规范》（GB 50856—2013）。

3）国家或省级、行业建设主管部门颁发的计价依据和办法。

4）建设工程设计文件及相关资料。

5）与建设工程有关的标准、规范和技术资料等。

6）施工现场情况、地质勘察水文资料、工程特点及常规施工方案。

7）其他相关资料。

2. 相关问题

其他项目、规范和税金的项目清单应按照《建设工程工程量清单计价规范》（GB 50500—2013）的相关规定编制。

编制工程量清单出现《通用安装工程工程量计算规范》（GB 50856—2013）中未包含的项目，编制人应进行补充，并报相关管理部门备案。

1.3.2 国标工程量清单编制

1. 分部分项工程项目清单编制

分部分项工程项目清单包括项目编码、项目名称、项目特征、计量单位和工程量5个部分内容。分部分项工程项目清单应根据《通用安装工程工程量计算规范》（GB 50856—2013）附录相关规定进行编制。分部分项工程清单与计价表格式见表1-10。

表1-10 分部分项工程清单与计价表格式

单位（专业）工程名称： 标段： 第 页 共 页

序号	项目编码	项目名称	项目特征	计量单位	工程量	金额(元)					备注
						综合单价	合价	其中			
								人工费	机械费	暂估价	
本页小计											
合计											

（1）项目编码 项目编码是分部分项工程和措施项目清单名称的阿拉伯数字标识，以5级编码设置，用12位阿拉伯数字表示。1、2、3、4级编码（共9位）全国统一，根据《通用安装工程工程量计算规范》（GB 50856—2013）规定设置；第5级为清单项目的顺序码（共3位），从001开始递增编制。同一招标工程的项目编码不得重复。

例如，某电气设备安装工程中的配线安装，清单编码为030411004001，项目各级编码含义如下：

1）03：第1级为专业工程代码，表示通用安装工程。

2）04：第2级为附录分类顺序码，表示电气设备安装工程。

3）11：第3级为分部工程顺序码，表示配管、配线。

4）004：第4级为分项工程项目名称顺序码，表示配线。

5）001：第5级为工程量清单项目名称顺序码。

此外，浙江省建设工程造价管理总站发布的《关于印发建设工程工程量计算规范（2013）浙江省补充规定的通知》（浙建站计〔2013〕63号），增补了一些分部分项工程项目清单，表1-11中列举了安装工程分部分项工程增补的部分清单。

表1-11　安装工程分部分项工程增补的部分清单

序号	项目编码	项目名称	项目特征	计量单位	工程量计算规则	工作内容
1	Z030502021	过路盒	1. 名称 2. 类别 3. 规格 4. 安装方式	个	按设计图示数量计算	开孔、安装壳体、连接密封处
2	Z030502022	屏蔽线缆（包含泄漏同轴电缆）	1. 名称 2. 规格 3. 线缆对数 4. 敷设方式	m	按设计图示数量计算	1. 敷设 2. 标记 3. 卡接或制作接头
3	Z031003018	沟槽式法兰阀门	1. 类型 2. 材质 3. 规格、压力等级 4. 连接形式	个	按设计图示数量计算	1. 阀门安装 2. 沟槽法兰安装
4	Z031003020	水表箱	1. 材质 2. 规格 3. 安装部位	个	按设计图示数量计算	1. 箱体安装 2. 墙体修凿
5	Z031004020	容积式热交换器	1. 类型 2. 型号、规格 3. 安装部位	台	按设计图示数量计算	安装

如果上述清单编码仍无法满足实际使用需要，编制人员可进行编码补充。编码由代码03、B，以及三位数顺序码（从001开始编制）组成。补充的工程量清单同样需要附有补充项目的项目名称、项目特征、计量单位、工程量等内容。同一招标工程的项目编码同样不得重复。

例如，国标清单计价中的卫生间管道暗敷补人工的清单项目编码为03B001，见表1-12。

表1-12　卫生间管道暗敷补人工分部分项工程清单与计价表

项目编码	项目名称	项目特征	计量单位	工程量	金额（元）					备注
					综合单价	合价	其中			
							人工费	机械费	暂估价	
03B001	卫生间管道暗敷补人工	内周长<12m，每间补贴1.0工日	间	1	135.00	135.00	135.00			

（2）项目名称 分部分项工程的清单项目名称应以《通用安装工程工程量计算规范》（GB 50856—2013）附录中列出的项目名称为基础，结合工程实际情况进行确定，即编制分部分项工程清单时，要同时考虑该项目的规格、型号、材质等特征要求，结合工程实际情况，对工程量清单项目名称进行具体化、详细化描述，以反映影响工程造价的主要因素。

例如，对于给排水工程中的螺纹止回阀安装，《通用安装工程工程量计算规范》（GB 50856—2013）中的清单编码为031003001、项目名称为“螺纹阀门”。在清单项目设置时，应根据实际情况细化为“螺纹止回阀”，因为螺纹阀门包括螺纹闸阀、螺纹截止阀或螺纹止回阀等多种类型。

（3）项目特征 项目特征是构成分部分项工程清单项目、措施项目自身价值的本质特征。分部分项工程的清单项目特征也应以《通用安装工程工程量计算规范》（GB 50856—2013）附录中列出的项目特征为基础，结合工程实际情况进行确定。通过对清单项目特征的具体描述，使清单项目名称清晰化、详细化，能够反映影响工程造价的主要因素。

应当注意的是，在编制分部分项工程项目清单时，工程内容通常无须描述，因为在工程量计算规范中，工程量清单项目与工程量计算规则、工程内容有一一对应关系，当采用工程量计算规范这一标准时，工程内容均有规定。

（4）计量单位 计量单位应以《通用安装工程工程量计算规范》（GB 50856—2013）附录中列出的计量单位为准，采用基本单位。计量单位及其有效位数同定额工程量计算，具体见表1-8。

（5）工程量计算 工程量应按《通用安装工程工程量计算规范》（GB 50856—2013）附录中列出的计算规则进行计算。清单工程量计算规则与定额工程量计算规则基本一致。

2. 措施项目清单编制

措施项目是指为完成工程项目施工，发生于该工程施工前和施工过程中的技术、生活、安全和环境保护等方面的项目。

措施项目清单的编制需考虑多种因素，除工程本身的因素外，还涉及水文、气象、环境、安全等因素。编制时，应根据《通用安装工程工程量计算规范》（GB 50856—2013）的规定，结合拟建工程的实际情况列项编制，必要时可根据工程的具体情况进行补充。

浙江省建设工程造价管理总站发布的《关于印发建设工程工程量计算规范（2013）浙江省补充规定的通知》（浙建站计〔2013〕63号），增补了一些技术措施项目清单和组织措施项目清单，安装工程技术措施项目增补的清单见表1-13，安装工程组织措施项目增补的清单见表1-14。

表1-13 安装工程技术措施项目增补的清单

序号	项目编码	项目名称	项目特征	计量单位	工程量计算规则	工作内容
1	Z031301019	超高增加费	操作物高度	项	按相关规定计算	操作物高度超过规定高度时所发生的人工降效费用
2	Z031301020	机械设备安装措施费	—	项	按相关规定计算	金属桅杆及人字架等一般起重机具的摊销

表 1-14 安装工程组织措施项目增补的清单

序号	项目编码	项目名称	工作内容及包含范围
1	Z031302008	提前竣工增加费	因缩短工期要求增加的施工措施，包括夜间施工、周转材料加大投入量等
2	Z031302009	工程定位复测费	工程施工过程中进行全部施工测量放线和复测
3	Z031302010	优质工程增加费	施工企业在生成合格建筑产品的基础上，为生产优质工程而增加的措施

电气设备安装工程的施工技术措施项目（脚手架搭拆费）清单与计价表见表 1-15。

表 1-15 电气设备安装工程的施工技术措施项目（脚手架搭拆费）清单与计价表

项目编码	项目名称	项目特征	计量单位	工程量	金额(元)					备注
					综合单价	合价	其中			
							人工费	机械费	暂估价	
031301017001	脚手架搭拆费	脚手架搭拆费(第四册)	项	1						

施工组织措施项目清单与计价表见表 1-16。

表 1-16 施工组织措施项目清单与计价表

工程名称： 标段： 第 页 共 页

序号	项目编码	项目名称	计算基础	费率(%)	金额(元)	备注
1	031302001001	安全文明施工费				
1.1		安全文明施工基本费	定额人工费+定额机械费			
2	Z031302008001	提前竣工增加费	定额人工费+定额机械费			
3	031302004001	二次搬运费	定额人工费+定额机械费			
4	031302005001	冬雨期施工增加费	定额人工费+定额机械费			
5		其他施工组织措施费	按相关规定计算			
		……				
合计						

3. 其他项目清单编制

其他项目清单是指除了分部分项工程清单、措施项目清单，因招标人的特殊要求而发生的与拟建工程有关的其他费用项目和相应数量的清单。其他项目清单的具体内容主要取决于工程建设标准的高低、工程的复杂程度、工期的长短、工程的组成内容、发包人对工程管理的要求等。

暂列金额是指招标人在工程量清单中暂定并包括在合同价款中的一笔款项。用于工程合同签订时尚未明确或者不可预见的所需材料、工程设备、服务的采购，施工中可能发生的工程变更、合同约定调整因素出现时的合同价款调整，以及发生的索赔、现场签证确认等的费用，工地标准化管理、优质工程等费用的追加（包括工地标准化管理增加费、优质工程增加费和其他暂列金额）

暂估价是指招标人在工程量清单中提供的、用于支付必然发生但暂时不能确定价格的材料、工程设备的单价及专业工程的金额（包括材料或设备暂估价、专业工程暂估价和专项工程技术措施暂估价）。

计日工是指在施工过程中，承包人完成发包人提出的工程合同范围以外的零星项目或工作所需的费用。计日工按合同约定的综合单价计价。

总承包服务费用是指施工总承包人为配合、协调发包人进行的专业工程发包，对发包人自行采购的材料、工程设备等进行保管，以及施工现场管理、竣工资料汇总整理等服务所需的费用，包括专业发包工程管理费和甲供材料设备保管费。招标人按中标人的投标报价向中标人支付该项费用。

其他项目清单与计价汇总表见表1-17。

表1-17 其他项目清单与计价汇总表

工程名称： 标段： 第 页 共 页

序号	项目名称	金额(元)	备注
1	暂列金额		明细详见《浙江省建设工程计价规则》(2018版)表10.2.2-22
1.1	工地标准化管理增加费		明细详见《浙江省建设工程计价规则》(2018版)表10.2.2-22
1.2	优质工程增加费		明细详见《浙江省建设工程计价规则》(2018版)表10.2.2-22
1.3	其他暂列金额		明细详见《浙江省建设工程计价规则》(2018版)表10.2.2-22
2	暂估价		
2.1	材料(设备)暂估价		明细详见《浙江省建设工程计价规则》(2018版)表10.2.2-23
2.2	专业工程暂估价		明细详见《浙江省建设工程计价规则》(2018版)表10.2.2-24
2.3	专项技术措施暂估价		明细详见《浙江省建设工程计价规则》(2018版)表10.2.2-25
3	计日工		明细详见《浙江省建设工程计价规则》(2018版)表10.2.2-26
4	总承包服务费		明细详见《浙江省建设工程计价规则》(2018版)表10.2.2-27
合计			

注：本表内容摘自《浙江省建设工程计价规则》（2018版）。

4. 规费和税金项目清单编制

规费是指国家法律、法规规定，由省级政府和省级有关权力部门规定必须缴纳或计取的应计入建筑安装工程造价内的费用。规费包括社会保险费（含养老保险费、失业保险费、医疗保险费、工伤保险费和生育保险费）和住房公积金两大类。出现计价规范未列项目，应按相关规定进行补充列项。

税金是指国家税法规定的应计入建筑安装工程造价内的建筑服务增值税。出现计价规范未列项目，应按税务部门的规定进行补充列项。如前所述，按《关于增值税调整后我省建设工程计价依据增值税税率及有关计价调整的通知》（浙建建发〔2019〕92号）规定，计算增值税销项税额时，增值税税率由10%调整为9%。具体应用见本书1.1.6节所述。

1.3.3 清单综合单价计算

下面通过例题进一步说明清单综合单价的计算过程。

【例1-4】 已知某会议室插座回路WX3的暗敷配管为DN20刚性阻燃管25m，设其除税价为 1.50 元/m。试按国标清单计价法列出项目综合单价计算表。本题中安装费的人、材、机单价均按《浙江省通用安装工程预算定额》（2018 版）取定的基价考虑；管理费费率为 21.72%，利润费率为 10.40%，风险不计；计算结果保留两位小数。

【解】 按题意，由已知条件和清单项目工作内容知，该项目应套用配管安装清单项目编码为 030411001001。对该清单进行组价并计算费用，得到清单综合单价。

定额清单综合单价计算结果如例 1-3 所示。

清单工程量为 25m，定额工程量为 0.25（100m），未计价主材工程量 = 106m/100m × 0.25(100m) = 26.5m。

人工费清单综合单价 = (391.23×0.25÷25) 元/m = 3.91 元/m，材料费清单综合单价 = (193.36×0.25÷25) 元/100m = 1.93 元/m，机械费清单综合单价为 0 元/m；管理费清单综合单价 = (3.91+0) 元/m×21.72% = 0.85 元/m，利润清单综合单价 = (3.91+0) 元/m× 10.4% = 0.41 元/m。

国标清单综合单价 = (3.91+1.93+0+0.85+0.41) 元/m = 7.10 元/m。

刚性阻燃管沿砖混凝土结构暗配清单综合单价计算结果见表 1-18。

表 1-18 刚性阻燃管沿砖混凝土结构暗配清单综合单价计算结果

项目编码（定额编码）	清单（定额）项目名称	计量单位	工程量	综合单价（元）						合计（元）
				人工费	材料（设备）费	机械费	管理费	利润	小计	
030411001001	配管：砖、混凝土结构暗配 PC20	m	25.00	3.91	1.93	0	0.85	0.41	7.10	177.50
4-11-144	砖、混凝土结构暗配 PC20	100m	0.25	391.23	193.36	0	84.98	40.69	710.26	177.57
主材	刚性阻燃管	m	26.50		1.50					39.75

1.4 小结

本项目主要讲述了以下内容：

1）安装工程造价相关知识。主要包括安装工程的定义与内容、安装工程造价的内容及其特征；建筑安装工程费项目构成、安装工程预算的编制依据与步骤、安装工程计价模式与综合单价，以及计算程序表与应用实例等。

2）安装工程定额清单计价相关知识。主要包括工程定额体系介绍、定额编制与内容；定额工程量、主材费和常用措施费的计算、换算与注意点，以例题的方式介绍了定额综合单价的计算过程。

3）安装工程国标清单计价相关知识。主要包括国标工程量清单编制的依据与相关注意问题；国标工程量清单编制（包括分部分项工程、措施项目、其他项目、规费和税金）、相应表格及编制注意事项，以例题方式介绍了清单综合单价的计算过程。

本书仅在各相关章节的“定额与应用”中介绍定额综合单价计算方法。大型案例（预算编制实例）中的分部分项工程和措施项目工程的综合单价仅采用国标综合单价法计算。

1.5　课后习题

一、单选题

1. 以下不属于安装工程计价范畴的是（　　）。

A. 给排水工程　B. 通风空调工程　C. 燃气工程　D. 砌筑工程

2. （　　）具有独立的设计文件，可以独立组织施工，但竣工后不能独立发挥生产能力或使用效益的工程，是单项工程的组成部分。

A. 建设项目　B. 单位工程　C. 分部工程　D. 分项工程

3. 下列（　　）不属于“三算”。

A. 设计概算　B. 施工图预算　C. 施工预算　D. 竣工结算

4. “三算”对比的基础是计算出项目的（　　）。

A. 施工预算　B. 施工图预算　C. 设计概算　D. 投资估算

5. 规费中不包含（　　）。

A. 住房公积金　B. 失业保险费　C. 工伤保险费　D. 劳动保险费

6. 某学校迁建工程的某幢教学楼工程是一个（　　）。

A. 建设项目　B. 单项工程　C. 单位工程　D. 分部工程

7. 从工程费用计算角度分析，工程造价计价的顺序应当是（　　）。

A. 单位工程造价→单项工程造价→分部分项工程造价→建设项目总造价

B. 单项工程造价→单位工程造价→分部分项工程造价→建设项目总造价

C. 分部分项工程造价→单项工程造价→单位工程造价→建设项目总造价

D. 分部分项工程造价→单位工程造价→单项工程造价→建设项目总造价

8. 分项工程是建设项目划分的最小单位，影响工程造价的两个主要因素是（　　）。

A. 实物工程量和单位价格　B. 单位价格和单位消耗量

C. 市场单价和单位消耗量　D. 直接费单价和建设投资

9. 评审通过的初设方案是施工图设计的基础，之后进行（　　）。

A. 初设概算　B. 施工预算　C. 施工图预算　D. 竣工结算

10. 根据现行计价规则的相关规定，编制招标控制价和投标报价时，其他项目费不包括（　　）。

A. 暂列金额　B. 暂估价　C. 二次搬运费　D. 总承包服务费

11. 根据现行计价依据的相关规定，关于安全文明施工费，说法正确的是（　　）。

A. 安全文明施工费的取费基数是施工计算措施费中的人工费与机械费之和

B. 安全文明施工费以实施标准划分，可分为安全施工费和创建安全文明施工标准化工地增加费

C. 安全文明施工费包括环境保护费、文明施工费、安全施工费和临时设施费

D. 编制招标控制价时，安全文明施工基本费可根据施工企业自身水平，在现行计价依据规定的取费区间内酌情选择取费费率

12. 招标人在工程量清单中暂定并包括在合同价款中的一笔款项，用于施工合同签订时尚未确定或者不可预见的所需材料、工程设备、服务的采购等费用支付的是（　　）。

A. 计日工　　B. 暂估价
C. 施工总承包服务费　　D. 暂列金额

13. 投标价应由（　　）或受其委托具有相应资质的工程造价咨询人编制。
A. 竞标人　　B. 投标人　　C. 企业　　D. 评委

14. 在编制投标报价时，措施项目费由（　　）自主确定，但其中安全文明施工基本费必须按国家或省级、行业建设主管部门的规定确定。
A. 企业　　B. 招标人　　C. 投标人　　D. 竞标人

15. 规费和税金的计取标准是依据有关法律、法规和政策规定制定的，具有（　　）。
A. 自愿性　　B. 无偿性　　C. 强制性　　D. 义务性

16. 综合单价中不包括的内容是（　　）。
A　人工费　　B. 规费　　C. 利润　　D. 机械费

17. 当招标控制价复查结论与原公布的招标控制价误差大于±（　　）%时，应当责成招标人改正。
A. 1.0　　B. 3.0　　C. 2.0　　D. 4.0

18. （　　）是指在合同履行过程中，对于并非自己过错所造成的实际损失，向对方提出经济补偿或工期顺延的要求。
A. 施工组织措施项目　　B. 施工总承包服务费
C. 工程索赔　　D. 施工索赔费

19. 清单项目编码是以（　　）级编码设置、用（　　）表示。同一招标工程的项目编码（　　）重复。
A. 5 级、12 位阿拉伯数字、不得　　B. 5 级、9 位阿拉伯数字、可以
C. 4 级、12 位阿拉伯数字、不得　　D. 4 级、9 位阿拉伯数字、可以

20. 根据《建设工程工程量清单计价规范》（GB 50500—2013）规定，全部使用国有资金投资或者国有资金为主的建设工程项目施工发承包（　　）。
A. 可以采用工程量清单计价　　B. 必须采用工程量清单计价
C. 可以采用定额计价　　D. 可以采用定额计价或工程量清单计价

21. 根据《建设工程工程量清单计价规范》（GB 50500—2013）规定，投标报价（　　）。
A. 可以低于市场平均价格　　B. 不得高于企业成本
C. 可以低于工程成本　　D. 不得低于工程成本

二、多选题

1. 建筑安装工程费按造价形式包括（　　）。
A. 分部分项工程费　　B. 措施项目费　　C. 其他项目费
D. 规费　　E. 利润

2. 建筑安装工程费按构成要素包括（　　）。
A. 人工费　　B. 材料费　　C. 机械费
D. 措施项目费　　E. 管理费

3. 分部分项工程费包括（　　）。
A. 人工费　　B. 材料费　　C. 机械费
D. 企业管理费　　E. 利润

4. 根据现行计价依据的相关规定，安全文明施工费包括（　　）。

A. 环境保护费　　B. 文明施工费　　C. 临时设施费

D. 安全施工费　　E. 二次搬运费

5. 根据现行计价依据的相关规定，下列说法正确的是（　　）。

A. 计日工不属于其他工程费

B. 计日工是指在施工过程中，承包人完成发包人提出的工程合同范围以内的零星项目或工作所需的费用

C. 规费包含住房公积金

D. 税金将原营业税调整为增值税

E. 优质工程增加费属于施工组织措施费

6. 根据现行计价依据的相关规定，以下不属于规费的是（　　）。

A. 养老保险费　　B. 节假日过节费　　C. 失业保险费

D. 高温补贴　　E. 生育保险费

7. 按主编单位和管理权限划分，定额可分为（　　）。

A. 全国统一定额　　B. 地方定额　　C. 企业定额

D. 安装定额　　E. 土建定额

8. 综合单价包括（　　）。

A. 人工费　　B. 材料费　　C. 机械费

D. 措施项目费　　E. 管理费

9. 投标人必须按招标工程量清单填报价格，其中（　　）必须与招标工程量清单一致。

A. 项目编码　　B. 项目名称　　C. 项目特征

D. 工程量　　E. 计量单位

三、问答题

1. 写出安装工程的定义并列举三个常见的安装工程。

2. 安装工程有哪些特点？

3. 建筑安装工程造价的构成有哪两种划分标准？这两种标准各包含哪些费用？

4. 简述“两算”对比和防“三超”的定义。

5. 施工预算与施工图预算有什么区别？

6. 什么是建筑物超高增加费、操作高度增加费？措施项目计算时，应如何进行换算？

7. 简述实行工程量清单计价的目的和意义。

8. 其他项目清单包含哪些项？

9. 分别写出暂列金额、暂估价、计日工和总承包服务费的概念。

四、计算题

某高层建筑消防安装工程（非市区，单独进场施工），分部分项工程清单项目费用为2190000元，其中定额人工费为199000元，定额机械费为34200元。施工技术措施项目费为21777元，其中人工费为6965元，机械费为4209元。该工地标准化管理增加费暂列金额为20000元，专业发包工程暂估价为150000元（不含税），甲供材料为100000元（不含税，税率为13%，未计入分部分项费用）；施工组织措施费仅考虑安全文明施工费和二次搬运费。专业发包工程管理费按3%计取，甲供材料保管费按1%计取，按一般计税法计算税金

和招标控制价，并填写表 1-19，计算结果保留整数位。

表 1-19 单位工程招标控制价计算

<table>
<tr><th>序号</th><th colspan="2">费用名称</th><th>计算公式</th><th>金额(元)</th></tr>
<tr><td>1</td><td colspan="2">分部分项工程费</td><td></td><td></td></tr>
<tr><td>1.1</td><td>其中</td><td>人工费+机械费</td><td></td><td></td></tr>
<tr><td>2</td><td colspan="2">措施项目费</td><td></td><td></td></tr>
<tr><td>2.1</td><td colspan="2">施工技术措施项目</td><td></td><td></td></tr>
<tr><td>2.1.1</td><td>其中</td><td>人工费+机械费</td><td></td><td></td></tr>
<tr><td>2.2</td><td colspan="2">施工组织措施项目</td><td></td><td></td></tr>
<tr><td>2.2.1</td><td>其中</td><td>安全文明施工基本费</td><td></td><td></td></tr>
<tr><td>3</td><td colspan="2">其他项目费</td><td></td><td></td></tr>
<tr><td>3.1</td><td colspan="2">暂列金额</td><td></td><td></td></tr>
<tr><td>3.1.1</td><td>其中</td><td>工地标准化管理增加费暂列金额</td><td></td><td></td></tr>
<tr><td>3.2</td><td colspan="2">暂估价</td><td></td><td></td></tr>
<tr><td>3.2.1</td><td>其中</td><td>专业工程暂估价</td><td></td><td></td></tr>
<tr><td>3.3</td><td colspan="2">施工总承包服务费</td><td></td><td></td></tr>
<tr><td>3.3.1</td><td rowspan="2">其中</td><td>专业发包工程管理费</td><td></td><td></td></tr>
<tr><td>3.3.2</td><td>甲供材料保管费</td><td></td><td></td></tr>
<tr><td>4</td><td colspan="2">规费</td><td></td><td></td></tr>
<tr><td>5</td><td colspan="2">税金</td><td></td><td></td></tr>
<tr><td colspan="3">招标控制价</td><td></td><td></td></tr>
</table>

电气设备安装工程计量与计价

知识目标：

1）掌握电气设备安装工程工程量计算的规则与方法。

2）掌握编制电气设备安装工程工程量清单及招标控制价的方法与步骤。

3）熟悉电气设备安装工程施工图识读的方法与注意点。

技能目标：

能够根据给定的简单电气设备安装工程图，完成招标控制价的编制。

2.1 电气设备安装工程基础知识与施工图识读

建筑电气设备安装工程以电能的输送、分配和应用为主要功能，它的特点是电压高、电流大、功率大，主要包括供配电系统、动力系统、照明系统（含应急照明系统）及防雷接地系统安装工程等。

2.1.1 建筑电气基础知识

发电厂（火力、水力或核电等）发出的电能，经过升压变电站升压（如升压至220kV）后，通过高压输电线路送至城乡用户附近，经过变电所一次或多次降压（如降为35kV，甚至降为10kV），再通过送电线路送至厂区变配电房再次减压（380V/220V），最后通过配电线路供用户照明或动力等使用。我国的电压分级情况见表2-1。

表2-1 我国的电压分级情况

序号	电压值 V	电压分级	主要用途或相关概念
1	$V\geq$交流1000kV $V\geq$直流800kV	特高压	主要用作输电网骨干网架
2	$V\geq$330kV	超高压	1）超高压电网指的是330kV、500kV和750kV的电网 2）主要用作大电力系统的主干线

（续）

序号	电压值 V	电压分级	主要用途或相关概念
3	1kV≤V<330kV	高压	1）主要用作设备及发电、输电的额定电压值 2）>35kV 的一般用于高压配电网，又称为送电线路 3）≤10kV 的一般用于中压配电网（如 3kV、6kV、10kV），又称为配电线路 4）一般≥1kV 的电压称为高压电，<1kV 的电压称为低压电
4	V<1kV	低压	1）100V≤V<1kV，主要用于低压配电网（建筑用交流电常用 380V/220V），即动力和照明 2）<100V，主要用于安全照明、蓄电池、断路器及其他开关设备的操作电源

电能的主要应用形式是交流电（AC），即大小和方向都发生周期性变化的电流，交流电的波形通常为正弦曲线。电力系统广泛采用三相交流电。

以三相交流电电源的星形（丫形）联结为例。如图 2-1 所示，交流电的相线有三种相序，即 A 相（或 L1，通常为黄色导线）、B 相（或 L2，通常为绿色导线）和 C 相（或 L3，通常为红色导线），加上由变压器中性点引出并接地的中性线（N，通常为蓝色导线）共四根电源线，这种系统称为三相四线制供电系统。该系统的电压为 380V/220V，是低压输电的常用供电方式。此外，为防设备漏电伤人，从供电变压器侧中性点接地处另外接出一条导线与设备外壳连接，此导线称为保护线或接地保护线（PE，通常为黄绿双色导线）。这种五根电源线的系统称为三相五线制供电系统。

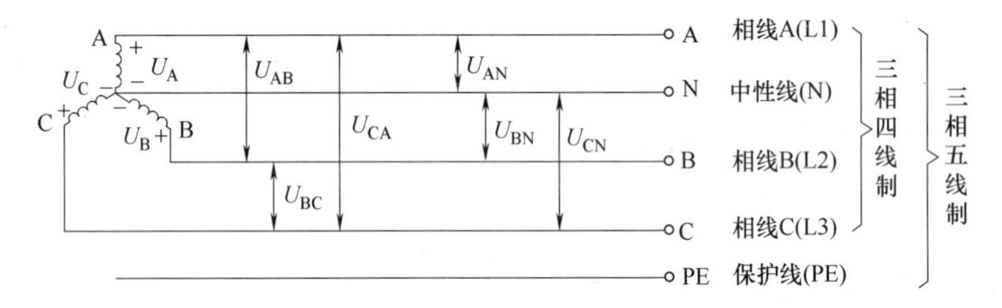

图 2-1　线电压、相电压与供电体制

三相四线制中有三根相线，从电源接出的角度来说，三相组合称为三相交流电（简称三相电）。任意两根相线之间的电压为 380V，一般供电机使用；任一相线与中线组合即为单相电，任一相线与中性线之间电压为 220V，一般供家庭照明使用。如图 2-1 所示，线电压 $U_{AB}=U_{BC}=U_{CA}=380V$，相电压 $U_{AN}=U_{BN}=U_{CN}=220V$。

2.1.2　供配电系统

供配电系统是指接受电网输入的电能，并进行检测、计量、变压等，然后向用户和用电设备分配电能的系统，包括区域变电站至用户变电站之间的电力线路和电力设备。

2.1.3　动力系统

动力系统实质上是指向电动机配电及对电动机进行控制的动力配置系统。

动力系统设备包括正常动力系统设备和消防动力系统设备两部分。正常动力系统设备包括空调制冷机组、空调水泵、冷却塔、热水循环泵、各种空调器，生活给水泵、污水提升泵，客用电梯、货梯等。消防动力系统设备包括消防水泵、喷淋水泵，消防卷帘、水幕，消防电梯，排烟风机、正压送风机等。

动力系统一般包括电源引入、控制设备（如动力开关柜、箱、屏及电控开关等）、保护设备、配电管线（包括一次和二次线路）、电动机或用电设备接线、接地装置和调整试验装置等。上述组成内容即为动力系统的计量计价范围。

2.1.4　照明系统

照明系统一般包括电源引入、控制设备（如配电箱等）、配电管线、照明灯（器）具（如双管荧光灯、LED吸顶灯、疏散指示灯、安全出口标志灯等）和调整试验装置等。上述组成内容即为照明系统的计量计价范围。

通常情况下，照明系统分为正常照明系统和应急照明（又称事故照明）系统两大类。

1. 正常照明系统

正常照明系统（或者建筑电气照明系统）是使用电光源将电能转换为光能，供建筑物采光，以保证人们在建筑物内正常从事生产和生活活动。它由照明（灯具、开关和插座等）和电气（配电线路等）两套系统组成，照明灯具是两套系统的连接点。正常照明系统又可分为一般照明系统、局部照明系统和混合照明系统等。

2. 应急照明系统

应急照明系统是建筑照明系统的重要组成部分。火灾发生后，为防止触电事故、避免因电气设备与线路而扩大火势，必须及时切断起火部位所在防火分区或楼层的非消防电源。应急照明系统中的消防应急灯具能及时为人员的安全疏散与灭火救援行动提供必要的照度条件及正确的疏散指示信息。消防应急灯具包括消防应急照明灯具和消防应急标志灯具。其中，消防应急标志灯具又包括安全出口标志灯、疏散方向标志灯和楼层（或避难层）显示标志灯等。

早期应急照明系统的供电方式与普通照明类似，通常以防火分区或楼层为基本单元，通过应急照明配电箱对相应消防应急灯具（均自带蓄电池）统一进行供电及充电。如图2-2和图2-3所示，应急照明配电箱EAL的进箱电缆型号规格为ZRYJV-1kV-5×6；出箱线按楼层分为两个应急照明回路EAL1和EAL2，其回路导线型号规格均为ZRBV3×2.5+ZRBVR1×

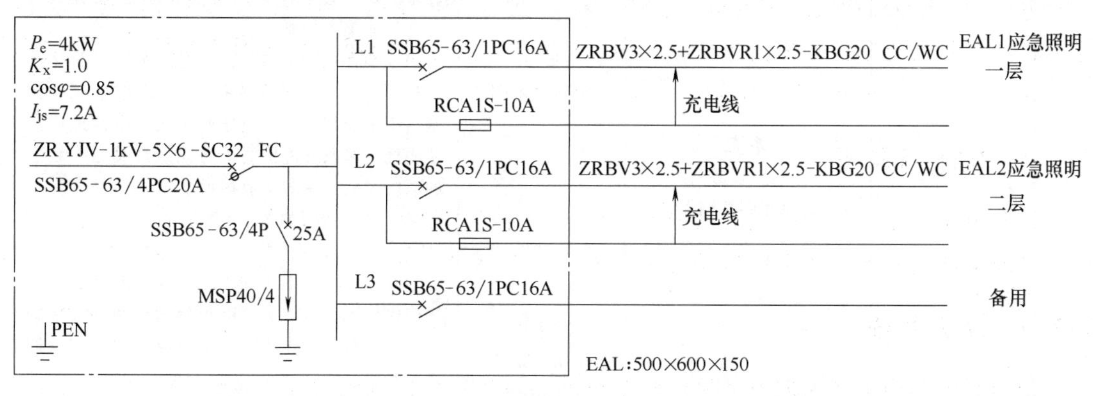

图2-2　某工程一~二层应急照明配电箱EAL系统图

2.5。这两个应急照明回路分别控制一楼和二楼的消防应急灯具。平时通过 ZRBV3×2.5+ZRBVR1×2.5 进行日常照明供电，同时通过 1 根截面面积为 2.5mm^2 的 ZRBV2.5 相线对消防应急灯具的蓄电池进行充电；事故时，正常照明及充电线断电，蓄电池供电点亮应急照明灯具和疏散指示灯具等。这一类应急照明系统回路计算时，应注意按系统图所标注的回路信息进行计量，

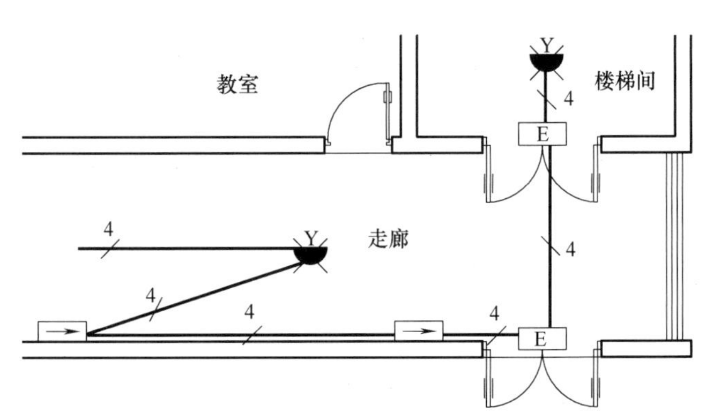

图 2-3　某工程应急照明回路平面布置图（局部）

即各回路均包含 3 根截面面积为 2.5mm^2 的 ZRBV 导线和 1 根截面面积为 2.5mm^2 的 ZRBVR 导线；这些导线穿过 DN20 的扣压式薄壁钢导管（KBG 管），沿顶板、沿墙暗敷至各消防应急灯具。

目前，最常用的应急照明系统为集中电源集中控制型应急照明系统（A 型灯具）和集中电源非集中控制型应急照明系统（B 型灯具）。根据《消防应急照明和疏散指示系统技术标准》(GB 51309—2018) 规定，电源与控制方式对比见表 2-2，A 型与 B 型灯具对比见表 2-3。

表 2-2　电源与控制方式对比

序号	项目	分类依据	分类	区别或优缺点
1	电源集中情况	蓄电池电源的供电方式	集中电源	1)蓄电池设置在应急照明控制器或应急照明配电箱中,供回路上所有消防应急灯具用电;消防应急灯具均不自带蓄电池 2)蓄电池更换方便,维护成本低;事故风险更低
			非集中电源	1)各消防应急灯具均自带蓄电池电源 2)蓄电池更换麻烦,维护成本高;事故风险相对高
2	控制类型	系统是否设置应急照明控制器	集中控制型系统	1)设置消防控制室的场所应选择集中控制型系统;设置火灾自动报警系统,但未设置消防控制室的场所宜选择集中控制型系统;其他场所可选择非集中控制型系统 2)应急照明控制器应设置在消防控制室内 3)系统设置应急照明控制器,由应急照明控制器集中控制并显示应急照明集中电源或应急照明配电箱及其配接的消防应急灯具工作状态的消防应急照明和疏散指示系统 4)工作流程图如图 2-4 所示
			非集中控制型系统	1)系统未设置应急照明控制器,由应急照明集中电源或应急照明配电箱分别控制其配接的消防应急灯具工作状态的消防应急照明和疏散指示系统 2)工作流程图如图 2-5 所示

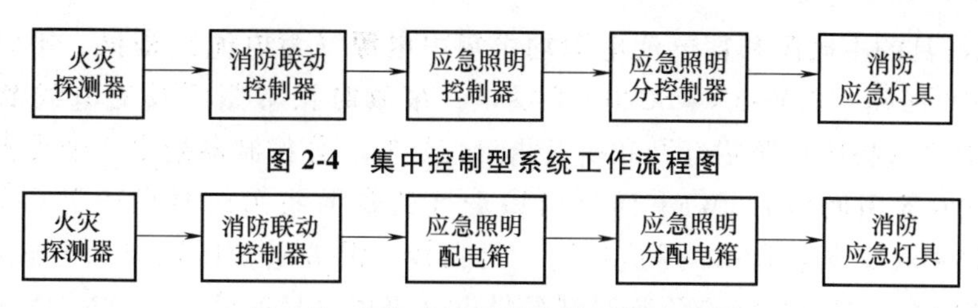

图 2-4 集中控制型系统工作流程图

图 2-5 非集中控制型系统工作流程图

表 2-3 A 型与 B 型灯具对比

序号	项目	安全电压 A 型灯具	非安全电压 B 型灯具
1	工作电压	主电源、蓄电池电源均≤DC36V	主电源 AC220V，蓄电池电源≤DC36V
2	使用场所	1)距地面≤8m 的灯具应选用 A 型灯具 2)地面上设置的标志灯应选用集中电源 A 型灯具	未设置消防控制室的住宅建筑，疏散走道、楼梯间等场所可选择自带电源 B 型灯具
3	电源线与通信线	二总线制，如 WDZN-RYJS-2×2.5-SC20	电源回路+通信两个回路，如 WDZN-BYJ-3×2.5-SC20+WDZN-RYJS-2×1.5-SC20
4	布线	同一根管敷设	不同电压等级、不同电流类别的线路，应分管敷设
5	配电回路设计	1)应按防火分区、同一防火分区的楼层等为基本单位设置配电回路 2)消防控制室、消防水泵房等发生火灾时仍需工作、值守的区域和相关疏散通道，应单独设置配电回路 3)封闭楼梯间、防烟楼梯间和空外疏散楼梯应单独设置配电回路 4)配电线路采用耐火线缆；地面标志灯回路采用耐蚀橡胶线缆，且线路连接采用密封胶处理	
6	计量注意点	按 1 根导线计算工程量	电源回路按 3 根导线计算工程量 通信回路按 1 根导线计算工程量

某工程集中电源集中控制型应急照明系统（A 型灯具）的应急照明集中电源（分控制器）1EAL1 系统图如图 2-6 所示。

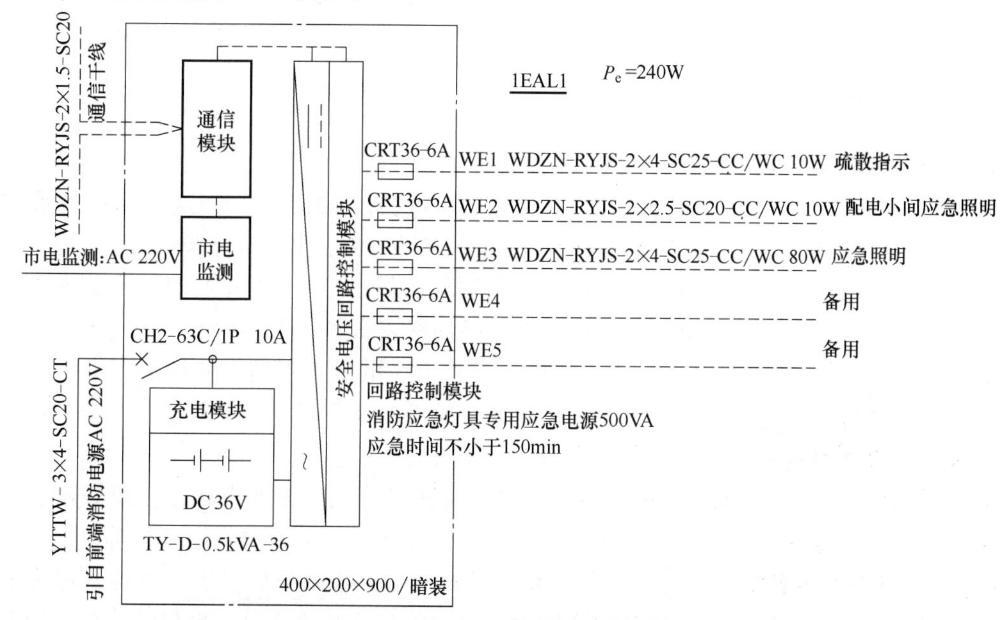

图 2-6 某工程 A 型灯具应急照明系统分控制器 1EAL1 系统图

消防应急灯具的主电源和蓄电池电源均由集中电源（蓄电池）提供，平时正常照明由消防电源引来的回路 YTTW-3×4-SC20-CT 供电；事故时正常照明及充电线断电，蓄电池（充电模块）供电点亮应急照明灯具和疏散指示灯具等。分控制器接出 3 个无极性二总线制回路（另 2 个为备用回路），WE1 回路对该分区的疏散指示灯具供电并提供信号反馈，WDZN-RYJS-2×4 双绞线穿 DN25 焊接钢管，沿顶棚、沿墙暗敷串联接入各疏散指示灯具；WE2 回路对该分区的配电小间应急照明灯具供电并提供信号反馈，WDZN-RYJS-2×2.5 双绞线穿 DN20 焊接钢管，沿顶棚、沿墙暗敷串联接入各疏散指示灯具；WE3 回路对该分区的应急照明灯具供电并提供信号反馈，WDZN-RYJS-2×4 双绞线穿 DN25 焊接钢管，沿顶棚、沿墙暗敷串联接入各疏散指示灯具。

2.1.5 防雷接地系统

按照建筑物防雷设计规范，防止直击雷装置主要由接闪器、引下线和接地装置三个部分组成，通过该系统将雷电安全导入大地，从而保护所在建筑物免遭雷击。上述组成内容即为防雷接地系统的计量计价范围。

接闪器用于接受雷云放电，可以是针、带、网或笼等形式。材质主要为镀锌圆钢、镀锌钢管或镀锌扁钢。

引下线是接闪器和接地装置的连接导体，可暗敷也可明敷。暗敷通常利用建筑物柱内 2 根≥ϕ16 或 4 根≥ϕ12 的主筋。明敷时可利用直径≥ϕ10 的镀锌圆钢或截面面积≥80mm^2 的镀锌扁钢沿建筑物外墙敷设，也可以利用金属构件（如金属爬梯或金属排水管等）引下；在地面以上 1.7m 至地下 0.3m 段需以毛竹或塑料管为保护管进行保护。此外，在暗敷引下线距室外地坪 0.5m 左右高度或明敷引下线距地 1.5~1.8m 高度设置断接卡子，以定期进行接地电阻的测试。

接地装置是接地体（或接地极）和接地线的总称。接地体常用钢管或角钢，或利用建筑物钢筋混凝土桩基和基础内的钢筋作为接地体，后者常被称为基础接地体。接地线常用 ϕ10 的圆钢制成。

2.1.6 施工图识读

1. 电气设备安装工程施工图的组成

电气设备安装工程施工图通常由图纸目录、电气设计说明、图例和设备材料表、电气系统图、电气总平面布置图、电气平面布置图、电路图、接线图、安装大样图等组成，部分内容如下：

1）电气设计说明主要包括设计概况、设计依据、设计范围、工程要求、安装方法、安装标准、工艺要求及图中标注交代不清或没有必要用图表示的要求、标准、规范等。

2）图例和设备材料表。图例是用表格的形式列出该电气工程图中使用的图形符号或文字符号。设备材料表一般都要列出该电气工程的主要设备及主要材料的规格、型号、数量和具体要求等。通常图例和设备材料表综合在同一张表内。

3）电气系统图是用单线图表示电能或电信号按回路分配出去的图样，主要表示各个回路的名称、用途、容量，以及主要电气设备、开关元件及导线电缆的规格型号等。

4）电气总平面布置图是在建筑总平面布置图的基础上绘制完成，表示电源及电力负荷分布的图样，主要表示各建筑物的名称或用途、电力负荷的装机容量、电气线路的走向及变配电装置的位置、容量和电源进户的方向等。通过电气总平面布置图，可了解该项工程的概况，掌握电气负荷的分布及电源装置等。一般大型工程都有电气总平面布置图，中小型工程则由动力平面布置图或照明平面布置图代替。

5）电气平面布置图是在建筑物的平面布置图上标出电气设备、元件、管线实际布置的图样，主要表现它们的安装位置、安装方式、规格型号、数量及防雷装置、接地装置等，是进行电气安装的主要依据。主要有动力、照明（含应急照明）和防雷接地等电气平面布置图。通过电气平面布置图，可以知道单体建筑物及其各个不同的标高上装设的电气设备、元件及其管线等。

6）安装大样图一般是用来表示某一具体部位或某一设备元件的结构或具体安装方法的图样。一般非标的配电箱、控制柜等的制作安装都要用到大样图。大样图通常采用标准通用图集，在识图时应格外重视，在设计说明中通常会告知参考哪些标准图集。

对于某一具体工程而言，因工程的规模大小、安装施工的难易程度等原因，这些图样并非全部都存在。电气设计说明、图例和设备材料表、电气系统图和电气平面布置图是必不可少的，也是识图的重点内容。

2. 电气设备安装工程施工图的识读方法

识读电气设备安装工程施工图时，要按照合理的顺序进行。例如，先识读电气设计说明，再识读电气系统图与电气平面布置图并找出对应关系；由室外到室内（进户线→总配电箱→干线→(楼层）分配电箱→支线→用户配电箱→用电设备），以配电箱为节点、以回路为对象，分区域、逐楼层，分别研读照明、插座和应急照明等图样。电气设备安装工程施工图识读的一般流程如图 2-7 所示。

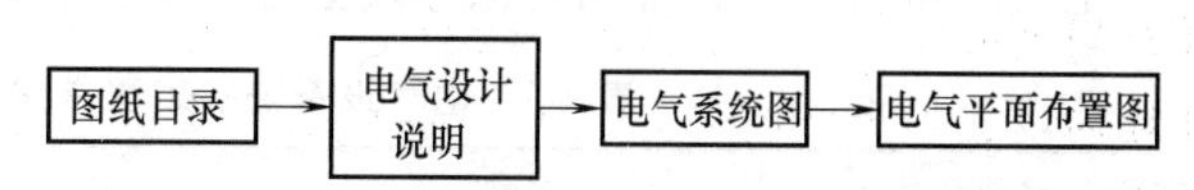

图 2-7 电气设备安装工程施工图识读的一般流程

1）首先要对照图纸目录，检查图样是否完整，各图样的图名与图纸目录是否一致。在进行竣工结算计量计价时，尤其要认真、仔细地检查是否为最终版图样。

2）认真识读电气设计说明，了解电气设备安装工程的设计范围、内容、施工相关规范和标准图集。熟悉主要设备材料表中所列图例符号所代表的具体内容与含义，以及它们的相互关系。

3）反复对照、识读电气系统图与电气平面布置图。电气平面布置图识读可以按进户线→总配电箱→干线→分配电箱→支线→用电设备的顺序进行。

4）电气设备安装工程要与土建工程及其他专业工程（如给排水工程等）相互配合，因此必要时还需查阅土建工程相关图样和其他专业图样。

总之，编制工程计价文件时看图应有所侧重，要仔细弄清电气设备安装工程的相关信息，以便能正确进行工程量计算和定额套用。

3. 电气设备安装工程常用代号与含义

电气设备安装工程常用电光源代号、常用灯具代号和灯具安装方式见表 2-4~表 2-6。

表 2-4 电气设备安装工程常用电光源代号

序号	电光源名称	代号	备注	序号	电光源名称	代号	备注
1	荧光灯	FL		4	钠灯	Na	
2	白炽灯	IN		5	氙灯	Xe	
3	碘钨灯	I		6	汞灯	Hg	

表 2-5 电气设备安装工程常用灯具代号

序号	灯具名称	代号	备注	序号	灯具名称	代号	备注
1	荧光灯	Y		7	搪瓷伞罩灯	S	
2	吸顶灯	D		8	防水防尘灯	F	
3	壁灯	B		9	工厂一般灯具	G	
4	花灯	H		10	投光灯	T	
5	普通吊灯	P		11	卤钨探照灯	L	
6	柱灯	X		12	无磨砂玻璃罩万能型灯	Ww	

表 2-6 电气设备安装工程灯具安装方式

序号	安装方式	代号	备注	序号	安装方式	代号	备注
1	线吊式	SW		7	吊顶内安装	CR	
2	链吊式	CS		8	墙壁内安装	WR	
3	管吊式	DS		9	支架上安装	S	
4	壁装式	W		10	柱上安装	CL	
5	吸顶式	C		11	座装	HM	
6	嵌入式	R					

电气设备安装工程常用绝缘导线型号含义见表 2-7。

表 2-7 电气设备安装工程常用绝缘导线型号含义

序号	导线型号	名称	主要用途或特点
1	BV(BLV)	铜(铝)芯聚氯乙烯塑料绝缘电线	室内固定暗敷、明敷
2	BVR	铜芯聚氯乙烯软线	与 BV 同,安装要求柔软时使用
3	BYJ	铜芯交联聚乙烯绝缘电线	外观上与 BV 线无太大区别,在绝缘性和耐高温性上比 BV 线更好。具有强绝缘性,燃烧时不会出现大量烟雾,且可耐老化、耐紫外线
4	BYJR	铜芯交联聚乙烯绝缘软电线	与 BYJ 同,安装要求柔软时使用
5	BVV	硬护套线(包着的是 BV 线),铜芯聚氯乙烯绝缘聚氯乙烯护套电线	一种具有塑料保护层的双芯或多芯绝缘导线。具有防潮、耐酸和耐蚀性等性能。可以直接敷设在空心楼板、墙壁及建筑物表面,用铝片卡或线卡固定
6	RVV	软护套线(包着的是 RV 线)	
7	RVS	铜芯聚氯乙烯绝缘软绞线	
8	RYJS	交联聚烯烃绝缘绞型连接软线	具有少烟、少卤、耐火功能
9	ZR-BV	铜芯聚氯乙烯绝缘阻燃电线	离开明火不燃烧
10	NH-BV	铜芯聚氯乙烯绝缘耐火电线	在 BV 电线基础上多了耐火材料。在火焰燃烧情况下能保持一定时间的供电能力,即保持电路的完整性
11	WDZ-BV	低烟无卤铜芯阻燃电线(简称塑铜线)	受热时排烟量低,着火时不会释放卤化氢或其他酸类
12	WDZB-BYJ	低烟无卤阻燃 B 级聚烯烃护套交联聚乙烯绝缘电线	阻燃等级是 B 级(阻燃特性 ZA>ZB>ZC)。适用于交流额定电压≤0.6/1kV 设备电力传输。特别适用于地铁、商场、医院、剧场和高层建筑等人员密集场所及绿色安全环保要求的重要场所

常用电缆按用途可分为电力电缆、控制电缆和通信电缆。电力电缆是传输电能的电缆，在动力和照明系统主干线中用于传输和分配大功率电能。控制电缆是传输各种控制信号的电缆，用于把电能从电力系统的配电点直接传输至各种用电设备器具的电源连接线路。通信电缆是用于近距音频通信和远距的高频载波和数字通信及信号传输的电缆。

电气设备安装工程常用电缆型号含义和电缆外护层代号含义分别见表 2-8 和表 2-9。

表 2-8　电气设备安装工程常用电缆型号含义

性能	类别	导体	绝缘层	内护套	特征
ZR 阻燃 NH 耐火	电力电缆(省略) B 布线用绝缘电缆 K 控制电缆 P 信号电缆 R 软线 YT 电梯电缆 U 矿用电缆 Y 移动式软缆 H 室内电话电缆 UZ 电钻电缆	T 铜芯(可省略) L 铝芯	Z 油浸纸 X 天然橡胶 (X)D 丁基橡胶 (X)E 乙丙橡胶 V 聚氯乙烯 Y 聚乙烯 YJ(XLPE)交联聚乙烯 E 乙丙胶	Q 铅护套 L 铝护套 H 橡胶护套 (H)P 非燃性 HF 氯丁胶 V 聚氯乙烯护套 Y 聚乙烯护套 VF 复合物 HD 耐寒橡胶 T 铜护套 TH 铜合金护套	D 不滴油 F 分相 CY 充油 P 屏蔽 C 滤尘用或重型 G 高压

表 2-9　电气设备安装工程常用电缆外护层代号含义

序号	第 1 个数字		第 2 个数字		备注
	代号	铠装层类型	代号	铠装层类型	
1	0	无	0	—	
2	1	钢带	1	纤维外被	
3	2	双钢带	2	聚氯乙烯护套	
4	3	细圆钢丝	3	聚乙烯护套	
5	4	粗圆钢丝			
6	5	皱纹钢带			
7	6	双铝带或铝合金带			

例如，YJV22-1kV-4×70 表示交联聚乙烯绝缘聚氯乙烯护套双钢带铠装电力电缆，它的电压等级为 1kV，各芯截面面积均为 $70m^2$ 的 4 芯电缆。ZR-KVV-4×1.5 表示铜芯聚氯乙烯绝缘聚氯乙烯护套阻燃控制电缆，4×1.5 表示 4 根截面面积均为 $1.5mm^2$ 的芯线组成的 4 芯电缆。电力电缆与控制电缆的对比见表 2-10。

表 2-10　电力电缆与控制电缆的对比

序号	项目	电力电缆	控制电缆	备注
1	外护层	分有铠装、无铠装两类	一般是有编织的屏蔽层	
2	芯质	铜芯、铝芯	一般只有铜芯	
3	芯数	少，一般≤5 芯	一般芯数多	
4	芯截面	较粗	截面面积一般≤$10mm^2$	
5	绝缘层	绝缘层厚，可耐高压	绝缘层相对薄，一般耐低压	

电气设备安装工程常用线路敷设方式代号、常用线路敷设部位代号见表 2-11 和表 2-12。

表 2-11　电气设备安装工程常用线路敷设方式代号

序号	代号	名称	序号	代号	名称
1	SC	穿低压流体输送用焊接钢管敷设	8	M	钢索敷设
2	MT	穿电线管敷设	9	KPC	穿塑料波纹电线管敷设
3	PC	穿硬塑料导管敷设	10	DB	直埋敷设
4	FPC	穿阻燃半硬塑料导管敷设	11	CP	穿可挠金属电线保护套管敷设
5	CT	电缆桥架敷设	12	TC	电缆沟敷设
6	MR	金属线槽敷设	13	CE	混凝土排管敷设
7	PR	塑料线槽敷设			

表 2-12　电气设备安装工程常用线路敷设部位代号

序号	代号	名称	序号	代号	名称
1	AB	沿或跨梁（或屋架）敷设	7	CC	暗敷在顶板内
2	AC	沿或跨柱敷设	8	BC	暗敷在梁内
3	CE	沿吊顶或顶板面敷设	9	CLC	暗敷设在柱内
4	SCE	吊顶内敷设	10	WC	暗敷设在墙内
5	WS	沿墙面敷设	11	FC	暗敷设在地板或地面下
6	RS	沿屋面敷设			

4. 识图举例

某专业教室 MK 配电箱系统图和照明平面布置图分别如图 2-8 和图 2-9 所示。

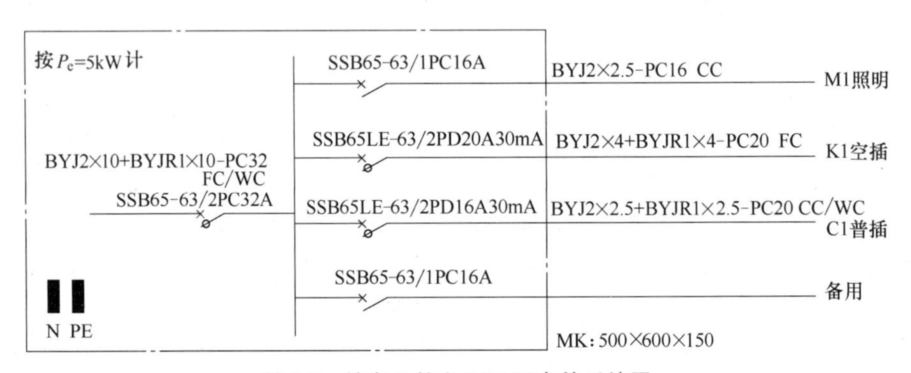

图 2-8　某专业教室 MK 配电箱系统图

按前述施工图识读方法，可由室外到室内的顺序查看平面布置图，具体即进户线→总配电箱→干线→（楼层）分配电箱→支线→用户配电箱→用电设备的顺序。本例题相对简单，不分区域不分楼层，直接以专业教室配电箱 MK 为节点，以其前后进出回路为对象查看平面布置图，同时结合系统图对 MK 配电箱的相关回路进行研读。

由图 2-8 和图 2-9 可知，MK 配电箱的宽×高×深尺寸为 500mm×600mm×150mm，由上一级配电箱（很可能是楼层分配电箱）接出的 WL3 回路供电。该回路穿了 2 根截面面积为 $10mm^2$ 的交联聚乙烯绝缘铜芯电线 BYJ（分别为相线和零线）；1 根截面面积为 $10mm^2$ 的交

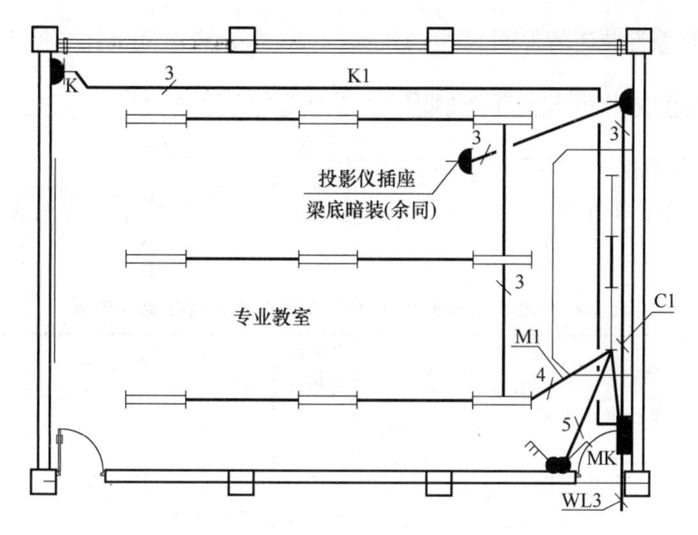

图 2-9　某专业教室照明平面布置图

联聚乙烯绝缘铜芯软电线 BYJR（接地保护线）。这 3 根导线穿 DN32 的 PVC 塑料管，沿地面、沿墙暗敷进入 MK 配电箱。相线和零线经过带漏电保护的 2P 空气总开关（总断路器，额定电流为 32A）后一分为三（另有一路为备用回路）。

第 1 个回路 M1 为照明回路，回路经 1P 空气开关（控制相线，额定电流为 16A）后接至专业教室的照明回路，供 2 盏（黑板用）单管荧光灯（由教室进门墙上的单联翘板暗开关控制）和 9 盏双管荧光灯（由教室进门墙上的三联翘板暗开关控制）照明使用。M1 回路穿了 2 根截面面积为 $2.5mm^2$ 的交联聚乙烯绝缘铜芯电线 BYJ（分别为相线和零线），最小穿 PC16 硬塑料管，出配电箱后沿顶板、沿墙暗敷进入照明灯具。

第 2 个回路 K1 为空调插座回路，回路经 2P 带漏电保护空气开关（控制相线和零线，额定电流为 20A）后接至专业教室的空调回路，供 1 台立式空调插座取电用。K1 回路穿了 2 根截面面积为 $4mm^2$ 的交联聚乙烯绝缘铜芯电线 BYJ（分别为相线和零线）、1 根截面面积为 $4mm^2$ 的交联聚乙烯绝缘铜芯软电线 BYJR（接地保护线），穿 PC20 硬塑料管，出配电箱后沿地板、沿墙暗敷进入空调插座。

第 3 个回路 C1 为普通插座回路，回路经 2P 带漏电保护空气开关（控制相线和零线，额定电流为 20A）后接至专业教室的普通插座回路，供 2 个普通插座（1 个墙脚暗装普通插座和 1 个梁底暗装投影仪插座）取电用。C1 回路穿了 2 根截面面积为 $2.5mm^2$ 的交联聚乙烯绝缘铜芯电线 BYJ（分别为相线和零线）、1 根截面面积为 $2.5mm^2$ 的交联聚乙烯绝缘铜芯软电线 BYJR（接地保护线），穿 PC20 硬塑料管，出配电箱后先沿地板、沿墙暗敷进入墙脚普通插座，然后沿墙、沿顶板暗敷进入梁底预留的投影仪插座。

2.2　电气设备安装工程定额与应用

浙江省内的电气设备安装工程项目主要执行《浙江省通用安装工程预算定额》（2018 版）中的第四册《电气设备安装工程》。定额适用于新建、扩建、改建项目中的 10kV 以下变配电设备及线路安装、车间动力电气设备及电气照明器具、防雷及接地装置安装、配管配线、电气调整试验等安装工程。

2.2.1 定额的组成内容与使用说明

1. 定额的组成内容

定额由 14 个定额章节和 1 个附录组成。电气设备安装工程相关常用预算定额组成内容见表 2-13。

表 2-13 电气设备安装工程相关常用预算定额组成内容

定额章节编号	名称	项目编号	定额章节编号	名称	项目编号
四	控制设备及低压电器安装工程	4-4-1～4-4-144	十二	配线工程	4-12-1～4-12-160
六	发电机、电动机检查接线工程	4-6-1～4-6-60	十三	照明器具安装工程	4-13-1～4-13-360
八	电缆敷设工程	4-8-1～4-8-210	十四	电气设备调试工程	4-14-1～4-14-138
九	防雷与接地装置安装工程	4-9-1～4-9-70	附录	主要材料损耗率表	
十一	配管工程	4-11-1～4-11-218			

本书以照明（含应急照明）系统、防雷接地系统和动力系统介绍为主。其中，照明（含应急照明）系统主要涉及《浙江省通用安装工程预算定额》（2018 版）第四章控制设备及低压电器安装工程、第八章电缆敷设工程、第十一章配管工程、第十二章配线工程和第十三章照明器具安装工程；防雷接地系统主要涉及《浙江省通用安装工程预算定额》（2018 版）第九章防雷与接地装置安装工程。在照明（含应急照明）系统介绍之后对动力系统进行对比讲述。

2. 定额使用说明

该册定额除各章另有说明外，均包括下列工作内容：施工准备、设备与器材及工器具的场内运输、开箱检查、安装、设备单体调整试验、结尾清理、配合质量检验、不同工种间交叉配合、临时移动水源和电源等工作内容。

该册定额不包括下列内容：电压等级大于 10kV 的配电、输电、用电设备及装置安装，电气设备及装置配合机械设备进行单体试运行和联合试运行工作内容。

3. 界限划分

该册定额与市政定额的界限划分见表 2-14。

表 2-14 该册定额与市政定额的界限划分

序号	电气设备安装工程内容	执行定额	备注
1	1)厂区、住宅小区的道路路灯 2)庭院艺术喷泉等	《浙江省通用安装工程预算定额》(2018 版)的相应项目	
2	涉及市政道路、市政庭院等	《浙江省市政工程预算定额》(2018 版)的相应项目	

2.2.2 控制设备及低压电器安装工程定额与计量计价

控制设备是指安装在控制室、车间的动力配电控制设备，主要有控制盘、箱、柜、动力配电箱，以及各类开关、启动器、测量仪表、继电器等。这些设备主要是对用电设备起停电、送电、保证安全生产的作用。本节主要讲述与照明系统相关的控制设备及低压电器的安装定额。

1. 定额使用说明

定额使用说明具体见《浙江省通用安装工程预算定额》（2018 版）第四册第四章第 75 页的相关内容。

本章内容涉及较多，与照明（含应急照明）系统相关的为成套配电箱安装，落地式成套配电箱的基础槽钢、角钢制作安装，以及小电器（如电铃、风扇和浴霸等）安装。相关说明如下：

1）接线端子定额只适用于导线。电力电缆终端头制作与安装定额中包括压接线端子，控制电缆终端头制作安装定额中包括终端头制作及接线至端子板，不得重复计算。

2）嵌入式成套配电箱执行相应悬挂式安装定额，基价×1.2；插座箱的安装执行相应的“成套配电箱”安装定额，基价×0.5。

3）按定额综合解释，充电桩安装执行成套配电箱安装的相应定额。

4）端子板外部接线定额仅适用于控制设备中的控制、报警、计量等二次同路接线。

5）已带插头不需要在现场接线的电器，不能套用“低压电器装置接线”定额。

6）吊扇预留吊钩安装执行本章“吊风扇安装”定额，人工费×0.2。

7）控制装置安装定额中，除限位开关及水位电气信号装置安装定额外，其他安装定额均未包括支架制作与安装。工程实际发生时，可执行《浙江省通用安装工程预算定额》（2018 版）第十三册《通用项目和措施项目工程》相关定额。

2. 定额工程量计算规则

定额工程量计算规则具体见《浙江省通用安装工程预算定额》（2018 版）第四册第四章第 76 页的相关内容。

各种盘、箱、柜的外部进出线预留长度见表 2-15。

表 2-15　各种盘、箱、柜的外部进出线预留长度

序号	项目	预留长度	说明
1	各种箱、柜、盘、板	高+宽	盘面尺寸
2	单独安装的铁壳开关、自动开关、刀开关、启动器、箱式电阻器、变阻器	0.5m	从安装对象中心算起
3	继电器、控制开关、信号灯、按钮、熔断器等小家电	0.3m	
4	分支接头	0.2m	分支线预留

3. 成套配电箱安装

成套配电箱是指成套定型配电箱或箱内元器件、配线已组装好的配电箱。

配电箱作为供电系统中最末端的设备，是电气控制设备中的重要组成部分。照明配电箱与动力配电箱对比见表 2-16。

表 2-16　照明配电箱与动力配电箱对比

序号	内容	照明配电箱	动力配电箱
1	作用	主要负责照明方面供电	主要负责动力或动力与照明共同使用时的供电

（续）

序号	内容	照明配电箱	动力配电箱
2	使用场所	总电流一般小于63A，单出线回路电流小于15A；供普通的插座、照明、电动机等负荷较小的设备用电	总流量超出63A等级、非终端配电或者是照明配电箱的上一级配电
3	安装方式	嵌入式或悬挂式	落地式安装为主
4	容量	容量相对较小，回路相对较少	容量较大，回路相对较多
5	体积	相对较小	相对较大
6	操作人员	一般允许非专业人员操作	通常只允许专业人员操作

（1）定额项目划分　成套配电箱定额不分型号，只按安装方式（落地式或明装悬挂式）和箱体半周长（箱体高+宽）划分项目。

（2）定额工程量计算　根据箱体半周长，按照设计安装数量以“台”为计量单位。一般以“宽×高×深”或“宽×高×厚”的形式标注箱体尺寸（单位均为mm）。注：本书后续涉及配电箱（柜）尺寸的，均默认以mm为单位。

（3）定额使用说明　嵌入式成套配电箱执行相应悬挂式安装定额，基价×1.2；插座箱的安装执行相应的“成套配电箱”安装定额基价×0.5。

按定额综合解释，充电桩安装执行成套配电箱安装的相应定额。

定额不包括支架制作与安装，以及基础槽（角）钢的制作与安装，若发生这两类制作与安装，应按相应定额另行计算。其中，落地式成套配电箱的基础槽（角）钢制作与安装套用《浙江省通用安装工程预算定额》（2018版）定额项目4-4-68～4-4-70，以“100kg”或“10m”为计量单位。普通槽钢的规格、型号与每米理论质量见表2-17。

表2-17　普通槽钢的规格、型号与每米理论质量

序号	型号	高度/mm	腿宽/mm	腰厚/mm	每米理论质量/kg	备注
1	5#	50	37	4.5	5.438	
2	6.3#	63	40	4.8	6.634	
3	6.5#	65	40	4.8	6.709	
4	8#	80	43	5.0	8.045	
5	10#	100	48	5.3	10.007	
6	12#	120	53	5.5	12.059	
7	12.6#	126	53	5.5	12.318	
8	14#A	140	58	6.0	14.535	
9	14#B	140	60	8.0	16.733	
10	16#A	160	63	6.5	17.240	
11	16#B	160	65	8.3	19.752	
12	18#A	180	68	7.0	20.174	
13	18#B	180	70	9.0	23.000	
14	20#A	200	73	7.0	22.637	
15	20#B	200	75	9.0	25.777	
16	22#A	220	77	7.0	24.999	
17	22#B	220	79	9.0	28.453	

【例 2-1】 某强电工程配电箱相关工程量及市场价见表 2-18。试按定额清单计价法列出项目综合单价计算表。本题中安装费的人、材、机单价均按《浙江省通用安装工程预算定额》(2018 版) 取定的基价考虑；管理费费率为 21.72%，利润费率为 10.40%，风险不计；计算结果保留两位小数。

表 2-18 某强电工程配电箱相关工程量及市场价

序号	名称	规格（宽×高×深）	市场价（元）	单位	工程量	备注
1	AL1 悬挂式成套配电箱	550mm×750mm×200mm	2400	元/台	1 台	照明
2	AL2 嵌入式成套配电箱	300mm×200mm×200mm	800	元/台	1 台	
3	AP1、AP2 落地式成套配电箱	1300mm×2000mm×370mm	7500	元/台	2 台	动力
	配套槽钢(10#)基础	/	3900	元/t	按实计算	

【解】 (1) AL1 悬挂式成套配电箱综合单价计算 按题意，AL1 成套配电箱为悬挂式安装，该箱体的半周长=(0.55+0.75)m=1.3m；套用定额项目 4-4-16，则定额人工费、材料费、机械费分别为 162.00 元/台、23.85 元/台、0 元/台。

成套配电箱 AL1 的定额工程量 1 台÷1=1台，未计价主材工程量为 1 台。未计价主材单位价值=1 台/台×2400 元/台=2400 元/台，共计材料费=(23.85+2400)元/台=2423.85 元/台。

管理费=(162.00+0)元/台×21.72%=35.19 元/台；利润=(162.00+0)元/台×10.40%=16.85 元/台。

综合单价=(162.00+2423.85+0+35.19+16.85)元/台=2637.89 元/台。

(2) AL2 嵌入式成套配电箱综合单价计算 AL2 成套配电箱为嵌入式安装，该箱体的半周长=(0.3+0.2)m=0.5m，套用定额项目 4-4-14。按定额使用说明，嵌入式成套配电箱执行相应悬挂式安装定额，基价×1.2；则其定额人工费、材料费、机械费分别为 (105.71×1.2)元/台=126.85 元/台、(16.56×1.2)元/台=19.87 元/台、0 元/台。

成套配电箱 AL2 的定额工程量=1 台÷1=1 台，未计价主材工程量为 1 台。未计价主材单位价值=1 台/台×800 元/台=800 元/台，共计材料费=(19.87+800)元/台=819.87 元/台。

管理费=(126.85+0)元/台×21.72%=27.55 元/台；利润=(126.85+0)元/台×10.4%=13.19 元/台。

综合单价=(126.85+819.87+0+27.55+13.19)元/台=987.46 元/台。

(3) AP1、AP2 落地式成套配电箱综合单价计算 AP1、AP2 成套配电箱为落地式安装，不区分半周长，套用定额项目 4-4-13；定额人工费、材料费、机械费分别为 255.56 元/台、27.38 元/台、68.78 元/台。

成套配电箱 AP1、AP2 的定额工程量=2 台÷1=2 台，未计价主材工程量为 2 台。未计价主材单位价值=1 台/台×7500 元/台=7500 元/台，共计材料费=(27.38+7500)元/台=7527.38 元/台。

成套配电箱 AP1、AP2 管理费=(255.56+68.78)元/台×21.72%=70.45 元/台；利润=(255.56+68.78)元/台×10.4%=33.73 元/台。

成套配电箱 AP1、AP2 综合单价=(255.56+7527.38+68.78+70.45+33.73) 元/台=7955.90 元/台。

(4) 基础槽钢综合单价计算 落地式安装配电箱AP1、AP2以$10^{\#}$槽钢为基础，它的总长度=(1.3+0.37)m×2×2=6.68m，总质量=6.68m×10.007kg/m=66.85kg。

1) 基础槽钢制作综合单价计算。基础槽钢制作套用定额项目4-4-68，定额人工费、材料费、机械费分别为449.01元/100kg、63.47元/100kg、46.15元/100kg。

基础槽钢制作定额工程量=66.85kg÷100=0.6685 (100kg)，未计价主材工程量=0.6685 (100kg)×105kg/100kg=70.193kg。未计价主材单位价值=105kg/100kg×3.9元/kg=409.50元/100kg，共计材料费=(63.47+409.50)元/100kg=472.97元/100kg。

基础槽钢制作管理费=(449.01+46.15)元/100kg×21.72%=107.55元/100kg；利润=(449.01+46.15)元/100kg×10.4%=51.50元/100kg。

基础槽钢制作综合单价=(449.01+472.97+46.15+107.55+51.50)元/100kg=1127.18元/100kg。

2) 基础槽钢安装综合单价计算。基础槽钢安装套用定额项目4-4-69，定额人工费、材料费、机械费分别为199.40元/10m、37.60元/10m、16.01元/10m。

基础槽钢安装定额工程量=6.68m÷10=0.668 (10m)，共计材料费为 (37.60+0)元/10m=37.60元/10m。

基础槽钢安装管理费=(199.40+16.01)元/100kg×21.72%=46.79元/10m；利润=(199.40+16.01)元/100kg×10.4%=22.40元/10m。

基础槽钢安装综合单价=(199.40+37.60+16.01+46.79+22.40)元/10m=322.20元/10m。

综合单价计算结果见表2-19。

表2-19 某强电工程配电箱安装综合单价计算结果

序号	项目编码(定额编码)	清单(定额)项目名称	计量单位	数量	综合单价(元)						合计(元)
					人工费	材料(设备)费	机械费	管理费	利润	小计	
1	4-4-16	AL1悬挂式成套配电箱安装(550mm×750mm×200mm)	台	1	162.00	2423.85	0.00	35.19	16.85	2637.89	2637.89
	主材	AL1悬挂式成套配电箱	台	1		2400.00					2400.00
2	4-4-14H	AL2嵌入式成套配电箱安装(300mm×200mm×200mm)	台	1	126.85	819.87	0.00	27.55	13.19	987.46	987.46
	主材	AL2嵌入式成套配电箱	台	1		800.00					800.00
3	4-4-13	AP1、AP2落地式成套配电箱安装(1300mm×2000mm×370mm)	台	2	255.56	7527.38	68.78	70.45	33.73	7955.90	15911.80
	主材	AP1、AP2落地式成套配电箱	台	2		7500.00					15000.00
4	4-4-68	基础型钢制作	100kg	0.6685	449.01	472.97	46.15	107.55	51.50	1127.18	753.52
	主材	槽钢($10^{\#}$)	kg	70.193		3.90					273.75
5	4-4-69	基础槽钢安装	10m	0.668	199.40	37.60	16.01	46.79	22.40	322.20	215.23

4. 小电器安装

定额常见小电器主要包括电铃、门铃、风扇和浴霸等。常见小电器安装定额情况对比见表 2-20。

表 2-20 常见小电器安装定额情况对比

序号	项目	电铃	门铃	风扇	浴霸
1	项目划分	不区分项目	区分明装、安装划分	按不同型号(吊风扇、壁扇、换气扇或吊扇带灯)划分	按浴霸热光源个数划分
2	计量单位	个	10个	台	套
	工程量	按照设计图示安装数量计算			
3	举例	电铃开关安装(带保护门、接地 86 型 10A)	门铃安装(暗装)	电风扇安装(Φ1.4FC3-6C)	浴霸安装(4灯泡)
	定额编码	4-4-130	4-4-133	4-4-136	4-4-141
	未计价主材	电铃1个	门铃10套	吊风扇1台	浴霸1套
4	使用说明	—	—	1)定额已含风扇调速开关安装 2)吊扇预留吊钩安装执行“吊风扇安装”定额,人工费×0.2	—

2.2.3 配管工程定额与计量计价

配管用于辅助电路敷设和对电线的保护，可避免被腐蚀性气体侵蚀或遭受机械损伤，也便于电线的更换。强电工程常用配管有电线管（MT 管）、扣压式薄壁钢导管（KBG 管）、套接紧定式镀锌钢导管（JDG 管）、焊接钢管（SC 管）、刚性阻燃管（PC 管）可挠金属套管、金属软管、金属线槽（MR）、塑料线槽（PR）等。几种常用配管情况对比见表 2-21。

表 2-21 几种常用配管情况对比

序号	配管名称	代号	材质或特点
1	电线管	MT	1)管材为未镀锌的薄壁钢管 2)适用于干燥场所的明、暗配管
2	扣压式薄壁钢导管	KBG	1)KBG管、JDG管是薄壁电线管的一个变种,属于行业标准 2)KBG管使用专门的套接扣压器对接头进行扣压紧定,JDG管使用专门的接头螺栓顶丝紧定 3)两种配管连接、弯曲操作简易,不用套丝、无须做跨接线,无须刷油,效率较高 4)JDG管更常用,它的管壁与镀锌层更厚、耐蚀性更好,成本更高
3	套接紧定式镀锌钢导管	JDG	
4	焊接钢管	SC	1)常用热镀锌(内外镀)焊接钢管 2)适用于潮湿、有机械外力、有轻微腐蚀性气体场所的明、暗配管
5	刚性阻燃管	PC	1)即刚性PVC管,又叫PVC冷弯电线管 2)分轻型、中重型,颜色有白、纯白,弯曲时需要专用弯曲弹簧 3)管道采用专用接头插入法连接,连接处结合面涂专用胶合剂,接口密封

（续）

序号	配管名称	代号	材质或特点
6	可挠金属套管	—	1)指普利卡(PULLKA)金属套管 2)由镀锌钢带(Fe、Zn),钢带(Fe)及电工纸(P)构成双层金属制成的可挠性电线、电缆保护套管 3)主要用于砖、混凝土结构暗配及吊顶内的敷设
7	金属软管	—	1)又称蛇皮管 2)适用于顶板内接线盒至吊顶上安装的灯具等之间的保护管(导线工程量已包含在定额中) 3)一般敷设在较小型电动机的接线盒与钢管口的连接处,用来保护电缆或导线,使之不受机械损伤(此工程量已包含在电机检查接线定额内)
8	金属线槽	MR	1)利用薄形钢板、塑料制作成各种形状、规格的槽形板,并配以活动盖板的导线保护配管 2)常用于正常环境的室内场所明敷,固定于墙壁或支架上
9	塑料线槽	PR	

1. 定额使用说明

定额使用说明具体见《浙江省通用安装工程预算定额》（2018 版）第四册第十一章第 233 页的相关内容。

本章内容包括套接紧定式镀锌钢导管敷设，镀锌钢管敷设，焊接钢管敷设，防爆钢管敷设，可挠金属套管敷设，塑料管敷设，金属软管敷设，金属线槽敷设，塑料线槽敷设，接线箱、接线盒安装，沟槽恢复等内容。相关说明如下：

1）配管定额不包括支架的制作与安装。支架的制作与安装执行《浙江省通用安装工程预算定额》（2018 版）第十三册《通用项目和措施项目工程》的相应定额。

2）镀锌电线管安装执行镀锌钢管安装定额。

3）扣压式薄壁钢导管（KBG）执行套接紧定式镀锌钢导管（JDG）定额。

4）可挠金属套管是指普利卡金属套管（PULLKA），主要应用于砖、混凝土结构暗配及吊顶内的敷设。

5）金属软管敷设定额适用于顶板内接线盒至吊顶上安装的灯具等之间的保护管，电动机与配管之间的金属软管已经包含在电动机检查接线定额内。

6）凡在吊顶安装前采用支架、管卡、螺栓固定管子方式的配管，执行“砖、混凝土结构明配”相应定额；其他方式（如在上层楼板内预埋、吊平顶内用铁丝绑扎、焊固定管子等）的配管执行“砖、混凝土结构暗配”相应定额。

7）沟槽恢复定额仅适用于二次精装修工程，且仅针对混凝土墙。砖墙的刨沟和沟槽恢复工作均已包含在定额工作内容中，不得重复计算。

8）配管刷油漆、防火漆或涂防火涂料、管外壁防腐保护执行《浙江省通用安装工程预算定额》（2018 版）第十二册《刷油、防腐蚀、绝热工程》的相应定额。

2. 定额工程量计算规则与计算

定额工程量计算规则具体见《浙江省通用安装工程预算定额》（2018 版）第四册第十一章第 234 页的相关内容。

配管敷设根据配管材质与直径，区别敷设位置、敷设方式，按照设计图示安装数量以“m”为计量单位。计算长度时，不扣除管路中间的接线箱、接线盒、灯头盒、开关盒、插座盒、管件等所占长度。

配管敷设方式可分为明敷（明配）和暗敷（暗配）两种。明敷是利用管卡将配管固定敷设在建筑物的地面、墙或梁等表面，能直接看到管路走向。暗敷是将配管（一般≤DN32，具体以设计说明为准）预埋在现浇混凝土构件内，或在墙体内、装饰吊顶内、楼层顶内敷设，不能直接看到管路走向。二次装修时的管道暗敷在砖墙或混凝土构件内需二次开槽并进行沟槽恢复工作。管道暗敷时，可利用钢丝将管道绑扎在钢筋上、将钉子钉在模板上或固定在墙内。

配管通常按“横平竖直”的原则进行敷设，因此配管长度工程量计算时可将配管长度拆分为水平长度和垂直长度两个部分。水平长度可依据平面布置图标注尺寸或比例尺量取后经计算而得。垂直长度无法用比例尺量取，只能通过标高差计算得到。为保证垂直长度计算的准确性，实际工程中还应特别注意立管进入顶板和地面等的深度等细节。

此外，为提高配管、配线工程量计算的效率，建议在计算回路配管工程量后，再计算相应的配线工程量。

（1）配管水平长度计算　图2-10为某会议室插座回路配管水平长度计算示意图，其中图2-10a为配管暗敷、图2-10b为配管明敷。

当插座回路的配管为暗敷时，不能按图示CAD粗实线所示长度进行配管长度计算，而应当以图2-10a所示虚线长度为对象进行配管工程量计算，图示配电箱、各插座均应以所在墙体中心线垂直交叉点位置为端点进行长度量取，因此该插座回路的暗敷管道水平总长度为$L_1+L_2+L_3+L_4$。

当插座回路的配管为明敷时，也不能按图示CAD粗实线所示长度进行配管长度计算，而应当以图2-10b所示点画线长度为对象进行配管工程量计算。图示配电箱、各插座均应以所在墙体表面交叉点位置为端点进行长度量取，因此该插座回路的暗敷管道水平总长度为$L_{11}+L_{12}+L_{13}+L_{14}$。

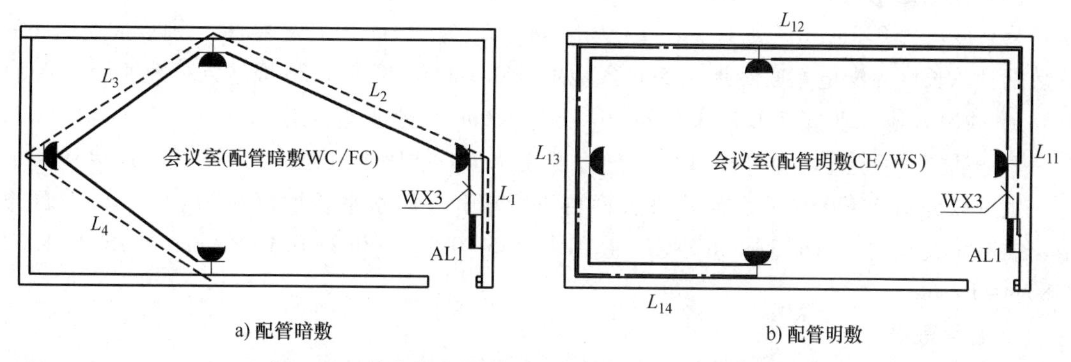

图2-10　某会议室插座回路配管水平长度计算示意图

（2）配管垂直长度计算　尺寸较小的设备如开关、插座、普通照明灯具、接线盒和小电器等，通常以图例中心位置距地面距离为安装高度。尺寸较大的设备如悬挂式（或嵌入式）照明配电箱等，则以图例底边距地面距离为安装高度；落地安装的配电柜基础高度按0.2m考虑，如图2-11中的h_6所示，即安装高度按0.2m考虑。

配管垂直长度计算除考虑设备的安装高度外，有时也要考虑层高因素。

当配管沿墙、顶棚明敷或暗敷时，通常配管垂直长度为：楼层层高H-设备安装高度-

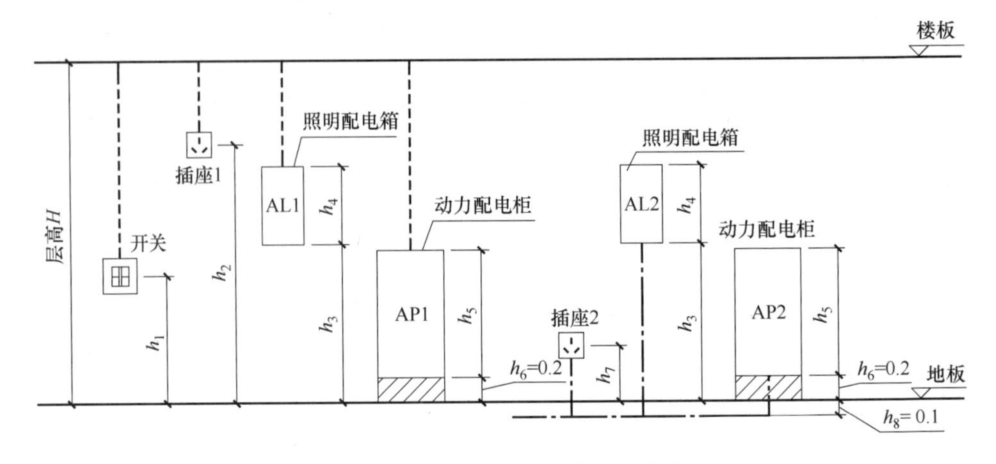

图 2-11　配管垂直长度计算示意图（单位：m）

设备自身高度-设备基础高度。如图 2-11 所示，开关的配管垂直长度为 $H-h_1$、插座 1 的配管垂直长度为 $H-h_2$、照明配电箱 AL1 的配管垂直长度为 $H-h_3-h_4$、动力配电柜 AP1 的配管垂直长度为 $H-0.2-h_5$。

当配管沿墙、地板明敷时，通常配管垂直长度为它的安装高度 h。如图 2-11 所示，插座 2 的配管垂直长度为 h_7、照明配电箱 AL2 的配管垂直长度为 h_3、动力配电柜 AP2 的配管垂直长度为 0.2m（即它的基础高度 h_6）。

配管在楼地面暗敷时埋深通常按 0.1m 考虑，如图 2-11 中的 h_8 所示。因此，当配管沿墙、地板暗敷时，通常配管垂直长度为它的安装高度 $h+0.1$。如图 2-11 所示，插座 2 的配管垂直长度为 $h_7+0.1$、照明配电箱 AL2 的配管垂直长度为 $h_3+0.1$、动力配电柜 AP2 的配管垂直长度为 (0.2+0.1)m=0.3m。

（3）配管总长度计算　如图 2-10a 所示，设照明配电箱 AL1 距地安装高度为 1.5m，插座安装高度均为 0.3m，L_1 为 1.3m，L_2 为 5.6m，L_3 为 4.2m，L_4 为 4.1m，则该插座回路的暗敷配管总长度为配电箱底距地 1.5m+入地垂直 0.1m+L_1 长度 1.3+埋地入插座垂直 (0.1+0.3)m+插座入地板垂直 (0.3+0.1)m+L_2 长度 5.6m+插座垂直连管 (0.3+0.1)m×2+L_3 长度 4.2m+插座垂直连管 (0.3+0.1)m×2+L_4 长度 4.1m+插座垂直连管 (0.3+0.1)m=19.6m。

也可以分别计算水平长度与垂直长度再进行求和。即水平长度 $(L_1+L_2+L_3+L_4)$+配电箱、插座垂直长度=[(1.3+5.6+4.2+4.1)+(1.5+0.1)+(0.3+0.1)×7]m=(15.2+1.6+2.8)m=19.6m。

3. 配管敷设

配管敷设最常用的为套接紧定式镀锌钢导管（JDG 管）敷设、焊接钢管（SC 管）敷设和刚性阻燃管（PC 管）敷设等。这几种常用配管敷设安装定额情况对比见表 2-22。

表 2-22　几种常用配管敷设安装定额情况对比

序号	项目	套接紧定式镀锌钢导管(JDG 管)敷设	焊接钢管(SC 管)敷设	刚性阻燃管(PC 管)敷设
1	项目划分	根据配管材质与直径,区别敷设部位、敷设方式等划分项目		
2	工程量	按照设计图示安装数量,均以“100m”为计量单位		

（续）

序号	项目	套接紧定式镀锌钢导管(JDG 管)敷设	焊接钢管(SC 管)敷设	刚性阻燃管(PC 管)敷设
3	举例	DN25 JDG 管 沿砖混结构暗配	DN50 焊接钢管 沿砖混结构暗配	DN20 PVC 管 沿砖混结构明配
	定额编码	4-11-9	4-11-82	4-11-137
	未计价主材	JDG 管 103m	焊接钢管 103m	刚性阻燃管 106m
4	使用说明	1)扣压式薄壁钢导管(KBG 管)执行套接紧定式镀锌钢导管(JDG 管)定额 2)除砖、混凝土结构暗配外,其余敷设方式定额均已包含管卡	砖、混凝土结构明配定额已包含管卡,暗配定额不包含管卡	

【例 2-2】 如图 2-10a 所示，某会议室插座回路 WX3 的暗敷配管 DN20 刚性阻燃管总长度为 19.6m，设它的除税价为 1.50 元/m。试按定额清单计价法列出项目综合单价计算表。本题中安装费的人、材、机单价均按《浙江省通用安装工程预算定额》（2018 版）取定的基价考虑；管理费费率为 21.72%，利润费率为 10.40%，风险不计；计算结果保留两位小数。

【解】 按题意，DN20 刚性阻燃管沿砖、混凝土结构暗配套用定额项目 4-11-144。它的定额人工费、材料费、机械费分别为 391.23 元/100m、34.36 元/100m、0 元/100m。

刚性阻燃管的定额工程量 = 19.6m ÷ 100 = 0.196（100m），未计价主材工程量 = 0.196（100m）×106m/100m = 20.776m。未计价主材单位价值 = 106m/100m×1.50 元/m = 159.00 元/100m，共计材料费 =(34.36+159.00)元/100m = 193.36 元/100m。

管理费 =(391.23+0)元/100m×21.72% = 84.98 元/100m；利润 =(391.23+0)元/100m×10.4% = 40.69 元/100m。

综合单价 =(391.23+193.36+0+84.98+40.69)元/100m = 710.26 元/100m。

刚性阻燃管沿砖、混凝土结构暗配综合单价计算结果见表 2-23。

表 2-23　刚性阻燃管沿砖、混凝土结构暗配综合单价计算结果

项目编码(定额编码)	清单(定额)项目名称	计量单位	数量	综合单价(元)						合计(元)
				人工费	材料(设备)费	机械费	管理费	利润	小计	
4-11-144	砖、混凝土结构暗配 PC20	100m	0.196	391.23	193.36	0.00	84.98	40.69	710.26	139.21
主材	刚性阻燃管	m	20.776		1.50					31.16

4. 接线盒、接线箱安装

电气工程中，导线通常穿塑料或金属导管敷设，当导线长直敷设距离过大或直角拐弯个数过多时，穿线摩擦力就会过大导致穿线困难，因此必须控制导管的长直敷设长度与直角拐弯个数，以顺利穿线。此时，就需要安装塑料（PVC）或金属接线盒（分线盒）作为过渡，导线在此处断开后分别接在接线盒的进、出线端口，起到接线、分线、增加接线安全和保护导线的作用。

接线箱又叫端子箱，是线路过渡连接、线路跳接、跨接用的箱体。接线箱里面安装有接线端子，可以理解为是放大版的接线盒。

（1）接线盒的分类与组成　接线盒按其所在位置或作用不同，可分为线路接线盒（简称线路盒）、灯头接线盒（简称灯头盒）、开关接线盒（简称开关盒）和插座接线盒（简称插座盒）。其中，线路盒与灯头盒均由 1 个面板和 1 个底盒组成，开关盒由 1 个开关面板和 1 个底盒组成，插座盒由 1 个插座面板和 1 个底盒组成。

接线盒按形状可分为正方形和八角形。86 型接线盒的面板为正方形，宽度和高度均为 86mm。

（2）接线盒的设置要求　据《通用安装工程工程量计算规范》（GB 50856—2013）附录 D 电气设备安装工程 D. 11 的相关说明，配管在管线分支或转弯处增设线路接线盒的要求见表 2-24。

表 2-24　配管在管线分支或转弯处增设线路接线盒的要求

序号	弯曲个数(个)	管道最长敷设长度/m
1	0	30
2	1	20
3	2	15
4	3	8

在电气设计平面布置图所示的灯具、开关和插座位置，应相应设置灯头盒、开关盒或插座盒。塑料配管设置同材质的塑料接线盒，钢管配同材质的钢制接线盒。

（3）接线盒、接线箱安装定额　接线盒、接线箱相关安装定额情况对比见表 2-25。接线盒的安装，不区分安装方式（明装、暗装），也不区分材质（塑料、钢质），套取相应定额。

表 2-25　接线盒、接线箱相关安装定额情况对比

<table>
<tr><th>序号</th><th>项目</th><th>开关盒、插座盒</th><th>暗装接线盒</th><th>明装普通接线盒</th><th>明装防爆接线盒</th><th>钢索上安装接线盒</th><th>接线盒面板安装</th><th>接线箱安装</th></tr>
<tr><td>1</td><td>项目划分</td><td colspan="6">不区分项目</td><td>按不同安装方式(明装、暗装)和接线箱半周长划分</td></tr>
<tr><td>2</td><td>工程量</td><td colspan="6">按计算规则计算,以“10 个”为计量单位</td><td>按照设计图示数量计算</td></tr>
<tr><td rowspan="2">3</td><td>定额编码</td><td>4-11-211</td><td>4-11-212</td><td>4-11-213</td><td>4-11-214</td><td>4-11-215</td><td>4-11-216</td><td>4-11-203～4-11-210</td></tr>
<tr><td>未计价主材</td><td colspan="5">接线盒 10.2 个</td><td>接线盒盖板 10.2 个</td><td>接线箱 10 个</td></tr>
<tr><td>4</td><td>使用说明</td><td>1)适用于明装或暗装的开关盒、插座盒
2)不区分安装方式、材质</td><td colspan="2">1)分别适用于暗装或明装的接线盒、灯头盒
2)不区分材质</td><td>—</td><td>—</td><td>1)适用于暗装或明装的接线盒、灯头盒
2)不区分安装方式、材质</td><td></td></tr>
</table>

2.2.4　配线工程定额与计量计价

配线工程是指电气设备安装工程中导线的布置和固定。

导线一般采用铜或铝制成导电线材，主要用于承载电流。按照导线线芯结构一般可以分为单股导线和多股导线两大类，按照有、无绝缘和导线结构可以分成裸导线和绝缘导线两大类。通常，单芯的、直径小的、结构简单的叫作“线”；多芯的、直径大的、结构复杂的叫作“缆”。

照明系统中最常用的导线为 BV、BVR、BYJ、BYJR 和塑料护套线（如 BVV、RVV 等）等。常用绝缘导线号含义见本书 2.1.6 节施工图识读中的表 2-7。照明系统常用导线规格及对应铜杆直径见表 2-26。

表 2-26 照明系统常用导线规格及对应铜杆直径

截面面积/mm^2	1.5	2.5	4	6	10
对应直径/mm	1.38	1.78	2.26	2.76	3.57

1. 定额使用说明

定额使用说明具体见《浙江省通用安装工程预算定额》（2018 版）第四册第十二章第 279 页的相关内容。

本章内容包括管内穿线，绝缘子配线，线槽配线，塑料护套线明敷设，车间配线，盘、柜、箱、板配线等内容。照明工程中常用的配线方式有管内穿线、线槽配线和塑料护套线明敷设等。

2. 定额工程量计算规则与计算

定额工程量计算规则具体见《浙江省通用安装工程预算定额》（2018 版）第四册第十二章第 280 页的相关内容。盘、柜、箱、板配线根据导线截面面积，按照设计图示配线数量以“m”为计量单位。配线进入盘、柜、箱、板时每根线的预留长度按照设计规定计算，设计无规定时按照表 2-27 规定计算。

表 2-27 配线进入盘、柜、箱、板的预留线长度

序号	项目	预留长度	说明
1	各种开关箱、柜、板	宽+高	盘面尺寸
2	单独安装（无箱、盘）的铁壳开关、闸刀开关、启动器、母线槽进出线盒	0.3m	从安装对象中心算起
3	由地面管子出口引至动力接线箱	1.0m	从管口计算
4	电源与管内导线连接（管内穿线与软、硬母线接头）	1.5m	
5	出户线	1.5m	

3. 配线工程

几种常用配线工程安装定额情况对比见表 2-28。

表 2-28 几种常用配线工程安装定额情况对比

序号	项目	管内穿线	线槽配线	塑料护套线明敷设
1	项目划分	1）管内穿线根据导线材质与截面面积、区别照明线与动力线划分项目 2）管内穿多芯软导线根据软导线芯数与单芯软导线截面面积划分项目	根据导线截面面积划分项目	根据导线芯数、单芯导线截面面积，区别导线敷设位置（木结构，砖、混凝土结构，沿钢索）划分项目

（续）

<table>
<tr><th>序号</th><th>项目</th><th>管内穿线</th><th>线槽配线</th><th>塑料护套线明敷设</th></tr>
<tr><td>2</td><td>工程量</td><td colspan="3">按照设计图示安装数量，均以“100m”为计量单位</td></tr>
<tr><td rowspan="3">3</td><td>举例</td><td>穿照明线
铜芯导线 WDZB-BYJ-2.5</td><td>线槽配线
铜芯导线 BV-2.5</td><td>塑料护套线 BVV3×4.0
沿砖、混凝土结构明敷设</td></tr>
<tr><td>定额编码</td><td>4-12-5</td><td>4-12-96</td><td>4-12-114</td></tr>
<tr><td>未计价主材</td><td>铜芯塑料绝缘线 116m</td><td>铜芯塑料绝缘线 105m</td><td>铜芯塑料绝缘线 104.9m</td></tr>
<tr><td rowspan="2">4</td><td rowspan="2">使用说明</td><td>1）管内穿线的线路分支接头线长度已综合考虑在定额中，不得另计
2）照明线路中导线截面面积大于 $6mm^2$ 时，执行“穿动力线”相应的定额</td><td>多芯软导线线槽配线按芯数不同套用本章“管内穿多芯软导线”相应定额×1.2</td><td>—</td></tr>
<tr><td colspan="3">1）灯具、开关、插座、按钮等预留线，已分别综合在相应项目内，不另行计算
2）管内穿线单线长度（m）=（配管长度+导线规定预留长度）×管内所穿同型号、同规格导线根数</td></tr>
</table>

【例 2-3】 接【例 2-2】，如图 2-10a 所示，某会议室插座回路 WX3 的导线型号、规格与穿管方式为 WDZB-BYJ2×4+BYJR4-PC20，配电箱 AL1 尺寸为 400mm×300mm×120mm。设 WDZB-BYJ4 和 WDZB-BYJR4 的除税价分别为 2900 元/km、3000 元/km。试按定额清单计价法列出项目综合单价计算表。本题中安装费的人、材、机单价均按《浙江省通用安装工程预算定额》（2018 版）取定的基价考虑；管理费费率为 21.72%，利润费率为 10.40%，风险不计；计算结果保留两位小数。

【解】 由【例 2-2】由计算结果可知，暗敷配管 DN20 刚性阻燃管总长度为 19.6m。考虑配电箱预留长度，则导线 WDZB-BYJ4 的工程量=[19.6+(0.4+0.3)]m×2=40.6m，导线 WDZB-BYJR4 的工程量=[19.6+(0.4+0.3)]m=20.3m。

管内穿铜芯照明线 $4mm^2$ 以内套用定额项目 4-12-6。定额人工费、材料费、机械费分别为 56.30 元/100m、1.09 元/100m、0 元/100m。

（1）WDZB-BYJ4 综合单价计算　导线 WDZB-BYJ4 的定额工程量=40.6m÷100=0.406（100m），未计价主材工程量=0.406（100m）×110m/100m=44.660m。未计价主材单位价值=110m/100m×2900 元/km÷1000=319.00 元/100m，共计材料费=（1.09+319.00）元/100m=320.09 元/100m。

管理费=(56.30+0)元/100m×21.72%=12.23 元/100m；利润=(56.30+0)元/100m×10.4%=5.86 元/100m。

综合单价=(56.30+320.09+0+12.23+5.86)元/100m=394.48 元/100m。

管内穿线综合单价计算结果见表 2-29。

（2）WDZB-BYJR4 综合单价计算　导线 WDZB-BYJR4 的定额工程量=20.3m÷100=0.203（100m），未计价主材工程量=0.203（100m）×110m/100m=22.330m。未计价主材单位价值=110m/100m×3000 元/km÷1000=330.00 元/100m，共计材料费=(1.09+330.00)元/100m=331.09 元/100m。

管理费=(56.30+0)元/100m×21.72%=12.23 元/100m；利润=(56.30+0)元/100m×10.4%=5.86 元/100m。

综合单价=(56.30+331.09+0+12.23+5.86)元/100m=405.48 元/100m。

管内穿线综合单价计算结果见表2-29。

表2-29 管内穿线综合单价计算结果

项目编码（定额编码）	清单（定额）项目名称	计量单位	数量	综合单价（元）						合计（元）
				人工费	材料（设备）费	机械费	管理费	利润	小计	
4-12-6	穿照明线 WDZB-BYJ4	100m	0.406	56.30	320.09	0.00	12.23	5.86	394.48	160.16
主材	铜芯塑料绝缘线	m	44.660		2.90					129.51
4-12-6	穿照明线 WDZB-BYJR4	100m	0.203	56.30	331.09	0.00	12.23	5.86	405.48	82.31
主材	铜芯塑料绝缘线	m	22.330		3.00					66.99

2.2.5 电缆敷设工程定额与计量计价

1. 定额使用说明

定额使用说明具体见《浙江省通用安装工程预算定额》（2018版）第四册第八章第157~158页的相关内容。

本章内容包括直埋电缆辅助设施，电缆保护管铺设，电缆桥架、槽盒安装，电缆敷设（包括电力电缆敷设、矿物绝缘电缆敷设、控制电缆敷设），电缆防火设施安装等内容。除本节介绍的内容外，其余见本书2.2.8节动力系统安装工程定额与计量计价。

2. 定额工程量计算规则

定额工程量计算规则具体见《浙江省通用安装工程预算定额》（2018版）第四册第八章第159~160页的相关内容。

3. 直埋电缆辅助设施

（1）定额项目划分　定额编有铺砂、保护，以及揭、盖、移动盖板等内容。铺砂、保护定额区分保护措施、电缆根数划分项目，套用定额项目4-8-1~4-8-4；揭、盖、移动盖板定额区分盖板长度划分项目，套用定额项目4-8-5~4-8-7。

（2）定额工程量计算　定额均以“100m”为计量单位，按设计图所示数量计算。

电缆沟揭、盖、移动盖板根据施工组织设计，以揭一次或盖一次为计算基础，按照实际揭或盖次数乘以它的长度。应当注意：移动盖板或揭或盖，定额均按一次考虑；若又揭又盖，则按两次计算。

（3）使用说明　定额不包括电缆沟与电缆井的砌砖或浇筑混凝土、隔热层与保护层制作安装，工程实际发生时，执行相应定额。

开挖路面、修复路面、沟槽挖填等执行《浙江省通用安装工程预算定额》（2018版）第十三册《通用项目和措施项目工程》的相关定额。

电缆沟盖板采用金属盖板时，金属盖板制作执行《浙江省通用安装工程预算定额》（2018版）第十三册《通用项目和措施项目工程》“铁构件制作、安装”的相应定额，基价×0.6，安装执行本章揭盖盖板的相应定额。

4. 电缆保护管铺设

（1）定额项目划分　电缆保护管铺设根据电缆敷设路径，区别不同敷设方式、敷设位置、管材材质、规格等划分项目，套用定额项目 4-8-8~4-8-26。

(2) 定额工程量计算 地下铺设以“100m”为计量单位，地上铺设以“根”为计量单位。工程量均按施工图所示铺设数量计算。

计算电缆保护管长度时，设计无规定时按照表 2-30 中规定的电缆保护管增加长度。

表 2-30 电缆保护管增加长度

序号	场景	计算基础	计算公式
1	横穿马路	路基宽度	2m+路基宽度+2m
2	伸出地面	弯头管口距地面	弯头管口距地面+2m
3	穿过建(构)筑物外墙	基础外缘	基础外缘+1m
4	穿过沟(隧)道	沟(隧)道壁外缘	沟(隧)道壁外缘+1m

(3) 使用说明 电缆保护管铺设定额分为地下铺设、地上铺设两个部分。

1) 地下铺设不分人工或机械铺设和铺设深度，均执行本定额，不做调整。

2) 地下铺设电缆（线）保护管公称直径≤DN25 时，参照 DN50 相应定额，基价×0.7。

3) 地上铺设保护管定额不分角度与方向，综合考虑了不同壁厚与长度，执行定额时不做调整。

4) 多孔梅花管安装以梅花管外径参照相应的塑料管定额，基价×1.2。

5) 入室后需要铺设电缆保护管时，执行《浙江省通用安装工程预算定额》(2018 版) 第十一章“配管工程”的相应定额。

电缆保护管地下铺设，土石方量施工有设计图的，按照设计图计算；无设计图的，沟深按照 0.9m 计算，沟宽按照保护管边缘每边各增加 0.3m 工作面计算。未能达到上述标准时，则按实际开挖尺寸计算。

5. 电缆桥架、槽盒安装

电缆桥架简称桥架，由托盘、梯架（包括直线段、弯头、三通和附件等），以及支、吊架等构成，是用以保护、管理和支撑线缆等的具有连续刚性结构系统的总称。桥架可以独立架设，也可以敷设在各种建（构）筑物和管廊支架上。

按结构形式，桥架可分为槽式桥架、梯式桥架、托盘式桥架和组合式桥架等。

按材质分，桥架又可以分为钢制桥架、玻璃钢桥架、铝合金桥架和 PVC 桥架等。

组合式桥架是一种新型桥架。只要采用宽度为 100、150、200mm 的三种基型就可以组成所需要尺寸的电缆桥架。不需要另外生产弯头、三通等配件，就可以根据现场情况安装任意转向、变宽、分支、引上或引下，还可以在桥体任意部位将线管引出，而无须钻孔或焊接，是比较理想的桥架类型。

(1) 定额项目划分 电缆桥架安装区分材质（钢制、玻璃钢或铝合金）、结构形式（槽式、梯式或托盘式）和规格（宽+高）划分项目，套用定额项目 4-8-27~4-8-81。此外，组合式桥架及电缆桥架支撑架安装不区分定额项目，分别套用定额项目 4-8-82 和 4-8-83。

(2) 定额工程量计算 电缆桥架安装根据桥架材质（钢制、玻璃钢或铝合金）与规格，按照设计图示安装数量以“10m”为计量单位，不扣除弯头、三通、四通等所占长度。

组合式桥架以每片长度 2m 为一个基型片，需要在施工现场将基型片进行组装，以“100 片”为计量单位。

电缆桥架支撑架安装按照设计图示安装数量以“t”为计量单位，适用于随桥架成套供货的成品支撑架安装。

(3) 使用说明　本章桥架安装定额适用于输电、配电及用电工程电力电缆与控制电缆的桥架安装。通信、热工及仪器仪表、建筑智能等弱电工程控制电缆桥架安装，根据定额说明执行相应桥架安装定额。

桥架安装定额包括组对、焊接、桥架开孔、隔板与盖板安装、接地、附件安装、修理等。定额不包括桥架支撑架安装。定额综合考虑了螺栓、焊接和膨胀螺栓三种固定方式，实际安装与定额不同时不做调整。

1) 梯式桥架安装定额是按照不带盖考虑的。若梯式桥架带盖，则执行相应的槽式桥架定额。

2) 钢制桥架主结构设计厚度>3mm 时，执行相应安装定额，人工费、机械费×1.2。

3) 不锈钢桥架安装执行相应的钢制桥架定额，基价×1.1。

4) 电缆桥架安装定额是按照厂家供应成品安装编制的，若现场需要制作桥架时，应执行《浙江省通用安装工程预算定额》(2018 版) 第十三册《通用项目和措施项目工程》的相应定额。

防火桥架执行钢制槽式桥架相应定额；耐火桥架执行钢制槽式桥架相应定额，人工费和机械×2.0。

电缆桥架支撑架安装定额适用于随桥架成套供货的成品支撑架安装。

电缆桥架揭盖盖板根据桥架宽度执行电缆沟揭、盖、移动盖板相应定额，人工费×0.3。

6. 电缆敷设

常用电缆按用途可分为电力电缆、控制电缆和通信电缆；按耐火性能与特点等可分为普通电缆、阻燃电缆和防火（或耐火）电缆等。其中，防火电缆分为柔性矿物绝缘防火电缆和刚性矿物绝缘防火电缆两类。矿物绝缘电缆可用于电力电缆或控制电缆，它的最大特点是防火与耐高温。

电气设备安装工程常用电缆型号含义、电缆外护层代号含义和电力电缆与控制电缆的对比见表 2-8~表 2-10。

(1) 定额使用说明　本章的电缆敷设定额适用于 10kV 以下的电力电缆和控制电缆敷设。定额是按平原地区和厂内电缆工程的施工条件编制的，未考虑在积水区、水底、井下等特殊条件下的电缆敷设。

电缆在一般山地地区敷设时，定额人工费和机械费×1.6，在丘陵地区敷设时，定额人工费和机械费×1.15。该地段所需的施工材料如固定桩、夹具等按实际情况另计。

本章的电缆敷设定额综合了除排管内敷设以外的各种不同敷设方式，包括土沟内、穿管、支架、沿墙卡设、钢索、沿支架卡设等方式，定额将各种方式按一定的比例进行了综合。因此，在实际工作中不论采取上述何种方式（排管内敷设除外），一律不做换算和调整。

预制分支电缆敷设分别以主干和分支电缆的截面面积执行“电缆敷设”相应定额，分支器按主电缆截面面积套用干包式电缆头制作安装定额，定额内除其他材料费保留外，其余计价材料全部扣除，分支器主材另计。

电缆敷设定额中不包括支架的制作与安装，在工程中应用时，执行《浙江省通用安装工程预算定额》(2018 版)第十三册《通用项目和措施项目工程》的相应定额。

(2)电缆长度计算　竖井通道内敷设电缆长度按照穿过竖井通道的长度计算工程量。

计算电缆敷设长度时,应考虑因波形敷设、弛度、电缆绕梁(柱)所增加的长度,以及电缆与设备连接、电缆接头等必要的附加及预留长度。电缆敷设附加及预留长度按照设计规定计算,设计无规定时按照表 2-31 中的规定计算。

单根电缆长度=(水平长度+垂直长度+附加及预留长度)×2.5%

应当注意的是,电缆附加及预留的长度只有在实际中发生,并已按预留量敷设的情况下才能计入电缆长度工程量。

表 2-31　电缆敷设附加及预留长度计算表

序号	项目	附加及预留长度	说明
1	电缆敷设驰度、波形弯度、交叉	2.5%	按电缆图示长度计算
2	电缆进入建筑物	2.0m	规范规定最小值
3	电缆进入沟内或吊架时引上(下)预留	1.5m	规范规定最小值
4	变电所进线、出线	1.5m	规范规定最小值
5	电力电缆终端头	1.5m	检修余量最小值
6	电缆中间接头盒	两端各留 2.0m	检修余量最小值
7	电缆进控制、保护屏及模拟盘等	高+宽	按盘面尺寸
8	高压开关柜及低压配电盘、柜	2.0m	盘下进出线
9	电缆至电动机	0.5m	从电机接线盒算起
10	厂用变压器	3.0m	从地坪起算
11	电缆绕过梁柱等增加长度	按实计算	按被绕物的断面情况计算增加长度
12	电梯电缆与电缆架固定点	每处 0.5m	范围最小值

(3)电缆敷设定额对比　电力电缆敷设、矿物绝缘电缆敷设和控制电缆敷设定额情况对比见表 2-32。

表 2-32　电力电缆敷设、矿物绝缘电缆敷设和控制电缆敷设定额情况对比

序号	项目	电力电缆敷设	矿物绝缘电缆敷设	控制电缆敷设
1	项目划分	1)区分材质(铝芯、铜芯)与规格划分 2)排管内敷设单列,区分规格划分	区分电缆芯数划分	区分电缆类型(控制电缆、矿物绝缘电缆)和电缆芯数划分
2	工程量	1)按照设计图示单根敷设数量,以“100m”为计量单位;不计算敷设损耗量 2)电缆敷设附加长度计算按表 2-31 中规定的计算		
3	定额编码	4-8-84~4-8-98	4-8-145~4-8-155	4-8-178~4-8-182、 4-8-191~4-8-194
	未计价主材	电力电缆 101m	矿物绝缘电缆 102m	控制电缆 101.5m 矿物绝缘电缆 102m
4	使用说明	1)铝合金电缆敷设根据规格执行相应的铝芯电缆敷设定额 2)排管内铝芯电缆敷设参照排管内铜芯电缆相应定额,人工费×0.7	—	—

（4）电缆敷设定额系数调整　本章的电力电缆敷设定额均是按三芯及三芯以上电缆考虑的，单芯、双芯电力电缆敷设调整系数见表2-33。

表2-33　单芯、双芯电力电缆敷设调整系数

规格名称		35mm^2 及以上			25mm^2 及以下		10mm^2 及以下	
		≥三芯	双芯	单芯	≥三芯	双芯、单芯	≥三芯	双芯、单芯
电力电缆敷设	铜芯	1.0	0.5	0.3	0.5	0.3	0.4	0.25
	铝芯							
	其他说明	1）电力电缆定额所列项目最大截面面积为400mm^2 2）截面面积为400～800mm^2 的单芯电力电缆敷设按截面面积为400mm^2 的电力电缆定额执行 3）截面面积为800～1000mm^2 的单芯电力电缆敷设按截面面积为400mm^2 的电力电缆定额基价×1.25执行						

本章的矿物绝缘电缆敷设定额适用于铜或铜合金护套的矿物绝缘电缆（如BTTZ），此种电缆的定额（三芯及以上）最大截面面积为35mm^2。当截面面积为70mm^2 以下（三芯及以上）时，执行截面面积为35mm^2 以下定额项目（4-8-155），基价×1.2。

波纹铜护套的矿物绝缘电缆执行铜芯电力电缆敷设的相应定额，人工费×1.3。

其他护套的矿物绝缘电缆执行铜芯电力电缆敷设的相应定额，人工费×1.1。

除矿物绝缘电力电缆和矿物绝缘控制电缆外，电缆：①在竖井内桥架中竖直敷设，按不同材质及规格套用相应电缆敷设定额，基价×1.2；②在竖直通道内采用支架固定直接敷设，按不同材质及规格套用相应电缆敷设定额，基价×1.6；③竖井内敷设是指单段高度>3.6m的竖井，单段高度≤3.6m的竖井内敷设时定额不做调整。

【例2-4】　定额套用与换算见表2-34，根据项目名称补齐定额编号、定额计量单位并计算基价，基价计算需保留计算过程，计算结果保留至小数点后两位。

表2-34　定额套用与换算

序号	定额编码	项目名称	定额计量单位	基价（元/100m）
1		铜芯电力电缆 ZR-YJV-1kV-4×10 敷设		
2		铜芯电力电缆 YJV-0.6/1-3×16+2×10 敷设		
3		铜芯电力电缆 WDZB-YJV-0.6/1-4×35+1×16 敷设		
4		铜芯电力电缆 YJV-0.6/1-3×50+2×25 敷设		

【解】　由题意及电缆敷设定额系数调整，各项目定额套用与换算过程如下：

1）铜芯电力电缆ZR-YJV-1kV-4×10敷设，三芯及以上、最大截面面积为10mm^2，应套用截面面积为35mm^2 的铜芯电力电缆敷设定额4-8-88并进行换算，基价×0.4，即换算后基价=475.28元/100m×0.4=190.11元/100m。

2）铜芯电力电缆YJV-0.6/1-3×16+2×10敷设，三芯及以上、最大截面面积为16mm^2，应套用截面面积为35mm^2 的铜芯电力电缆敷设定额4-8-88并进行换算，基价×0.5，即换算后基价=475.28元/100m×0.5=237.64元/100m。

3）铜芯电力电缆WDZB-YJV-0.6/1-4×35+1×16敷设，三芯及以上、最大截面面积为35mm^2，应套用截面面积为35mm^2 的铜芯电力电缆敷设定额4-8-88，基价为475.28元/100m。

4）铜芯电力电缆 YJV-0.6/1-3×50+2×25 敷设，三芯及以上、最大截面面积为 $50mm^2$，应套用截面面积为 $70mm^2$ 的铜芯电力电缆敷设定额 4-8-89，基价为 800.08 元/100m。

定额套用与换算结果见表 2-35。

表 2-35 定额套用与换算结果

序号	定额编码	项目名称	定额计量单位	基价(元/100m)
1	4-8-88H	铜芯电力电缆 ZR-YJV-1kV-4×10 敷设	100m	475.28×0.4=190.11
2	4-8-88H	铜芯电力电缆 YJV-0.6/1-3×16+2×10 敷设	100m	475.28×0.5=237.64
3	4-8-88	铜芯电力电缆 WDZB-YJV-0.6/1-4×35+1×16 敷设	100m	475.28
4	4-8-89	铜芯电力电缆 YJV-0.6/1-3×50+2×25 敷设	100m	800.08

7. 电缆头制作安装

电缆敷设完毕后，为使其成为一个连续线路，各段电缆必须连接为一个整体，这些电缆的连接点（即接头）就称为电缆接头。电缆线路中间部位的电缆接头（如每超过 200m 设置）称为中间接头（或中间头），而线路首尾两端的电缆接头称为终端头。电缆头的主要作用是确保线路通畅、电缆密封，并保证电缆接头处的绝缘等级，使电缆安全、可靠地运行。

电缆头的分类情况见表 2-36。

表 2-36 电缆头的分类情况

序号	分类依据	分类情况	备注
1	安装场所	户内式、户外式	
2	制作安装材料	干包式、浇注式、热缩式、冷缩式	具体见表 2-37
3	线芯材料	铜芯、铝芯	
4	接头材质	塑料、金属	

不同制作工艺、不同材料的电缆头情况对比见表 2-37。

表 2-37 不同制作工艺、不同材料的电缆头情况对比

序号	项目	干包式	浇注式	热缩式	冷缩式
1	材料	高压胶布、相色胶布、塑料带、接线端子等	环氧树脂	塑料手套、塑料热缩管、相色管、接线端子等	弹性体材料（常用硅橡胶和乙丙橡胶）
2	制作工艺	高压自粘式胶布和电工胶布人工缠绕	向固定在电缆头上的模具里浇注环氧树脂，干后拆模	喷灯或热风枪加热	抽出预扩张件内部塑料螺旋支撑物，利用常温下弹性回缩力压紧在电缆绝缘上
3	使用场所	1）仅适用于户内低压（≤1kV）的全塑或橡胶绝缘电力电缆 2）一般用于使用时间不长的临时线路	一般用于≤10kV的油浸纸绝缘电缆终端上	1）主要用于≤35kV的高低压交联电缆或油浸电缆终端上 2）一般用于使用时间较长的线路	1）10~35kV的各种电缆终端上 2）一般用于使用时间较长的线路
4	优点	体积小、质量小、造价低、施工方便	—	耐水、抗击打、密闭性能优越，适用范围很广	形状美观，安装施工快、节省时间，抗污染
5	缺点	1）防水、耐久、美观较差 2）只能明敷，不能埋地，安全性较差	不能在潮湿天气浇注	造价较高	造价高

（1）定额使用说明 本章的电力电缆头制作安装定额均是按三芯及三芯以上电缆考虑的，单芯、双芯电力电缆头制作安装调整系数见表2-38。

表2-38 单芯、双芯电力电缆头制作安装调整系数

规格名称		35mm² 及以上			25mm² 及以下		10mm² 及以下	
		≥三芯	双芯	单芯	≥三芯	双芯、单芯	≥三芯	双芯、单芯
电缆头制作安装	铜芯	1.0	0.4	0.3	0.4	0.2	0.3	0.15
	铝芯以铜芯为基数	0.8	0.32	0.24	0.32	0.16	0.24	0.12
	其他说明	1）截面面积为400mm² 以上的单芯电缆头制作安装，可按同材质截面面积为240mm² 的电力电缆头制作安装定额执行 2）截面面积为240mm² 以上的电缆头的接线端子为异型端子，需要单独加工，可按实际加工价格计补差价（或调整定额价格）						

预制分支电缆的分支器按主电缆截面套用干包式电缆头制作安装定额，定额内除其他材料费保留外，其余计价材料全部扣除，分支器主材另计。

当电缆头制作安装使用成套供应的电缆头套件时，定额内除其他材料费保留外，其余计价材料应全部扣除，电缆头套件按主材费计价。

本章的矿物绝缘电缆敷设定额适用于铜或铜合金护套的矿物绝缘电缆，当截面面积为70mm² 以下（三芯及以上）电缆的电缆头制作安装时，执行截面面积为35mm² 以下的电缆头制作安装相应定额（4-8-166或4-8-177）。

波纹铜护套的矿物绝缘电缆的电缆头制作安装时，执行铜芯电力电缆头制作安装相应定额。

其他护套的矿物绝缘电缆的电缆头制作安装时，执行铜芯电力电缆头制作安装相应定额。

（2）电缆头工程量计算 电力电缆和控制电缆均按照一根电缆有两个终端头计算。电力电缆中间头按照设计规定计算；设计没有规定的按实际情况计算。

（3）电缆头制作安装定额对比 电缆头制作安装定额情况对比见表2-39。

表2-39 电缆头制作安装定额情况对比

序号	项目	电力电缆头制作安装	矿物绝缘电缆头制作安装	控制电缆头制作安装
1	项目划分	根据电缆类型、电缆头制作安装工艺、电缆头形式（终端头、中间头）和电压等级及电缆截面面积划分		
2	工程量计算	按计算规则计算数量，以“个”为计量单位		
3	定额编码	4-8-99～4-8-144	4-8-156～4-8-177	4-8-183～4-8-190、 4-8-195～4-8-202
	未计价主材	见定额	终端头1.01个 中间接头1.01个	1）控制电缆终端盒、中间接头盒均为1.02个 2）矿物绝缘控制电缆终端头、中间接头均为1.01个

8. 电缆防火设施安装

（1）定额项目划分 定额区分电缆防火设施的不同类型（防火堵洞、防火隔板、防火涂料和阻燃槽盒）划分项目，其中防火堵洞又按不同防火材料进一步细分定额项目。分别套用定额 4-8-204～4-8-210。

按照设计用量分别以不同计量单位计算工程量。

（2）定额工程量计算　根据防火设施的类型及材料，按照设计用量分别以不同计量单位计算工程量。

（3）使用说明　电缆防火堵洞每处在 0.25m² 以内。电缆桥架、线槽穿越楼板、墙做防火封堵时堵洞面积在 0.25m² 以内的套用防火封堵（盘柜下）定额，主材按实计算。

定额未包括防火隔板、阻燃槽盒、防火墙、涂料及防火封堵充填料。

【例 2-5】　某工程地下室 2 台消防水泵均由消防控制柜（1800mm×2200mm×120mm）提供动力。消防水泵接管布线平面示意图如图 2-12 所示，2 根 YJV3×35+1×16 电缆沿垂直桥架（200mm×100mm），从控制柜上方接至底标高为 3.8m 的水平桥架，之后接至 1#消防泵上方，再通过 2 根 100mm×50mm 的桥架分别接至水泵电动机附近地面。已知泵房层高为 5.0m。试计算电缆敷设相关定额工程量并套用相应定额。

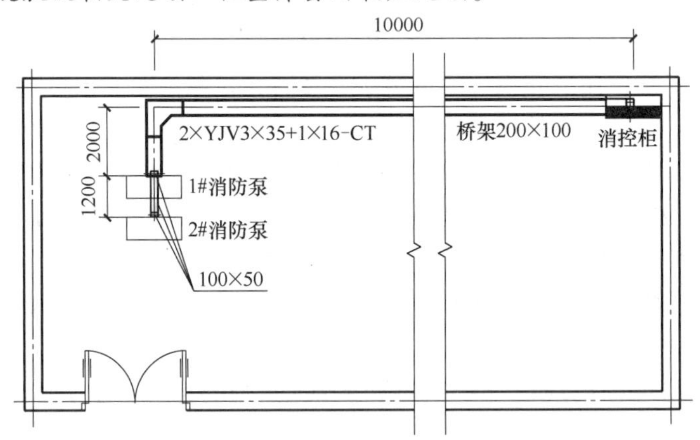

图 2-12　消防水泵接管布线平面示意图

【解】　由题意及电缆敷设相关工程量计算规则，电缆敷设相关工程量计算及相应定额套用见表 2-40。

表 2-40　电缆敷设相关工程量计算及相应定额套用

序号	定额编码	项目名称	工程量计算过程	单位	数量
1	4-8-28	钢制电缆桥架 200mm×100mm 安装	消控柜顶至桥架垂直(桥架底标高 3.8－柜顶高 2.2)+桥架水平长度(10+2)=13.60m	10m	1.36
2	4-8-27	钢制电缆桥架 100mm×50mm 安装	1#泵:桥架至地面垂直 3.8m 2#泵:水平长度 1.2+桥架至地面垂直 3.8m=5.0m 总长:3.8+5.0=8.8m	10m	0.88
3	4-8-88	电缆 YJV3×35+1×16 敷设	1#泵:桥架长度(13.6+3.8)+柜半周长(1.8+2.2)+至电动机预留 0.5=21.9m 2#泵:桥架长度(13.6+5.0)+柜半周长(1.8+2.2)+至电动机预留 0.5=23.1m 电缆总长:(21.9+23.1)×(1+2.5%)=46.13m	100m	0.461
4	4-8-99	铜芯干包式电缆 1kV 35mm² 终端头制作安装	电缆根数 2×每根 2 个=4 个	个	4

2.2.6 照明器具安装工程定额与计量计价

将电能转换为光能的器件或装置称为电光源。可自由调整由光源射出的光之光量、光色、配光等的器具称为照明器具。

电光源按光的产生原理分为以下三类。

1）热辐射电光源，利用电流的热效应，把具有耐高温低挥发性的灯丝加热到白炽程度而产生可见光。典型产品有普通白炽灯和卤钨灯等。

2）气体放电光源，通过气体放电将电能转换为光的一种电光源。典型产品有低气压放电灯（如荧光灯、低压钠灯）和高气压放电灯（高压钠灯、荧光高压汞灯、高压钠灯和金属卤化物灯）。

3）电致发光电光源，是指在电场激发下产生的、将电能直接转变为光能的发光现象。典型产品有场致发光板（EL）和发光二极管（LED）等。

电气设备安装工程常用电光源代号、灯具代号和灯具安装方式见表2-4~表2-6。

1. 定额使用说明

定额使用说明具体见《浙江省通用安装工程预算定额》（2018版）第四册第十三章第307~309页的相关内容。

本章内容包括普通灯具安装，装饰灯具安装，荧光灯具安装，嵌入式地灯安装，工厂灯安装，医院灯具安装，霓虹灯安装，路灯安装，景观灯安装，太阳光导入照明系统，开关，按钮安装，插座安装，艺术喷泉照明系统的安装等内容。相关说明如下：

1）灯具引导线是指灯具吸盘到灯头的连线，除注明者外，均按照灯具自备考虑。如引导线需要另行配置时，安装费不变，主材费另行计算。

2）小区路灯、投光灯、氙气灯、烟囱或水塔指示灯的安装定额，考虑了超高安装（操作超高）因素。

3）照明灯具安装除特殊说明外，均不包括支架制作安装。工程实际发生时，执行《浙江省通用安装工程预算定额》（2018版）第十三册《通用项目和措施项目工程》相应定额。

4）定额包括灯具组装、安装、利用摇表测量绝缘及一般灯具的试亮工作。

5）LED灯安装根据结构、形式、安装地点，执行相应的灯具安装定额。

6）并列安装一套光源双罩吸顶灯时，按照两个单罩周长或半周长之和执行相应的定额；并列安装两套光源双罩吸顶灯时，按照两套灯具各自灯罩周长或半周长执行相应的定额。

2. 定额工程量计算规则

定额工程量计算规则具体见《浙江省通用安装工程预算定额》（2018版）第四册第十一章第310~312页的相关内容。

3. 普通灯具安装

普通灯具安装包括吸顶灯具和其他普通灯具安装。普通灯具安装定额适用范围见表2-41。

表2-41 普通灯具安装定额适用范围

序号	定额名称	灯具种类
1	圆球吸顶灯	半圆球吸顶灯、扁圆罩吸顶灯、平圆形吸顶灯
2	方形吸顶灯	矩形罩吸顶灯、方形罩吸顶灯、大口方罩吸顶灯

（续）

序号	定额名称	灯具种类
3	软线吊灯	利用软线为垂吊材料、独立的，形状如碗、伞、平盘的灯罩组成的各式软线吊灯
4	吊链灯	利用吊链作辅助悬吊材料、独立的各式吊链灯
5	防水吊灯	一般防水吊灯
6	一般弯脖灯	圆球弯脖灯、风雨壁灯
7	一般墙壁灯	各种材质的一般壁灯、镜前灯
8	软线吊灯头	一般吊灯头
9	声光控座灯头	一般声控、光控座灯头
10	座灯头	一般塑料、瓷质座灯头

几种常用普通灯具安装定额情况对比见表 2-42。

表 2-42　几种常用普通灯具安装定额情况对比

<table>
<tr><th>序号</th><th>项目</th><th>吸顶灯具安装</th><th>软线吊灯</th><th>普通壁灯</th><th>座灯头</th></tr>
<tr><td>1</td><td>项目划分</td><td colspan="4">根据灯具种类、规格等划分项目</td></tr>
<tr><td>2</td><td>工程量</td><td colspan="4">按照设计图示安装数量，均以“10 套”为计量单位</td></tr>
<tr><td rowspan="3">3</td><td>举例</td><td>LED 方形吸顶灯（300mm×300mm）安装</td><td>LED 软线吊灯安装</td><td>普通壁灯安装</td><td>座灯头安装</td></tr>
<tr><td>定额编码</td><td>4-13-3</td><td>4-13-4</td><td>4-13-8</td><td>4-13-10</td></tr>
<tr><td>未计价主材</td><td colspan="4">成套灯具 10.1 套</td></tr>
<tr><td>4</td><td>使用说明</td><td>1）灯罩直径>500mm 的圆球吸顶灯参照 4-13-3 定额
2）方形吸顶灯按灯罩周长参照圆球吸顶灯相应定额</td><td colspan="2">—</td><td>—</td></tr>
</table>

4. 装饰灯具安装

装饰灯具安装定额适用范围见表 2-43。

表 2-43　装饰灯具安装定额适用范围

序号	定额名称	灯具种类（形式）
1	吊式艺术装饰灯具	不同材质、不同灯体垂吊长度、不同灯体直径的蜡烛灯、挂片灯、串珠（穗）、串棒灯、吊杆式组合灯、玻璃罩（带装饰）灯
2	吸顶式艺术装饰灯具	不同材质、不同灯体垂吊长度、不同灯体几何形状的串珠（穗）、串棒灯、挂片、挂碗、挂吊碟灯、玻璃（带装饰）灯
3	荧光艺术装饰灯具	不同安装形式、不同灯管数量的组合荧光灯光带，不同几何组合形式的内藏组合式灯 不同几何尺寸、不同灯具形式的发光棚 不同形式的立体广告灯箱、荧光灯光沿
4	几何形状组合艺术灯具	不同固定形式、不同灯具形式的繁星灯、钻石星灯、礼花灯、玻璃罩钢架组合灯、凸片灯、反射挂灯、筒形钢架灯、U 形组合灯、弧形管组合灯
5	标志、诱导装饰灯具	不同安装形式的标志灯、诱导灯

（续）

序号	定额名称	灯具种类(形式)
6	水下艺术装饰灯具	简易型彩灯、密封型彩灯、喷水池灯、幻光灯
7	点光源艺术装饰灯具	不同安装形式、不同灯体直径的筒灯、牛眼灯、射灯、轨道射灯
8	草坪灯具	各种立柱式、墙壁式的草坪灯
9	歌舞厅灯具	各种安装形式的变色转盘灯、雷达射灯、幻影转彩灯、维纳斯旋转灯、卫星旋转特效灯、飞碟旋转效果灯、多头转灯、滚筒灯、频闪灯、太阳灯、雨灯、歌星灯、边界灯、射灯、泡泡发生器、迷你满天星彩灯、迷你(单立)盘彩灯、多头宇宙灯、镜面球灯、蛇管灯

（1）定额项目划分与工程量计算

1）吊式艺术装饰灯具安装根据装饰灯具示意图，区别不同装饰物、灯体直径和灯体垂吊长度，按照设计图示安装数量以“套”为计量单位。

2）吸顶式艺术装饰灯具安装根据装饰灯具示意图，区别不同装饰物、吸盘几何形状、灯体直径、灯体周长和灯体垂吊长度，按照设计图示安装数量以“套”为计量单位。

3）荧光艺术装饰灯具安装根据装饰灯具示意图，区别不同安装形式和计量单位计算。灯具主材根据实际安装数量加损耗量以“套”另行计算。

① 组合荧光灯带安装根据灯管数量，按照设计图示安装数量以“m”为计量单位。

② 内藏组合式灯安装根据灯具组合形式，按照设计图示安装数量以“m^2”为计量单位。

③ 发光棚荧光灯安装按照设计图示发光棚数量以“m”为计量单位。

④ 立体广告灯箱、天棚荧光灯带安装按照设计图示安装数量以“m”为计量单位。

4）几何形状组合艺术灯具安装根据装饰灯具示意图，区别不同安装形式及灯具形式，按照设计图示安装数量以“套”为计量单位。

5）标志、诱导装饰灯具安装根据装饰灯具示意图，区别不同的安装形式，按照设计图示安装数量以“套”为计量单位。

6）水下艺术装饰灯具安装根据装饰灯具示意图，区别不同安装形式，按照设计图示安装数量以“套”为计量单位。

7）点光源艺术装饰灯具安装根据装饰灯具示意图，区别不同安装形式、不同灯具直径，按照设计图示安装数量以“套”为计量单位。

8）草坪灯具安装根据装饰灯具示意图，区别不同安装形式，按照设计图示安装数量以“套”为计量单位。

9）歌舞厅灯具安装根据装饰灯具示意图，区别不同安装形式，按照设计图示安装数量以“套”或“m”或“台”为计量单位。

（2）标志、诱导装饰灯具安装　标志、诱导装饰灯具安装定额适用于应急照明系统中的消防应急灯具（包括应急照明灯具和应急标志灯具）安装。具体适用灯具包括应急照明灯具、安全出口标志灯、疏散方向标志灯和楼层（或避难层）显示标志灯等。

几种常用标志、诱导装饰灯具安装定额情况对比见表2-44。

表 2-44　几种常用标志、诱导装饰灯具安装定额情况对比

序号	项目	吸顶式	吊杆式	墙壁式(明敷)	嵌入式(暗敷)	地埋式
1	项目划分	根据不同安装形式划分项目				
2	工程量	按照设计图示安装数量,均以“10套”为计量单位				
3	举例	LED消防应急吸顶灯(ϕ330)安装	安全出口标志灯(吊杆式)安装	单向疏散指示灯(沿墙明敷)安装	双向疏散指示灯(嵌墙暗敷)安装	地埋式单向疏散指示灯安装
	定额编码	4-13-154	4-13-155	4-13-156	4-13-157	4-13-211
	未计价主材	成套灯具10.1套				
4	使用说明	1)地埋式标志、诱导装饰灯具参照嵌入式地灯(地板下)安装定额4-13-211执行 2)嵌入式消防应急灯具执行嵌入式安装相应定额				

5. 荧光灯具安装

荧光灯具安装根据灯具安装形式、灯具种类、灯管数量区分定额项目，按照设计图示安装数量以“套”为计量单位。

荧光灯具安装定额按照成套型荧光灯考虑。工程实际采用组合式荧光灯时，执行相应的成套型荧光灯安装定额，基价×1.1。荧光灯具安装定额适用范围见表2-45。

表 2-45　荧光灯具安装定额适用范围

定额名称	灯具种类(形式)
成套型荧光灯	单管、双管、三管、四管、吊链式、吊管式、吸顶式、嵌入式、成套独立荧光灯

6. 其他灯具安装

(1) 嵌入式地灯安装　嵌入式地灯安装根据灯具安装形式区分定额项目，按照设计图示安装数量以“10套”为计量单位。

(2) 工厂灯安装　工厂灯安装根据不同灯具类型、安装形式、安装高度等划分定额项目。安装定额适用范围具体见《浙江省通用安装工程预算定额》(2018版) 第四册第308页相关适用范围表。

工厂灯及防水防尘灯安装根据灯具安装形式，按照设计图示安装数量以“10套”为计量单位。工厂其他灯具安装根据灯具类型、安装形式、安装高度，按照设计图示安装数量以“10套”为计量单位。

(3) 医院灯具安装　医院灯具安装根据灯具类型划分定额项目，按照设计图示安装数量以“10套”为计量单位。医院灯具安装定额适用范围见表2-46。

表 2-46　医院灯具安装定额适用范围

定额名称	灯具种类
病房指示灯	病房指示灯
病房暗角灯	病房暗角灯
无影灯	3~12孔管式无影灯

(4) 霓虹灯安装　霓虹灯管安装根据灯管直径划分定额项目，按照设计图示延米数量以“10m”为计量单位。

霓虹灯变压器、控制器、继电器安装根据用途与容量及变化回路划分定额项目，按照设计图示安装数量以“台”为计量单位。

（5）路灯安装　小区路灯安装根据电源类型（电、太阳能）、安装位置、灯杆形式、臂长、灯数等划分定额项目，按照设计图示安装数量以“10 套”为计量单位。

（6）景观灯安装　景观灯安装根据安装位置（树上、楼宇）、灯具类型、直径、灯泡形式等划分定额项目，按照设计图示安装数量计算工程量。网灯型树挂彩灯以“$10m^2$”为计量单位、流星线型和串灯型树挂彩灯以“10m”为计量单位；楼宇亮化灯中的地面射灯和立面点光源灯以“10 套”为计量单位、立面轮廓灯以“10m”为计量单位。

7. 开关、按钮安装

（1）定额项目划分　定额分普通开关、按钮安装，空调温控开关、请勿打扰灯安装，带保险盒开关安装，声控延时开关、柜门触动开关安装，床头柜集控板安装。

（2）定额使用说明与工程量计算规则　使用时区别安装形式与种类、开关极数及单控与双控等套用定额，按照设计图示安装数量以“10 套”为计量单位。

8. 插座安装

防爆插座是各种高危场所用来控制电气线路的特殊设备，主要使用在有易燃、易爆气体泄漏可能的场所（如煤矿、加油站、炼油厂等）。

带保险盒插座：过载时保险丝先被熔断，从而保护了插座和其他电器无恙。

（1）定额项目划分　定额分为普通插座安装，防爆插座安装，带保险盒插座安装，多联组合开关插座安装，多线插座连插头安装，须刨插座、钥匙取电器安装。

（2）定额使用说明与工程量计算规则　使用时区别插座种类、插座安装形式、电源相数、额定电流等套用定额，按照设计图示安装数量以“10 套”为计量单位。

埋地插座执行带接地暗插座相应定额，人工费×1.3。

2.2.7 照明系统送配电装置调试

常用的照明系统送配电装置调试包括民用电气工程供电调试和事故照明切换装置调试等。

1. 民用电气工程供电调试

民用电气工程供电调试套用定额 4-14-12 送配电装置系统调试中的“1kV 以下交流供电（综合）”。送配电设备调试中的 1kV 以下定额，适用于从变电所低压配电装置输出的供电回路，包括了系统内的电缆试验、瓷瓶耐压等全套调试工作。

一般的住宅、学校、医院、办公楼、旅馆、商店、文体设施等民用电气工程的供电调试应按下列规定：

只有从变电所低压配电装置输出的供电回路才能计算 1kV 以下交流供电系统调试。

每个用户房间的配电箱（板）上虽装有电磁开关等调试元件，但生产厂家已按固定的常规参数调整好，不需要安装单位进行调试就可直接投入使用，不得计取调试费用。简言之，户内配电箱不得计取调试费。

民用电度表的调整检验属于供电部门的专业管理，一般皆由用户向供电局订购调试完毕的电度表，不得另外计算费用。

2. 事故照明切换装置调试

事故照明切换装置调试适用于应急照明系统，发生时套用定额 4-14-37 “事故照明切换”。

事故照明切换装置调试，按设计能完成交直流切换的一套装置为一个调试系统计算。

应急电源装置（EPS）切换调试套用“事故照明切换”定额。

【例 2-6】 某办公楼照明工程局部平面布置图如图 2-13 所示，图例与材料表见表 2-47。建筑物为砖、混凝土结构，层高为 3.0m。各回路导线配管按 2 根穿 DN15、3~4 根穿 DN20 考虑。试按定额相关说明及工程量计算规则，计算图中所示电气安装工程的分部分项工程量并套用相应定额。

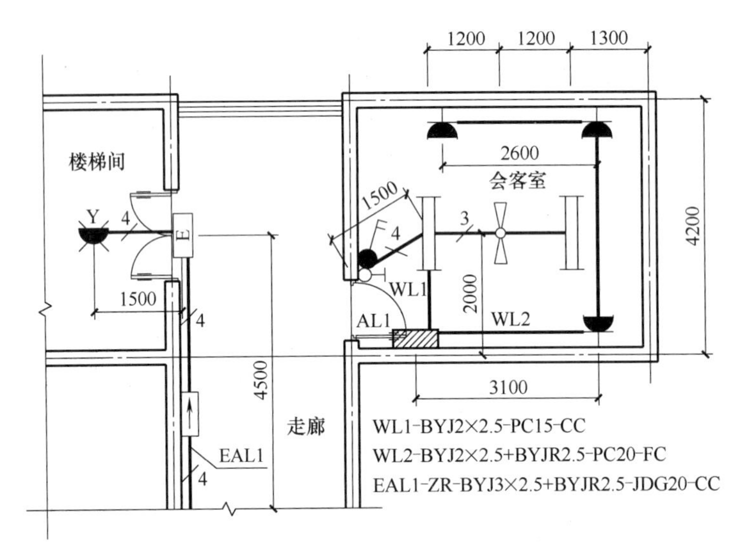

图 2-13 某办公楼照明工程局部平面布置图

表 2-47 图例与材料表

序号	图例	名称	规格	安装高度
1		照明配电箱(暗装)	380mm×360mm×120mm	底边距地 1.7m
2		双管 LED 灯	成套型,2×28W	吸顶
3		吊风扇	ϕ1400	ϕ10 钢筋预埋 底边距地 2.8m
4		暗装二极开关	R86k21-10-Ⅱ	距地 1.3m
5		风扇调速开关	K86KTS150-Ⅱ	距地 1.3m
6		暗装二、三极单相插座	R86Z223A10-Ⅰ (安全型,16A)	距地 0.3m
7		单向疏散指示灯	RH202(S)6W,嵌入式	距地 0.5m, 断电延时 45min
8	E	安全出口标志灯	RH212(S)6W,墙壁式	门梁上 0.1m, 断电延时 45min
9	Y	人体红外线感应吸顶灯 (带应急指示标志)	15W,ϕ300(半圆)	吸顶, 断电延时 45min

【解】 根据定额相关说明及工程量计算规则，按照电气照明工程系统组成，可按照明控制设备、配管配线、照明器具、接线盒等的顺序计算工程量并进行汇总，见表2-48和表2-49。

表 2-48　工程量计算表

序号	项目名称		工程量计算式	单位	工程量
1	照明配电箱 AL1（380mm×360mm×120mm）		1（会客室1）	台	1
AL1箱照明回路工程量					
2	WL1回路（BYJ2×2.5-PC15-CC）				
	（1）	PC15	出配电箱AL1至顶（3.00−1.70−0.36）+至双管LED灯水平2.00+吊扇至灯水平1.20=4.14m	100m	0.041
		BYJ2.5	［管长4.14+箱预留（0.38+0.36）］×2=9.76m	100m	0.098
	（2）	PC20	【局部4线】开关至灯1.50+（3.00−1.30）+【局部3线】灯至吊扇1.20=$\frac{\text{局部4线}}{3.20}+\frac{\text{局部3线}}{1.20}$=4.40m	100m	0.044
		BYJ2.5	【局部4线】管长3.20×4+【局部3线】管长1.20×3=$\frac{\text{局部4线}}{12.80}+\frac{\text{局部3线}}{3.60}$=16.40m	100m	0.164
3	吸顶式双管LED灯		2套	10套	0.2
4	吊风扇		1台	台	1
5	双联翘板暗开关		1套	10套	0.1
6	暗装塑料灯头盒		双管LED灯2+吊风扇1=3个	10个	0.3
7	暗装塑料灯头盒面板		同上	10个	0.3
8	暗装塑料开关盒		双联翘板暗开关1个+吊风扇开关1个=2个	10个	0.2
9	WL2回路（BYJ2×2.5+BYJR2.5-PC20-FC）				
	PC20		水平：AL1箱至末端插座水平（3.10+4.20+2.60）=9.90m 垂直：箱至地面垂直（1.70+0.10）+插座垂直（0.30+0.10）×5=1.80+2.00=3.80m 总长：水平+垂直=9.90+3.80=13.70m	100m	0.137
	BYJ2.5		［管长13.70+箱预留（0.38+0.36）］×2=14.44×2=28.88m	100m	0.289
	BYJR2.5		［管长13.70+箱预留（0.38+0.36）］×1=14.44m	100m	0.144
10	暗装二、三极单相插座		3套	10套	0.3
11	暗装塑料插座盒		暗装二、三极单相插座3个	10个	0.3
应急照明回路管线工程量					
12	EAL1回路（ZR-BYJ3×2.5+BYJR2.5-JDG20-CC）				
	JDG管DN20		水平：截断线至安全出口标志灯4.50+至人体红外线感应吸顶灯1.5=6.0m 垂直：单向疏散指示灯垂直（3.00−0.50）×2+安全出口标志灯垂直［3.00−（2.00+0.10+0.10）］×2=5.00+1.60=6.60m 总长：水平+垂直=6.00+6.60=12.60m	100m	0.126
	ZR-BYJ2.5		管长12.60×3=37.80m	100m	0.378
	ZR-BYJR2.5		管长12.60×1=12.60m	100m	0.126

（续）

序号	项目名称	工程量计算式	单位	工程量
13	嵌入式单向疏散指示灯	1套	10套	0.1
14	嵌入式安全出口标志灯	1套	10套	0.1
15	吸顶式人体红外线感应吸顶灯（带应急指示标志），15W，ϕ300（半圆）	1套	10套	0.1
16	暗装钢质灯头盒	单向疏散指示灯1个+安全出口标志灯1个+人体红外感应灯1个=3个	10个	0.3

表2-49 工程量汇总表

序号	定额编码	项目名称	工程量计算式	单位	工程量
1	4-4-15	照明配电箱AL1（380mm×360mm×120mm）嵌入式安装	1	台	1
2	4-11-143	沿砖、混凝土结构暗配刚性阻燃管PC15	WL1回路4.14m	100m	0.041
3	4-11-144	沿砖、混凝土结构暗配刚性阻燃管PC20	WL1回路4.40m+WL2回路13.70=18.10m	100m	0.181
4	4-11-8	沿砖、混凝土结构暗配JDG管DN20	EAL1回路12.60m	100m	0.126
5	4-12-1	管内穿线 穿照明线BYJ2.5	WL1回路（9.76+16.40）+WL2回路28.88=55.04m	100m	0.550
6	4-12-1	管内穿线 穿照明线BYJR2.5	WL2回路14.44	100m	0.144
7	4-12-1	管内穿线 穿照明线ZR-BYJ2.5	EAL1回路37.80m	100m	0.378
8	4-12-1	管内穿线 穿照明线ZR-BYJR2.5	EAL1回路12.60m	100m	0.126
9	4-13-205	吸顶式双管LED灯安装	2套	10套	0.2
10	4-4-136	吊风扇安装	1台	台	1
11	4-13-301	双联翘板暗开关安装	1套	10套	0.1
12	4-13-325	暗装二、三极单相插座安装（安全型，16A）	3套	10套	0.3
13	4-13-157	嵌入式单向疏散指示灯安装	1套	10套	0.1
14	4-13-157	嵌入式安全出口标志灯安装	1套	10套	0.1
15	4-13-2	吸顶式人体红外线感应吸顶灯（带应急指示标志）安装，15W，ϕ300（半圆）	1套	10套	0.1
16	4-11-212	暗装塑料灯头盒安装	3个	10个	0.3
17	4-11-216	暗装塑料接线盒面板安装	3个	10个	0.3
18	4-11-211	暗装塑料开关盒安装	2个	10个	0.2
19	4-11-211	暗装塑料插座盒安装	3个	10个	0.3
20	4-11-212	暗装钢质灯头盒安装	3个	10个	0.3

注：成套吊风扇产品中已包含开关面板，且其安装定额4-4-136工作内容中已包含调速开关的安装，因此吊风扇调速开关安装不应单独计算工程量与安装费用。调速开关配套的开关盒应另行计量计价。

2.2.8 动力系统安装工程定额与计量计价

动力系统计量计价主要涉及定额章节为第四章控制设备及低压电器安装工程，第六章发电机、电动机检查接线工程，第八章电缆敷设工程，第十一章配管工程，第十二章配线工程，第十四章电气设备调试工程等相关项目。

1. 控制设备及低压电器安装工程

动力系统相关的控制设备与低压电器安装，主要包括控制、继电、模拟屏安装，控制台、控制箱安装，低压成套配电柜、箱安装，端子箱、端子板安装及端子板外部接线，接线端子，高频开关电源安装，直流屏（柜）安装，控制开关安装，熔断器、限位开关安装，用电控制装置安装，安全变压器、仪表安装，低压电器装置接线等内容。

定额规定，设备安装定额包括屏、柜、台、箱设备本体及其辅助设备安装，即标签框、光字牌、信号灯、附加电阻、连接片等。定额不包括支架制作与安装、二次喷漆及喷字、设备干燥、焊（压）接线端子、端子板外部（二次）接线、基础槽（角）钢制作与安装、设备上开孔。

（1）控制、继电、模拟屏安装及控制台、控制箱安装　控制、继电、模拟屏安装及控制台、控制箱安装定额情况对比见表2-50。

表2-50　控制、继电、模拟屏安装及控制台、控制箱安装定额情况对比

序号	项目	控制、继电、模拟屏安装	控制台、控制箱安装
1	项目划分	均按设备性能和规格划分项目	
2	工程量计算	均按设计图示安装数量，以“台”为计量单位	
3	定额编码	4-4-1～4-4-6	4-4-7～4-4-10
	未计价主材	控制及低压设备1台	
4	使用说明	定额未包括支架制作安装，工程实际发生时，可执行《浙江省通用安装工程预算定额》（2018版）第十三册《通用项目和措施项目工程》相关定额	

（2）低压成套配电柜、高频开关电源与直流屏（柜）安装　低压成套配电箱安装见本书2.2.2节控制设备及低压电器安装工程定额与计量计介相关内容。动力配电箱、随机械设备配套的一般操作箱安装可据此参照相应定额执行。

低压成套配电柜、高频开关电源与直流屏（柜）安装定额情况对比见表2-51。

表2-51　低压成套配电柜、高频开关电源与直流屏（柜）安装定额情况对比

序号	项目	低压成套配电柜安装	高频开关电源安装	直流屏（柜）安装
1	项目划分	按设备性能与用途划分项目	按设备电流容量划分项目	1）可控硅柜中的低压电容器柜，以及励磁、灭磁、充电馈线屏安装按设备不同用途划分项目 2）其余均按设备电流容量划分项目
2	计量单位	1）低压成套配电柜中的集装箱式配电室以“t”为计量单位 2）其余均以“台”为计量单位		
	工程量计算	均按设计图示安装数量计算		
3	定额编码	4-4-11～4-4-12	4-4-50～4-4-52	4-4-53～4-4-67
	未计价主材	低压成套配电柜1台 集装箱式配电室	高频开关电源1台	硅整流柜1台 可控硅柜1台 控制及低压设备1台
4	使用说明	1）定额未包括支架制作安装，工程实际发生时，可执行《浙江省通用安装工程预算定额》（2018版）第十三册《通用项目和措施项目工程》相关定额 2）低压成套配电柜安装定额适用于配电房内低压成套配电柜的安装 3）配电房内低压成套配电柜安装，不包括柜间母线安装，柜间母线安装执行母线安装的相应定额		

（3）接线端子　接线端子在图样上通常无明确体现，主要根据导线进出各种配电箱、配电柜、控制箱柜和分接线箱时，导线端头实际所需接线端子数量进行计量。

接线端子一般只计算配电箱内的，非配电箱内的不计。具体而言，若一根导线的两端都是配电箱，则计算2个接线端子；若导线的一端是配电箱，另一端是开关、灯具或者插座等，则仅计算1个接线端子。

导线截面面积≤6mm^{2}时，一般按“无端子外部接线”或“有端子外部接线”套用4-4-22～4-4-25相应定额；导线截面面积≥10mm^{2}时，按接线端子计量并套用相应定额。

接线端子定额情况对比见表2-52。

表2-52　接线端子定额情况对比

序号	项目	焊铜接线端子	压铜接线端子	压铝接线端子
1	项目划分	按导线截面面积划分项目		
2	工程量计算	按导线端头实际所需接线端子数量进行计量，均以“10个”为计量单位		
3	定额编码	4-4-26～4-4-33	4-4-34～4-4-41	4-4-42～4-4-49
4	使用说明	接线端子定额只适用于导线。电力电缆终端头制作安装定额中包括压接线端子，控制电缆终端头制作安装定额中包括终端头制作及接线至端子板，不得重复计算		

（4）控制开关安装与熔断器、限位开关安装　控制开关安装是指将各种自动空气开关、刀型开关、组合控制开关、漏电保护开关等单独安装在配电箱或配电柜中。

熔断器安装是指单独安装瓷插螺旋式、管式或防爆式熔断器。

控制开关与熔断器、限位开关安装定额情况对比见表2-53。

表2-53　控制开关与熔断器、限位开关安装定额情况对比

序号	项目	控制开关安装	熔断器、限位开关安装
1	项目划分	根据开关形式、功能、触电数和回路个数划分项目	根据类型划分项目
2	工程量计算	按照设计图示安装数量，均以“个”为计量单位	
3	定额编码	4-4-81～4-4-97	4-4-98～4-4-102
4	使用说明	除限位开关安装定额外，其余定额未包括支架制作安装，工程实际发生时，可执行《浙江省通用安装工程预算定额》（2018版）第十三册《通用项目和措施项目工程》相关定额	

（5）用电控制装置安装　用电控制装置安装定额情况对比见表2-54。

表2-54　用电控制装置安装定额情况对比

序号	项目	控制器安装	启动器安装	快速自动开关安装	按钮安装
1	项目划分	分为主令与鼓型、凸轮型两种类型划分项目	分为接触器、磁力启动器和Y-△自耦减压启动器两种划分项目	根据电流流量划分项目	分为普通型和防爆型两种划分项目
2	工程量计算	按照设计图示安装数量，均以“台”为计量单位			
3	定额编码	4-4-103～4-4-104	4-4-105～4-4-106	4-4-108～4-4-110	4-4-111～4-4-112
4	使用说明	定额未包括支架制作安装，工程实际发生时，可执行《浙江省通用安装工程预算定额》（2018版）第十三册《通用项目和措施项目工程》相关定额			

(6) 安全变压器、仪表安装 安全变压器、仪表安装定额情况对比见表2-55。

表 2-55 安全变压器、仪表安装定额情况对比

序号	项目	安全变压器安装	测量表计安装	继电器安装	辅助电流(电压)互感器安装	分流器安装	有载自动调压器安装	水位电气信号装置安装
1	项目划分	根据容量划分项目	不区分项目			根据容量划分项目	不区分项目	分机械式、电子式和液位式三种划分项目
2	计量单位	台	个				台	套
	工程量计算	按设计图示安装数量计算						
3	定额编码	4-4-116~4-4-118	4-4-119	4-4-120	4-4-121	4-4-122~4-4-125	4-4-126	4-4-127~4-4-129
4	使用说明	除水位电气信号装置安装定额外,其余定额未包括支架制作安装,工程实际发生时,可执行《浙江省通用安装工程预算定额》(2018版)第十三册《通用项目和措施项目工程》相关定额						

(7) 低压电器装置接线 低压电器装置接线是指电器安装不含接线的电器接线。低压电器装置接线安装定额情况对比见表2-56。

表 2-56 低压电器装置接线安装定额情况对比

序号	项目	电动阀门检查接线	自动冲洗感应器接线	风机盘管检查接线
1	项目划分	不区分项目		
2	计量单位	个	台	
	工程量计算	按设计图示安装数量计算		
3	定额编码	4-4-142	4-4-143	4-4-144
4	使用说明	已带插头不需要在现场接线的电器,不能套用"低压电器装置接线"定额		

2. 发电机、电动机检查接线工程

发电机、电动机检查接线工程,包括发电机检查接线,小型直流发电机检查接线及小型直流电动机检查接线,小型交流电动机检查接线,小型立式电动机检查接线,大中型电动机检查接线,微型电机、变频机组检查接线,电磁调速电动机检查接线及电机干燥等内容。此处仅简单介绍小型交流电动机及微型电动机、变频机组检查接线定额。

(1) 定额项目划分 小型交流电动机检查接线定额,区分设备容量(kW)划分项目,分别套用定额4-6-17~4-6-31。其中,小型交流异步电动机检查接线套用定额4-6-17~4-6-21;小型交流同步电动机检查接线套用定额4-6-22~4-6-26;小型交流防爆电动机检查接线套用定额4-6-27~4-6-31。

微型电动机检查接线套用定额4-6-41;变频机组检查接线的设备容量(kW)划分项目,套用定额4-6-42~4-6-45。

(2) 定额工程量计算 小型交流电动机、微型电动机、变频机组检查接线定额,均按照设计图示安装数量以"台"为计量单位。

单台电动机质量>30t时,按照质量计算检查接线工程量。

(3) 使用说明 电动机根据质量分为大型、中型、小型,见表2-57。

表 2-57 电动机按质量分类

序号	分类	质量 T/t	定额套用
1	小型电动机	$T \leqslant 3$	按电动机类别和功率大小执行相应定额
2	中型电动机	$3 < T \leqslant 30$	不分交、直流电动机,按电动机质量执行相应定额
3	大型电动机	$T > 30$	

微型电动机包括驱动微型电动机、控制微型电动机、电源微型电动机三类。功率≤0.75kW 电动机检查接线均执行微型电动机检查接线定额，但一般民用小型交流电风扇安装另执行《浙江省通用安装工程预算定额》（2018 版）第四册第十五章的“风扇安装”相应定额。

各种电机的检查接线，按规范要求均需配有相应的金属软管。设计有规定时，按设计材质、规格和数量计算；设计无规定时，平均每台电动机配相应规格的金属软管 0.824m 和与之配套的专用活接头。实际未装或无法安装金属软管的，不得计算工程量。

电动机检查接线定额不包括控制装置的安装和接线。

电动机控制箱安装执行《浙江省通用安装工程预算定额》（2018 版）第四册第四章“成套配电箱”相应定额。

3. 电缆敷设工程

电缆敷设工程相关内容，如直埋电缆辅助设施，电缆保护管铺设，电缆桥架、槽盒安装，电力电缆敷设，矿物绝缘电缆敷设，电缆头制作安装，电缆防火设施安装等，见本书 2.2.5 节电缆敷设工程定额与计量计价相关内容。

此处仅对低压插接式母线槽安装进行简单介绍。

随着各行各业（尤其是高层建筑和大型厂房车间）用电量迅速增加，传统电缆在大电流输送系统中已不能满足要求，多路电缆的并联使用给现场安装施工连接带来了诸多不便。

插接式母线槽简称母线槽，是一种新型配电导线，以铜或铝作为导体、用非烯性绝缘支撑，装到金属槽中而形成的新型导体。

插接式母线槽一般用在用电量比较大的高层建筑竖井内，具有系列配套、商品性生产、体积小、容量大、设计施工周期短、装拆方便、不会燃烧、安全可靠和使用寿命长等优点。在户内低压电力输送干线工程中，它所占比例越来越高。例如，广州市 12 层以上楼宇配电房出线引至楼层的主干线 90%以上使用插接式母线槽；630kVA 变压器至配电柜的主干线采用插接式母线槽。

插接式母线槽与传统电力电缆主要性能对比见表 2-58。

表 2-58 插接式母线槽与传统电力电缆主要性能对比

序号	性能	插接式母线槽	传统电力电缆
1	散热性	散热性好 母线槽利用空气传导散热,并通过紧密接触的钢制外壳,把热量散发出去	散热性较差 电缆的绝缘材料也是隔热材料,在桥架内敷设时,最多允许敷设 2 层
2	日常维护	基本不需要维护 母线槽日常维护内容主要是测量外壳、穿芯螺栓、进线箱接头等的温升;穿芯螺栓可能需要定期紧固	需要定期维护 电缆因材料易磨损、易老化、寿命较短等,需要定期检查和维护,甚至更换

（续）

序号	性能	插接式母线槽	传统电力电缆
3	最大载电流	最大载电流为 6300A	最大载电流为 1600A 目前电缆最大只能做到 1000mm² 的截面面积，大规格电缆因体积与质量过大很少实际应用，一般选用≤400mm² 规格电缆进行配电，因此大电流时需要多根电缆同时供电
4	过载能力	强 母线槽过支采用工作温度为 105℃（甚至 140℃）的绝缘材料	弱 电缆所用的绝缘材料常期工作温度一般为 95℃和 105℃
5	分接方便程度	十分方便 母线槽用插接方式把主干线的电源分接到支线。每隔若干米就留有插接箱口，分接方便；切断电源无须断电，空载情况取下母线槽的插接箱即可	麻烦 电缆需要现场分接，可靠性差 预制分支电缆价格高、需要定制 要切断预制分支电缆的分支电源，带电情况危险
6	过载失火	安全 母线槽外壳是金属的，不会燃烧。即使铜排的绝缘材料发生燃烧，火苗也不会窜到母线槽外面	不安全 阻燃电缆在火焰下也会燃烧，火焰离开后才不燃烧；耐火电缆不会燃烧，但价格昂贵，只有消防等不准停电的电源才用耐火电缆

一趟母线槽一般由始端母线槽、直通母线槽（分带插孔和不带插孔两种）、L 型垂直（水平）弯通母线、Z 型垂直（水平）偏置母线、T 型垂直（水平）三通母线、X 型垂直（水平）四通母线、变容母线槽、膨胀母线槽、终端封头、终端接线箱、插接箱、母线槽有关附件及紧固装置等组成。

插接箱与母线槽以插接式连接而取电，箱内自带断路器（开关），控制分接支路的开合。

始端箱是在插接母线的始端电源进线起点安装的母线插接进线箱，内装母线始端和连接排。一般放置在低压柜柜顶，是电源总进箱，负荷功率比较大。

终端箱是在插接母线的中间或者末端进行分线出线的母线分支插接箱，此箱属于分支（线）箱，负荷功率比较小。

（1）定额项目划分 低压（电压等级≤380V）封闭式插接母线槽安装，区分每相电流容量不同划分定额项目，套用定额 4-3-96~4-3-101。

封闭母线槽线箱安装区分线箱类型（分线箱、始端箱）和电流容量不同划分定额项目，套用定额 4-3-102~4-3-111。

（2）定额工程量计算 低压封闭式母线槽安装，按照设计图示安装轴线长度以“10m”为计量单位；计算长度时，不计算安装损耗量。

分线箱、始端箱安装，按照设计图示安装数量以“台”为计量单位。

（3）使用说明 母线槽及母线槽专用配件按照安装数量计算主材费。

低压封闭式母线槽配套的弹簧支架按质量套用《浙江省通用安装工程预算定额》（2018 版）第四册第八章“电缆敷设工程”中桥架支撑架安装定额。

4. 配管、配线工程

动力系统的配管、配线工程，与照明系统的类似，此处不再赘述。具体可参照本书 2.2.3 节配管工程定额与计量计价和本书 2.2.4 节配线工程定额与计量计价相关内容。

5. 电气设备调试工程

（1）送配电设备系统调试　一般的低压动力系统调试套用的定额和工程量计算方法，与本书 2.2.7 节照明系统送配电装置调试相同，统一套用定额 4-14-12。

低压双电源自动切换装置调试参照定额 4-14-25 “备用电源自动投入装置”，基价×0.2。

（2）电动机调试　普通电动机的调试，分别按电动机的控制方式、功率、电压等级，以“台”为计量单位。

低压交流异步电动机调试，按笼型、绕线型及控制保护类型分别套用 4-14-91～4-14-97。

可调试控制的电动机（带一般调速的电动机，可逆式控制、带能耗制动的电动机、多速机、降压起动电动机等）按相应定额乘以系数 1.3。电动机调试定额的每一系统是按一台电动机考虑的。当一个控制回路有两台以上电动机时，每增加一台电动机，调试定额乘以系数 1.2。

微型电机是指功率在 0.75kW 以下的电机，不分类别，一律执行 4-14-122 微型电机综合调试定额，以“台”为计量单位。电机功率在 0.75kW 以上的电机调试应按电机类别和功率分别执行相应的调试定额。

2.2.9　防雷与接地装置安装工程定额与计量计价

防雷与接地装置可以将雷云电荷或建筑物感应电荷迅速导入大地，以保护建筑物、电气设备和人身不受损害。

防直击雷的避雷装置均由接闪器、引下线和接地装置三个部分组成。

接闪器是收集、引导雷电荷的装置，主要有避雷针、避雷线、避雷带（网）等类型。

引下线是接闪器和接地装置的连接导体。

接地装置即散流装置，通过此装置可将雷电流导入大地。接地装置由接地线和接地体（极）组成。

防雷与接地装置各部分主要材质情况对比见表 2-59。

表 2-59　防雷与接地装置各部分主要材质情况对比

序号	组成部分	常用材质	备注
1	接闪器	1）避雷针一般由镀锌圆钢或镀锌钢管制成 2）避雷线一般采用截面面积≥35mm² 的镀锌钢绞线 3）避雷带（网）通常由镀锌圆钢制成	—
2	引下线	多采用镀锌扁钢（$A\geq48\text{mm}^2$，$\delta\geq4\text{mm}$）或圆钢（$\phi\geq8$）	利用柱内主筋作为引下线
3	接地装置	1）接地线通常由 $\phi10$ 的圆钢制成 2）接地体（极）常用钢管（$\delta=3.5\text{mm}$）或角钢（$\delta=4\text{mm}$）制成。垂直接地体（极）长度一般为 2.5～3.0m	利用地梁钢筋为接地线，利用基础钢筋为接地体

1. 定额使用说明

定额使用说明具体见《浙江省通用安装工程预算定额》（2018 版）第四册第九章第 201 页相关内容。

本章内容包括避雷针制作与安装、避雷引下线敷设、避雷网安装、接地极（板）制作与安装、接地母线敷设、接地跨接线安装、桩承台接地、设备防雷装置安装、埋设降阻剂内容。

本章定额适用于建筑物与构筑物的防雷接地、变配电系统接地、设备接地及避雷针（塔）接地等装置安装。

2. 定额工程量计算规则

定额工程量计算规则具体见《浙江省通用安装工程预算定额》（2018 版）第四册第九章第 202 页相关内容。

3. 接闪器相关定额

接闪器相关定额主要包括避雷针制作与安装（含避雷针制作、避雷针安装、独立避雷塔安装）及避雷网安装两部分内容。接闪器相关定额情况对比见表 2-60。

表 2-60 接闪器相关定额情况对比

序号	项目	避雷针制作	避雷针安装	独立避雷针塔安装	避雷网安装
1	项目划分	按材质及针长划分项目	按安装地点及针长划分项目	按安装高度划分项目	按安装位置等划分项目
2	计量单位	根		基	10m、10 块或 10 处
	工程量计算	按设计图示安装数量计算			
3	定额编码	4-9-1～4-9-7	4-9-8～4-9-33	4-9-34～4-9-37	4-9-42～4-9-46
4	使用说明	1)圆钢避雷小针制作安装定额，如避雷小针为成品供应，定额基价×0.4 2)避雷针制作的未计价主要材料：针尖、针体材料（如钢管、圆钢、铜质针尖等）	1)避雷针安装定额综合考虑了高空作业因素，执行定额时不做调整 2)避雷针安装在木杆和水泥杆上时，包括了避雷引下线安装	1)独立避雷针安装包括避雷针塔架、避雷引下线安装，不包括基础浇筑 2)塔架制作执行《浙江省通用安装工程预算定额》（2018 版）第十三册《通用项目和措施项目工程》“铁构件制作”定额	1)避雷网安装沿折板支架敷设定额包括了支架制作安装，不得另行计算 2)坡屋面避雷网安装，人工费×1.3 3)屋面避雷网暗敷执行接地母线“沿砖混结构暗敷”定额 4)镀锌管避雷带区分明敷、暗敷，按公称直径套用《浙江省通用安装工程预算定额》（2018 版）第四册第十一章“配管工程”中镀锌钢管敷设的相应定额 5)在混凝土内暗敷扁钢或圆钢避雷网，套用 4-9-57“接地母线敷设沿砖混结构暗敷”定额 6)利用基础（或地梁）内两根主筋焊接连通作为接地母线时，执行“均压环敷设”定额 7)卫生间接地中的底板钢筋网焊接无论跨接或点焊，均执行“均压环敷设”定额，基价×1.2，工程量按卫生间周长计算敷设长度

避雷带（网）安装定额按沿混凝土块敷设、混凝土块制作、沿折板支架敷设、利用圈梁钢筋均压环敷设和柱内主筋与圈梁钢筋焊接划分子目。规范规定，避雷网格面积不得大于 20m×20m 或 24m×16m，超过时需沿混凝土块敷设避雷网，或沿屋面垫层（或混凝土）内暗敷扁钢。当施工图未说明混凝土块制作间距时，避雷网直线段可按 1～1.5m/块、转弯段可

按0.5~1m/块考虑。

均压环可防止建筑物不同防雷引下线之间因雷击造成的电位差。一般按利用建筑物梁内主筋作为防雷接地连接线考虑（不超过6m设一道、每隔三层设一道）。每一梁内按焊接两根主筋编制，当焊接主筋数超过两根时，可按比例调整定额安装费。如果采用单独扁钢或圆钢明敷设作为均压环时，可执行户内接地母线敷设（沿砖混结构明敷）定额。

【例2-7】 如表2-61所示，根据项目名称补齐定额编码、定额计量单位并计算基价，基价计算需保留计算过程，计算结果保留至小数点后两位。

表2-61 定额套用与换算

序号	定额编码	项目名称	定额计量单位	基价(元)
1		圆钢避雷小针制作安装(成品,2m)		
2		坡屋面避雷网安装		
3		镀锌钢管避雷带沿女儿墙明敷 DN25		
4		镀锌钢管避雷带沿女儿墙暗敷 DN25		
5		圆钢避雷带沿女儿墙明敷		
6		扁钢避雷带沿女儿墙明敷		
7		圆钢避雷网混凝土内暗敷		
8		扁钢避雷带女儿墙内暗敷		
9		防雷均压环明敷(单独扁钢或圆钢)		

【解】 由题意及接闪器敷设相关定额要求，各项目定额套用与换算过程如下：

序号1：圆钢避雷小针制作安装（成品，2m），避雷小针为成品供应时应套用定额4-9-7并进行换算，基价×0.4，即换算后基价=13.80元/根×0.4=5.52元/根。

序号2：坡屋面避雷网安装，人工费×1.3。坡屋面上的避雷网安装可以是沿混凝土块敷设或沿折板支架敷设。一般采用沿折板支架敷设，套用定额4-9-43，人工费×1.3，即换算后基价=(95.31+57.78×0.3)元/10m=112.64元/10m。

序号3：镀锌钢管避雷带沿女儿墙明敷，应按公称直径（DN25）套用《浙江省通用安装工程预算定额》(2018版）第十一章“配管工程”中镀锌钢管敷设的定额4-11-25，基价为1080.86元/100m。

序号4：镀锌钢管避雷带沿女儿墙暗敷，应按公称直径（DN25）套用《浙江省通用安装工程预算定额》(2018版）第十一章“配管工程”中镀锌钢管敷设的定额4-11-36，基价为807.72元/100m。

序号5~6：圆钢或扁钢避雷带沿女儿墙明敷，应参照沿折板支架敷设定额4-9-43执行，基价为95.31元/10m。

序号7：圆钢避雷网混凝土内暗敷，按定额解释应套用“接地母线敷设沿砖混结构暗敷”定额4-9-57，基价为82.36元/10m。

序号8：扁钢避雷带女儿墙内暗敷，按定额解释应套用“接地母线敷设沿砖混结构暗敷”定额4-9-57，基价为82.36元/10m。

序号9：防雷均压环明敷（单独扁钢或圆钢），执行户内接地母线敷设定额4-9-56，基价为123.89元/10m。

定额套用与换算结果见表2-62。

表 2-62 定额套用与换算结果

序号	定额编码	项目名称	定额计量单位	基价(元)
1	4-9-7H	圆钢避雷小针制作安装(成品,2m)	根	13.80×0.4=5.52
2	4-9-43H	坡屋面避雷网安装	10m	95.31+57.78×0.3=112.64
3	4-11-25	镀锌钢管避雷带沿女儿墙明敷 DN25	100m	1080.86
4	4-11-36	镀锌钢管避雷带沿女儿墙暗敷 DN25	100m	807.72
5	4-9-43	圆钢避雷带沿女儿墙明敷	10m	95.31
6	4-9-43	扁钢避雷带沿女儿墙明敷	10m	95.31
7	4-9-57	圆钢避雷网混凝土内暗敷	10m	82.36
8	4-9-57	扁钢避雷带女儿墙内暗敷	10m	82.36
9	4-9-56	防雷均压环明敷(单独扁钢或圆钢)	10m	123.89

4. 避雷引下线相关定额

避雷引下线相关定额主要包括利用金属构件引下线，沿建筑物、构筑物引下线，利用建筑结构钢筋引下线和断接卡子制作安装等内容。其中，前两者均为明敷的人工引下线。

明敷引下线通常在距地 1.5~1.8m 处设置断接卡子，以进行接地电阻的测试。利用建筑物内主筋为引下线时，不能设置断接卡子，一般在距地 0.5m 左右处用短的扁钢或镀锌钢筋从柱筋焊接引出，作为接地电阻的测试点。

避雷引下线相关定额情况对比见表 2-63。

表 2-63 避雷引下线相关定额情况对比

<table>
<tr><th>序号</th><th>项目</th><th>利用金属构件引下线</th><th>沿建筑物、构筑物引下线</th><th>利用建筑结构钢筋引下线</th><th>断接卡子制作安装</th></tr>
<tr><td>1</td><td>项目划分</td><td colspan="3">按引下线采取的方式划分项目</td><td>不区分项目</td></tr>
<tr><td>2</td><td>工程量计算</td><td colspan="3">按设计图示敷设数量以“m”为计量单位</td><td>按设计规定图示的数量以“套”为计量单位</td></tr>
<tr><td>3</td><td>定额编码</td><td>4-9-38</td><td>4-9-39</td><td>4-9-40</td><td>4-9-41</td></tr>
<tr><td rowspan="2">4</td><td rowspan="2">使用说明</td><td>—</td><td>利用铜绞线作为接地引下线时，配管、穿铜绞线执行本册配管、配线的相应定额，但不得再重复套用避雷引下线敷设的相应定额</td><td rowspan="2">1)利用建筑结构钢筋作为接地引下线安装定额是按照每根柱子内焊接两根主筋编制的，当焊接主筋超过两根时，可按照比例调整定额安装费
2)利用建筑结构钢筋作为接地引下线且主筋采用钢套筒连接的，执行本章“利用建筑结构钢筋引下”定额，基价×2.0，跨接不再另外计算工程量</td><td rowspan="2">1)一般每根引下线设1套断接卡子，具体以设计图示为准
2)检查井内接地的断接卡子安装按照每井1套计算</td></tr>
<tr><td colspan="2">引下线长度计算时应考虑3.9%的附加长度</td></tr>
</table>

5. 接地母线敷设相关定额

接地母线敷设相关定额主要包括埋地敷设、沿砖混结构明敷、沿砖混结构暗敷和沿桥架支架（电缆沟支架）敷设等内容。接地母线敷设相关定额情况对比见表 2-64。

表 2-64 接地母线敷设相关定额情况对比

序号	项目	埋地敷设	沿砖混结构明敷	沿砖混结构暗敷	沿桥架支架(电缆沟支架)敷设
1	项目划分	不区分项目			
2	工程量计算	按设计图示敷设数量以“10m”为计量单位			
3	定额编码	4-9-55	4-9-56	4-9-57	4-9-58
4	使用说明	1)接地母线敷设定额不包括采用爆破法施工、接地电阻率高的土质换土、接地电阻测定工作 2)利用基础(或地梁)内两根主筋焊接连通作为接地母线时,执行“均压环敷设”定额,基价×1.2 3)人工接地母线长度计算时应考虑3.9%的附加长度			
		适用于室外埋地敷设的接地母线	采用单独扁钢或圆钢明敷设作为均压环时,可执行户内接地母线敷设(沿砖混结构明敷)相应定额	在混凝土内暗敷扁钢或圆钢避雷网,套用“接地母线敷设沿砖混结构暗敷”定额	—

应当注意：接地母线埋地敷设定额是按照室外整平标高和一般土质综合编制的，包括地沟挖填土和夯实，执行定额时不再计算土方工程量。当地沟开挖的土方量，每米沟长土方量大于 $0.34m^3$ 时超过部分可以另计，超量部分的挖填土可以参照《浙江省通用安装工程预算定额》(2018 版）第十三册《通用项目和措施项目工程》的相应定额。当遇有石方、矿渣、积水、障碍物等情况时应另行计算。

6. 接地极（板）制作与安装定额

接地极（板）制作与安装相关定额主要包括钢管接地极、角钢接地极、圆钢接地极和接地极板等内容。接地极（板）制作与安装相关定额情况对比见表 2-65。

表 2-65 接地极（板）制作与安装相关定额情况对比

序号	项目	钢管接地极	角钢接地极	圆钢接地极	接地极板
1	项目划分	区分不同材质和土质划分项目			
2	计量单位	根			块
3	工程量计算	按设计图示安装数量计算			
4	定额编码	4-9-47~4-9-48	4-9-49~4-9-50	4-9-51~4-9-52	4-9-53~4-9-54
5	使用说明	接地极长度按照设计长度计算,设计无规定时,每根按照2.5m计算			

7. 其他

(1) 等电位箱　等电位箱又叫等电位联结端子箱，它将建筑物内的保护干线、水煤气金属管道、采暖和冷冻冷却系统和建筑物金属构件等部位，通过导线连接至等电位连接排的压接端子上。

它的作用是降低建筑物内漏电设备与不同金属物体之间的电压，避免建筑物外的电压经电线或管道入侵室内，减少外界磁场引起的干扰。

等电位箱箱体安装，箱体半周长在 200mm 以内的参照接线盒定额，其他按箱体大小参照相应接线箱定额。

(2) 接地跨接线安装　接地线遇有障碍时，需跨越而相连的接头线称为跨接线。接地跨接一般出现在建筑物伸缩缝、沉降缝等处。定额分接地跨接线，构架接地，以及钢制、铝制窗接地，使用时套用定额 4-9-60～4-9-62。

接地跨接线安装根据设计图示跨接数量以“处”为计量单位，电动机接线、配电箱、管子接地、桥架接地等均不应计算“接地跨接线安装”工程量。

户外配电装置构架按照设计要求需要接地时，每组构架计算一处；钢窗、铝合金窗按照设计要求需要接地时，每一樘金属窗计算一处。

（3）桩承台接地　桩承台接地根据桩连接根数，按照设计图示数量以“基”为计量单位，使用时套用定额 4-9-63～4-9-65。

利用建（构）筑物桩承台等接地时，柱内主筋与桩承台跨接不另行计算，该部分的工作量已经综合在相应的项目中。

8. 防雷接地系统调试

防雷接地装置调试主要是对接地装置的接地电阻值进行测试，以确定接地装置是否达到工程设计要求。

定额分为独立接地装置（≤6 根接地极）调试和接地网调试，使用时分别套用定额 4-14-47 和 4-14-48。

独立接地装置调试以“组”为计量单位，接地网以“系统”为计量单位，工程量按照设计图示安装数量计算。

独立的接地装置按组计算。例如，一台柱上变压器有一个独立的接地装置，即按一组计算。

【例 2-8】　某办公楼防雷接地平面布置图如图 2-14 所示。A 轴范围内的避雷网在平屋顶檐沟外沿折板支架敷设，⑥轴所在的避雷网沿混凝土块（设共 6 块）敷设，其余避雷网沿女儿墙明敷。折板上口比屋面高 1.65m，其余接闪带标高见图 2-14。避雷引下线均沿外墙引下，且在距室外地坪 0.5m 处设置接地电阻测试用的断接卡子，土壤为普通土。试根据定额计价规则计算防雷接地工程相关分部分项工程量，并套用相应定额。

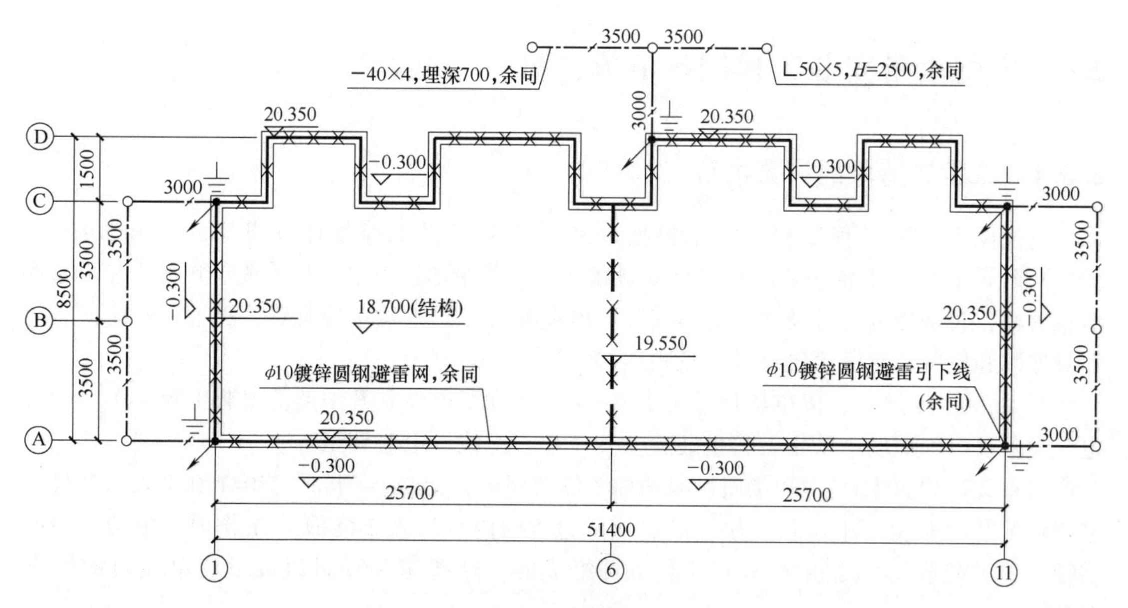

图 2-14　某办公楼防雷接地平面布置图

【解】 根据定额相关说明及工程量计算规则，按照防雷接地系统组成，可按从上到下的顺序，分别计算接闪器、引下线和接地装置的工程量，见表 2-66。

表 2-66 工程量计算

序号	定额编码	项目名称	工程量计算式	单位	工程量
1	4-9-43	避雷网沿折板支架明敷（ϕ10 镀锌圆钢）	A 轴全长 51.40+垂直连接(20.35−19.55)=51.40+0.80=52.20m 52.20×(1+3.9%)=54.24m	10m	5.424
2	4-9-42	避雷网沿混凝土块支架安装(ϕ10 镀锌圆钢)	A 与 C 轴水平间距为 7.00m 7.00×(1+3.9%)=7.27m	10m	0.727
3	4-9-46	混凝土块制作	6 块	10 块	0.6
4	4-9-43	避雷网沿女儿墙明敷(ϕ10 镀锌圆钢)	C 轴全长 51.40+C 与 D 轴间距(1.50×8)+C 轴至 A 轴范围女儿墙水平(7.00×2)+垂直连接(20.35−19.55)=78.20m 78.20×(1+3.9%)=81.25m	10m	8.125
5	4-9-39	避雷引下线沿外墙引下(ϕ10 镀锌圆钢)	引下线(20.35−0.20)×5=100.75m 100.75×(1+3.9%)=104.68m	10m	10.468
6	4-9-41	断接卡子制作安装	5 套(如图 2-14 所示,每根引下线均设置 1 套)	10 套	0.5
7	4-9-55	接地母线敷设− 40×4	(断接卡高度 0.50+埋深 0.70+出墙 3.00)×5+极间距 3.50×6=42.00m 42.00×(1+3.9%)=43.64m	10m	4.364
8	4-9-49	接地极制作安装 ∟50×5,H=2.5m	9 根(如图 2-14 所示)	根	9
9	4-14-47	独立接地装置调试	5 组(独立接地装置、3 根接地极)	组	5

2.3 电气设备安装工程国标清单计价

2.3.1 工程量清单的设置内容

电气设备安装工程工程量清单根据《通用安装工程工程量计算规范》（GB 50856—2013）附录 D 电气设备安装工程进行编制和计算。附录 D 主要由 15 个部分组成，有 148 种清单项目，包含控制设备及低压电器安装，电缆安装，防雷及接地装置，配管、配线，照明器具安装和电气调整试验等，具体见表 2-67。

其中，D.15 规定，清单项目适用于 10kV 以下变配电设备及线路的安装工程、车间动力电气设备及电气照明、防雷及接地装置安装、配管配线、电气调试等。

清单编码均由 12 位（9 位项目编码加 3 位顺序码）组成。例如，030411001 表示某材质某规格配管的安装，计量单位为“m”，实际包含的内容为表 2-68 所示工作内容中的一项或多项。一个清单项目是由若干个定额项目组成的，这些定额项目组成了清单项目的综合单价。

表 2-67 附录 D 组成情况表

序号	表格编号	清单项目	编码	项目编码	清单项目设置依据	计量单位	工程量计算原则
1	D.1	变压器安装	030401	030401001~030401007	根据项目特征,即名称、型号、容量等设置	台	按设计图示数量计算
2	D.2	配电装置安装	030402	030402001~030402018	根据项目特征,即名称、型号、容量等设置	台、组或个	
3	D.3	母线安装	030403	030403001~030403008	根据项目特征,即名称、型号、规格等设置	t 或 m	按设计图示尺寸以质量或长度数量计算
4	D.4	控制设备及低压电器安装	030404	030404001~030404036	根据项目特征,即名称、型号、规格、容量等设置	台、个、箱或套	按设计图示数量计算
5	D.5	蓄电池安装	030405	030405001~030405002	根据项目特征,即名称、型号、容量等设置	个或组	
6	D.6	电动机检查接线及调试	030406	030406001~030406012	根据项目特征,即名称、型号、规格、容量、控制保护方式等设置	台或组	
7	D.7	滑触线装置安装	030407	030407001	根据项目特征,即名称、型号、规格、材质等设置	m	按设计图示单相长度计算
8	D.8	电缆安装	030408	030408001~030408011	根据项目特征,即型号、规格、敷设方式、材质、类型等设置	m	按设计图示尺寸以长度计算(含预留长度及附加长度)
9	D.9	防雷及接地装置	030409	030409001~030409011	根据项目特征,即接地装置的材质、规格,避雷装置各组成部分的材质、规格、技术要求等,消雷装置的型号、高度等设置	m、根、套或台	按设计图示数量计算
10	D.10	10kV 以下架空配电线路	030410	030410001~030410004	根据项目特征,即材质、型号、规格、地形等设置	根、组、km 或台	
11	D.11	配管、配线	030411	030411001~030411006	根据项目特征,即名称、材质、规格、配置形式及敷设部位等设置	m	配管工程量按设计图示尺寸以长度计算;配线工程量按设计图示尺寸以单线长度计算(含预留长度)
12	D.12	照明器具安装	030412	030412001~030412011	根据项目特征,即名称、型号、规格、安装形式及高度等设置	套	按设计图示数量计算
13	D.13	附属工程	030413	030413001~030413006	根据项目特征,即名称、材质、规格、类型等设置	kg、m、个或 m^2	
14	D.14	电气调整试验	030414	030414001~030414015	根据项目特征,即名称、型号、规格、类别、容量、电压等级等设置	系统、套、段、组或台	
15	D.15	相关问题及说明	—	—			

表 2-68 配管、配线部分清单项目所含工程内容

清单项目	项目编码	项目名称	计量单位	工作内容
配管、配线	030411001	配管	m	1. 电线管路敷设 2. 钢索架设(拉紧装置安装) 3. 预留沟槽 4. 接地

2.3.2 国标工程量清单的编制

1. 清单工程量计算规则

电气设备安装工程的清单工程量计算规则与定额工程量计算规则基本一致。

例如，表 D.11 备注中规定：配管、线槽安装不扣除管路中间的接线盒（箱）、灯头盒、开关盒所占长度；配线进入箱、柜、板的预留长度见表 D.15.7～表 D.15.8。这些规定均与定额规则一致。

2. 国标工程量清单编制注意问题

如前所述，电气设备安装工程的清单工程量计算规则与定额工程量计算规则基本一致，因此，清单工程量与定额工程量在数量上基本是一致的。工程量清单编制时应注意如下问题：

1）清单工程量通常以原始单位为计量单位，而定额工程量有时也会以 10 倍或 100 倍原始单位为计量单位。因此，尽管两者的工程数量一致，但从表现的数值上看可能会存在 10 倍或 100 倍的比例关系。

2）一条清单项目可能会包含一条定额项目，也可能包含两条甚至多条定额项目。例如，落地式成套配电箱安装的清单项目包含了本体安装和基础槽钢制作安装共三条定额项目；避雷引下线安装的清单项目包含了避雷引下线制作安装和断接卡子制作安装共两条定额项目；避雷带沿混凝土块敷设清单项目包含了避雷带制作安装和混凝土块制作共两条定额项目；灯头盒与线路接线盒的清单项目均包含了底盒与面板安装共两条定额项目。

3）工程量清单编制时还应注意五大要素的齐全。具体为项目编码、项目名称、项目特征、计量单位和工作内容，缺一不可。

4）编制工程量清单时，项目特征、工作内容等应根据工程实际情况严格参照计算规范规定进行如实描述。成套配电箱安装时清单规范所列工作内容与管道安装实际发生工作内容对比见表 2-69。

表 2-69 成套配电箱安装时清单规范所列工作内容与管道安装实际发生工作内容对比

项目编码（定额编码）	项目名称	工作内容	备注
030404017001	配电箱	本体安装，基础槽钢制作安装，焊、压接线端子，补刷（喷）油漆，接地	规范所列可能发生的
		本体安装	实际发生的
4-4-14H	嵌入式成套配电箱安装（300mm×200mm×200mm）	测定、打孔、安装、接线、开关及机构调整、接地、补漆	

5）清单工作内容与定额工作内容是有区别的。如表 2-69 所示，清单规范所列工作内容

中的"焊、压接线端子"工作在定额工作内容中表示为"接线"，即此工作内容已包含在定额计价中。因此，从实际发生的工程内容看，在定额工作中就不需描述"焊、压接线端子"这一工作内容，从而清单也就不需要描述"焊、压接线端子"这一工作内容。

2.3.3 国标清单计价及其应用

一个清单项目是由一个或若干个定额项目组成的。通过对定额项目的相关计算，最终可得到清单项目的综合单价。

【例2-9】 试编制【例2-6】中的某办公楼照明工程（局部）电气设备安装工程分部分项工程清单。

【解】 根据《建设工程工程量清单计价规范》（GB 50500—2013）的清单项目设置及工程量计算规则，【例2-6】分部分项工程清单与计价表见表2-70。

表2-70 【例2-6】分部分项工程清单与计价表

序号	项目编码	项目名称	项目特征	计量单位	工程量	金额(元)					备注
						综合单价	合价	其中			
								人工费	机械费	暂估价	
1	030404017001	配电箱	照明配电箱AL1，嵌入式安装(380mm×360mm×120mm)	台	1						
2	030411001001	配管	沿砖混结构暗配刚性阻燃PC15	m	4.14						
3	030411001002	配管	沿砖混结构暗配刚性阻燃PC20	m	18.10						
4	030411001003	配管	沿砖混结构暗配JDG管DN20	m	12.60						
5	030411004001	配线	管内穿线，穿照明线BYJ2.5	m	55.04						
6	030411004002	配线	管内穿线，穿照明线BYJR2.5	m	14.44						
7	030411004003	配线	管内穿线，穿照明线ZR-BYJ2.5	m	37.80						
8	030411004004	配线	管内穿线，穿照明线ZR-BYJR2.5	m	12.60						
9	030412001001	普通灯具	吸顶式双管LED灯安装	套	2						
10	030404033001	风扇	吊风扇安装	台	1						
11	030404034001	照明开关	双联翘板暗开关安装	个	1						
12	030404035001	插座	暗装二、三极单相插座安装(安全型，16A)	个	3						
13	030412004001	装饰灯	嵌入式单向疏散指示灯安装	套	1						
14	030412004002	装饰灯	嵌入式安全出口标志灯安装	套	1						
15	030412001002	普通灯具	吸顶式人体红外线感应吸顶灯(带应急指示标志)安装，15W、ϕ300(半圆)	套	1						
16	030411006001	接线盒	1)暗装塑料灯头盒安装 2)暗装塑料接线盒面板安装	个	3						
17	030411006002	接线盒	暗装塑料开关、插座盒安装	个	5						
18	030411006003	接线盒	暗装钢质灯头盒安装	个	3						

【例2-10】 试编制【例2-8】中的某办公楼防雷接地工程分部分项工程清单。

【解】 根据《建设工程工程量清单计价规范》(GB 50500—2013)的清单项目设置及工程量计算规则,【例 2-8】分部分项工程清单与计价表见表 2-71。

表 2-71 【例 2-8】分部分项工程清单与计价表

序号	项目编码	项目名称	项目特征	计量单位	工程量	金额(元)					备注
						综合单价	合价	其中			
								人工费	机械费	暂估价	
1	030409005001	避雷网	避雷网沿折板支架明敷(ϕ10 镀锌圆钢)	m	54.24						
2	030409005002	避雷网	1)避雷网沿混凝土块支架安装(ϕ10 镀锌圆钢) 2)混凝土块制作	m	7.27						
3	030409005003	避雷网	避雷网沿女儿墙明敷(ϕ10 镀锌圆钢)	m	81.25						
4	030409003001	避雷引下线	1)避雷引下线沿外墙引下(ϕ10 镀锌圆钢) 2)断接卡子制作安装	m	104.68						
5	030409002001	接地母线	接地母线敷设－40×4	m	43.64						
6	030409001001	接地极	接地极制作安装 ∟50×5,H=2.5m	根	9						
7	030414011001	接地装置	独立接地装置调试	组	5						

【例 2-11】 若【例 2-10】中 ϕ10 镀锌圆钢的理论质量为 0.617kg/m,除税价为 4800 元/t,试按国标清单计价法列出表 2-71 中序号 2 避雷网沿混凝土块支架安装和序号 4 避雷引下线沿外墙引下这两个项目综合单价计算表和清单与计价表。本题中安装费的人、材、机单价均按《浙江省通用安装工程预算定额》(2018 版)取定的基价考虑;管理费费率为 21.72%,利润费率为 10.40%,风险不计;计算结果保留两位小数。

【解】 按题意,由已知条件和清单项目工作内容可知,避雷网安装项目和引下线安装项目应分别套用项目编码 030409005 和 030409003。

ϕ10 镀锌圆钢的单价为 0.617kg/m×4.8 元/kg≈2.96 元/m,对该清单进行组价并计算费用,得到清单综合单价。

分部分项工程清单综合单价计算表、分部分项工程清单与计价表分别见表 2-72 和表 2-73。

表 2-72 分部分项工程清单综合单价计算表

序号	项目编码(定额编码)	清单(定额)项目名称	计量单位	数量	综合单价(元)						合计(元)
					人工费	材料(设备)费	机械费	管理费	利润	小计	
1	030409005001	避雷网 1)避雷网安装沿混凝土块敷设 2)ϕ10 镀锌圆钢 3)混凝土块制作	m	7.270	7.65	5.31	0.80	1.84	0.88	16.48	119.81

（续）

序号	项目编码（定额编码）	清单（定额）项目名称	计量单位	数量	综合单价（元）						合计（元）
					人工费	材料（设备）费	机械费	管理费	利润	小计	
1	4-9-42	避雷网安装，沿混凝土块敷设	10m	0.727	54.14	39.95	8.00	13.50	6.46	122.05	88.73
	主材	镀锌圆钢	m	7.634		2.96					22.60
	4-9-46	避雷网安装，混凝土块制作（每10块）	10块	0.600	27.14	15.90	0.00	5.89	2.82	51.75	31.05
2	030409003001	避雷引下线 1）避雷引下线沿外墙引下（ϕ10镀锌圆钢） 2）断接卡子制作安装	m	104.680	7.70	4.30	1.53	2.01	0.96	16.50	1727.22
	4-9-39	避雷引下线敷设，沿外墙引下	10m	10.468	66.15	42.21	15.34	17.70	8.47	149.87	1568.84
	主材	镀锌圆钢	m	109.914		2.96					325.35
	4-9-41	避雷引下线敷设，断接卡子制作安装	10套	0.500	226.80	17.15	0.08	49.28	23.60	316.91	158.46

表2-73　分部分项工程清单与计价表

序号	项目编码	项目名称	项目特征	计量单位	工程量	金额（元）					备注
						综合单价	合价	其中			
								人工费	机械费	暂估价	
1	030409005001	避雷网	1）避雷网安装，沿混凝土块敷设 2）ϕ10镀锌圆钢 3）混凝土块制作	m	7.27	16.48	119.81	55.62	5.82		
2	030409003001	避雷引下线	1）避雷引下线敷设，沿外墙引下 2）ϕ10镀锌圆钢 3）断接卡子制作安装	m	104.68	16.50	1727.22	806.04	160.16		

2.4　电气设备安装工程招标控制价编制实例

本节以一幢综合办公楼（局部）电气安装工程为对象进行招标控制价的编制，进一步说明国标清单计价方式的相关步骤与注意事项。

2.4.1　工程概况

1. 主体工程概况

主体工程为浙江某综合办公楼（局部），共两层，为框架结构。一层为餐厅、包厢区域和车库（层高为5.80m），二层为多个会议室（层高为3.90m），室内外地坪高差为0.15m。

2. 电气工程概况

该工程电源接自附近配电房，采用三相四线制（380/220V）。电气工程系统包括动力系统、照明系统、插座系统、应急照明系统和防雷接地系统。建筑内配电采用放射式配电。

（1）线缆配管选用与特殊应急照明灯具设置　该工程一般负荷电缆选用 WDZB-YJY-0.6/1kV 型铜芯交联聚乙烯绝缘聚氯乙烯护套电缆；电线选用 WDZB-BYJ（R）-450/750V 型铜芯塑料绝缘线。在有可燃物的闷顶和封闭吊顶内明敷的配电线路，应采用金属导管或金属槽盒布线。除图注明外，室内线路共管穿线管径按表 2-74 选用（管内导线超过 8 根时应分管敷设）。

表 2-74　室内线路共管穿线管径选用表

<table>
<tr><th>导线根数(≤根单芯)</th><th>2</th><th>3</th><th>4</th><th>5</th><th>6</th><th>7</th><th>8</th><th>2</th><th>5</th></tr>
<tr><td rowspan="2">截面面积/mm²</td><td colspan="9">管材</td></tr>
<tr><td colspan="7">PC</td><td colspan="2">KBG</td></tr>
<tr><td>2.5</td><td>15</td><td colspan="2">20</td><td colspan="3">25</td><td>32</td><td>15</td><td>20</td></tr>
<tr><td>4</td><td colspan="2">20</td><td colspan="2">25</td><td colspan="2">32</td><td>40</td><td>—</td><td>—</td></tr>
</table>

（2）桥架布置与接地　电缆钢制槽式桥架与弱电钢制槽式桥架上下平行布置，间距不小于 0.3m。

金属电缆桥架应可靠接地，沿桥架通长敷设一根−25×4 镀锌扁钢做接地干线用。桥架全长不应少于 2 处与接地保护干线连接（首末端必须接地），全长大于 30m 时，应每隔 20~30m 接地。

（3）接地与防雷　建筑物内距离引入点最近的地方做总等电位联结。MEB 联结线规格为 BVR-1×25 PC25 FC/WC，具体做法见国家标准图集《等电位联结安装》（15D502）。

利用建筑物基础的钢筋（利用埋深不小于 0.5m、直径不小于 ϕ12 的圆钢且不少于 4 根）作为接地体（包括桩钢筋、基坑或桩承台分布筋、地梁钢筋、柱钢筋等），要求分布筋之间、分布筋与柱筋（包括桩钢筋）连接导通，把地梁钢筋之间、地梁钢筋与柱钢筋可靠连接导通，使整个基础钢筋连成一个整体地极。

利用建筑物钢筋混凝土中的钢筋作为防雷引下线时，当钢筋直径为 16mm 及以上时，应利用两根钢筋（绑扎）作为一组引下线；当钢筋直径为 10mm 及以上时，应利用四根钢筋（绑扎）作为一组引下线。接地装置利用基础钢筋作为接地体，为防雷接地与电气保护接地等所共用。在混凝土浇筑之前进行接地电阻实测，要求实测接地电阻≤1Ω。否则加打人工接地极。

要求外围四周基础内至少有两根底部结构主筋（主筋深度不小于 0.5m），且相互对应焊接形成连续闭合电气通路，并与中间地梁内结构钢筋一起做成网格。无地梁处通过地坪下 0.8m 增设−40×4 不锈钢扁钢与基础梁内接地钢筋焊接。所有混凝土柱下端均与接地装置连接。

3. 主要设备与材料表

动力、照明和插座系统的主要设备与材料见表 2-75；应急照明系统的主要设备与材料见表 2-76。可以从中对比查阅图例符号的含义、型号规格、安装方式及安装高度等相关信息。

表 2-75　动力、照明和插座系统的主要设备与材料

序号	图例	名称	型号及规格	备注
1		配电柜	见系统图	10#槽钢抬高，距地 0.15m
2		动力配电箱	见系统图	暗装，底边距地 1.5m
3		照明配电箱	见系统图	暗装，底边距地 1.5m
4		双电源配电箱	见系统图	暗装，底边距地 1.5m
5	MEB	总等电位端子箱	300mm×200mm×120mm	暗装，底边距地 0.3m

（续）

序号	图例	名称	型号及规格	备注
6	LEB	局部等电位端子箱	见《等电位联结安装》(15D502)	暗装，底边距地 0.3m
7		LED 吸顶灯	220V 1×18W ϕ250	吸顶安装
8	R	人体感应 LED 吸顶灯	220V 1×18W ϕ250	吸顶安装
9	F	防水 LED 吸顶灯	220V 1×18W ϕ250	吸顶安装
10		双管 LED 灯	220V 2×28W	吸顶安装
11		单管 LED 灯	220V 1×28W	吸顶安装
12		防水单管 LED 灯	220V 1×28W	吸顶安装
13		防水双管 LED 灯	220V 2×28W	吸顶安装
14		LED 灯带	7W/m，220V	嵌顶安装
15		单联双控开关	PAK-K61/2 250V 10A	暗装，距地 1.3m
16		单联单控开关	PAK-K61/1 250V 10A	暗装，距地 1.3m
17		双联单控开关	PAK-K62/1 250V 10A	暗装，距地 1.3m
18		三联单控开关	PAK-K63/1 250V 10A	暗装，距地 1.3m
19	EN EN EN	单联、双联、三联防水开关	新 86 系列 10A/250V	暗装，距地 1.3m
20		单相二、三极插座	250V 10A	暗装，距地 0.3m/安全型
21	H	防水单相插座	250V 16A	暗装，距地 1.5m/安全型
22	K	柜式空调插座	250V 16A	暗装，距地 0.3m/安全型
23	K	壁挂式空调插座	250V 16A	暗装，距地 1.8m/安全型
24	D	防水插座	250V 16A	暗装，距地 0.3m/安全型
25		三相插座	440V 25A	暗装，距地 0.3m/安全型
26		换气扇	BLD120（带止回阀）	吸顶安装

表 2-76　应急照明系统的主要设备与材料

序号	图例	名称	型号及规格	备注
1		应急照明配电箱	供应商提供。底边距地 1.5m，面板加消防标志	
2	E3	A 型应急灯	集中电源集中控制型/36V 3W ϕ160	吸顶安装
3	E		集中电源集中控制型/36V 6W ϕ160	
4		自带蓄电池 LED 吸顶灯	B 型灯具/220V 18W ϕ250	吸顶安装，应急时间不少于 180min
5		灯具自带蓄电池	B 型灯具/供货商提供	备用照明，吸顶安装，备用时间不少于 180min
6	EXIT S	安全出口指示灯	集中电源集中控制型/36V 1W 除安装高度大于 3.5m 处选用大型外，其他场所选用中型	门梁上 0.1m，暗装或距地 2.5m 吊装

（续）

序号	图例	名称	型号及规格	备注
7	⇦	单面向左疏散指示灯		距地 0.3m，暗装
8	⇨	单面向右疏散指示灯		距地 0.3m，暗装
9	⇔	单面双向疏散指示灯		距地 0.3m，暗装
10	F	楼层显示灯	集中电源集中控制型/36V 1W/中型	距地 2.5m，壁装或吊装
11	E⇨	双面单向疏散指示灯		距地 2.5m，吊装
12	F⇨	双面多信息复合标志灯（显示疏散指示方向及楼层指示标识）		距地 2.5m，吊装

4. 系统图识读

识读时需反复对照主要设备与材料表、系统图和平面布置图等。

（1）动力系统　动力系统的系统图如图 2-15～图 2-19 所示，平面布置图如图 2-20～图 2-22 所示。

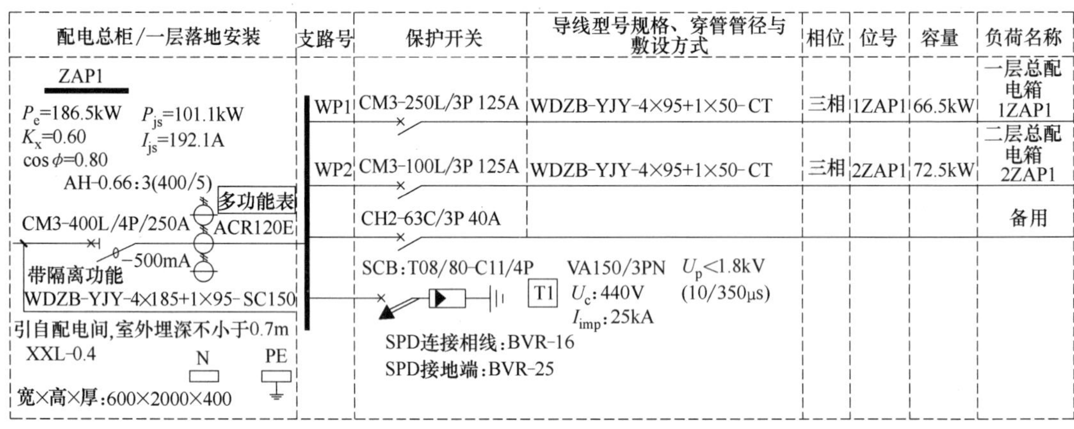

图 2-15　配电总柜 ZAP1 系统图

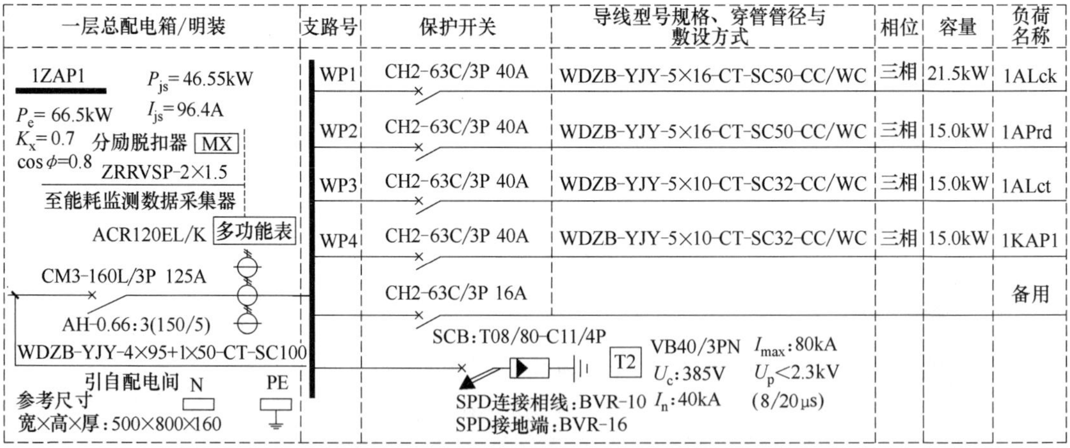

图 2-16　一层总配电箱 1ZAP1 系统图

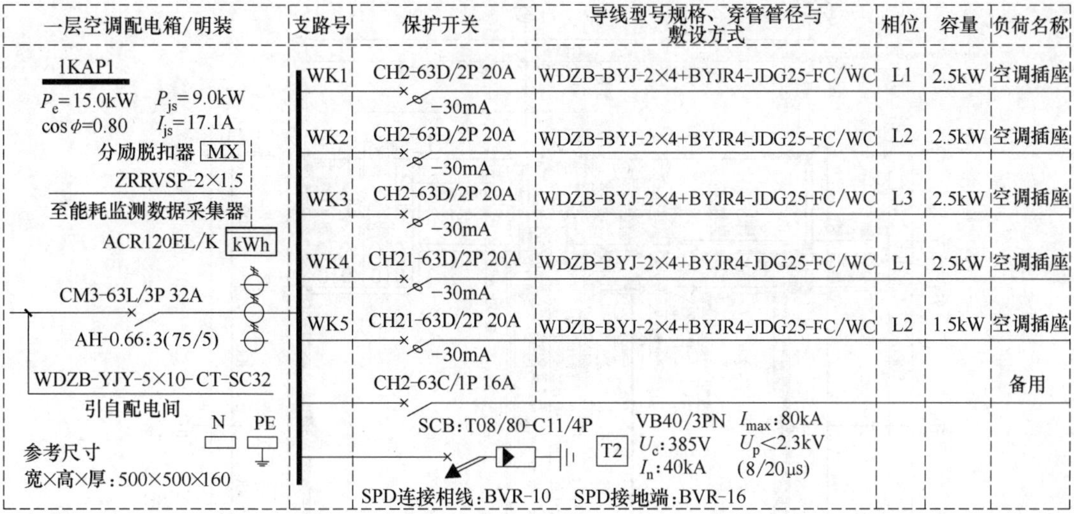

一层空调配电箱/明装	支路号	保护开关	导线型号规格、穿管管径与敷设方式	相位	容量	负荷名称
1KAP1 P_e=15.0kW P_{js}=9.0kW cosϕ=0.80 I_{js}=17.1A 分励脱扣器 MX ZRRVSP-2×1.5 至能耗监测数据采集器 ACR120EL/K kWh CM3-63L/3P 32A AH-0.66:3(75/5) WDZB-YJY-5×10-CT-SC32 引自配电间 N PE 参考尺寸 宽×高×厚:500×500×160	WK1	CH2-63D/2P 20A -30mA	WDZB-BYJ-2×4+BYJR4-JDG25-FC/WC	L1	2.5kW	空调插座
	WK2	CH2-63D/2P 20A -30mA	WDZB-BYJ-2×4+BYJR4-JDG25-FC/WC	L2	2.5kW	空调插座
	WK3	CH2-63D/2P 20A -30mA	WDZB-BYJ-2×4+BYJR4-JDG25-FC/WC	L3	2.5kW	空调插座
	WK4	CH21-63D/2P 20A -30mA	WDZB-BYJ-2×4+BYJR4-JDG25-FC/WC	L1	2.5kW	空调插座
	WK5	CH21-63D/2P 20A -30mA	WDZB-BYJ-2×4+BYJR4-JDG25-FC/WC	L2	1.5kW	空调插座
		CH2-63C/1P 16A				备用
		SCB:T08/80-C11/4P	VB40/3PN I_{max}:80kA U_c:385V $U_p<2.3$kV I_n:40kA (8/20μs) T2 SPD连接相线:BVR-10 SPD接地端:BVR-16			

图 2-17 一层餐厅空调配电箱 1KAP1 系统图

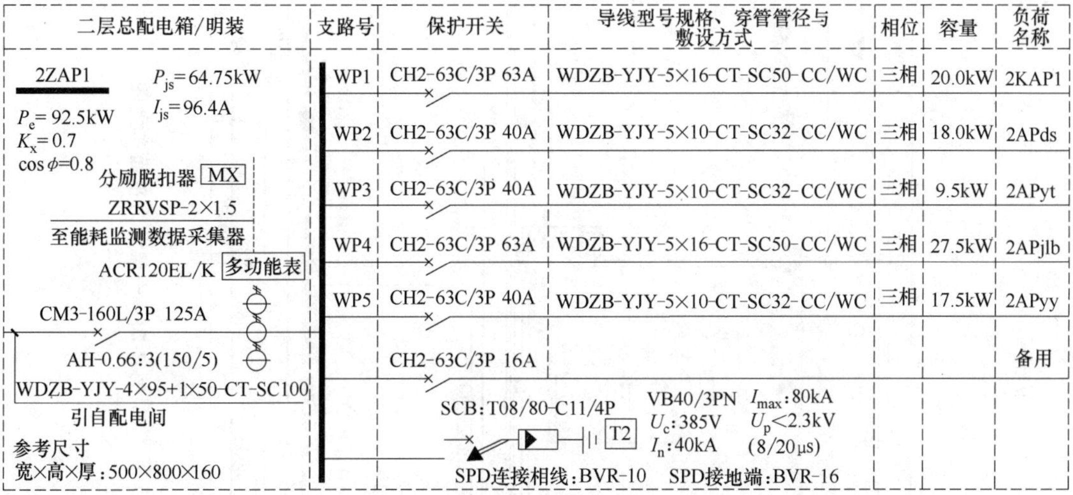

二层总配电箱/明装	支路号	保护开关	导线型号规格、穿管管径与敷设方式	相位	容量	负荷名称
2ZAP1 P_{js}=64.75kW I_{js}=96.4A P_e=92.5kW K_x=0.7 cosϕ=0.8 分励脱扣器 MX ZRRVSP-2×1.5 至能耗监测数据采集器 ACR120EL/K 多功能表 CM3-160L/3P 125A AH-0.66:3(150/5) WDZB-YJY-4×95+1×50-CT-SC100 引自配电间 参考尺寸 宽×高×厚:500×800×160	WP1	CH2-63C/3P 63A	WDZB-YJY-5×16-CT-SC50-CC/WC	三相	20.0kW	2KAP1
	WP2	CH2-63C/3P 40A	WDZB-YJY-5×10-CT-SC32-CC/WC	三相	18.0kW	2APds
	WP3	CH2-63C/3P 40A	WDZB-YJY-5×10-CT-SC32-CC/WC	三相	9.5kW	2APyt
	WP4	CH2-63C/3P 63A	WDZB-YJY-5×16-CT-SC50-CC/WC	三相	27.5kW	2APjlb
	WP5	CH2-63C/3P 40A	WDZB-YJY-5×10-CT-SC32-CC/WC	三相	17.5kW	2APyy
		CH2-63C/3P 16A				备用
		SCB:T08/80-C11/4P	VB40/3PN I_{max}:80kA U_c:385V $U_p<2.3$kV I_n:40kA (8/20μs) T2 SPD连接相线:BVR-10 SPD接地端:BVR-16			

图 2-18 二层总配电箱 2ZAP1 系统图

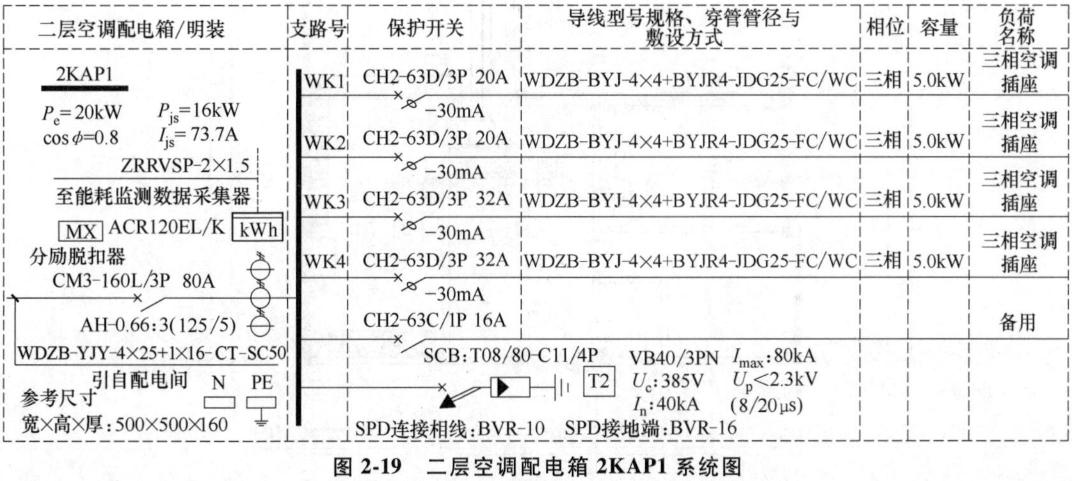

二层空调配电箱/明装	支路号	保护开关	导线型号规格、穿管管径与敷设方式	相位	容量	负荷名称
2KAP1 P_e=20kW P_{js}=16kW cosϕ=0.8 I_{js}=73.7A ZRRVSP-2×1.5 至能耗监测数据采集器 MX ACR120EL/K kWh 分励脱扣器 CM3-160L/3P 80A AH-0.66:3(125/5) WDZB-YJY-4×25+1×16-CT-SC50 引自配电间 N PE 参考尺寸 宽×高×厚:500×500×160	WK1	CH2-63D/3P 20A -30mA	WDZB-BYJ-4×4+BYJR4-JDG25-FC/WC	三相	5.0kW	三相空调插座
	WK2	CH2-63D/3P 20A -30mA	WDZB-BYJ-4×4+BYJR4-JDG25-FC/WC	三相	5.0kW	三相空调插座
	WK3	CH2-63D/3P 32A -30mA	WDZB-BYJ-4×4+BYJR4-JDG25-FC/WC	三相	5.0kW	三相空调插座
	WK4	CH2-63D/3P 32A -30mA	WDZB-BYJ-4×4+BYJR4-JDG25-FC/WC	三相	5.0kW	三相空调插座
		CH2-63C/1P 16A				备用
		SCB:T08/80-C11/4P	VB40/3PN I_{max}:80kA U_c:385V $U_p<2.3$kV I_n:40kA (8/20μs) T2 SPD连接相线:BVR-10 SPD接地端:BVR-16			

图 2-19 二层空调配电箱 2KAP1 系统图

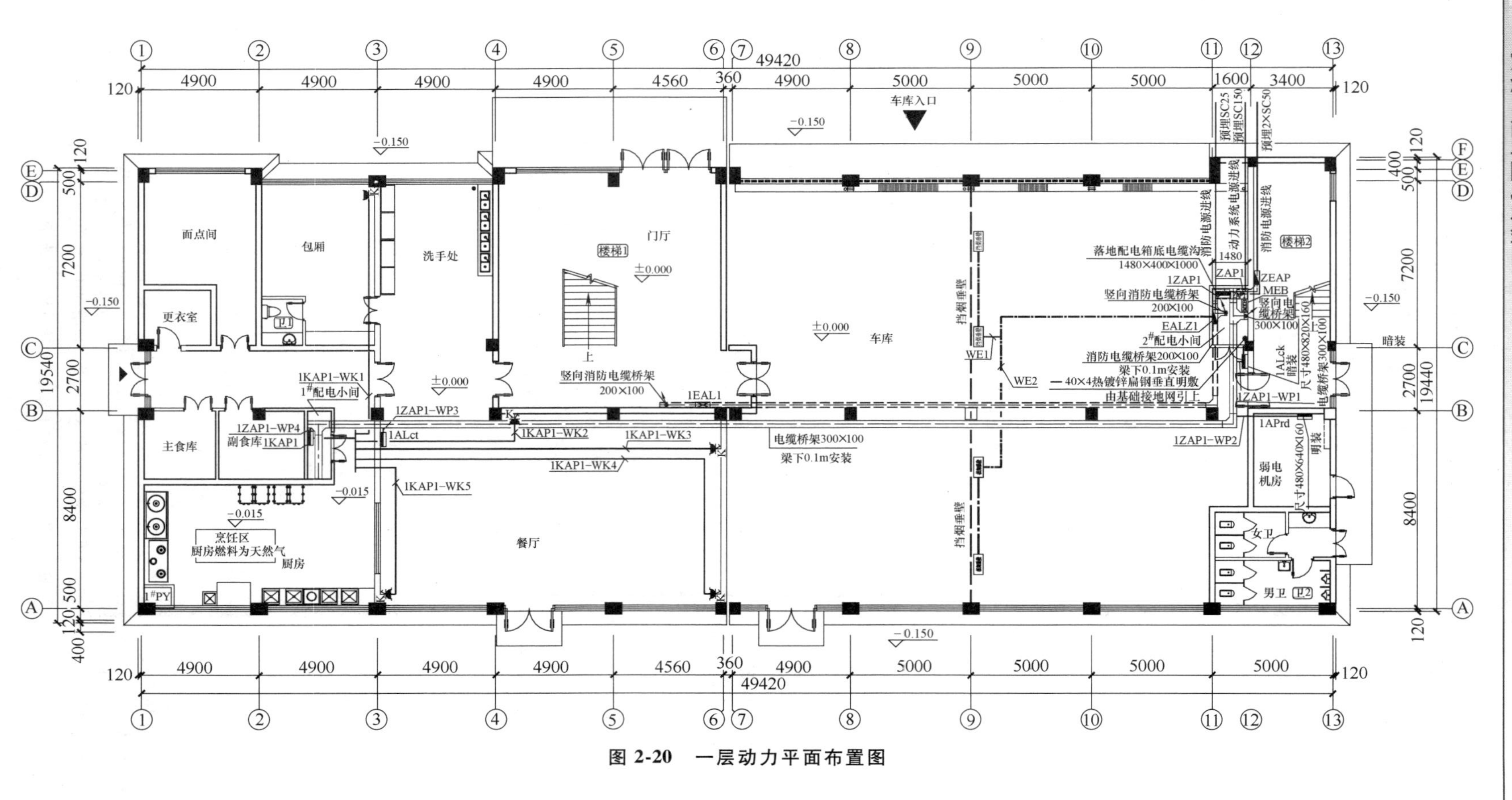

图 2-20　一层动力平面布置图

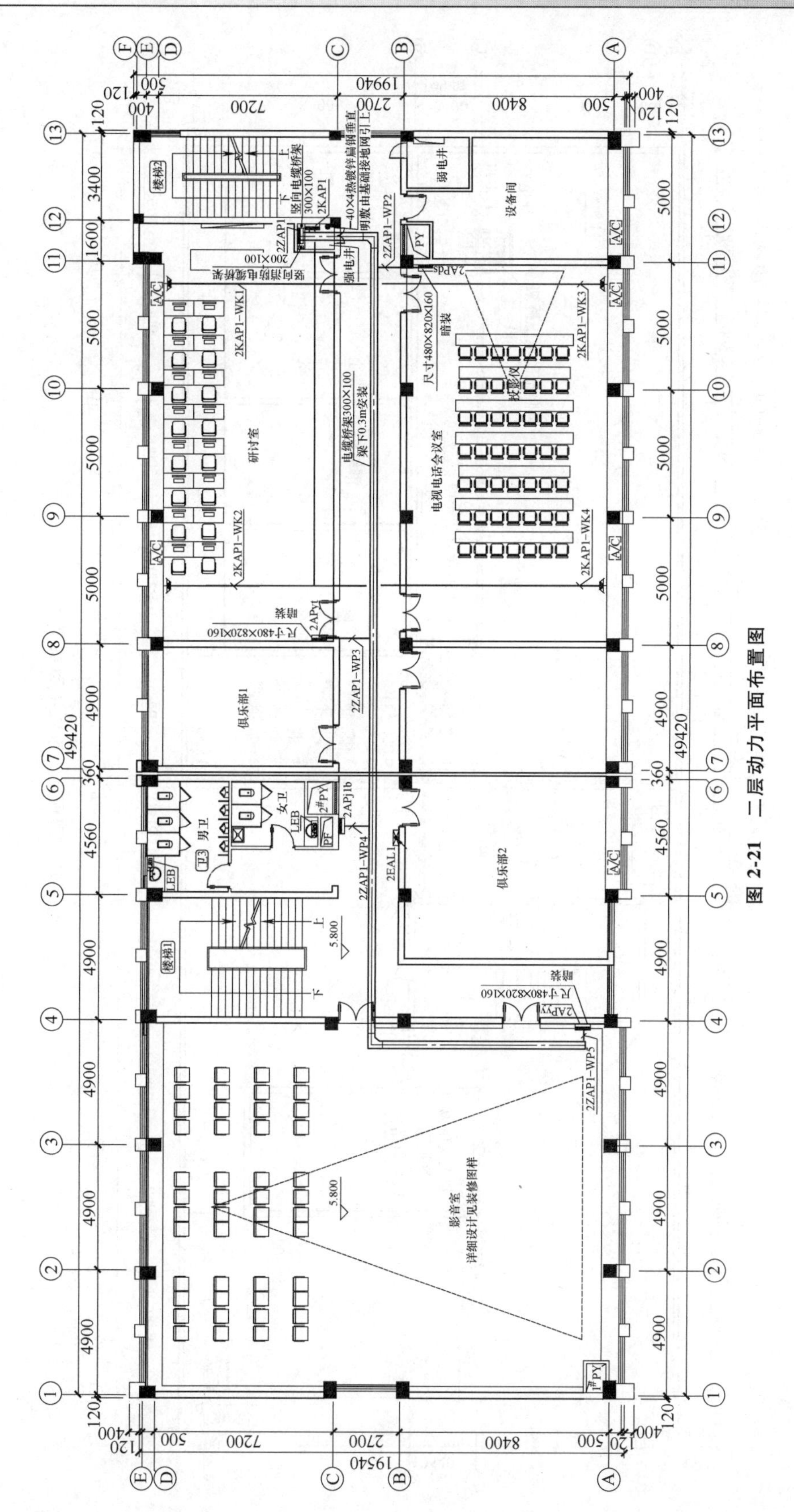

图 2-21　二层动力平面布置图

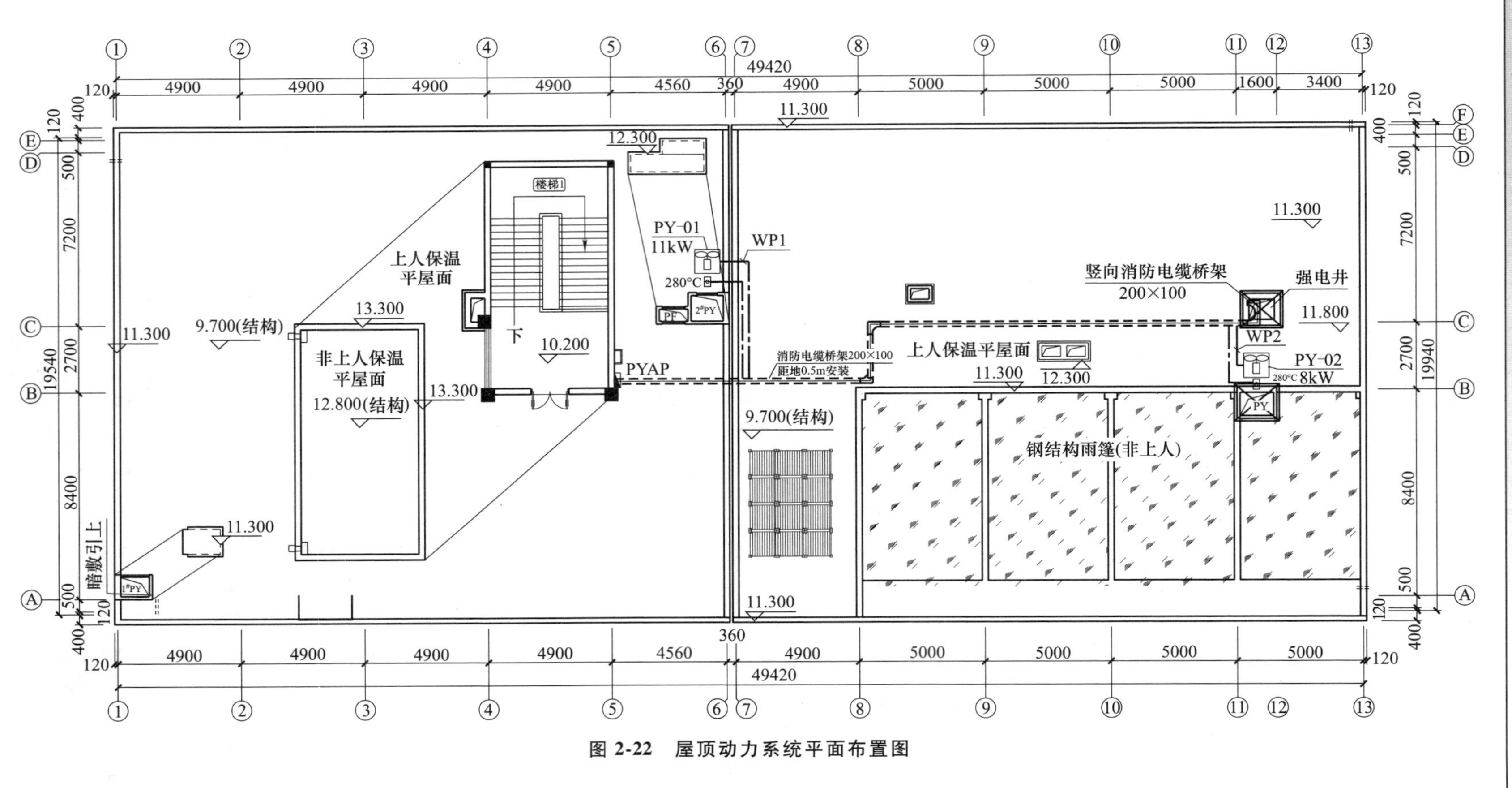

图 2-22　屋顶动力系统平面布置图

1）配电干线示意图。动力系统由车库北侧⑫轴附近进户，接至配电总柜 ZAP1。动力系统放射式配电干线布置示意图如图 2-23 所示。

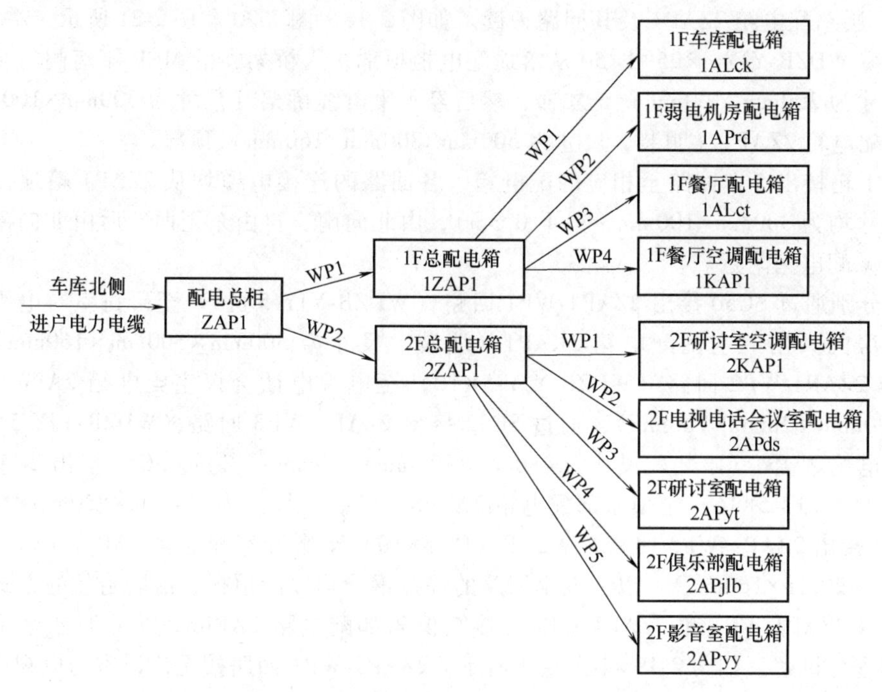

图 2-23 动力系统放射式配电干线布置示意图

2）配电总柜 ZAP1 及其回路识读。如图 2-15 和图 2-20 所示，车库北侧位于⑫轴西侧的动力进户线（电源进出线）采用 WDZB-YJY-4×185+1×95 电力电缆，穿一根埋深不小于 0.7m 的 SC150 焊接钢管至 2#配电小间的电缆沟（长×宽×深为 1480mm×400mm×1000mm），之后从配电总柜 ZAP1（落地安装，尺寸为 600mm×2000mm×400mm）底部接入。配电总柜 ZAP1 引出两个回路 ZAP1-WP1 和 ZAP1-WP2，分别接至一层和二层的总配电箱。

3）一层总配电箱 1ZAP1 及其回路识读。如图 2-16 和图 2-20 所示，ZAP1-WP1 回路的电缆 WDZB-YJY-4×95+1×50 从落地配电柜 ZAP1 顶部经桥架进入相邻的一层总配电箱 1ZAP1（明装，尺寸为 500mm×800mm×160mm）。1ZAP1 接出 4 个回路至相应的配电箱，各回路的连接电缆均从 1ZAP1 箱顶接入电缆槽式桥架（尺寸为 300mm×100mm，梁下 0.1m），由北向南、再由东至西，最后进入 1#配电小间。

沿途分别通过 SC50 接出 1ZAP1-WP1 回路（WDZB-YJY-5×16）至车库配电箱 1ALck（暗装，尺寸为 480mm×820mm×160mm），通过 SC50 接出 1ZAP1-WP2 回路（WDZB-YJY-5×16）至弱电机房配电箱 1APrd（明装，尺寸为 480mm×640mm×160mm），通过 SC32 接出 1ZAP1-WP3 回路（WDZB-YJY-5×10）至餐厅配电箱 1ALct（暗装，尺寸为 500mm×1000mm×160mm），通过 SC32 接出 1ZAP1-WP4 回路（WDZB-YJY-5×10）至餐厅空调配电箱 1KAP1（明装，尺寸为 500mm×500mm×160mm）。以上四个回路的焊接钢管均采用沿顶板、沿墙暗敷的方式敷设。

本例以 1ZAP1-WP3（接至餐厅配电箱 1ALct，在照明插座系统中详述）和 1ZAP1-WP4 为例进行讲解。如图 2-17 和图 2-20 所示，1ZAP1-WP4 回路接至一层餐厅空调配电箱 1KAP1，之后共接出 5 个回路至餐厅区域（含餐厅和包厢两个房间）的 5 个空调插座。各回路均使用 2 根 4mm² 的 WDZB-BYJ 线和 1 根 4mm² 的 WDZB-BYJR 线、穿 DN25 的 JDG 管、在墙内或地板下暗敷设。

4）二层总配电箱 2ZAP1 及其回路识读。如图 2-18、图 2-20 和图 2-21 所示，ZAP1-WP2 回路的电缆 WDZB-YJY-4×95+1×50 从落地配电柜顶部接入桥架，沿 MEB 箱南侧的竖向电缆桥架（尺寸为 300mm×100mm）至二楼，然后经水平电缆桥架（尺寸为 300mm×100mm）接至二楼总配电箱 2ZAP1（明装，尺寸为 500mm×800mm×160mm）顶部。

2ZAP1 箱接出 5 个回路至相应的配电箱，各回路的连接电缆均从 2ZAP1 箱顶接入电缆桥架（尺寸均为 300mm×100mm，梁下 0.3m），由北向南、再由东至西、后由北向南接至影音室 2APyy 配电箱附近。

沿途分别通过 SC50 接出 2ZAP1-WP1 回路（WDZB-YJY-5×16）至研讨室与电视电话会议室两个房间共用的空调配电箱 2KAP1（明装，尺寸为 500mm×500mm×160mm），通过 SC32 接出 2ZAP1-WP2 回路（WDZB-YJY-5×10）至电视电话会议室配电箱 2APds（暗装，尺寸为 480mm×820mm×160mm），通过 SC32 接出 2ZAP1-WP3 回路（WDZB-YJY-5×10）至研讨室配电箱 2APyt（暗装，尺寸为 480mm×820mm×160mm），通过 SC50 接出 2ZAP1-WP4 回路（WDZB-YJY-5×16）至俱乐部配电箱 2APjlb（暗装，尺寸为 480mm×820mm×160mm），通过 SC32 接出 2ZAP1-WP5 回路（WDZB-YJY-5×10）至影音室配电箱 2APyy（暗装，尺寸为 480mm×820mm×160mm）。以上五个回路的焊接钢管均以沿顶板、沿墙暗敷的方式敷设。

本例以 2ZAP1-WP1 和 2ZAP1-WP4（接至俱乐部配电箱 2APjlb，在照明插座系统中详述）为例进行讲解。如图 2-19 和图 2-21 所示，2ZAP1-WP1 回路接至研讨室与电视电话会议室两个房间共用的空调配电箱 2KAP1，之后共接出 4 个回路至 4 个三相空调插座（每个房间各 2 个）。各回路均使用 4 根 4mm² 的 WDZB-BYJ 线和 1 根 4mm² 的 WDZB-BYJR 线、穿 DN25 的 JDG 管、在墙内或地板下暗敷设。

（2）照明与插座系统　照明配电箱 1ALct 和俱乐部配电箱 2APjlb 系统图如图 2-24 和图 2-25 所示，一层、二层、屋顶照明和一层、二层插座平面布置图如图 2-26～图 2-30 所示。

照明配电箱/暗装	支路号	保护开关	导线型号规格、穿管管径与敷设方式	相位	容量	负荷名称
1ALct P_e=9.0kW K_x=0.8 cosϕ=0.80 P_{js}=7.2kW I_{js}=22.8A	WL1	CH2-63C/1P 16A	WDZB-BYJ-2×2.5+BYJR2.5-JDG20-CC/WC	L1	1.0kW	照明
	WL2	CH2-63C/1P 16A	WDZB-BYJ-2×2.5+BYJR2.5-JDG20-CC/WC	L2	1.0kW	照明
	WL3	CH2-63C/1P 16A	WDZB-BYJ-2×2.5-JDG15-CC/WC	L3	1.0kW	楼梯间照明
	WL4	CH2-63C/1P 16A	WDZB-BYJ-2×2.5+BYJR2.5-JDG20-CC/WC	L1	1.0kW	照明
CH2-63C/3P 32A WDZB-YJY-5×10-SC32-CT	WX1	CH2L-63C/2P 20A -30mA	WDZB-BYJ-2×4+BYJR4-JDG25-FC	L1	2.0kW	插座
	WX2	CH2L-63C/2P 20A -30mA	WDZB-BYJ-2×4+BYJR4-JDG25-FC	L2	2.0kW	插座
参考尺寸 宽×高×厚:500×1000×160		CH2-63C/1P 16A -30mA				备用

图 2-24　照明配电箱 1ALct 系统图

应当注意，回路中标注的数字表示该段导管内的导线根数。未标注导线根数的回路或导管应根据系统图来判断，如本工程普通照明回路灯具间连线未标注数字的，表示该导管内导

俱乐部配电箱/暗装	支路号	保护开关	导线型号规格、穿管管径与敷设方式	相位	容量	负荷名称
2APjlb P_e=17.5kW　cosϕ=0.80 K_x=0.8　P_{js}=14.0kW I_{js}=26.6A CH2-63C/3P 32A WDZB-YJY-5×10-CT-SC32 引自2ZAP1 ZBX5-36 参考尺寸 宽×高×厚:480×820×160 N　PE	WL1	CH2-63C/1P 16A -30mA	WDZB-BYJ-2×2.5+BYJR2.5-JDG20-CC/WC	L1	0.5kW	卫生间照明
	WL2	CH2-63C/1P 16A	WDZB-BYJ-2×2.5+BYJR2.5-JDG20-CC/WC	L2	1.0kW	走廊照明
	WL3	CH2-63C/1P 16A -30mA	WDZB-BYJ-2×2.5+BYJR2.5-JDG20-CC/WC	L3	1.0kW	照明
	WX1	CH2-63C/2P 16A -30mA	WDZB-BYJ-2×2.5+BYJR2.5-JDG20-FC/WC	L1	1.5kW	插座
	WX2	CH2-63C/2P 16A -30mA	WDZB-BYJ-2×2.5+BYJR2.5-JDG20-FC/WC	L2	1.5kW	插座
		CH2-63C/1P 16A				备用

图 2-25　俱乐部配电箱 2APjlb 系统图

线根数均为 3 根；楼道照明回路未标注的均为 2 根；插座回路未标注的均为 3 根。

1）一层照明配电箱 1ALct 及其回路识读。一层照明配电箱 1ALct（暗装，尺寸为 500mm×1000mm×160mm）位于③轴和Ⓑ轴交叉点附近。由系统图（见图 2-24）和平面布置图（见图 2-26~图 2-29）可知，该配电箱引出了 4 个照路明回路和 2 个插座回路，分别供餐

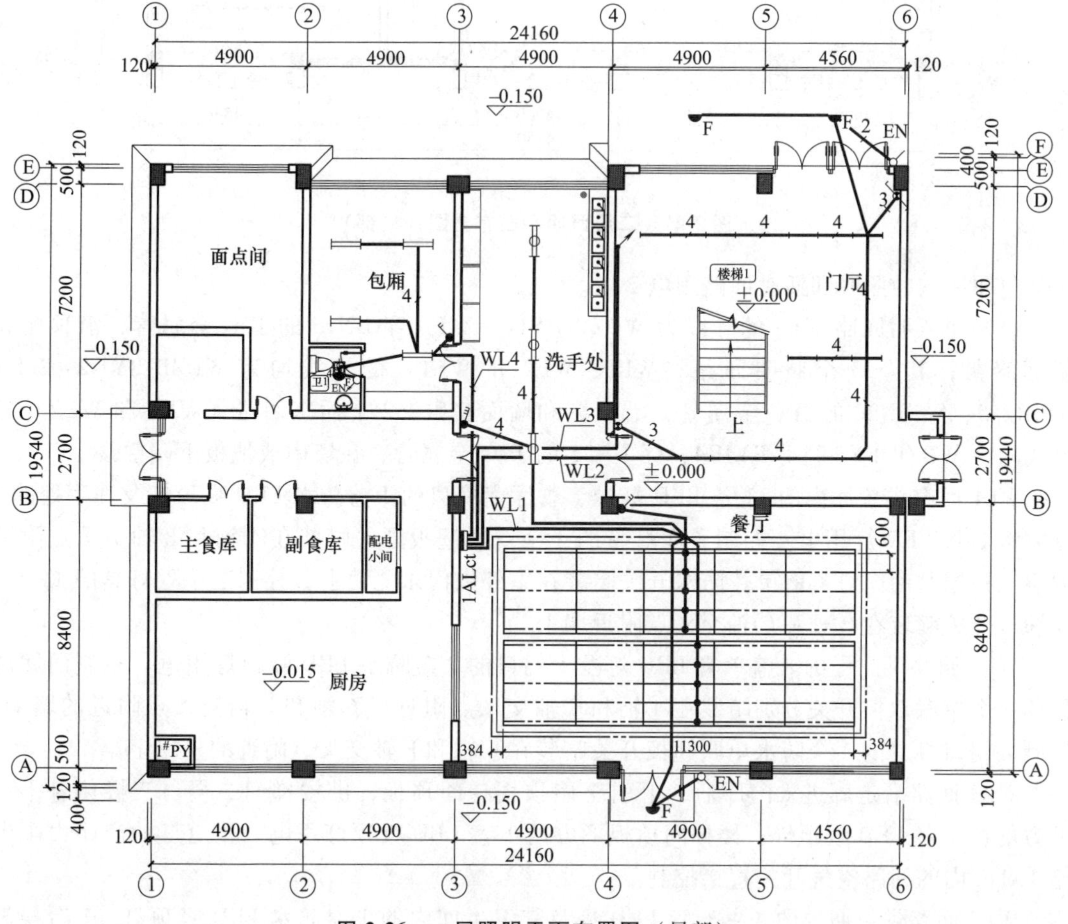

图 2-26　一层照明平面布置图（局部）

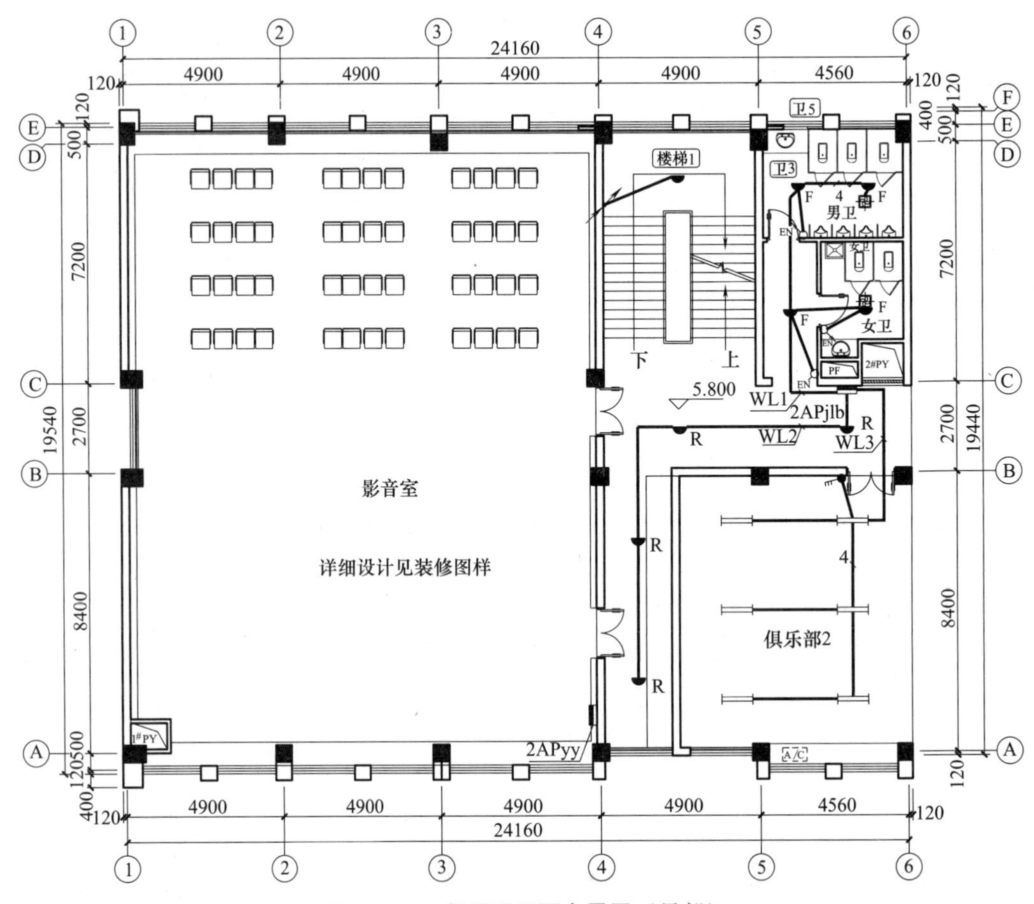

图 2-27　二层照明平面布置图（局部）

厅与包厢区域的照明和插座回路用电。

楼梯间照明回路 WL3 的导线为 WDZB-BYJ-2×2.5，穿 DN15 的 JDG 金属管，沿顶棚和墙面暗敷；其余 3 个照明回路（WL1、WL2 和 WL4）的导线均为 WDZB-BYJ-2×2.5+BYJR2.5，穿 DN20 的 JDG 金属管，沿顶棚和墙面暗敷；2 个插座回路（WX1 和 WX2）的导线均为 WDZB-BYJ-2×4+BYJR4，穿 DN25 的 JDG 金属管，在墙内或地板下暗敷设。

WL1 回路供餐厅内的 11 条 LED 灯带、餐厅南门口的 1 盏防水 LED 吸顶灯及洗手处的 3 盏防水双管 LED 灯用电。控制餐厅灯带的 1 个双联翘板开关暗装在④轴和Ⓑ轴交叉点附近的墙上；控制南门灯具的单控防水开关暗装在室外大门东侧墙上；控制洗手处灯具的 1 个三联翘板开关暗装在③轴和Ⓒ轴交叉点附近墙上。

WL2 回路供门厅的 8 盏单管 LED 灯及大门口的 2 盏防水 LED 吸顶灯用电。控制门厅灯具的 2 个单联双控开关分别暗装在④轴和Ⓒ轴交叉点附近、⑥轴和Ⓓ轴交叉点附近的墙上；控制大门口灯具的 1 个防水单联翘板开关暗装在⑥轴和Ⓕ轴交叉点附近的外墙上。

WL3 回路沿走廊进入门厅后，上引至屋顶楼梯间顶板，供楼梯间二楼、三楼休息平台下方的各 1 盏 LED 吸顶灯、楼梯间顶板下方的 1 盏 LED 吸顶灯用电。楼道灯的启闭由配电箱 1ALct 内的回路空气开关直接控制。

WL4 回路供包厢内的 4 盏双管 LED 灯及其卫生间内的 1 盏防水 LED 吸顶灯、1 台换气

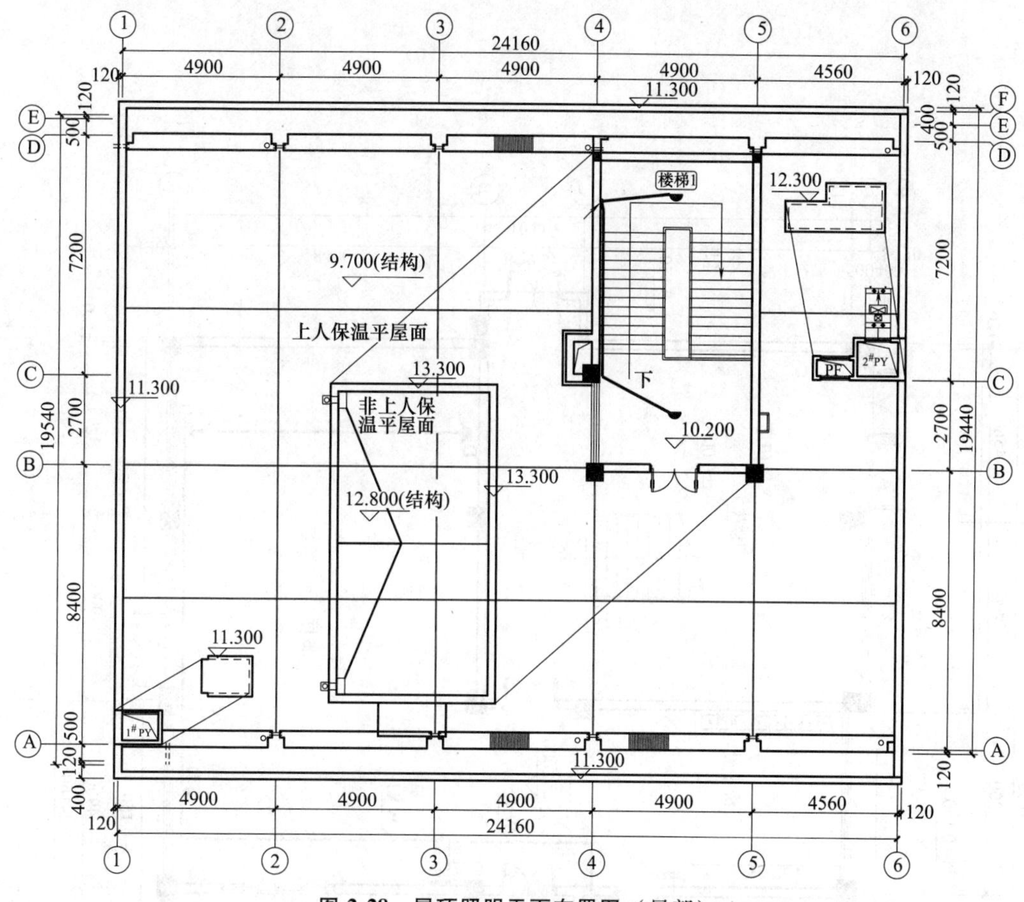

图 2-28 屋顶照明平面布置图（局部）

扇用电。控制包厢灯具的 1 个双联翘板开关暗装在③轴和Ⓒ轴交叉点北侧墙上；控制内卫灯具的 1 个防水双联翘板开关暗装在卫生间内墙上。

WX1 回路供餐厅内的 3 个暗装单相防水插座用电。

WX2 回路供包厢内的 3 个暗装单相防水插座和 2 个暗装普通 5 孔插座用电。

2）二层照明配电箱 2APjlb 及其回路识读。二层照明配电箱 2APjlb 位于⑤轴和⑥轴之间与Ⓒ轴交叉点附近墙上（暗装，尺寸为 480mm×820mm×160mm）。

由系统图（见图 2-25）和平面布置图（见图 2-27 和图 2-30）可知，俱乐部配电箱 2APjlb 引出了 3 个照明回路和 2 个插座回路，分别供卫生间、走廊和俱乐部 2 的照明回路用电，以及卫生间与俱乐部 2 的插座回路用电。

3 个照明回路（WL1、WL2 和 WL3）的导线均为 WDZB-BYJ-2×2.5+BYJR2.5，穿 DN20 的 JDG 金属管，沿顶棚和墙面暗敷；2 个插座回路（WX1 和 WX2）的导线均为 WDZB-BYJ-2×2.5+BYJR2.5，穿 DN20 的 JDG 金属管，在墙内或地板下暗敷设。

WL1 回路供男、女卫生间的 4 盏防水 LED 吸顶灯与 2 台换气扇用电。控制灯具的 1 个防水单联翘板开关与 2 个防水双联翘板开关暗装在卫生间的Ⓒ轴内墙、男卫与女卫门口的内墙上。

WL2 回路供走廊的 4 盏人体感应 LED 吸顶灯用电。灯具的启闭由配电箱 2APjlb 内的回路空气开关直接控制。

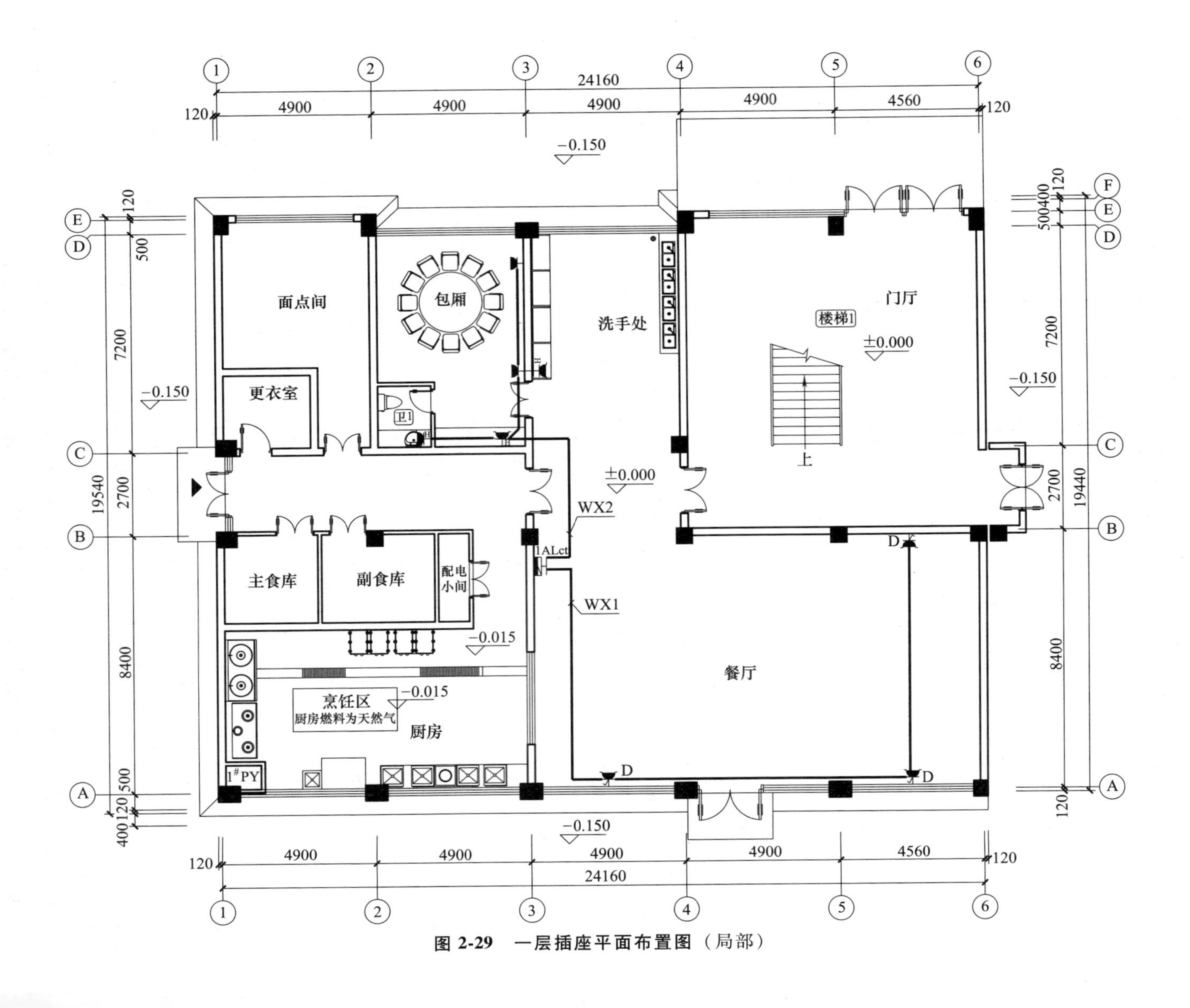

图 2-29 一层插座平面布置图（局部）

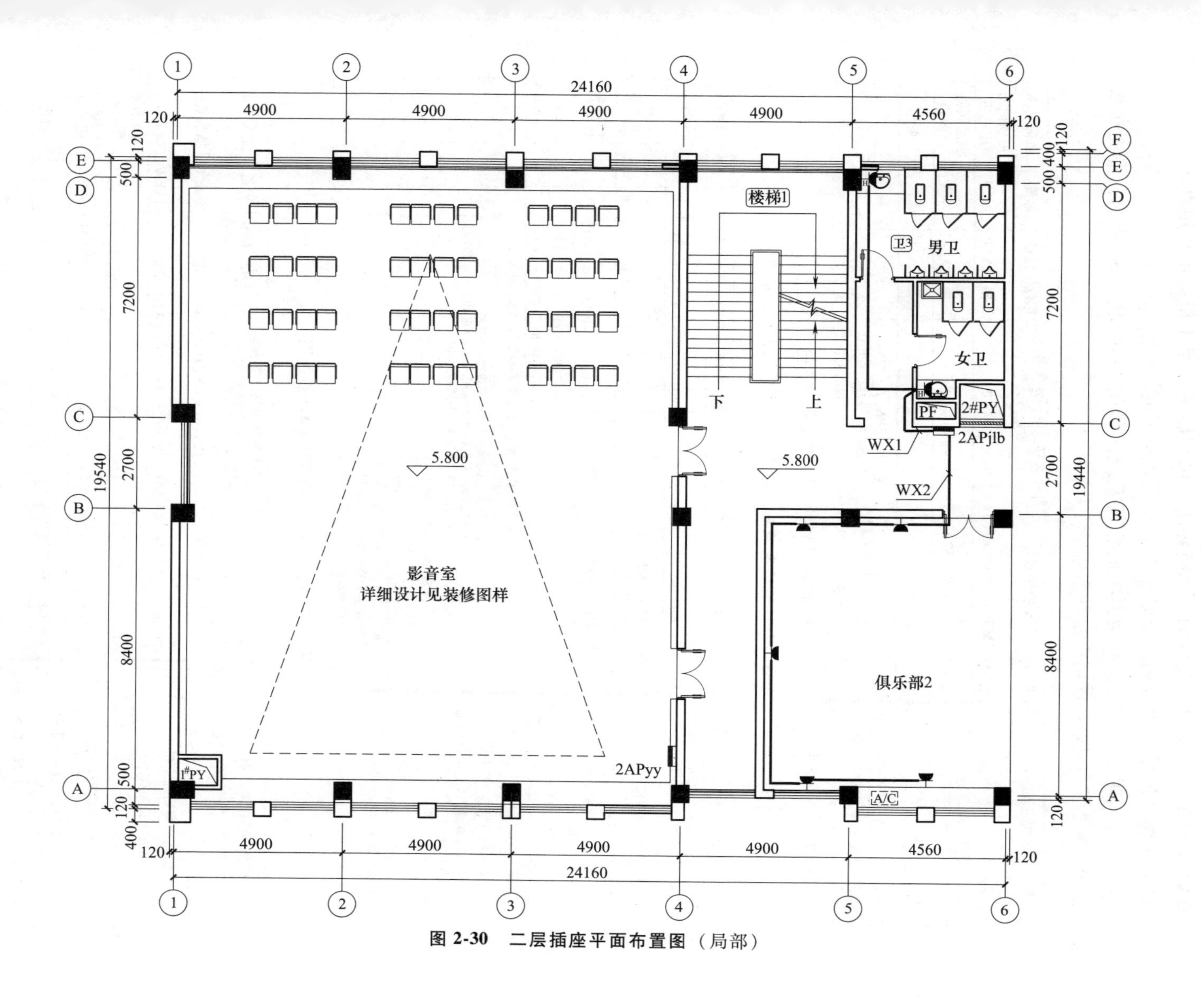

图 2-30 二层插座平面布置图（局部）

WL3 回路供俱乐部 2 内的 6 盏双管 LED 灯用电。控制灯具的 1 个三联翘板开关暗装在俱乐部 2 北门附近内墙上。

WX1 回路供男、女卫生间内的 2 个暗装防水单相插座（烘手机插座）用电。

WX2 回路供俱乐部 2 内的 5 个暗装普通 5 孔插座用电。

（3）应急照明系统　应急照明系统的相关系统图如图 2-31～图 2-34 所示，平面布置图如图 2-20～图 2-22 和图 2-35～图 2-37 所示。

消防电源总配电箱/明装	支路号	保护开关	导线型号规格、穿管管径与敷设方式	相位	位号	容量	负荷名称
ZEAP CM3-250M/3P 80A CM3-250M/3P 80A 2×WDZBN-YJY-4×35+1×16-SC50 引自园区变配电房，室外埋深不小于0.7m 宽×高×厚:500×300×200	WP1	CM3-100C/3P 63A	YTTW-5×16-CT	三相	PYAP	20.0kW	屋顶消防配电箱
	WP2	CM3-63C/3P 32A	YTTW-5×16-CT	三相	EALZ1	3.0kW	应急照明电源箱
							备用
		SCB:T08/80-C11/4P SPD连接相线:BVR-16　SPD接地端:BVR-25	T1　VA150/3PN　I_{imp}:25kA　U_c:440V　U_p<1.8kV (10/350μs)				

图 2-31　消防电源总配电箱 ZEAP 系统图

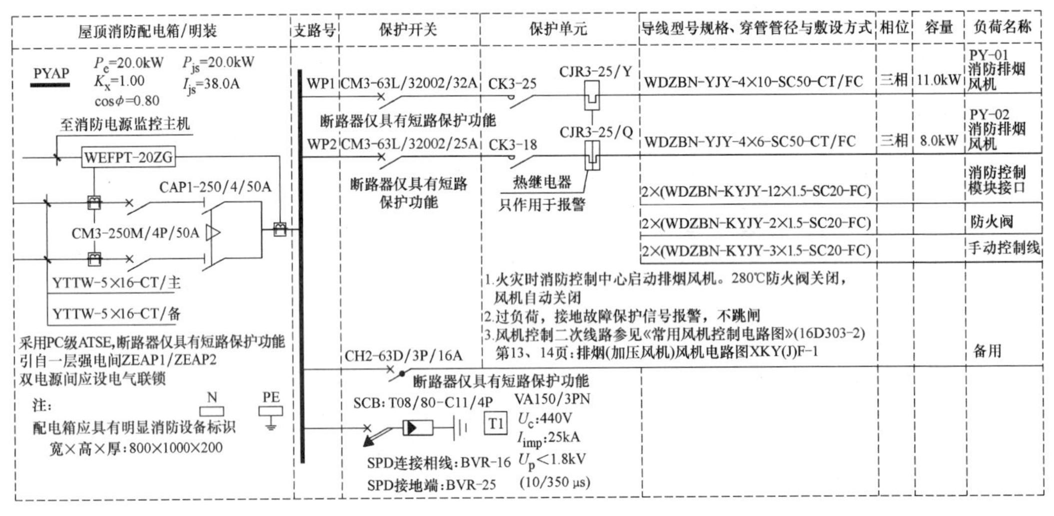

图 2-32　屋顶消防配电箱 PYAP 系统图

应急照明配电总箱/明装	支路号	保护开关	导线型号规格、穿管管径与敷设方式	相位	位号	容量	负荷名称
EALZ1 P_e=5.0kW　cosϕ=0.8　I_{js}=9.5A K_x=1.0　P_{js}=5.0kW 至消防电源监控主机 WEFPT-20ZG CAP1-100/4/25A CH2-63C/4P/25A 双电源间应设电气联锁 YTTW-5×6-CT/主 YTTW-5×6-SC25/备(引自配电间) 注:配电箱应具有明显消防设备标识 宽×高×厚: 500×450×200	WE1	CH2-63D/3P 16A	NH-YJV-5×2.5-JDG20-CC/WC	三相		1.0kW	挡烟垂壁
	WE2	CH2-63D/3P 16A	NH-YJV-5×2.5-JDG20-CC/WC	三相		1.0kW	挡烟垂壁
	WP1	CH2-63C/1P 20A	YTTW-3×4-CT	L1	1EAL1	0.5kW	应急照明配电箱
	WP2	CH2-63C/1P 20A	YTTW-3×4-CT	L2	2EAL1	0.5kW	应急照明配电箱
		CH2-63C/3P 25A					备用

图 2-33　应急照明配电总箱 EALZ1 系统图

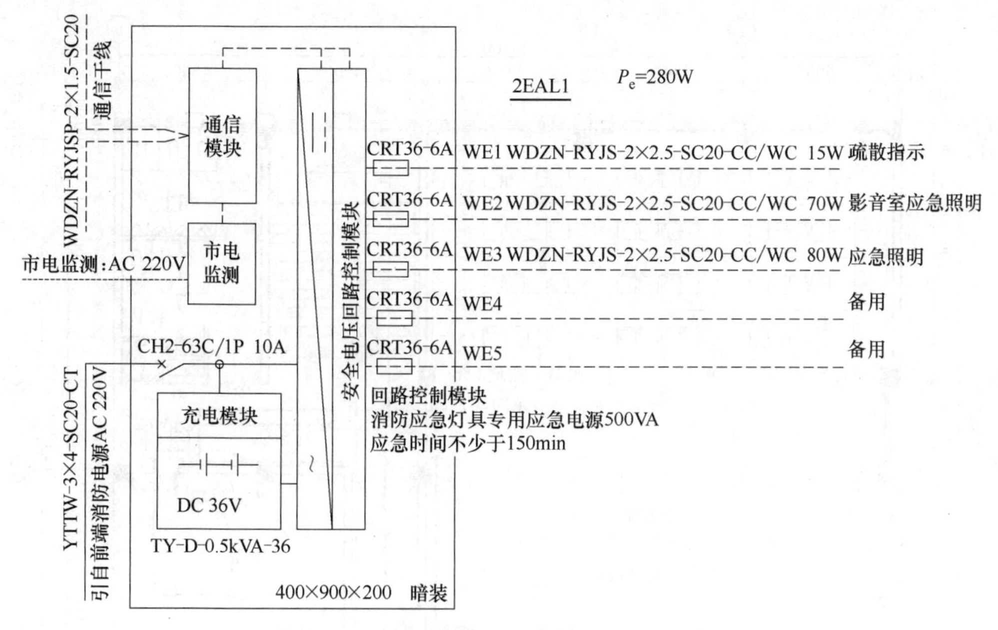

图 2-34　二层应急照明配电箱 2EAL1 系统图

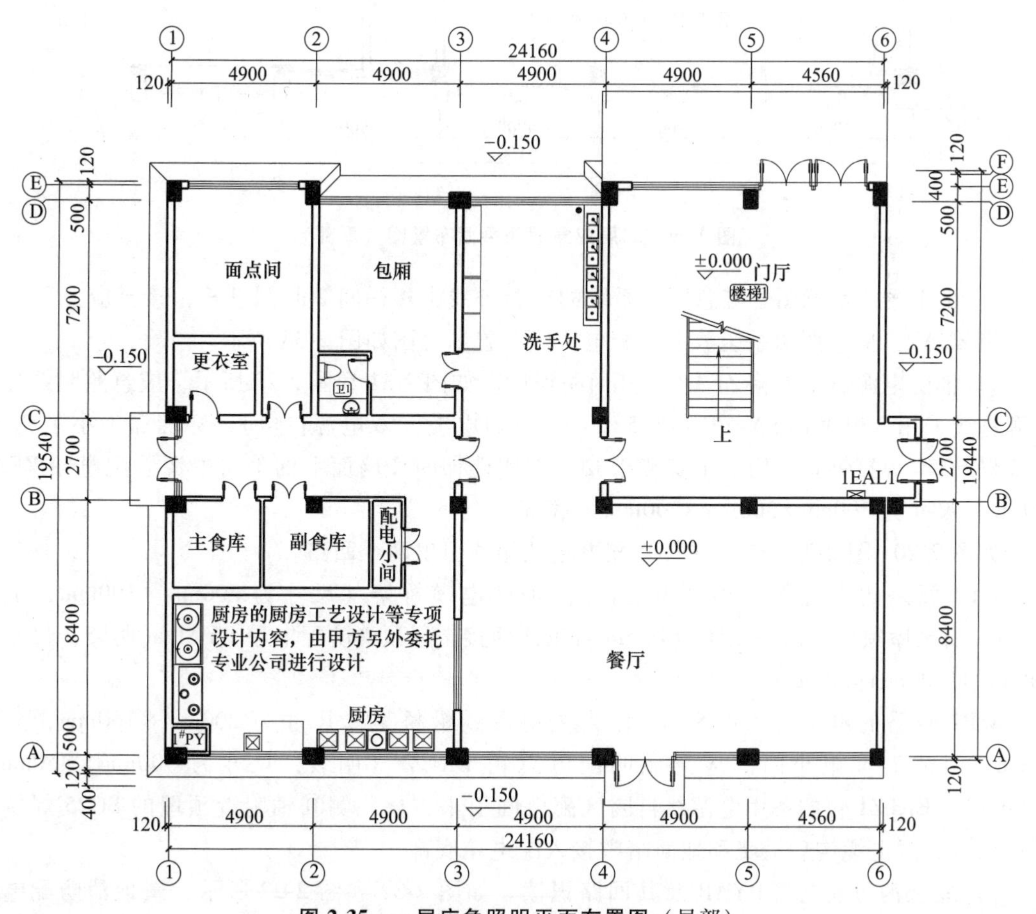

图 2-35　一层应急照明平面布置图（局部）

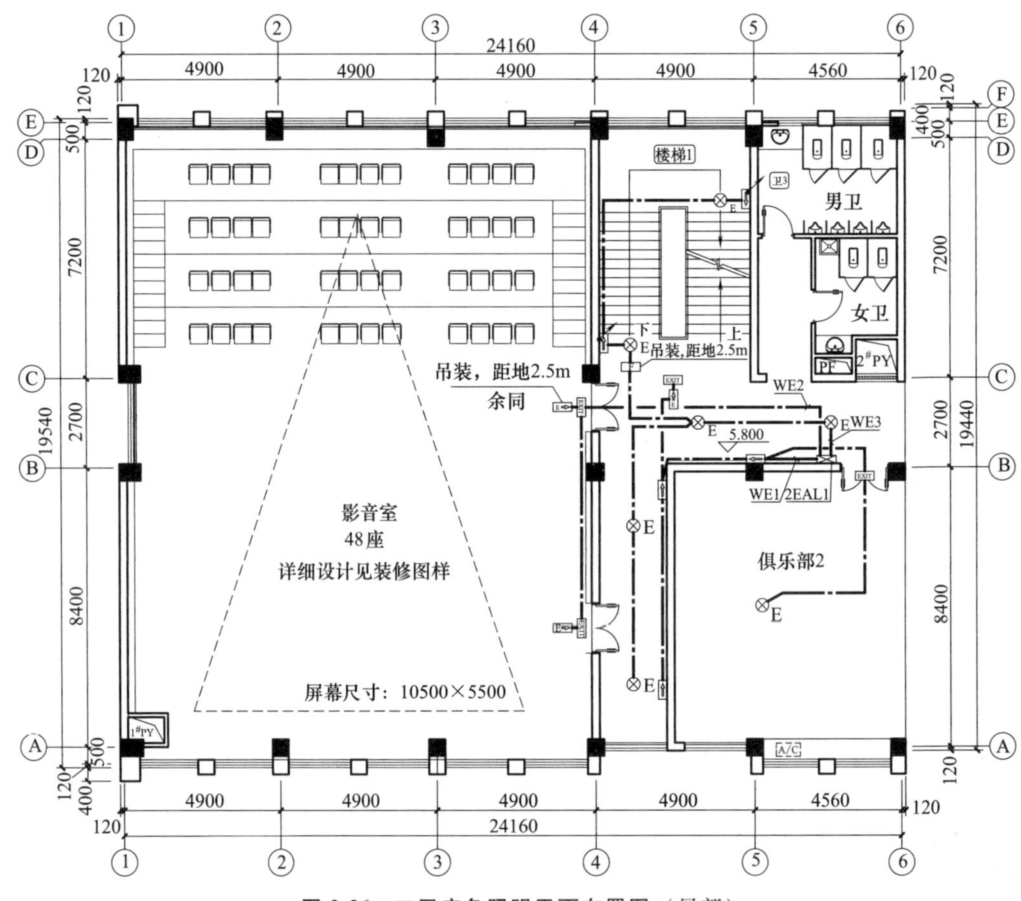

图 2-36　二层应急照明平面布置图（局部）

1）配电干线示意图。应急照明系统的电源进线由楼梯间 2 北侧进户，接至应急照明配电总箱 ZEAP。应急照明系统放射式配电干线布置示意图如图 2-38 所示。

2）消防电源总配电箱 ZEAP 及其回路识读。如图 2-31 和图 2-20 所示，应急照明系统的电源进线采用 2 根 WDZBN-YJY-4×35+1×16 电力电缆（双电源供电），穿埋深不小于 0.7m 的 2 根 SC50 焊接钢管，均引至安装于⑫轴东侧楼梯间 2 墙面上的消防电源总配电箱 ZEAP（明装，尺寸为 500mm×300mm×200mm）底部。

如图 2-20～图 2-22 所示，ZEAP 配电箱从箱顶引出两个回路。

WP1 回路的电缆 YTTW-5×16 沿竖向消防电缆桥架（尺寸为 200mm×100mm，梁下 0.1m）引至屋顶后，沿屋顶距地 0.5m 自东向西接至屋顶消防配电箱 PYAP（明装，尺寸为 800mm×1000mm×200mm）。

WP2 回路的电缆 YTTW-5×16 作为主电源线沿桥架（尺寸为 200mm×100mm，梁下 0.1m）引至 2# 配电小间的应急照明配电总箱 EALZ1（明装，尺寸为 500mm×450mm×200mm）。EALZ1 箱的备用电源线自园区配电间引来，从北侧⑪轴附近预埋的 SC25 焊接钢管中引入，过电缆沟后沿墙和地面暗敷接入配电箱底部。

3）屋顶消防配电箱 PYAP 及其回路识读。如图 2-32 和图 2-22 所示，屋顶消防配电箱 PYAP（明装，尺寸为 800mm×1000mm×200mm），分别供消防排烟风机 PY-01、PY-02 及各

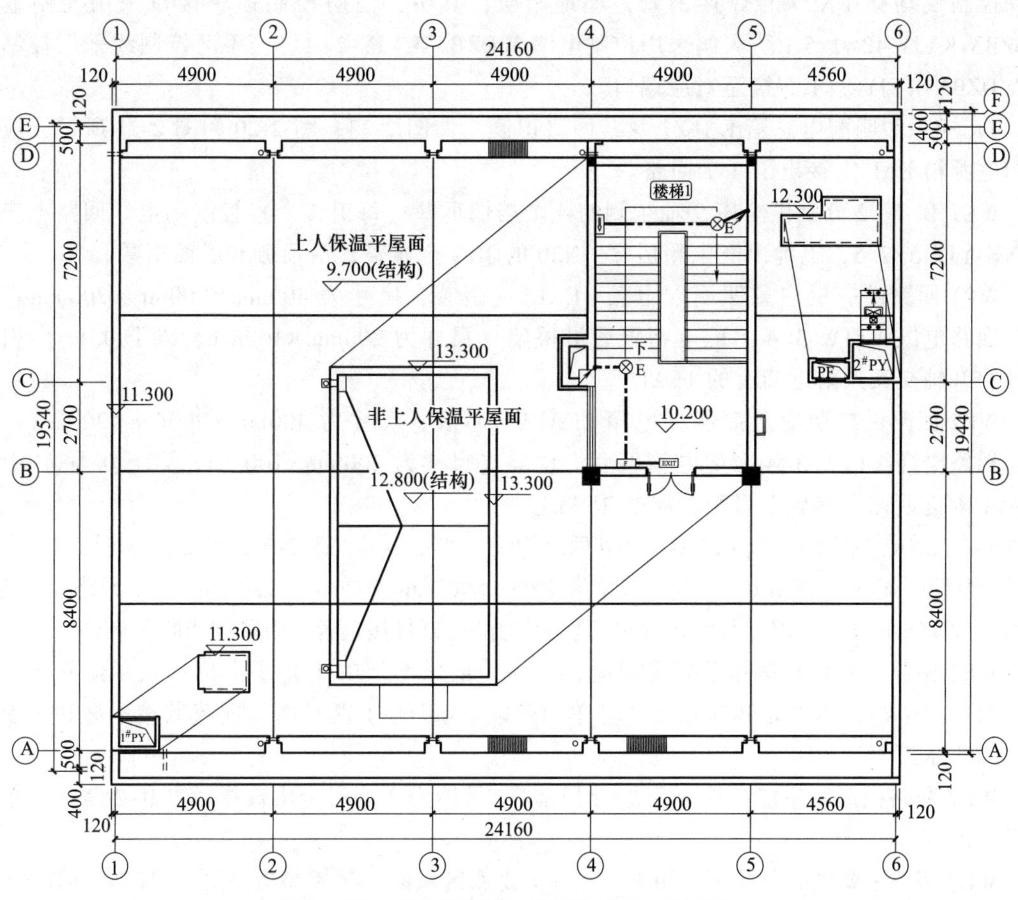

图 2-37　屋顶应急照明平面布置图（局部）

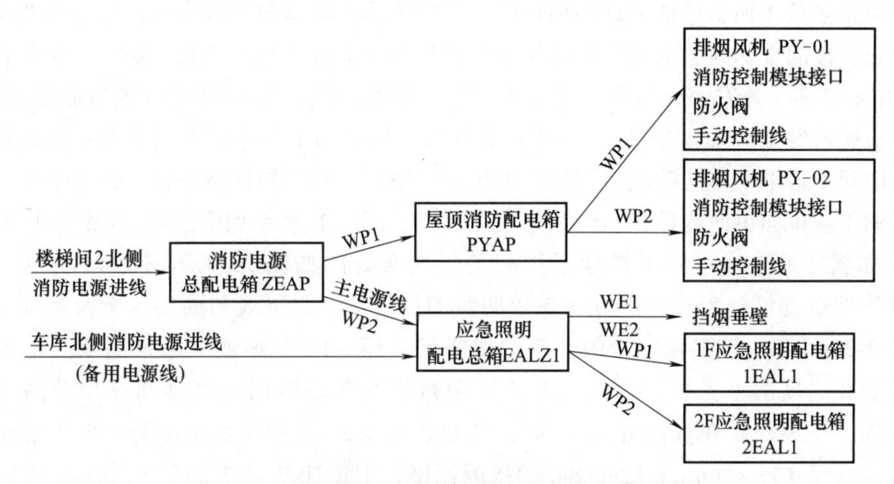

图 2-38　应急照明系统放射式配电干线布置示意图

自相应的消防控制模块接口、防火阀和手动控制线等用电。排烟风机 PY-01 回路电缆为 WDZBN-YJY-4×10，排烟风机 PY-02 回路电缆为 WDZBN-YJY-4×6，这两个回路均穿 DN50 的焊接钢管，沿桥架、埋地暗敷接至风机。两个回路均配有的消防控制模块接口、防火阀和手动控制线均穿 DN20 的焊接钢管，埋地暗敷；其中，消防控制模块接口采用控制电缆 WDZBN-KYJY-12×1.5、防火阀采用控制电缆 WDZBN-KYJY-2×1.5、手动控制线采用控制电缆 WDZBN-KYJY-3×1.5 接至对应端口。

4）应急照明配电总箱 EALZ1 及其回路识读。如图 2-33、图 2-20 和图 2-21 所示，应急照明电源箱 EALZ1 接出了 4 个回路。

WE1 和 WE2 分别供车库⑨轴东侧的 4 个挡烟垂壁（每组 2 个）控制用电。回路电缆均为 NH-YJV-5×2.5，电缆出配电箱后穿 DN20 的 JDG 金属管，沿顶棚和墙面暗敷。

WP1 回路供一层应急照明配电箱 1EAL1（暗装，尺寸为 400mm×900mm×200mm）用电。回路电缆 YTTW-3×4 出配电箱顶后沿桥架（尺寸为 200mm×100mm，梁下 0.1m）引至⑥轴和Ⓑ轴交叉点附近墙上的 1EAL1。

WP2 回路供二层应急照明配电箱 2EAL1（暗装，尺寸为 400mm×900mm×200mm）用电。回路电缆 YTTW-3×4 出配电箱顶后沿桥架（尺寸为 200mm×100mm，梁下 0.1m）引至 1EAL1 附近西侧，然后上引至二层的 2EAL1。

5）二层应急照明配电箱 2EAL1 及其回路识读。如图 2-34、图 2-36、图 2-37 和图 2-21 所示，二层应急照明配电箱 2EAL1（暗装，尺寸为 400mm×900mm×200mm）共接出了 3 个回路，回路导线均为 WDZN-RYJS-2×2.5，导线出配电箱顶后均穿 SC20 焊接钢管，沿顶棚和墙面暗敷。

WE1 回路主要供疏散指示灯等用电，具体为俱乐部 2 的 1 盏安全出口指示灯和 1 盏 A 型应急灯（6W），以及走廊区域的 3 盏单向疏散指示灯、1 盏双面单向疏散指示灯和 1 盏安全出口指示灯。

WE2 回路供影音室应急照明用电（局部），具体为 2 盏安全出口指示灯和 2 盏双面单向疏散指示灯。

WE3 回路主要供应急照明灯用电，具体为走廊区域的 4 盏 A 型应急灯（6W），楼梯间的 2 盏 A 型应急灯（6W）、1 盏楼层显示灯（吊装，距地 2.5m）和 2 盏单向疏散指示灯。需要注意的是，回路接至④轴和Ⓒ轴附近楼梯口墙面上暗敷的单面单向疏散指示灯后分出两路。一路垂直向上至三楼的楼梯间，为暗敷在楼层平台顶板内的 1 盏 A 型应急灯（6W）、暗敷在墙面的 1 盏楼层显示灯和 1 盏安全出口指示灯供电。另一路往北沿一层中间平台顶板底部自西向东，为暗敷在板底内的 1 盏 A 型应急灯（6W）和暗敷在墙面的 1 盏单面单向疏散指示灯供电。此外，又从中间平台单面单向疏散指示灯上方接出一路管线至二层休息平台，为暗敷在二层休息平台墙面的 1 盏单面单向疏散指示灯和暗敷在顶板底部的 1 盏 A 型应急灯（6W）供电。

（4）防雷接地系统　防雷接地系统相关平面布置图如图 2-39 和图 2-40 所示。由图可知，防雷接地系统可分为三大部分：屋顶明敷的接闪器、引下线与断接卡子及基础接地网。

由图 2-39 可知，该工程的接闪器均为避雷网，用 $\phi12$ 的热镀锌圆钢制成。屋顶四周的避雷网安装在高度不小于 0.15m 的支架上，明敷于女儿墙四周和楼梯间屋顶等高出屋面的构筑物四周；支架间距在直线处为 1.0m，转弯处为 0.3m。平屋面上的避雷网沿混凝土块明敷，组成不大于 10m×10m 或 12m×8m 的接闪网格；混凝土块高度约为 0.10m，支架高度不小于 0.15m。上述两类避雷网在有标高差的地方用 $\phi12$ 的热镀锌圆钢可靠连接。

该工程利用建筑物钢筋混凝土中 4 根不小于 $\phi10$ 的柱筋作为防雷引下线。在女儿墙四周共布置了 9 根，每根引下线的顶端高度均为 11.30m。由图 2-40 可知，每根引下线底端的接地电阻测试点（断接卡子）距室外地坪高度均为 0.5m。

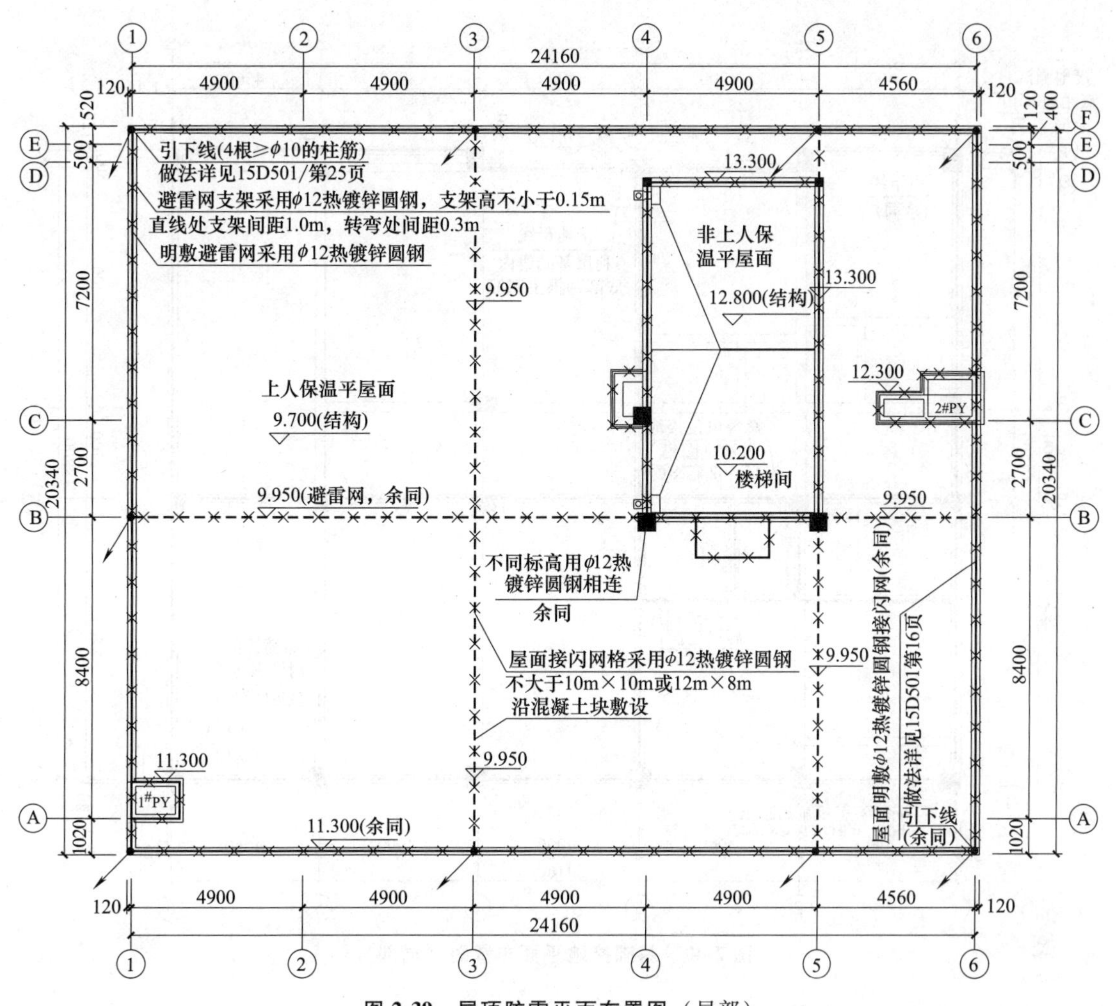

图 2-39　屋顶防雷平面布置图（局部）

由图 2-40 还可知，该工程是主要利用基础圈梁内底部两根埋深约 0.8m 的结构钢筋作为户内接地母线的。在②轴和Ⓑ轴交叉点附近设置了 1 个总等电位端子箱 MEB（底部安装高度约为 0.30m），该箱通过-40×4 热镀锌扁钢与前述户内接地母线连接，且连接点不少于 2 处。此外，建筑四角接出了 4 根埋深不小于 1.0m、距外墙皮 1.0m 的-40×4 热镀锌扁钢伸向室外，与户外接地母线相连。

2.4.2　编制依据与相关说明

1）编制依据。

①《建设工程工程量清单计价规范》（GB 50500—2013）及浙江省 2013 清单综合解释、补充规定和勘误。

②《浙江省建设工程计价规则》（2018 版）。

③《浙江省通用安装工程预算定额》（2018 版）及浙江省造价站发布的《浙江省通用安装工程预算定额》（2018 版）勘误表。

④《财政部 税务总局 海关总署关于深化增值税改革有关政策的公告》（财政部 税务总

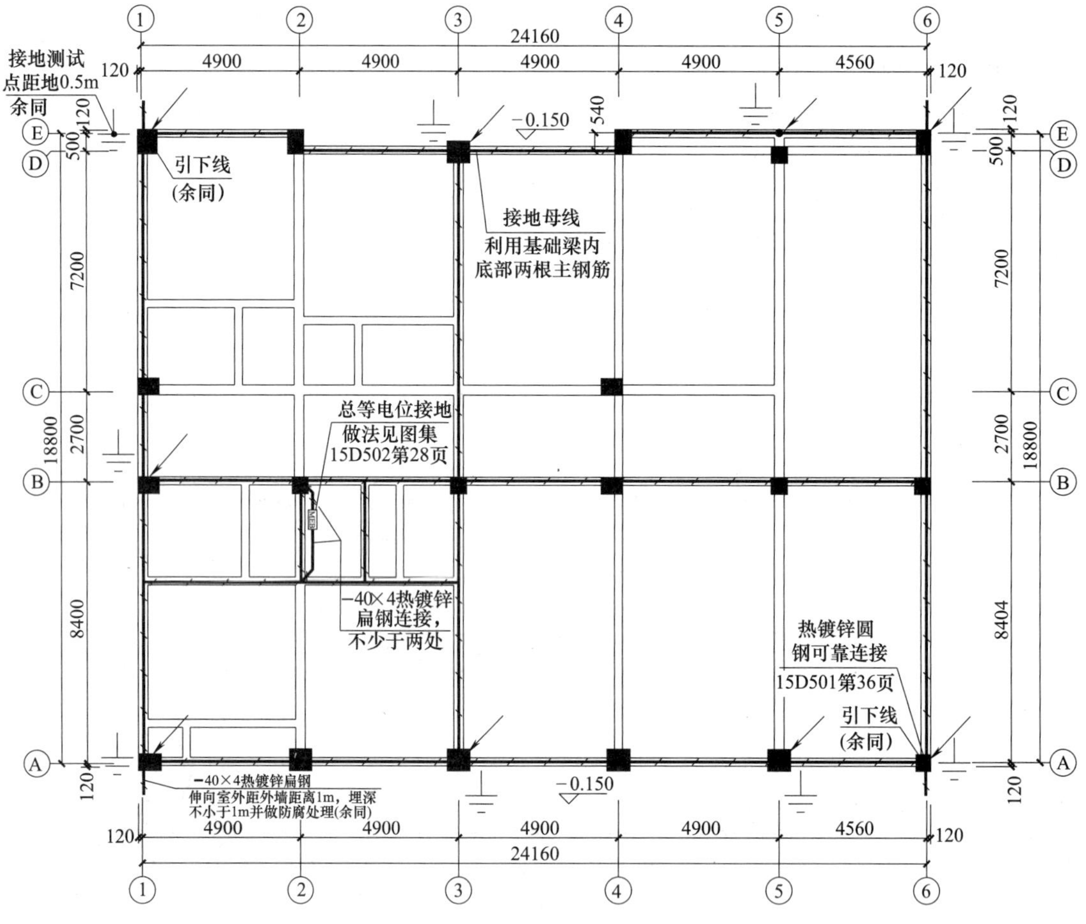

图 2-40　基础接地平面布置图（局部）

局 海关总署公告 2019 年第 39 号）。

⑤《关于增值税调整后我省建设工程计价依据增值税税率及有关计价调整的通知》（浙建建发〔2019〕92 号）、《关于颁发浙江省建设工程计价依据（2018 版）的通知》（浙建建〔2018〕61 号）。

⑥《浙江省建设厅关于调整建筑工程安全文明施工费的通知》（浙建建发〔2022〕37 号）。

⑦ 与该工程有关的标准（包括标准图集）、规范、技术资料。

2）进户电缆暂不计价，预埋焊接钢管计算至外墙皮（地梁基础边缘），井道内电力电缆敷设暂不考虑定额换算。

3）除 ZAP1 和 1ZAP1 箱相关电缆外，其余配电箱的相关电缆暂不考虑终端头安装工程量。

4）主要材料价格为当地信息价、浙江省信息价，无信息价的按市场价。

5）施工技术措施项目仅计取脚手架搭拆费，暂不考虑操作高度增加费。

6）施工组织措施项目仅计取安全文明施工费。

7）施工取费按一般计税法的中值费率取费，风险因素及其他费用暂不计。

2.4.3 工程量计算

工程量的计算通常分区域、分系统、分楼层，以配电箱为节点、以回路为对象进行分部分项工程量的计算。除按照由室外到室内顺序外，还大致按照安装照明控制设备、（照明、插座与应急照明回路的）配管配线、照明器具、防雷接地、调试等的顺序进行。

清单工程量计算见表 2-77。

表 2-77 清单工程量计算

序号	项目名称	计算式	单位	数量
1	动力配电总柜(落地式)ZAP1	1(底层 $2^{\#}$配电小间 ZAP1 柜)	台	1
	动力配电箱(明装)1ZAP1	1(底层 $2^{\#}$配电小间 1ZAP1 箱)	台	1
	动力配电箱(明装)2ZAP1	1(二层强电井 2ZAP1 箱)	台	1
	动力配电箱(暗装)1ALck	1(一层车库 1ALck 箱)	台	1
	动力配电箱(明装)1APrd	1(一层弱电机房 1APrd 箱)	台	1
	动力配电箱(暗装)1ALct	1(一层餐厅 1ALct 箱)	台	1
	空调动力配电箱(明装)1KAP1	1(一层/$1^{\#}$配电小间 1KAP1 箱)	台	1
	空调动力配电箱(明装)2KAP1	1(二层强电井 2KAP1 箱)	台	1
	动力配电箱(暗装)2APds	1(二层电视电话室 2APds 箱)	台	1
	动力配电箱(暗装)2APyt	1(二层研讨室 2APyt 箱)	台	1
	动力配电箱(暗装)2APjlb	1(二层俱乐部 2 内 2APjlb 箱)	台	1
	动力配电箱(暗装)2APyy	1(二层语音室 2APyy 箱)	台	1
	双电源应急照明配电总箱(明装)ZEAP	1(一层楼梯间 2 ZEAP 箱)	台	1
	屋顶消防配电箱(明装)PYAP	1(屋顶梯间 1 外墙 PYAP 箱)	台	1
	双电源应急照明配电总箱(明装)EALZ1	1(一层/$2^{\#}$配电小间 EALZ1 箱)	台	1
	应急照明配电总箱(暗装)1EAL1	1(一层楼梯间 1 门厅 1EAL1 箱)	台	1
	应急照明配电总箱(暗装)2EAL1	1(二层俱乐部 2 外墙 2EAL1 箱)	台	1
动力系统(东北角⑫轴西侧)				
一、ZAP1 配电柜				
2	(一)进户配管工程量[WDZB-YJY-4×185+1×95-SC150]			
	进户 SC150(暗敷)	穿墙 0.30+水平 5.74=6.04m	m	6.04
		定额工程量=6.04+预留 1.00=7.04m≈0.070(100m)	100m	0.070
	$10^{\#}$槽钢	柜底周长(0.60+0.40)×2+垫脚柱高 0.15×4=2.60m	m	2.60
		普通槽钢质量=2.60×10.007=26.02kg	kg	26.02
3	(二)ZAP1-WP1 回路(ZAP1 柜→一层总配 1ZAP1 箱)[WDZB-YJY-4×95+1×50-CT]			
	钢制槽式桥架 CT(300×100)	出 ZAP1 柜上方至 2 层梁底 0.10m 垂直[(5.80-0.50-0.10-0.30)-(柜高 2.00+距地高 0.15)]+进 1ZAP1 顶垂直[(5.80-0.60-0.30)-(距地 1.50+柜高 0.80)]+水平 0.70=2.75+2.60+0.70=6.05m	m	6.05
	镀锌扁钢━ 25×4	6.05×1.039=6.29m		
	WDZB-YJY-4×95+1×50	6.05+箱预留[(0.60+2.00)+(0.50+0.80)]=9.95m 总长=9.95×1.025≈10.20m	m	10.20
	电缆头(WDZB-YJY-4×95+1×50)	1×2=2 个	个	2

（续）

序号	项目名称	计算式	单位	数量
4	（三）ZAP1-WP2 回路（ZAP1 柜→二层总配 2ZAP1 箱）[WDZB-YJY-4×95+1×50-CT]			
	钢制槽式桥架 CT（300×100）	竖向桥架至 3 层梁底 0.30m 垂直[（9.70－0.50－0.30－0.30）－（5.80－0.60－0.30）+（3.90－1.10－1.50－0.80）]+水平（1.20+0.60+0.50）= 4.20+2.30 = 6.50m	m	6.50
	镀锌扁钢－25×4	6.50×1.039 = 6.75m	m	6.75
	WDZB-YJY-4×95+1×50	6.50+箱预留[（0.60+2.00）+（0.50+0.80）] = 10.40m 总长 = 10.40×1.025 = 10.66m	m	10.66
	电缆头（WDZB-YJY-4×95+1×50）	1×2 = 2 个	个	2
二、1ZAP1 箱（一层总配）				
5	钢制槽式桥架 CT（300×100）	水平 4.63+38.40+2.30 = 45.33m	m	45.33
	镀锌扁钢－25×4	45.33×1.039 = 47.10m	m	47.10
6	（一）1ZAP1-WP1 回路（1ZAP1 箱→1ALck 箱）[WDZB-YJY-5×16-CT-SC50-CC/WC]			
	SC50（明敷）	出桥架水平 0.10+垂直至顶（桥架高 0.10+梁下 0.10+梁高 0.50）= 0.80m	m	0.80
	SC50（暗敷）	水平 0.60+垂直入箱顶[5.80－（1.50+0.82）] = 4.08	m	4.08
	WDZB-YJY-5×16	出 1ZAP1 柜上方至顶垂直[（5.80－（0.50+0.10+0.30）－（1.50+0.80）]+水平（0.70+3.20）+（0.80+4.08）+箱预留[（0.50+0.80）+（0.48+0.82）] = 2.60+8.78+2.60 = 13.98m 总长 = 13.98×1.025 = 14.33m	m	14.33
	电缆头（WDZB-YJY-5×16）	1×2 = 2 个	个	2
7	（二）1ZAP1-WP2 回路（1ZAP1 箱→1APrd 箱）[WDZB-YJY-5×16-CT-SC50-CC/WC]			
	SC50（明敷）	同上 0.80m	m	0.80
	SC50（暗敷）	水平 2.85+垂直入箱顶[5.80－（1.50+0.64）] = 2.85+3.66 = 6.51m	m	6.51
	WDZB-YJY-5×16	出 1ZA1 柜上方至顶垂直[（5.80－（0.50+0.10+0.30）－（1.50+0.80）]+水平（0.70+5.50）+（0.80+6.51）+箱预留[（0.50+0.80）+（0.48+0.64）] = 2.60+13.51+2.42 = 18.53m 总长 = 18.53×1.025 = 18.99m	m	18.99
	电缆头（WDZB-YJY-5×16）	1×2 = 2 个	个	2
8	（三）1ZAP1-WP3 回路（1ZAP1 箱→1ALct 箱）[WDZB-YJY-5×10-CT-SC32-CC/WC]			
	SC32（明敷）	同上 0.80m	m	0.80
	SC32（暗敷）	水平 0.60+垂直入箱顶[5.80－（1.50+1.00）] = 0.60+3.30 = 3.90m	m	3.90
	WDZB-YJY-5×10	出 1ZA1 柜上方至顶垂直[（5.80－（0.50+0.10+0.30）－（1.50+0.80）]+水平（0.70+5.80+35.40）+（0.80+3.90）+箱预留[（0.50+0.80）+（0.50+1.00）] = 2.60+46.60+2.80 = 52.00m 总长 = 52.00×1.025 = 53.30m	m	53.30
	电缆头（WDZB-YJY-5×10）	1×2 = 2 个	个	2

（续）

序号	项目名称	计算式	单位	数量
9	（四）1ZAP1-WP4 回路（1ZAP1 箱→1KAP1 箱）[WDZB-YJY-5×10-CT-SC32-CC/WC]			
	SC32（明敷）	同上 0.80m	m	0.80
	SC32（暗敷）	水平 0.50+垂直入箱顶[5.80-(1.50+0.50)]=0.50+3.80=4.30m	m	4.30
	WDZB-YJY-5×10	出 1ZA1 柜上方至顶垂直[(5.80-(0.50+0.10+0.30)-(1.50+0.80)]+水平[(0.70+5.80+38.40)+(0.80+4.30)]+箱预留[(0.50+0.80)+(0.50+0.50)]=2.60+50.00+2.30=54.90m 总长=54.90×1.025=56.27m	m	56.27
	电缆头（WDZB-YJY-5×10）	1×2=2 个	个	2
三、1KAP1 箱（一层餐厅区域空调插座配电箱）				
10	（一）1KAP1-WK1 回路[WDZB-BYJ-2×4+BYJR4-JDG25-FC/WC]			
	JDG25（暗敷）	出配电箱至地（1.50+0.10）+共线段 2.00+水平 11.10+垂直入插座（0.10+1.80）=5.50+11.10=16.60m	m	16.60
	WDZB-BYJR4	16.60+箱预留（0.50+0.50）=17.60m	m	17.60
	WDZB-BYJ4	17.60×2=35.20m	m	35.20
	壁挂式空调插座（暗装，距地 1.8m，16A）	包厢 1 个	个	1
	接线盒（金属）	包厢 1 个	个	1
11	（二）1KAP1-WK2 回路[WDZB-BYJ-2×4+BYJR4-JDG25-FC/WC]			
	JDG25（暗敷）	出配电箱至地（1.50+0.10）+共线段 2.00+水平 7.90+垂直入插座（0.10+0.30）=4.00+7.90=11.90m	m	11.90
	WDZB-BYJR4	11.90+箱预留（0.50+0.50）=12.90m	m	12.90
	WDZB-BYJ4	12.90×2=25.80m	m	25.80
	柜式空调插座（暗装，距地 0.3m，16A）	餐厅北墙 1 个	个	1
	接线盒（金属）	餐厅北墙 1 个	个	1
12	（三）1KAP1-WK3 回路[WDZB-BYJ-2×4+BYJR4-JDG25-FC/WC]			
	JDG25（暗敷）	出配电箱至地（1.50+0.10）+共线段 2.00+水平 15.30+垂直入插座（0.10+0.30）=4.00+15.30=19.30m	m	19.30
	WDZB-BYJR4	19.30+箱预留（0.50+0.50）=20.30m	m	20.30
	WDZB-BYJ4	20.30×2=40.60m	m	40.60
	柜式空调插座（暗装，距地 0.3m，16A）	餐厅东墙北 1 个	个	1
	接线盒（金属）	餐厅东墙北 1 个	个	1
13	（四）1KAP1-WK4 回路[WDZB-BYJ-2×4+BYJR4-JDG25-FC/WC]			
	JDG25（暗敷）	出配电箱至地（1.50+0.10）+共线段 2.00+水平（15.30+5.80）+垂直入插座（0.10+0.30）=4.00+21.10=25.10m	m	25.10
	WDZB-BYJR4	25.10+箱预留（0.50+0.50）=26.10m	m	26.10
	WDZB-BYJ4	26.10×2=52.20m	m	52.20
	柜式空调插座（暗装，距地 0.3m，16A）	餐厅东墙南 1 个	个	1
	接线盒（金属）	餐厅东墙南 1 个	个	1

（续）

序号	项目名称	计算式	单位	数量
14	（五）1KAP1-WK5 回路[WDZB-BYJ-2×4+BYJR4-JDG25-FC/WC]			
	JDG25（暗敷）	出配电箱至地（1.50+0.10）+共线段 2.00+水平（0.95+5.40）+垂直入插座（0.10+0.30）=4.00+6.35=10.35m	m	10.35
	WDZB-BYJR4	10.35+箱预留（0.50+0.50）=11.35m	m	11.35
	WDZB-BYJ4	11.35×2=22.70m	m	22.70
	柜式空调插座（暗装，距地 0.3m，16A）	餐厅西墙南 1 个	个	1
	接线盒（金属）	餐厅西墙南 1 个	个	1
四、2ZAP1 箱（二层总配）				
15	钢制槽式桥架 CT（300×100）	出箱顶垂直[3.90−1.10−（1.50+0.80）]+水平（3.20+31.70+8.70）=0.50+43.60=44.10m	m	44.10
	镀锌扁钢−25×4	44.10×1.039=45.82m	m	45.82
16	（一）2ZAP1-WP1 回路（2ZAP1 箱→2KAP1 箱）[WDZB-YJY-5×16-CT-SC50-CC/WC]			
	SC50（明敷）	出桥架水平 0.10+垂直至顶（桥架高 0.10+梁下 0.30+梁高 0.50）=1.00m	m	1.00
	SC50（暗敷）	水平 0.50+垂直入箱顶[3.90−（1.50+0.50）]=0.50+1.90=2.40m	m	2.40
	WDZB-YJY-5×16	出箱顶垂直[3.90−1.10−（1.50+0.80）]+水平 0.50+1.00+2.40+箱预留[（0.50+0.80）+（0.50+0.50）]=0.50+3.90+2.30=6.70m 总长=6.70×1.025=6.87m	m	6.87
17	（二）2ZAP1-WP2 回路（2ZAP1 箱→2APds 箱）[WDZB-YJY-5×10-CT-SC32-CC/WC]			
	SC32（明敷）	同上 1.00m	m	1.00
	SC32（暗敷）	水平 1.95+垂直入箱顶[3.90−（1.50+0.82）]=1.95+1.58=3.53m	m	3.53
	WDZB-YJY-5×10	出箱顶垂直[3.90−1.10−（1.50+0.80）]+水平 3.20+1.30+1.00+3.53+箱预留[（0.50+0.80）+（0.48+0.82）]=0.50+9.03+2.60=12.13m 总长=12.13×1.025=12.43m	m	12.43
18	（三）2ZAP1-WP3 回路（2ZAP1 箱→2APyt 箱）[WDZB-YJY-5×10-CT-SC32-CC/WC]			
	SC32（明敷）	同上 1.00m	m	1.00
	SC32（暗敷）	水平 2.20+垂直入箱顶[3.90−（1.50+0.82）]=2.20+1.58=3.78m	m	3.78
	WDZB-YJY-5×10	出箱顶垂直[3.90−1.10−（1.50+0.80）]+水平 3.20+15.95+1.00+3.78+箱预留[（0.50+0.80）+（0.48+0.82）]=0.50+23.93+2.60=27.03m 总长=27.03×1.025=27.71m	m	27.71
19	（四）2ZAP1-WP4 回路（2ZAP1 箱→2APjlb 箱）[WDZB-YJY-5×16-CT-SC50-CC/WC]			
	SC50（明敷）	同上 1.00m	m	1.00
	SC50（暗敷）	水平 1.40+垂直入箱顶[3.90−（1.50+0.82）]=1.40+1.58=2.98m	m	2.98

（续）

序号	项目名称	计算式	单位	数量
19	WDZB-YJY-5×16	出箱顶垂直[3.90-1.10-(1.50+0.80)]+水平3.20+23.30+1.00+2.98+箱预留[(0.50+0.80)+(0.48+0.82)]=0.50+30.48+2.60=33.58m 总长=33.58×1.025=34.42m	m	34.42
20	（五）2ZAP1-WP5回路(2ZAP1箱→2APyy箱)[WDZB-YJY-5×10-CT-SC32-CC/WC]			
	SC32(明敷)	同上1.00m	m	1.00
	SC32(暗敷)	水平0.85+垂直入箱顶[3.90-(1.50+0.82)]=0.85+1.58=2.43m	m	2.43
	WDZB-YJY-5×10	出箱顶垂直[3.90-1.10-(1.50+0.80)]+水平3.20+31.70+8.70+1.00+2.43+箱预留[(0.50+0.80)+(0.48+0.82)]=0.50+47.03+2.60=50.13m 总长=50.13×1.025=51.38m	m	51.38
五、2KAP1箱(二层研讨室与电话电视会议室区域空调插座配电箱)				
21	（一）2KAP1-WK1回路[WDZB-BYJ-4×4+BYJR4-JDG25-FC/WC]			
	JDG25(暗敷)	出配电箱至地(1.50+0.10)+共线段2.40+水平6.20+垂直入插座(0.10+0.30)=4.40+6.20=10.60m	m	10.60
	WDZB-BYJR4	10.60+箱预留(0.50+0.50)=11.60m	m	11.60
	WDZB-BYJ4	11.60×4=46.40m	m	46.40
	三相插座(暗装,距地0.3m,25A)	研讨室北墙东1个	个	1
	接线盒(金属)	同上	个	1
22	（二）2KAP1-WK2回路[WDZB-BYJ-4×4+BYJR4-JDG25-FC/WC]			
	JDG25(暗敷)	出配电箱至地(1.50+0.10)+共线段2.40+11.90+水平6.20+垂直入插座(0.10+0.30)=4.40+18.10=22.50m	m	22.50
	WDZB-BYJR4	22.50+箱预留(0.50+0.50)=23.50m	m	23.50
	WDZB-BYJ4	23.50×4=94.00m	m	94.00
	三相插座(暗装,距地0.3m,25A)	研讨室北墙西1个	个	1
	接线盒(金属)	同上	个	1
23	（三）2KAP1-WK3回路[WDZB-BYJ-4×4+BYJR4-JDG25-FC/WC]			
	JDG25(暗敷)	出配电箱至地(1.50+0.10)+共线段2.40+水平12.00+垂直入插座(0.10+0.30)=4.40+12.00=16.40m	m	16.40
	WDZB-BYJR4	16.40+箱预留(0.50+0.50)=17.40m	m	17.40
	WDZB-BYJ4	17.40×4=69.60m	m	69.60
	三相插座(暗装,距地0.3m,25A)	电视电话会议室南墙东1个	个	1
	接线盒(金属)	同上	个	1
24	（四）2KAP1-WK4回路[WDZB-BYJ-4×4+BYJR4-JDG25-FC/WC]			
	JDG25(暗敷)	出配电箱至地(1.50+0.10)+共线段2.40+水平(11.90+12.00)+垂直入插座(0.10+0.30)=4.40+23.90=28.30m	m	28.30

（续）

序号	项目名称	计算式	单位	数量
24	WDZB-BYJR4	28.30+箱预留(0.50+0.50)=29.30m	m	29.30
	WDZB-BYJ4	29.30×4=117.20m	m	117.20
	三相插座(暗装,距地0.3m,25A)	电视电话会议室南墙西1个	个	1
	接线盒(金属)	同上	个	1
照明插座系统				
一、1ALct箱(一层餐厅区域照明与插座系统)				
25	(一)WL1回路[餐厅WDZB-BYJ-2×2.5+BYJR2.5-JDG20-CC/WC](2根DN15、3~4根DN20、5~7根DN25)			
	JDG20(暗敷)	出配电箱至顶(5.80-1.50-1.00)+至第1个接线盒水平8.00+至南门灯8.90+接上部灯带3.00+接下部灯带6.10+至双联开关2.80+(5.80-1.30)+至洗手处灯7.40+灯间距3.30(局部4线)+3.30+至三联开关2.60+(5.80-1.30)(局部4线)=3.30+26.00+7.30+10.70+3.30+7.10=57.70m[局部4线,其余3线]	m	57.70
	WDZB-BYJ2.5	57.70×2+双联开关7.30+3.30+7.10×2+箱预留(0.50+1.00)×2=143.20m	m	143.20
	WDZB-BYJR2.5	(57.70-7.30-7.10)+箱预留(0.50+1.00)=44.80m	m	44.80
	JDG15(暗敷)	至单联防水开关2.20+(5.80-1.30)=6.70m[均为2线]	m	6.70
	WDZB-BYJ2.5	6.70×2=13.40m	m	13.40
26	(二)WL2回路[门厅WDZB-BYJ-2×2.5+BYJR2.5-JDG20-CC/WC](2根DN15、3~4根DN20、5~7根DN25)			
	JDG20(暗敷)	出配电箱至顶(5.80-1.50-1.00)+至第1盏灯水平10.40+其余水平灯间距(5.30+2.20+6.90)(局部4线)+4.60+竖直灯间距7.1(局部4线)+4.00+至单联双控开关3.00+1.80+(5.80-1.30)×2=3.30+10.40+14.40+4.60+7.10+4.00+13.80=57.60m(局部4线,其余3线)	m	57.60
	WDZB-BYJ2.5	57.60×2+14.40+7.10+13.80+箱预留(0.50+1.00)×2=153.50m	m	153.50
	WDZB-BYJR2.5	(57.60-13.80)+箱预留(0.50+1.00)=45.30m	m	45.30
	JDG15(暗敷)	至单联防水开关2.50+(5.80-1.30)=7.00m(均为2线)	m	7.00
	WDZB-BYJ2.5	7.00×2=14.00m	m	14.00
27	(三)WL3回路[楼梯间WDZB-BYJ-2×2.5-JDG15-CC/WC](2根DN15)			
	JDG15(暗敷)	出配电箱至顶(5.80-1.50-1.00)+一层水平14.20+至楼梯间顶板垂直(12.80-5.80)+接线盒至灯水平2.60×2+接线盒至末灯水平7.85=3.30+14.20+7.00+13.05=37.55m	m	37.55
	WDZB-BYJ2.5	37.55×2+箱预留(0.50+1.00)×2=78.10m	m	78.10

（续）

序号	项目名称	计算式	单位	数量
28	（四）WL4 回路[包厢 WDZB-BYJ-2×2.5+BYJR2.5-JDG20-CC/WC]（2 根 DN15、3~4 根 DN20、5~7 根 DN25）			
	JDG20（暗敷）	出配电箱至顶（5.80−1.50−1.00）+至第 1 盏灯水平 7.60+至卫生间灯水平 2.60+至三盏灯 3.10+3.50（局部 4 线）+2.40+卫生间灯至防水双联开关 0.80+（5.80−1.30）+灯至双联开关 1.50+（5.80−1.30）= 3.30+15.70+3.50+11.30=33.80m（局部 4 线，其余 3 线）	m	33.80
	WDZB-BYJ2.5	33.80×2+3.50+11.30+箱预留（0.50+1.00）×2= 85.40m	m	85.40
	WDZB-BYJR2.5	（33.80−11.30）+箱预留（0.50+1.00）= 24.00m	m	24.00
29	（五）WX1 回路[餐厅 WDZB-BYJ-2×4+BYJR4-JDG25-FC]			
	JDG25（暗敷）	水平：共线段 0.55+至各插座依次水平 9.50+9.80+8.40=28.25m 垂直：出配电箱至地（1.50+0.10）+插座垂直管（0.30+0.10）×5=3.60m 总长：28.25+3.60=31.85m	m	31.85
	WDZB-BYJR4	31.85+箱预留（0.50+1.00）= 33.35m	m	33.35
	WDZB-BYJ4	[31.85+箱预留（0.50+1.00）]×2=66.70m	m	66.70
30	（六）WX2 回路[包厢 WDZB-BYJ-2×4+BYJR4-JDG25-FC]			
	JDG25（暗敷）	水平：共线段 0.55+至各插座依次水平 6.80+2.30+6.30+0.30=16.25m 垂直：出配电箱至地（1.50+0.10）+插座垂直管（0.30+0.10）×4+（1.50+0.10）×5=11.20m 总长：16.25+11.20=27.45m	m	27.45
	WDZB-BYJR4	27.45+箱预留（0.50+1.00）= 28.95m	m	28.95
	WDZB-BYJ4	[27.45+箱预留（0.50+1.00）]×2=57.90m	m	57.90
二、2APjlb 箱（二层俱乐部 2 和卫生间区域照明与插座系统）				
31	（一）WL1 回路[卫生间 WDZB-BYJ-2×2.5+BYJR2.5-JDG20-CC/WC]（2 根 DN15、3~4 根 DN20、5~7 根 DN25）			
	JDG20（暗敷）	出配电箱至顶（5.80−1.50−0.82）+至第 1 盏灯水平 3.90+至女卫灯水平 2.40+至男卫灯水平 4.10+2.20（局部 4 线）+0.50+至女卫防水双联开关 1.85+（3.90−1.30）+至男卫双联防水开关 1.65+（3.90−1.30）= 3.48+10.90+2.20+8.70=25.28m（局部 4 线，其余 3 线）	m	25.28
	WDZB-BYJ2.5	25.28×2+2.20+8.70+箱预留（0.48+0.82）×2=64.06m	m	64.06
	WDZB-BYJR2.5	（25.28−8.70）+箱预留（0.48+0.82）= 17.88m	m	17.88
	JDG15（暗敷）	至走廊单联防水开关 2.20+（3.90−1.30）= 4.80m（均为 2 线）	m	4.80
	WDZB-BYJ2.5	4.80×2=9.60m	m	9.60

（续）

序号	项目名称	计算式	单位	数量
32	（二）WL2 回路［走廊 WDZB-BYJ-2×2.5+BYJR2.5-JDG20-CC/WC］（2 根 DN15、3~4 根 DN20、5~7 根 DN25）			
	JDG20（暗敷）	出配电箱至顶（5.80－1.50－0.82）+至各灯水平 1.50+5.20+4.60+4.20=3.48+15.50=18.98m	m	18.98
	WDZB-BYJ2.5	18.98×2+箱预留（0.48+0.82）×2=40.56m	m	40.56
	WDZB-BYJR2.5	18.98+箱预留（0.48+0.82）=20.28m	m	20.28
33	（三）WL3 回路［俱乐部 2 WDZB-BYJ-2×2.5+BYJR2.5-JDG20-CC/WC］（2 根 DN15、3~4 根 DN20、5~7 根 DN25）			
	JDG20（暗敷）	出配电箱至顶（5.80－1.50－0.82）+至第 1 盏灯水平 6.30+灯间距 3.60×3+2.70+2.70（局部 4 线）+至三联开关 1.60+（3.90－1.30）=3.48+19.80+2.70+4.20=30.18m（局部 4 线，其余 3 线）	m	30.18
	WDZB-BYJ2.5	30.18×2+2.70+4.20×2+箱预留（0.48+0.82）×2=74.06m	m	74.06
	WDZB-BYJR2.5	（30.18－4.20）+箱预留（0.48+0.82）=27.28m	m	27.28
34	（四）WX1 回路［包厢 WDZB-BYJ-2×4+BYJR4-JDG25-FC］			
	JDG25（暗敷）	水平 2.80+7.80+出配电箱至地垂直（1.50+0.10）+插座垂直管（1.50+0.10）×3=17.00m	m	17.00
	WDZB-BYJR4	17.00+箱预留（0.48+0.82）=18.30m	m	18.30
	WDZB-BYJ4	18.30×2=36.60m	m	36.60
35	（五）WX2 回路［俱乐部 2 WDZB-BYJ-2×4+BYJR4-JDG25-FC］			
	JDG25（暗敷）	水平 4.50+2.90+4.60+4.70+3.50+出箱至地垂直（1.50+0.10）+插座垂直管（0.30+0.10）×9=20.20+5.20=25.40m	m	25.40
	WDZB-BYJR4	25.40+箱预留（0.48+0.82）=26.70m	m	26.70
	WDZB-BYJ4	26.70×2=53.40m	m	53.40
36	LED 灯带（7W/m/220V）	外圈 36.70+内圈单根 11.30×10=149.70m	m	149.70
37	LED 吸顶灯（220V，1×28W，ϕ250mm）	二层楼梯间 1+三层楼梯间 2=3 套	套	3
38	防水 LED 吸顶灯（220V，1×28W，ϕ250mm）	一层（门厅大门 2+包厢卫生间 1+餐厅南门 1）+二层（男卫 2+女卫 2）=4+4=8 套	套	8
39	防水双管 LED 灯（220V，2×28W）	一层洗手处 3 套	套	3
40	单管 LED 灯（220V，1×28W）	一层门厅 8 套	套	8
41	双管 LED 灯（220V，2×28W）	一层包厢 4+二层俱乐部 2 的 6=10 套	套	10
42	人体感应 LED 吸顶灯（220V 1×18W ϕ250mm）	二层楼梯间附近走廊 4 套	套	4
43	换气扇（BLD120 带止回阀）	一层包厢卫生间 1+二层卫生间 2=3 台	台	3
44	双联单控开关（PAK-K62/1 250V 10A）	一层包厢东 1+餐厅北 1=2 套	套	2
45	三联单控开关（PAK-K63/1 250V 10A）	一层洗手处西墙 1+二层俱乐部 2 北门口 1=2 套	套	2
46	单联防水开关（220V 2×28W/IP54）	一层（门厅大门外 1+餐厅南门外 1）+二层卫生间走廊东墙 1=3 套	套	3
47	双联防水开关（220V 2×28W/IP54）	一层包厢卫生间 1+二层卫生间 2=3 套	套	3

（续）

序号	项目名称	计算式	单位	数量
48	单联双控开关(PAK-K61/2 250V 10A)	一层门厅北门附近 1+西门附近 1=2 套	套	2
49	单相二、三极插座(250V 10A)	一层包厢东墙 2+二层俱乐部 2 内 5=7 套	套	7
50	防水单相插座(250V 16A)(H=1.5m)	一层(包厢 2+洗手处 1)+二层(男卫 1+女卫 1)=5 套	套	5
51	防水插座(250V 16A)(H=0.3m)	一层餐厅 3 套	套	3
52	壁挂式空调插座(250V 16A)	一层包厢 1 套	套	1
53	灯头盒(金属)	LED 灯带灯头盒(1+5+5)+LED 吸顶灯 3+防水 LED 吸顶灯 8+防水双管 LED 灯 3+单管 LED 灯 8+双管 LED 灯 10+人体感应 LED 吸顶灯 4+换气扇 3=50 个	个	50
54	灯头盒面板	同上 50 个	个	50
55	开关盒(金属)	双联单控开关 2+三联单控开关 2+单联防水开关 3+双联防水开关 3+单联双控开关 2=12 个	个	12
56	插座盒(金属)	单相二、三极插座 7+防水单相插座 5+防水插座 3+壁挂式空调插座 1=16 个	个	16
		应急照明系统		
一、ZEAP 箱(消防电源总配电箱)				
57	(一)进户配管工程量[2×WDZBN-YJY-4×35+1×16-SC50]			
	进户 SC50(暗敷)	[穿墙 0.30+水平 5.20+垂直进箱(0.15+0.70+1.50)]×2=7.85×2=15.70m	m	15.70
		定额工程量=15.70+预留 1.00×2=17.70m=0.177(100m)	100m	0.177
58	(二)WP1 回路(ZEAP 箱→屋顶 PYAP 箱)[YTTW-5×16-CT]			
	钢制槽式桥架 CT(200mm×100mm)	出箱上方至屋顶垂直[9.70+1.5-(距地 1.50+箱高 0.30)]+一层水平(0.65+1.80+0.95+0.50)+屋顶水平(1.20+15.4+2.30+10.20)=9.40+3.90+29.10=42.40m	m	42.40
	镀锌扁钢━25×4	42.40×1.039=44.05m	m	44.05
	YTTW-5×16	42.40+箱预留[(0.50+0.30)+(0.80+1.00)]=45.00m 总长=45.00×1.025=46.13m	m	46.13
59	(三)WP2 回路(ZEAP 箱→应急照明配电总箱 EALZ1 箱)[YTTW-5×6-CT]			
	YTTW-5×16	出箱顶垂直[5.80-(1.50+0.30)]+水平(0.65+1.80+1.20)+入箱顶垂直 5.80-(1.50+0.45)+箱预留[(0.50+0.30)+(0.50+0.45)]=4.00+3.65+3.85+1.75=13.25m 总长=13.25×1.025=13.58m	m	13.58
二、PYAP 箱(屋顶消防配电箱)				
60	(一)WP1 回路(PYAP 箱→PY-01)[WDZBN-YJY-4×10-SC50-CT/FC]			
	SC50(明敷)	出桥架水平 0.10+垂直至地 0.5+出地垂直至电动机接线盒 0.6(估)=1.20m	m	1.20

（续）

序号	项目名称	计算式	单位	数量
60	SC50(暗敷)	垂直入地 0.10+水平 4.80+1.20+垂直出地 0.10=6.20m	m	6.20
	WDZBN-YJY-4×10	出箱底垂直 1.00+桥架水平 5.40+(1.20+6.20)+箱预留(0.80+1.00)+至电动机预留 0.50=16.10m 总长=16.10×1.025=16.50m	m	16.50
61	消防模块[WDZBN-KYJY-12×1.5-SC20-FC]			
	SC20(明敷)	同上 1.20m	m	1.20
	SC20(暗敷)	垂直入地 0.10+水平 4.00+1.30+垂直出地 0.10=5.50m	m	5.50
	WDZBN-KYJY-12×1.5	出箱底垂直 1.00+桥架水平 5.10+(1.20+5.50)+箱预留(0.80+1.00)=14.60m 总长=14.60×1.025=14.97m	m	14.97
62	防火阀[WDZBN-KYJY-2×1.5-SC20-FC]			
	SC20(明敷)	同上 1.20m	m	1.20
	SC20(暗敷)	同上 5.50m	m	5.50
	WDZBN-KYJY-2×1.5	同上 14.97m	m	14.97
63	手动控制线[WDZBN-KYJY-3×1.5-SC20-FC]			
	SC20(明敷)	同上 1.20m	m	1.20
	SC20(暗敷)	同上 5.50m	m	5.50
	WDZBN-KYJY-3×1.5	同上 14.97m	m	14.97
64	(二)WP2 回路(PYAP 箱→PY-02)[WDZBN-YJY-4×6-SC50-CT/FC]			
	SC50(明敷)	出桥架水平 0.10+垂直至地 0.5+出地垂直至电动机接线盒 0.6(估)=1.20m	m	1.20
	SC50(暗敷)	垂直入地 0.10+水平 1.90+垂直出地 0.10=2.10m	m	2.10
	WDZBN-YJY-4×6	出箱底垂直 1.00+桥架水平(10.20+2.30+14.60)+(1.20+2.10)+箱预留(0.80+1.00)+至电动机预留 0.50=33.70m 总长=33.70×1.025=34.54m	m	34.54
65	消防模块[WDZBN-KYJY-12×1.5-SC20-FC]			
	SC20(明敷)	同上 1.20m	m	1.20
	SC20(暗敷)	垂直入地 0.10+水平 3.30+垂直出地 0.10=3.50m	m	3.50
	WDZBN-KYJY-12×1.5	出箱底垂直 1.00+桥架水平(10.20+2.30+14.30)+(1.20+3.50)+箱预留(0.80+1.00)=34.30m 总长=34.30×1.025=35.16m	m	35.16
66	防火阀[WDZBN-KYJY-2×1.5-SC20-FC]			
	SC20(明敷)	同上 1.20m	m	1.20
	SC20(暗敷)	同上 3.50m	m	3.50
	WDZBN-KYJY-2×1.5	同上 35.16m	m	35.16
67	手动控制线[WDZBN-KYJY-3×1.5-SC20-FC]			
	SC20(明敷)	同上 1.20m	m	1.20

（续）

序号	项目名称	计算式	单位	数量
67	SC20（暗敷）	同上 3.50m	m	3.50
	WDZBN-KYJY-3×1.5	同上 35.16m	m	35.16
三、EALZ1 箱（应急照明配电总箱）				
68	（一）WE1 回路（EALZ1 箱→挡烟垂壁北）［NH-YJV-5×2.5-JDG20-CC/WC］			
	JDG20（暗敷）	出箱顶垂直 5.80-（1.50+0.45）+水平（8.90+0.90+1.00+4.20）+至控制箱（5.80-2.00）×3＝3.85+15.00+11.40＝30.25m	m	30.25
	NH-YJV-5×2.5	30.25+箱预留（0.50+0.45）＝31.20m 总长＝31.20×1.025＝31.98m	m	31.98
69	（二）WE2 回路（EALZ1 箱→挡烟垂壁南）［NH-YJV-5×2.5-JDG20-CC/WC］			
	JDG20（暗敷）	出箱顶垂直［5.80-（1.50+0.45）］+水平（8.90+0.90+5.60+1.00+4.20）+至控制箱（5.80-2.00）×2＝3.85+20.60+7.60＝32.05m	m	32.05
	NH-YJV-5×2.5	32.05+箱预留（0.50+0.45）＝33.00m 总长＝33.00×1.025＝33.83m	m	33.85
70	（三）WP1 回路（EALZ1 箱→1EAL1 一层应急照明配电箱）［YTTW-3×4-CT］			
	钢制槽式桥架 CT（200mm×100mm）	出箱上方至桥架垂直［（5.80-0.70）-（1.50+0.45）］+水平至箱底（4.00+21.30）+至 1EAL1 垂直［（5.80-0.70）-（1.50+0.20）］＝3.15+25.30+3.40＝31.85m	m	31.85
	YTTW-3×4	31.85+箱预留（0.50+0.45）+（0.40+0.90）＝34.10m 总长＝34.10×1.025＝34.95m	m	34.95
71	（四）WP2 回路（EALZ1 箱→2EAL1 二层应急照明配电箱）［YTTW-3×4-CT］			
	钢制槽式桥架 CT（200mm×100mm）	一层桥架水平 1.80+引上垂直［5.80-（1.50+0.45）］+1.50＝7.15m	m	7.15
	YTTW-3×4	7.15+箱预留（0.50+0.45）+（0.40+0.90）＝9.40m 总长＝9.40×1.025＝9.64m	m	9.64
四、2EAL1 箱（二层应急照明配电箱）				
72	（一）WE1 回路（2EAL1 箱→疏散指示）［WDZN-RYJS-2×2.5-SC20-CC/WC］			
	SC20（暗敷）	水平：2.20+俱乐部（4.20+6.80）+走廊（3.70+6.10+3.60）＝2.20+11.00+13.40＝26.60m 垂直：出箱顶［3.90-（1.50+0.20）］+单向疏散（3.90-0.30）×7+俱乐部出口（3.90-2.20）×2＝2.20+25.20+3.40＝30.80m 合计：26.60+30.80＝57.40m	m	57.40
	WDZN-RYJS-2×2.5	57.40+箱预留（0.40+0.90）＝58.70m	m	58.70
73	（二）WE2 回路（2EAL1 箱→影音室应急照明）［WDZN-RYJS-2×2.5-SC20-CC/WC］			
	SC20（暗敷）	水平：1.70+至影音室北门 7.70+至影音室南门 7.00＝16.40m 垂直：出箱顶［3.90-（1.50+0.20）］+影音室 2 出口（3.90-2.20）×5＝2.20+8.50＝10.70m 合计：16.40+10.70＝27.10m	m	27.10
	WDZN-RYJS-2×2.5	27.10+箱预留（0.40+0.90）＝28.40m	m	28.40

（续）

序号	项目名称	计算式	单位	数量
	（三）WE3 回路（2EAL1 箱→应急照明）[WDZN-RYJS-2×2.5-SC20-CC/WC]			
74	SC20（暗敷）	水平 1.30+4.20+至影音室南门应急灯 9.90+至楼梯前单向灯 5.30+至二层楼梯单向灯 $\sqrt{4.40^2+1.65^2}$+4.80+三层灯 4.90+5.20=40.30m 垂直出箱顶 3.90-(1.50+0.20)+二层楼梯口单向灯接入与引上(9.70-5.80-0.30)+(12.80-5.80-0.30)+下至⑤轴单向灯(3.90/2+3.10/2-0.30)+三层露台门灯(3.10-2.20)+三层休息平台单向灯引上[12.80-(5.80+1.95+0.30)]=2.20+13.50+5.65=21.35m 合计:40.30+21.35=61.65m	m	61.65
	WDZN-RYJS-2×2.5	61.65+箱预留(0.40+0.90)=62.95m	m	62.95
	防雷接地系统			
75	避雷网沿女儿墙明敷（ϕ12mm 热镀锌圆钢）	水平:女儿墙四周(24.16+20.13)×2+1#PY 井 3.80+楼梯间(4.90+9.40)×2+3.50+4.40+⑤轴短 1.50+1#PY 井 7.10=88.58+48.90=137.48m 垂直:(11.30-9.95)×6+(13.30-9.95)×3+(12.30-11.30)×2=8.10+10.05+2.00=20.15m 总长=(137.48+20.15)×1.039=163.78m	m	163.78
76	避雷网沿混凝土块支架明敷（ϕ12mm 热镀锌圆钢）	14.70+20.10+4.60+9.40+1.50=50.30m 总长=50.30×1.039=52.26m	m	52.26
77	混凝土块制作	49 块	块	49
78	避雷引下线（利用 4 根≥ϕ10mm 的结构柱筋）	[11.30-(0.50-0.15)]×9=98.55m	m	98.55
79	断接卡子制作安装	1×9=9 套	套	9
80	户内接地母线敷设（利用地梁钢筋）	水平基础四周(25.20+24.20+18.90×2)+③轴、Ⓑ轴(24.2+18.90)+其他(9.80+3.10×2)=87.20+43.10+16.00=146.30m 垂直引下线(0.50+0.80)×9=11.70m 总长=146.30+11.70=158.00m	m	158.00
81	户内接地母线敷设-40×4	室外[1.00+(1.00-0.80)]×4+MEB 连接 3.40+(0.30+0.80)×2=10.40m 总长=10.40×1.039=10.81m	m	10.81
82	总等电位端子箱暗敷（300mm×200mm×120mm）	1 台	台	1
83	接地装置调试	接地网调试系统 1	系统	1
84	低压双电源自动切换装置调试	由已知条件，双电源配电箱为 ZEAP、PYAP、EALZ1，共 3 只	系统	3

2.4.4 工程量汇总

工程量汇总基本上是按照电气照明系统的系统组成顺序来进行的，即照明控制设备、配管配线（楼层→配电箱→回路→配管→配线）、照明器具、防雷接地、系统调试等。工程量汇总结果见表 2-78。

表 2-78　工程量汇总结果

序号	项目名称	计算式	工程量	
1	动力配电总柜(落地式)ZAP1(600mm×2000mm×400mm)	(1)1 台	台	1
	10#槽钢制作安装	(2)26. 02kg	kg	26. 02
		(2)2. 60m	m	2. 60
2	动力配电箱(明装)1ZAP1(500mm×800mm×160mm)	(1)1 台	台	1
3	动力配电箱(明装)2ZAP1(500mm×800mm×160mm)	(1)1 台	台	1
4	动力配电箱(暗装)1ALck(480mm×820mm×160mm)	(1)1 台	台	1
5	动力配电箱(明装)1APrd(480mm×640mm×160mm)	(1)1 台	台	1
6	动力配电箱(暗装)1ALct(500mm×1000mm×160mm)	(1)1 台	台	1
7	空调动力配电箱(明装)1KAP1(500mm×500mm×160mm)	(1)1 台	台	1
8	空调动力配电箱(明装)2KAP1(500mm×500mm×160mm)	(1)1 台	台	1
9	动力配电箱(暗装)2APds(480mm×820mm×160mm)	(1)1 台	台	1
10	动力配电箱(暗装)2APyt(480mm×820mm×160mm)	(1)1 台	台	1
11	动力配电箱(暗装)2APjlb(480mm×820mm×160mm)	(1)1 台	台	1
12	动力配电箱(暗装)2APyy(480mm×820mm×160mm)	(1)1 台	台	1
13	双电源应急照明配电总箱(明装)ZEAP(500mm×300mm×200mm)	(1)1 台	台	1
14	屋顶消防配电箱(明装)PYAP(800mm×1000mm×200mm)	(1)1 台	台	1
15	双电源应急照明配电总箱(明装)EALZ1(500mm×450mm×200mm)	(1)1 台	台	1
16	应急照明配电总箱(暗装)1EAL1(400mm×900mm×200mm)	(1)1 台	台	1
17	应急照明配电总箱(暗装)2EAL1(400mm×900mm×200mm)	(1)1 台	台	1
18	SC150(砖混结构暗配)	(2)6. 04m	m	6. 04
		(2)7. 04m	100m	0. 070
19	SC50(砖混结构明配)	(6)+(7)+(16)+(19)+(60)+(64)= 0. 80×2+1. 00×2+1. 20×2 = 6. 00m	m	6. 00

（续）

序号	项目名称	计算式	工程量	
20	SC50(砖混结构暗配)	(6)+(7)+(16)+(19)+(57)+(60)+(64)=4.08+6.51+2.40+2.98+15.70+6.20+1.90=39.77m	m	39.77
		(6)+(7)+(16)+(19)+(57)+(60)+(64)=4.08+6.51+2.40+2.98+17.70+6.20+1.90=41.77m	100m	0.418
21	SC32(砖混结构明配)	(8)+(9)+(17)+(18)+(20)=0.80×2+1.00×3=4.60m	m	4.60
22	SC32(砖混结构暗配)	(8)+(9)+(17)+(18)+(20)=3.90+4.30+3.53+3.78+2.43=17.94m	m	17.94
23	SC20(砖混结构明配)	(61)+(62)+(63)+(65)+(66)+(67)=1.20×6=7.20m	m	7.20
24	SC20(砖混结构暗配)	(61)+(62)+(63)+(65)+(66)+(67)+(72)+(73)+(74)=5.50×3+3.50×3+57.40+27.10+61.65=173.15m	m	173.15
25	JDG25(砖混结构暗配)	(10)+(11)+(12)+(13)+(14)+(21)+(22)+(23)+(24)+(29)+(30)+(34)+(35)=16.60+11.90+19.30+25.10+10.35+10.60+22.50+16.40+28.30+31.85+27.45+17.00+25.40=262.75m	m	262.75
26	JDG20(砖混结构暗配)	(25)+(26)+(28)+(31)+(32)+(33)+(68)+(69)=57.70+57.60+33.80+25.28+18.98+30.18+30.25+32.05=285.84m	m	285.84
27	JDG15(砖混结构暗配)	(25)+(26)+(27)+(31)=6.70+7.00+37.55+4.80=56.05m	m	56.05
28	桥架(300mm×100mm)	(3)+(4)+(5)+(15)=6.05+6.50+45.33+44.10=101.98m	m	101.98
29	桥架(200mm×100mm)	(58)+(70)+(71)=42.40+31.85+7.15=81.40m	m	81.40
30	镀锌扁钢−25×4(明敷)	(3)+(4)+(5)+(15)+(58)=6.29+6.75+47.10+45.82+44.05=150.01m	m	150.01
31	铜芯电力电缆 WDZB-YJV-4×95+1×50	(3)+(4)=10.20+10.66=20.86m	m	20.86
32	铜芯电力电缆 WDZB-YJV-5×16	(6)+(7)+(16)+(19)=14.33+18.99+6.87+34.42=74.61m	m	74.61
33	铜芯电力电缆 WDZB-YJV-5×10	(8)+(9)+(17)+(18)+(20)=53.30+56.27+12.43=201.09m	m	201.09
34	铜芯电力电缆 WDZB-YJV-4×10	(60)16.50m	m	16.50
35	铜芯电力电缆 WDZB-YJV-4×6	(64)34.34m	m	34.34
36	铜芯电力电缆 NH-YJV-5×2.5	(68)+(69)=31.98+33.83=65.81m	m	65.81
37	控制电缆 WDZB-KYJY-12×1.5	(61)+(65)=14.97+35.16=50.13m	m	50.13
38	控制电缆 WDZB-KYJY-3×1.5	(63)+(67)=14.97+35.16=50.13m	m	50.13
39	控制电缆 WDZB-KYJY-2×1.5	(62)+(66)=14.97+35.16=50.13m	m	50.13
40	矿物绝缘电力 YTTW-5×16	(58)+(59)=46.13+13.58=59.71m	m	59.71
41	矿物绝缘电力 YTTW-3×4	(70)+(71)=34.95+9.64=44.59m	m	44.59
42	双绞型导线 WDZN-RYJS-2×2.5	(72)+(73)+(74)=58.70+28.40+62.95=150.05m	m	150.05

（续）

序号	项目名称	计算式	工程量	
43	铜芯导线 WDZB-BYJ-4.0	(10)+(11)+(12)+(13)+(14)+(21)+(22)+(23)+(24)+(29)+(30)+(34)+(35)= 35.20+25.80+40.60+52.20+22.70+46.40+94.00+69.60+94.00+66.70+57.90+36.60+53.40=695.10m	m	695.10
44	铜芯导线 WDZB-BYJR-4.0	(10)+(11)+(12)+(13)+(14)+(21)+(22)+(23)+(24)+(29)+(30)+(34)+(35)= 17.60+12.90+20.30+26.10+11.35+11.60+23.50+17.40+29.30+33.35+28.95+18.30+26.70=277.35m	m	277.35
45	铜芯导线 WDZB-BYJ-2.5	(25)+(26)+(27)+(28)+(31)+(32)+(33)=(143.20+13.40)+(153.50+14.00)+78.10+85.40+(64.06+9.60)+40.56+74.06=675.88m	m	675.88
46	铜芯导线 WDZB-BYJR-2.5	(25)+(26)+(28)+(31)+(32)+(33)= 44.80+45.30+24.00+17.88+20.28+27.28=179.54m	m	179.54
47	户内干包式电力电缆头 WDZB-YJV-4×95+1×50	(3)+(4)= 2+2=4 个	个	4
48	户内干包式电力电缆头 WDZB-YJV-5×16	(6)+(7)= 2+2=4 个	个	4
49	户内干包式电力电缆头 WDZB-YJV-5×10	(8)+(9)= 2+2=4 个	个	4
50	LED 灯带(7W/m/220V)	(36)149.70m	m	149.70
51	LED 吸顶灯(220V,1×28W,φ250mm)	(37)3 套	套	3
52	防水 LED 吸顶灯(220V,1×28W,φ250mm)	(38)8 套	套	8
53	防水双管 LED 灯(220V,2×28W)	(39)3 套	套	3
54	单管 LED 灯(220V,1×28W)	(40)8 套	套	8
55	双管 LED 灯(220V,2×28W)	(41)10 套	套	10
56	人体感应 LED 吸顶灯(220V 1×18W φ250mm)	(42)4 套	套	4
57	换气扇(BLD120 带止回阀)	(43)3 台	台	3
58	双联单控开关(PAK-K62/1 250V 10A)	(44)2 套	套	2
59	三联单控开关(PAK-K63/1 250V 10A)	(45)2 套	套	2
60	单联防水开关(220V 2×28W/IP54)	(46)3 套	套	3
61	双联防水开关(220V 2×28W/IP54)	(47)3 套	套	3
62	单联双控开关(PAK-K61/2 250V 10A)	(48)2 套	套	2
63	单相二、三极插座(250V 10A)	(49)7 套	套	7
64	暗装壁挂式空调插座(250V 16A)	(10)+(52)= 1+1=2 个	个	2
65	暗装柜式空调插座(250V 16A)	(11)+(12)+(13)+(14)= 1+1+1+1=4 个	个	4
66	防水单相插座(250V 16A)	(50)+(51)= 5+3=8 套	套	8
67	暗装三相插座(440V 25A)	(21)+(22)+(23)+(24)= 1+1+1+1=4 个	个	4

（续）

序号	项目名称	计算式	工程量	
68	灯头盒、线路盒(金属,86型)	1)灯头盒:(53)50个 2)线路盒:配管(估)Σ[(18)~(27)]/10×2+楼道灯2=(7.04+5.60+41.57+4.10+17.94+7.20+171.45+262.75+279.54+56.05)/10×2+2=171+2=173个 合计=50+173=223个	个	223
69	开关盒、插座盒(金属,86型)	1)开关盒:(55)12个 2)插座盒:Σ[(64)~(68)]=7+2+4+8+4=25个	个	25
70	灯头盒、线路盒面板	同(69)223个	个	223
71	避雷带沿女儿墙明敷(ϕ12mm热镀锌圆钢)	(75)163.78m	m	163.78
72	避雷带沿混凝土块支架明敷(ϕ12mm热镀锌圆钢)	(76)52.26m	m	52.26
73	混凝土块	(77)49块	块	49
74	避雷引下线(利用4根≥ϕ10mm的结构柱筋)	(78)98.55m	m	98.55
75	断接卡子制作安装	(79)9套	套	9
76	户内接地母线敷设(利用地梁钢筋)	(80)158.00m	m	158.00
77	户内接地母线敷设−40×4(暗敷)	(81)10.81m	m	10.81
78	总等电位端子箱暗敷(300mm×200mm×120mm)	(82)1台	台	1
79	接地装置调试	(82)1个系统	系统	1
80	低压双电源自动切换装置调试	3个系统	系统	3

2.4.5 招标控制价的确定

工程实例采用国标清单计价法，通过品茗胜算造价计控软件编制。

编制完成后，勾选导出Excel格式的招标控制价相关表格。主要包括招标控制价文件封面、招标控制价费用表、单位（专业）工程招标控制价费用表、分部分项工程清单与计价表、施工技术措施项目清单与计价表、分部分项工程清单综合单价计算表、施工技术措施综合单价计算表、施工组织（总价）措施项目清单与计价表、主要材料和工程设备一览表等。为了教学方便，按计算先后顺序对表格进行了排序调整，具体如下：

1）分部分项工程清单综合单价计算表。

2）分部分项工程清单与计价表。

3）施工技术措施综合单价计算表。

4）施工技术措施项目清单与计价表。

5）施工组织（总价）措施项目清单与计价表。

6）单位（专业）工程招标控制价费用表。

7）主要材料和工程设备一览表。

8）招标控制价文件封面。

2.5　小结

本项目主要讲述了以下内容：

1）电气设备安装工程相关基础知识与施工图识读。主要包括建筑电气的基础知识，如供配电系统、动力系统、照明系统、防雷接地系统和相关施工图的组成、常用图例和图样识读方法与步骤等。

2）电气设备安装工程定额与应用。主要包括相关定额的组成与使用说明、各定额章节（包括控制设备及低压电器、配管、配线、电缆敷设、照明灯具和照明系统送配电装置调试，动力系统和防雷接地系统）的具体使用与注意事项，同时辅以具体例题对相关知识点、定额套用及定额综合单价的计算进行加深巩固。

3）电气设备安装工程国标清单计价。主要包括相关清单的设置内容、编制方法与应用；结合具体例题，以分部分项工程为对象，对清单综合单价的计算方法与步骤进行介绍。

4）电气设备安装工程招标控制价编制实例。通过源于实际的具体工程案例，对电气设备安装工程的图样识读、计量计价等进行具体讲解，理论与实践进一步结合，以帮助巩固相关知识点。

2.6　课后习题

一、单选题

1. 10kV 及其以下电压的线路称为（　　）。

A. 送电线路　　B. 配电线路　　C. 工业生产设备供电　　D. 照明设备供电

2. 扣压式薄壁钢导管（KBG 管）执行（　　）定额。

A. 套接紧定式镀锌钢导管（JDG 管）敷设　　B. 镀锌钢管敷设

C. 焊接钢管敷设　　D. 可挠金属套管敷设

3. 照明线路导线 BV10，应执行（　　）相应项目。

A. BV10　　B. 电线管　　C. 动力线路　　D. 照明线路

4. 电缆敷设长度=(水平长度+垂直长度+附加长度)×[1+(　　)]。

A. 1.5%　　B. 2.5%　　C. 3.9%　　D. 9%

5. 从某建筑物内的动力配电箱（宽×高×厚：800mm×500mm×300mm）引出的 YJV-3×10 的电缆穿电缆保护管 DN50 敷设至电动机。不考虑电缆敷设弛度、波形弯度、交叉的附加长度，不考虑电缆头预留长度等，若电缆图示长度为 20m，则该电缆的定额工程量为（　　）。

A. 21.8m　　B. 22m　　C. 22.8m　　D. 23.5m

6. 电缆敷设按单根单位长度计算，如一个沟内（或架上）敷设 4 根长度均为 80m 的电缆时，应按（　　）m 计算工程。

A. 80　　B. 160　　C. 240　　D. 320

7. VV22(4×35+1×16) 表示含义是（　　）。

A. 铜芯、聚氯乙烯内护套、双钢带铠装、聚氯乙烯外护套、四芯 $35mm^2$、一芯 $16mm^2$

的控制电缆

B. 铜芯、聚氯乙烯内护套、双钢带铠装、聚氯乙烯外护套、四芯 $35mm^2$、一芯 $16mm^2$ 的电力电缆

C. 铜芯、交联聚乙烯内护套、钢带铠装、聚氯乙烯外护套、四芯 $35mm^2$、一芯 $16mm^2$ 的控制电缆

D. 铜芯、交联聚乙烯内护套、钢带铠装、聚氯乙烯外护套、四芯 $35mm^2$、一芯 $16mm^2$ 的电力电缆

8. 电气工程中电气配管采用 SC100，这里的 SC 指（　　）。

A. 钢管　　B. 电线管　　C. 硬质阻燃管　　D. 半硬质阻燃管

9. 某电气照明回路线路敷设方式及部位为“WC”，是指（　　）。

A. 沿墙暗敷设　　B. 沿顶棚明敷设　　C. 沿墙明敷设　　D. 沿梁明敷设

10. 沿建筑物、构筑物引下的避雷引下线计算长度时，按（　　）进行计算。

A. 设计图示尺寸

B. 设计图示水平和垂直规定长度的 3.9%计算附加长度

C. 设计图示水平和垂直规定长度的 2.5%计算附加长度

D. 设计图示垂直规定长度的 3.9%计算附加长度

11. 照明回路中，开关接在（　　）上。

A. 工作零线　　B. 相线　　C. 相线和工作零线　　D. 接地线

12. 304 不锈钢插座箱（500×400×180）嵌入式安装应套用定额（　　），其基价为（　　）元。

A. 4-4-15　148.32　　B. 4-4-15　88.99

C. 4-4-16　185.85　　D. 4-4-16　111.51

二、多选题

1. 在套用安装预算定额时，遇下列（　　）情况时对相应定额换算后使用。

A. VV-5×25 电缆在一般丘陵地区敷设

B. 30kW 小型交流异步电动机检查接线

C. 金属门窗接地

D. YJV-4×10 成品电缆头安装

E. 悬挂嵌入式照明配电箱安装

2. 防直击雷的防雷装置由（　　）组成。

A. 接闪器　　B. 引下线　　C. 避雷针　　D. 避雷网

E. 接地装置

3. 桥架安装定额包括（　　）等工作内容。

A. 桥架支撑架安装　　B. 组对　　C. 焊接　　D. 隔板与盖板安装

E. 桥架修理

4. 项目编码为 030404031，项目名称为小电器，包括（　　）等。

A. 按钮　　B. 照明开关　　C. 插座　　D. 继电器

E. 电铃

5. 根据《浙江省通用安装工程预算定额》（2018 版），关于定额界限划分，下列说法正

确的是（　　）。

A. 住宅小区的路灯安装执行《浙江省通用安装工程预算定额》(2018 版)

B. 庭院艺术喷泉的电气设备安装执行《浙江省通用安装工程预算定额》(2018 版)

C. 厂区的路灯安装执行《浙江省通用安装工程预算定额》(2018 版)

D. 某市主干道路灯安装执行《浙江省通用安装工程预算定额》(2018 版)

E. 某著名湿地路灯安装执行《浙江省通用安装工程预算定额》(2018 版)

三、计算题

某综合楼防雷接地平面布置图如图 2-41 所示。试根据说明、平面布置图及《浙江省通用安装工程预算定额》（2018 版）的相关规定，计算该防雷接地工程的定额工程量，并完成表 2-79 的填写。

1. 图中标高以 m 计，其余以 mm 计。

2. 避雷网采用 ϕ12mm 镀锌圆钢沿墙明敷，其中 *ABCD* 部分标高为 29.5m，其余部分标高为 27.0m。

3. 引下线利用建筑物柱内 2 根主筋引下，每一引下线距室外地坪 1.8m 处设一断接卡子。

4. 接地母线采用－50×5 镀锌扁钢，埋深为 0.7m（以断接卡子 1.8m 处作为接地母线与引下线的分界点）。

5. 接地极采用∟50×50×5 镀锌角钢制作，长度为 2.5m/根，土壤为普通土。

6. 接地电阻要求<1Ω。

7. 图示标高以室外地坪为±0.000 计算。

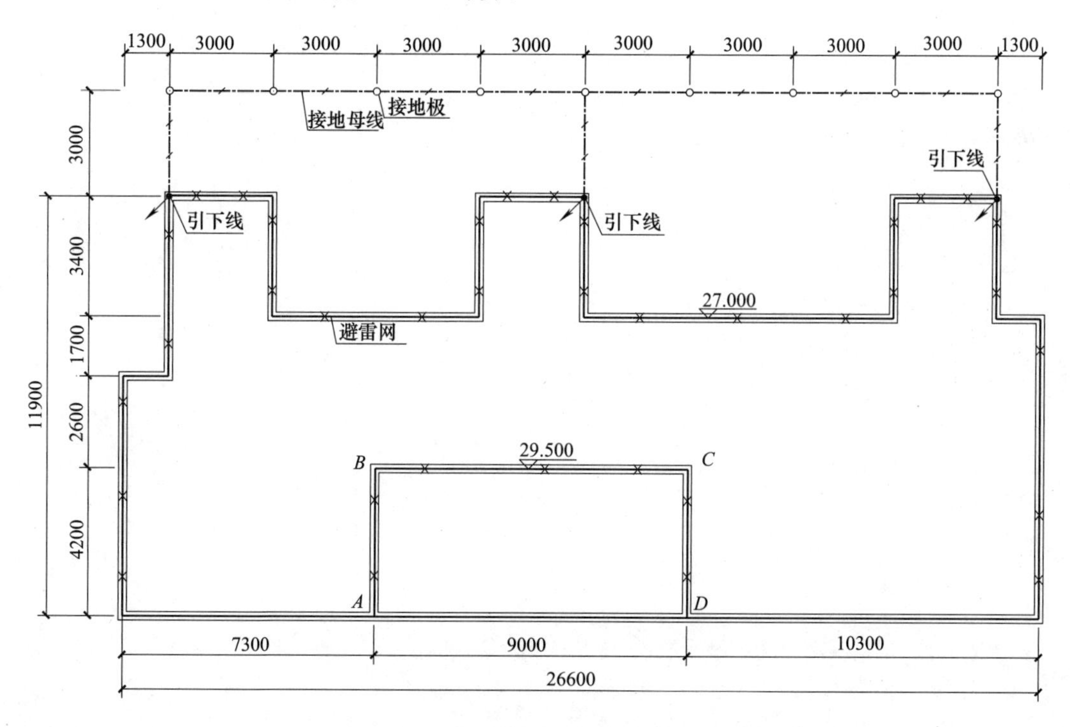

图 2-41　某综合楼防雷接地平面布置图

表 2-79　工程量计算表

序号	定额编码	项目名称	计算式	单位	定额工程量
1					
2					
3					
4					
5					
6					

给排水工程计量与计价

知识目标：

1）掌握给排水工程工程量计算的规则与方法。
2）掌握给排水工程工程量清单及招标控制价的编制方法与步骤。
3）熟悉给排水工程施工图识读的方法与注意点。

技能目标：

能够根据给定的简单给排水工程图，完成招标控制价的编制。

3.1 给排水工程基础知识与施工图识读

给排水工程主要包括建筑给水系统和建筑排水系统等。

给水系统的主要任务是通过管道或辅助设备，将市政给水管网（或自备水源）的水有组织地输送至建筑内生活、生产或消防相关的各用水点，同时满足其对水质、水量和水压，甚至水温要求。本章主要介绍生活给水系统的计量计价。

建筑排水系统的主要任务是将建筑内部生活、生产过程中用水设备产生的污、废水，以及屋面雨、雪水收集后，经排水管道及时、通畅地排入室外排水管网中。安装工程计价中的排水管道通常仅指污、废水管道，而不包括雨水管道。雨水管道是单独进行计量、工程量汇总和套价的。本章主要介绍生活排水系统和雨水排水系统的计量计价。

3.1.1 建筑给水系统

建筑给水系统主要包括生活、生产和消防三大不同用途的系统。这三大系统通常采用共用系统，也可以独立设置。

1. 建筑给水系统的组成

建筑给水系统一般由引入管（包括水表节点）、给水管网（包括干管、立管、支管）、给水附件（各类水龙头、各类阀门和水表等）或用水设备（如各类卫生器具）等基本部分，以及增压蓄水设施（如水泵、水箱、气压给水装置）等组成。上述组成内容即为建筑给水系统的计量计价范围。

2. 建筑给水系统的给水方式

建筑给水系统的常用给水方式及其特点见表3-1。

表3-1 建筑给水系统的常用给水方式及其特点

序号	给水方式	适用情形或注意事项	特点
1	直接给水	外网接入点水量、压力任何时候均能满足建筑内部用水点的水量、水压要求	系统简单、投资省，充分利用外网水压供水；但外网停水，室内立即断水
2	单设水箱	外网接入点压力周期性不足，或建筑有储水、稳压要求	系统简单、投资省，可充分利用外网水压；但水箱有二次污染；当消防和其他系统共用时，要保证消防蓄水量
3	水池、水泵加水箱	外网接入点压力低于要求，室内用水不均匀且允许设置高位水箱	水泵向水箱供水，水箱的容积较小；供水可靠
4	气压给水装置	外网接入点压力低于要求、不宜设置高位水箱	供水可靠，无高位水箱；对用水不均匀的生活给水系统水泵效率低、耗能多，宜采用变频泵
5	叠压供水	装置中稳流罐储存水量少，对市政供水依赖性较大，需征求供水部门同意	不需建水池、水箱，与室外管网直接串接加压供水，可充分利用外网压力
6	分区给水	建筑物高度较高，外网接入点压力仅能满足下部部分楼层供水，不能满足上部楼层需要	可充分利用外网压力，供水安全；但系统复杂、投资大、维护不易

3. 建筑给水系统的常用管材、附件和设备

（1）常用管材　建筑给水系统的常用管材及其连接方式见表3-2。

表3-2 建筑给水系统的常用管材及其连接方式

序号	按材质分类	常用管材代号与中文名		连接方式	可输送流体
1	塑料管	PP-R	无规共聚聚丙烯管	热熔连接	冷、热水
2	金属管	—	不锈钢管	焊接、卡套式连接	
3	复合管	—	钢塑复合管	螺纹连接、沟槽连接	

低压流体输送用焊接钢管规格与质量如表3-3所示。

表3-3 低压流体输送用焊接钢管规格与质量

序号	公称直径	外径/mm	普通钢管		加厚钢管	
			壁厚/mm	理论质量/(kg/m)	壁厚/mm	理论质量/(kg/m)
1	DN15	21.3	2.8	1.278	3.5	1.536
2	DN20	26.9	2.8	1.664	3.5	2.020
3	DN25	33.7	3.2	2.407	4.0	2.930
4	DN32	42.4	3.5	3.358	4.0	3.788
5	DN40	48.3	3.5	3.867	4.5	4.861
6	DN50	60.3	3.8	5.295	4.5	6.193
7	DN65	76.1	4.0	7.112	4.5	7.946

（续）

序号	公称直径	外径/mm	普通钢管		加厚钢管	
			壁厚/mm	理论质量/(kg/m)	壁厚/mm	理论质量/(kg/m)
8	DN80	88.9	4.0	8.375	5.0	10.346
9	DN100	114.3	4.0	10.881	5.0	13.478
10	DN125	139.7	4.0	13.386	5.5	18.203
11	DN150	165.1	4.5	17.823	6.0	23.542
12	DN200	219.1	6.0	31.532	7.0	36.615

注：数据摘自《低压流体输送用焊接钢管》(GB/T 3091—2015) 及《蓝光五金手册》软件（2022 版）。

各种常用管材的公称直径与外径对照表见表 3-4。

表 3-4 各种常用管材的公称直径与外径对照表

序号	公称直径/mm	外径/mm				
		焊接钢管	无缝钢管	铸铁排水管	铜管	塑料管、复合管(如 PP-R、PB、铝塑管等)
1	15	21.3	—	—	18	20
2	20	26.9	28	—	22	25
3	25	33.7	32	—	28	32
4	32	42.4	38	—	35	40
5	40	48.3	48	—	42	50
6	50	60.3	57	60	54	63
7	65	76.1	76	—	76	75
8	80	88.9	89	—	89	90
9	100	114.3	108	110	108	110
10	125	139.7	133	135	—	125
11	150	165.1	159	160	—	160
12	200	219.1	219	210	—	200

（2）给水附件 常用给水配水附件包括配水龙头、盥洗龙头和混合配水龙头等各类水龙头。

常用给水控制附件包括截止阀、闸阀、蝶阀、止回阀、倒流防止器、减压阀、压力平衡阀、安全阀、排气阀、温控阀、电磁阀、浮球阀等阀门，以及水表、Y 形过滤器等。

1）建筑给水常用控制附件。建筑给水常用控制附件及其作用与适用场所见表 3-5。

表 3-5 建筑给水常用控制附件及其作用与适用场所

序号	名称	代号	作用与适用场所	特点
1	截止阀	J	启闭水流，适用管径≤DN50 单向流动的需经常启闭的管道	阻力较大，有一定调节能力
2	闸阀	Z	启闭水流，适用管径>DN50，启闭较少的管段	阻力小，调节能力差
3	蝶阀	D	启闭水流，设备安装空间较小，启闭较少的管段	开启方便、结构紧凑

（续）

序号	名称	代号	作用与适用场所	特点
4	球阀	Q	启闭灵活，用于要求启闭迅速的场合	
5	止回阀	H	阻止反向流动，安装在需要防止水倒流的管段	
6	减压阀	Y	降低管道压力或均衡分支管段上的供水压力	
7	安全阀	A	自动放泄压力，用于需超压保护的设备容器及管路	
8	温度调节阀	—	控制热水供水温度	
9	液位控制阀	M	液位控制阀用以控制水箱、水池液面高度，以免溢流	
10	排气阀	—	排除给水系统空气	
11	疏水器	S	自动阻止蒸汽通过，排放凝结水	

根据《阀门 型号编制方法》（JB/T 308—2004）规定，阀门型号由 7 个单元组成，形式如×××××-××。

第一单元代表阀门的类型。如 H11W-16P 的首字母代号为 H，代表止回阀，见表 3-6。当阀门型号无法采用统一代号时，厂家可根据情况自行编号，如 KXF 25 表示 DN25 的遥控小孔式浮球阀。

表 3-6 第一单元——类型代号表

类型	蝶阀	安全阀	隔膜阀	球阀	闸阀	止回阀	旋塞阀	减压阀	截止阀	蒸汽疏水阀
代号	D	A	G	Q	Z	H	X	Y	J	S

第二单元代表阀门的驱动方式。如 H11W-16P 的第二单元无代号，代表它的驱动方式为手柄手轮，见表 3-7。

表 3-7 第二单元——驱动方式代号表

驱动方式	电磁动	电磁-液动	电-液动	涡轮	正齿轮	锥齿轮	气动	液动	气-液动	电动	手柄手轮
代号	0	1	2	3	4	5	6	7	8	9	无代号

注：安全阀、减压阀、疏水阀、手轮直接连接阀杆操作结构形式的阀门，本代号省略，不表示。

第三单元代表阀门的连接形式。如 H11W-16P 的第三单元代号为 1，代表阀门与管道采用内螺纹连接，见表 3-8。

表 3-8 第三单元——连接形式代号表

连接形式	内螺纹	外螺纹	法兰	焊接	对夹	卡箍	卡套
代号	1	2	4	6	7	8	9

第四单元代表阀门的结构形式，本书略过。

第五单元代表阀门的密封面材料或衬里材料代号。如 H11W-16P 的第五单元代号为 W，代表阀体直接加工，见表 3-9。

第六单元代表阀门的压力代号或工作温度下的工作压力代号，数值用阿拉伯数字直接表示，数字除以 10，即为公称压力的数值，单位为 MPa。如 H11W-16P 的第六单元代号为 16，代表它能承受的最大公称压力为 1.6MPa。

表 3-9 第五单元——密封面材料代号表

材料	巴氏合金	搪瓷	渗氮钢	18-8系不锈钢	氟塑料	陶瓷	Cr13不锈钢	衬胶	蒙乃尔合金
代号	B	C	D	E	F	G	H	J	M
材料	尼龙塑料	渗硼钢	衬铅	奥氏体不锈钢	塑料	铜合金	橡胶	硬质合金	阀体直接加工
代号	N	P	Q	R	S	T	X	Y	W

第七单元代表阀门的阀体材料。如 H11W-16P 的第七单元代号为 P，代表阀体材料为铬镍不锈钢，见表 3-10。

表 3-10 第七单元——阀体材料代号表

阀体材料	钛及钛合金	碳钢	Cr13系不锈钢	铬钼系钢	可锻铸铁	铝合金	铬镍系不锈钢
代号	Ti	C	H	I	K	L	P
阀体材料	球墨铸铁	铬镍钼系不锈钢	塑料	铜及铜合金	铬钼钒钢	灰铸铁	
代号	Q	R	S	T	V	Z	

2）水表。建筑给水系统常用流速式水表，流速式水表又分为旋翼式水表、螺翼式水表和复式水表三类（见表 3-11）。水表按计数机件是否浸没在水中又可分为干式和湿式两种。住宅常用的是旋翼式湿式水表。

此外，随着楼宇智能化技术的不断发展，无线远程式水表和卡式水表等的应用也越来越广泛。

表 3-11 常用水表及其适用场所

序号	水表类型	结构	适用场所	特点
1	旋翼式水表	叶轮转轴垂直于水流方向	管径≤DN50、用水量较小且较均匀的用户	水流阻力较大
2	螺翼式水表	叶轮转轴平行于水流方向	管径>DN50、用水量较大的用户	水流阻力较小
3	复式水表	俗称子母水表，由旋翼式水表和螺翼式水表组成	非连续性大流量供水场合，即在大小流量差异较大、用水峰谷变化频繁的计量场所，如住宅小区、机关、部队、学校、矿山、医院、厂区及农村用水计量	水头损失小、计量流程广

水表的型号命名符号含义见表 3-12。

表 3-12 水表的型号命名符号含义

序号	位数	字母	含义
1	第1位	L	流量仪表
2	第2位	X	水表
3	第3位	S	旋翼式
		L	水平旋翼式

（续）

序号	位数	字母	含义
3	第 3 位	R	水平螺翼式
		F	复式
4	第 4 位	R	热水
		L	立式
		G	干式
		Y	液封(一定浓度的甘油等配制液体密封)
5	第 5、6 位	—	公称直径
6			
7	第 7 位	B	组合叶轮、8 位指针、最小检定分度为 1L
		C	整体叶轮、8 位指针、最小检定分度为 0.1L
		E	整体叶轮、4 位指针 4 位字轮组合式计数器、最小检定分度为 0.1L

例如，LXS-25C 表示公称直径为 DN25 的第三次改进设计（整体叶轮、8 位指针）旋翼式水表；LXSL-25E 表示公称直径为 DN25 的旋翼式立式水表。

(3) 给水设备　常用给水设备包括水泵、水池与水箱和气压给水装置等。

建筑给水系统中，常用水泵为离心式水泵，它的四个重要性能参数为流量 Q、扬程 H、功率 N 和转速 n。

4. 建筑热水系统的专用管材、附件和设备

建筑热水系统以冷水为水源并对其进行加热，以达到用户需要的温度。因此，建筑热水与冷水最大的区别在于水温。

应用较普遍的是集中热水供应系统，它主要由热水制备系统（包括热源、水加热器、热媒管网、循环水泵等）、热水供应系统（包括水加热器、热水循环水泵、热水箱或热水罐、热水配水管网、回水管网和冷水补给管网）和仪表附件（包括蒸汽、热水系统的控制附件、配水附件及仪表）等组成。上述组成内容即为建筑热水系统的计价范围。

建筑热水系统使用的管材、附件与冷水系统基本相同，它的专用管材一般为铜管，专用附件为自动温度调节阀、排气阀、疏水器、补偿器、电子除垢器和膨胀水罐等。

建筑热水系统专用设备如太阳能集热装置、热水器、开水炉等。

3.1.2　建筑排水系统

建筑排水系统主要包括生活、生产和雨水三大不同来源与性质的排水系统。生活排水系统和生产排水系统的排放均包含污水、废水在内的排水，雨水系统排放自屋面收集的包含雨、雪、霰、雹等在内的广义大气降雨。

1. 建筑排水系统的组成与排水体制

建筑排水系统一般由污（废）水受水器、排水管道、通气管、清通设备、污水提升设备等组成。上述组成内容即为建筑排水系统的计量计价范围。

将污水、废水和雨水分别设置管道系统排出建筑物外的排水方式称为分流制，该体制有利于污水和废水的分别处理和再利用。将污水和废水合用一个管道系统排出建筑物外的排水方式称为合流制，该体制系统简单，工程造价相对较低。

2. 建筑排水系统的常用管材、附件和卫生器具

（1）常用管材　建筑排水系统的常用管材及其连接方式见表3-13。

表3-13　建筑排水系统的常用管材及其连接方式

序号	按材质分类	常用管材代号与中文名		连接方式	备注
1	塑料管	UPVC	硬聚氯乙烯塑料排水管	承插粘接	又称PVC-U管
2		PE	聚乙烯塑料排水管	热熔、电熔、法兰、丝扣和承插连接等	
3		—	PVC螺旋管	承插粘接	常用于高层建筑
4		—	PVC中空螺旋消音管		
5	金属管	—	柔性接口排水铸铁管	法兰承插式、卡箍式和法兰全承式连接	适用于高层建筑或地震区

（2）排水附件　常用的排水附件包括清扫口、检查口、地漏、阻火装置（包括防火套管和阻火圈）、消能装置、伸缩节和通气帽等。

（3）卫生器具　常用的便溺用卫生器具包括大便器、小便器、大便槽和小便槽等。其中，坐式大便器自带存水弯，蹲式大便器有自带存水弯和不带存水弯两种构造；蹲便器一般用于防止接触传染的公共卫生间内。

常用的盥洗、沐浴用卫生器具包括洗脸盆、盥洗槽、浴盆和淋浴器等。其中，洗脸盆按安装方式可分为壁挂式、立柱式和台式（包括台上式、台下式）三种。

常用的洗涤用卫生器具包括洗涤盆、化验盆和污水盆（又称为拖布池或拖把池）等。

3. 建筑排水系统常用局部处理构筑物和提升设备

（1）局部处理构筑物　污、废水的局部处理构筑物包括化粪池、隔油池、降温池、沉砂池和消毒池等。

（2）提升设备　提升设备一般是指污水泵（如潜污泵）及与之配套的集水池（坑），用于排除不能靠重力自流至室外排水管网的污、废水，如地下室的生活排水。

3.1.3　雨水排水系统

1. 雨水排水系统的分类与组成

雨水排水系统按雨水管道的设置位置分为外排水系统、内排水系统，以及内外混合排水系统。按雨水的设计流态可分为重力流雨水排水系统和虹吸流雨水排水系统。

雨水排水系统一般由雨水斗、雨水立管、管道附件（如立管检查口）等组成。上述组成内容即为雨水排水系统的计量计价范围。

2. 雨水排水系统的常用管材与附件

（1）常用管材　雨水排水系统的常用管材可以按流态不同进行分类，见表3-14。

表3-14　雨水排水系统的常用管材

序号	流态	常用管材
1	多层重力流	UPVC塑料排水管、防紫外线UPVC塑料排水管、金属雨水管

（续）

序号	流态	常用管材
2	高层重力流	承压塑料管、钢管和机制铸铁管
3	压力流	承压排水铸铁管、镀锌钢管、涂塑钢管和 HDPE 管

（2）常用附件　雨水排水系统的常用附件主要有雨水斗和雨水口等。

雨水斗按材质分为塑料、铸铁和不锈钢制雨水斗；按构造可分为 87 型（常用Ⅱ式）、虹吸式雨水斗等。

雨水口按形式分为平箅式、偏沟式、联合式和立箅式等。

3.1.4　施工图识读

1. 给排水施工图的组成

给排水施工图通常由图纸目录、设计与施工说明（含图例、主要设备与材料表等）、平面布置图（含总平面布置图、地下层平面布置图、底层平面布置图、标准层平面布置图、顶层平面布置图等）、大样图（或详图）、给排水系统图或展开原理图等组成。具体表达内容如下：

1）设计与施工说明主要包括工程概况、设计依据、设计范围、所用材料品种及要求、工程做法、卫生器具种类和型号等内容。

2）平面布置图表明了各种用水设备与管道的平面布置，以及立管位置与编号。底层平面布置图中还包括给水进户管和排水出户管的位置、水表节点等内容。

3）系统图主要表明管道的空间走向、管径的变化情况、水平管道的安装高度、阀门的安装位置等内容。

4）通过以上图样和说明还无法表达清楚的管道节点构造、卫生器具和设备的安装图等需要用大样图（或详图）及标准图来表示。

2. 给排水施工图的识读方法

识读给排水施工图时，要按合理的顺序看图。如先识读设计与施工说明，再识读平面布置图和系统图（或轴测图）并找出对应关系，最后识读大样图（或详图）；按水流方向、分区域、逐楼层，分别研读给水、排水和雨水系统等。给排水施工图识读的一般流程如图 3-1 所示。

图 3-1　给排水施工图识读的一般流程

1）首先要对照图纸目录，检查图样是否完整，各图样的图名与图纸目录是否一致。在进行竣工结算计量计价时，尤其要认真、仔细地检查是否为最终版图样。

2）认真识读设计与施工说明，了解本工程给排水设计范围、内容、施工相关规范和标准图集。熟悉主要设备材料表中所列图例所代表的具体内容与含义，以及它们之间的相互关系。掌握本工程使用的给排水管材、附件、卫生器具和设备等的类型与技术参数，作为计量计价的依据。

3）反复对照、识读平面布置图、系统轴测图和大样图等。

平面布置图主要表明给排水管道和卫生器具等的平面布置，识读时应注意弄清卫生器具和用水设备的类型、数量、安装位置、接管方式，明确给水进户管和污废水出户管的平面走向、位置，明确给排水干管、立管、横管、支管的平面位置与走向，明确水表、阀门等的型号、连接方式。

给排水管道系统图主要表示管道系统的空间走向。在给水系统图上，一般不画出卫生器具，只用图例符号画出水龙头、淋浴器喷头、冲洗水箱等。在排水系统图上，也不画出主要卫生器具，只画出卫生器具下的存水弯或排水支管。系统图识读时要明确各部分给水管道的空间走向、标高、管径及其变化情况，阀门的设置位置和规格、数量。明确各部分排水管道的空间走向、管路分支情况、管道直径及其变化情况，弄清横管的坡度、管道各部分的标高、存水弯的形式、清通设施的设置情况。

给排水工程施工详图主要有水表节点图、卫生器具安装图、管道支架安装图等。有的详图选用标准图和通用图时，还需查阅相应标准图和通用图。识读详图时重点掌握图中所包括的设备、各部分的起止范围。

4）给排水施工要与土建工程及其他专业工程（如电气、采暖通风或工业管道等）相互配合，因此必要时还需查阅土建工程相关图样和其他专业图样。

总之，编制工程计价文件时看图应有所侧重，要仔细弄清给排水系统的相关信息，以便能正确进行工程量计算和定额套用。

3.2 给排水工程定额与应用

浙江省内的给排水工程项目主要执行《浙江省通用安装工程预算定额》（2018版）中的第十册《给排水、采暖、燃气工程》。该定额适用于新建、扩建、改建项目中的生活用给排水，采暖空调水，燃气管道系统中的管道、附件、配件、器具及附属设备等安装工程。

3.2.1 定额的组成内容与使用说明

1. 定额的组成内容

定额由八个定额章节和三个附录组成。给排水工程相关预算定额组成内容见表3-15。

表3-15 给排水工程相关预算定额组成内容

定额章	名称	定额编码	定额章	名称	定额编码
一	管道安装	10-1-1～10-1-334	八	其他	10-8-1～10-8-41
二	管道附件	10-2-1～10-2-357	附录一	主要材料损耗率表	
三	卫生器具	10-3-1～10-3-99	附录二	塑料管、复合管、铜管公称直径与外径对照表	
四	采暖、给排水设备	10-4-1～10-4-137	附录三	管道管件数量取定表	

2. 定额使用说明

定额使用时应注意给排水工程执行其他册相应定额的情形，具体内容见表3-16。

表 3-16 给排水工程执行其他册相应定额的内容

序号	内容	执行相应定额或换算	
1	工业管道,生产生活共用的管道,锅炉房、泵房管道及建筑物内加压泵间、空调制冷机房的管道,管道焊缝热处理、无损探伤,医疗气体管道	第八册	《工业管道工程》
2	水暖设备、器具等电气检查、接线工作	第四册	《电气设备安装工程》
3	刷油、防腐蚀、绝热工程	第十二册	《刷油、防腐蚀、绝热工程》
4	各种套管、支架的制作与安装	第十三册	《通用项目和措施项目工程》
5	设置于管道井、封闭式管廊内的管道、法兰、阀门、支架、水表	相应定额	人工费×1.20

3. 界限划分

给排水工程相关界限划分见表 3-17，给排水工程相关界限示意图如图 3-2 所示。

表 3-17 给排水工程相关界限划分

序号	界限内容	界限划分标准	备注
1	室外给水与市政给水	1)(有水表者)以水表井为界 2)无水表井者以碰头点为界	
2	室外排水与市政排水	以碰头检查井为界	
3	室内外给水管道	1)设阀门的以(距离外墙皮最近的)阀门为界 2)无阀门的以建筑物外墙皮 1.5m 为界	
4	室内外排水管道	以出户第一个检查井为界	
5	与工业管道	以锅炉房或泵房外墙皮 1.5m 为界	
6	与设在建筑物内的泵房管道	以泵房外墙皮为界	

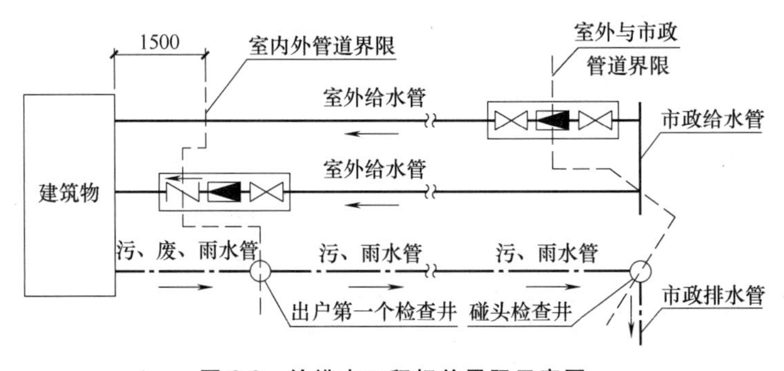

图 3-2 给排水工程相关界限示意图

3.2.2 管道安装定额与计量计价

1. 定额使用说明

管道安装定额使用说明具体见《浙江省通用安装工程预算定额》（2018 版）第十册第一章第 79~80 页的相关内容，或见表 3-18。

本章定额包括室内外生活用给水、排水和雨水管道安装，空调凝结水塑料管安装，空调冷媒（制冷剂）管道的安装等内容。

管道安装定额的项目划分主要根据管道安装位置（室内、室外）、材质（镀锌钢管、钢管、钢塑管、塑料管等）、接头连接方式（螺纹、焊接、热熔、粘接等）、规格（公称直径）进行。定额选用套取时分别对应上述4个条件，即可找到对应定额。使用时还应对照章说明相关规定进行换算。

表3-18 室内管道安装使用说明

序号	项目	内容		执行定额或换算
1	定额工作内容	给水管道安装	安装定额均包括水压试验及水冲洗工作内容	
			管道消毒与管道安装定额是分开的，应另行套用	10-8-31～10-8-36
		排（雨）水管道安装	安装定额包括灌水（闭水）及通球试验工作内容	
		雨水管道安装	除室内虹吸式塑料雨水管安装外，定额已包括雨水斗的安装，雨水斗主材另计	10-1-291～10-1-300
			虹吸式雨水斗安装执行本定额第二章“管道附件”相应定额项目	10-1-301～10-1-305、10-2-330～10-2-332
		钢管焊接安装	安装定额均综合考虑了成品管件和现场煨制弯管、摔制大小头、挖眼三通	
2	管道预安装	即二次安装，指确实需要且实际发生管子吊装上去进行点焊预安装，然后拆下来经镀锌后二次安装的部分		人工费×2.0
3	钢管热镀锌	设计或规范要求钢管热镀锌，热镀锌及场外运输费用发生时另计		
4	暗敷管道补人工	卫生间	内周长≤12m，补贴1.0工日/间	
			内周长>12m，补贴1.5工日/间	
		厨房	补贴0.5工日/间	
		阳台	补贴0.5工日/个	
		其他室内管道安装，不论明敷或暗敷，均执行相应管道安装定额项目不做调整		
5	排水管道定额套用	1）消能装置4个弯头可另计材料费，其余仍按管道计算 2）H型管计算连接管的长度，管件不再另计		
		室内螺旋消音塑料排水管（粘接）安装执行室内塑料排水管（粘接）安装定额项目，螺旋管件单价按实补差，定额管件总含量保持不变		10-1-276～10-1-280
		楼层阳台排水支管与雨水管接通组成排水系统，执行室内排水管道安装定额，雨水斗主材另计		
6	给水管道定额套用	室内钢塑给水管沟槽连接执行室内钢管沟槽连接的相应项目		10-1-172～10-1-181
		钢骨架塑料复合管执行塑料管安装的相应定额项目		10-1-229～10-1-255
7	雨水管道定额套用	室内雨水镀锌钢管（螺纹连接）项目，执行室内镀锌钢管（螺纹连接）定额		10-1-148～10-1-158 基价×0.8
8	弧形管道制作安装定额套用	弧形管道制作安装执行相应管道安装定额		人工费×1.4 机械费×1.4

需要注意的是，除室内钢管（沟槽连接）安装外的绝大多数室内管道安装定额项目，包含了管道安装对应的管件或接头零件。这些管件或接头零件的消耗量和单价可以通过查询

附录三管道管件数量取定表中的相应表格，进行溯源计算。例如，室内塑料给水管（热熔连接）安装定额10-1-229中，包含的DN15热熔管件为15.2个/10m，单价为0.98元/个。根据附件三（二）中的表7室内塑料给水管管件，（三通0.69+弯头8.69+直接头2.07+抱弯0.49+转换件3.26）个/10m＝15.20个/10m，Σ（上述各管件消耗量×各自单价）/15.2＝0.98元/个。

2. 工程量计算规则

由工程量计算规则可知，给排水工程中的各类管道安装均按设计图示管道中心线长度以“m”为计量单位，不扣除阀门、管件、附件（包括器具组成）及井类所占长度。

应当注意，为保证定额工程量的准确性，应按定额规定的界限（见表3-17和图3-2）分别计算各部分的工程量。此外，管道井或封闭式管廊内的给排水管道安装，应以井（或管廊）的外壁为界限，分别计算内、外管道工程量（见表3-16）。

水平敷设的管道，以施工平面布置图所示管道中心线尺寸标准值计算或利用比例尺量算；垂直安装的管道，按立面图、剖面图或系统轴测图所标注的标高值进行换算。

3. 室内外界限与定额项目对比

给排水管道的室内外界限划分见表3-17和图3-2，此处不再赘述。

管道安装时，室内出现拐弯、分支和变径等情形较室外多。因此，室内管道安装所需的管配件就会更多，从而相应所需的辅材费、人工费等也就越高。所以，在定额套用选取时，首先必须根据室内外管道界限的划分规则，正确区分管道工程量的安装位置归属。相同条件下室内外给水塑料PP-R管安装定额套用对比见表3-19。

表3-19 相同条件下室内外给水塑料PP-R管安装定额套用对比

序号	定额编码	项目内容	基价（元/10m）	定额主材含量/(m/10m)	管件个数（个/10m）
1	10-1-56	室外塑料给水管PP-R安装(DN25,热熔连接)	35.43	10.15	2.83
2	10-1-231	室内塑料给水管PP-R安装(DN25,热熔连接)	114.92	10.16	10.81

【例3-1】 如图3-3所示，某建筑物接水方案有两种，且设除市政给水管外的其余管道管径相同。试分别计算两种方案的室内外管道工程量。

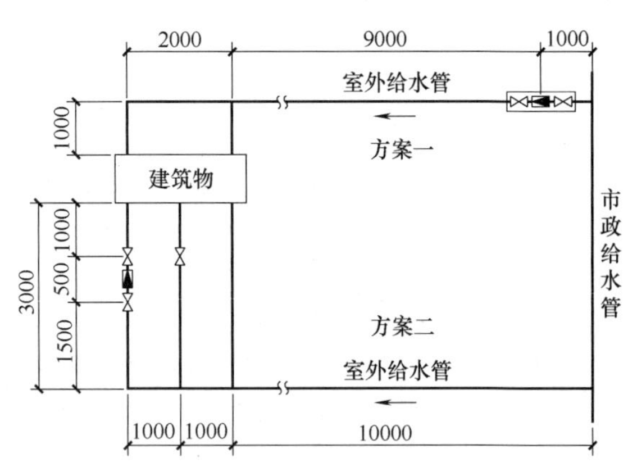

图3-3 某建筑物接水方案示意图

【解】（1）方案一的室内外管道工程量

1）室内管道工程量：1.0m+1.0m(与外墙垂直的以1.5m为界限)＝2.0m。

2）室外管道工程量：2.0m(与外墙平行的归室外)+9.0m(室外管与市政管以水表中心为界)＝11.0m。

（2）方案二的室内外管道工程量

1）室内管道工程量：1.5m(进入建筑物的右侧管，以建筑物外墙皮1.5m为界)+1.0m(进入建筑物的中间管，以阀门中心为界)+1.0m(进入建筑物的左侧管，以与外墙皮最近的阀门中心为界)= 3.5m。

2）室外管道工程量：(3.0−1.5)m(进入建筑物的右侧管，以建筑物外墙皮1.5m为界)+(0.5+1.5)m(进入建筑物的中间管，以阀门中心为界)+(0.5+1.5)m(进入建筑物的左侧管，以与外墙皮最近的阀门中心为界)+(1.0+1.0)m(与外墙平行的归室外)+10.0m(室外管与市政管以碰头点为界)=(1.5+2.0+2.0+2.0+10.0)m=17.5m。

【例3-2】 某工业厂房给排水工程，其中室内给水管道采用给水涂塑复合钢管（DN100，沟槽连接，沟槽管件及夹箍暂不计）50m，除税价为91.15元/m；室内排水管采用螺旋消音UPVC塑料排水管（De110，承插粘接，螺旋消音管件暂不考虑补差）70m，除税价为22.55元/m。试按定额清单计价法列出该项目综合单价计算表。本题中安装费的人、材、机单价均按《浙江省通用安装工程预算定额》（2018版）取定的基价考虑；管理费费率为21.72%，利润费率为10.40%，风险不计；计算结果保留两位小数。

【解】 按定额章说明，室内钢塑给水管沟槽连接执行室内钢管沟槽连接的相应项目（沟槽管件及夹箍按实计算）。故本例中室内给水涂塑复合钢管（DN100，沟槽连接）安装应套用定额10-1-174（沟槽管件及夹箍暂不计）。定额人工费、材料费、机械费分别为258.39元/10m、8.21元/10m、8.84元/10m。

给水涂塑复合钢管的定额工程量为50m=5（10m），未计价主材工程量为5(10m)×9.86m/10m=49.30m。

未计价主材单位价值=9.86m/10m×91.15元/m=898.74元/10m，共计材料费为（8.21+898.74)元/10m=906.95元/10m。

又按定额章说明，室内螺旋消音UPVC塑料排水管（粘接）执行室内塑料排水管（粘接）安装定额项目，螺旋管件单价按实补差，定额管件总含量保持不变。故本例题室内螺旋消音UPVC塑料排水管（De110，承插粘接）安装套用10-1-278（螺旋消音管件暂不考虑补差）。定额人工费、材料费、机械费分别为121.77元/10m、131.85元/10m、0。

室内螺旋消音UPVC塑料排水管定额工程量为70m=7（10m），未计价主材工程量为7（10m）×8.6m/10m=60.2m。

未计价主材单位价值=8.6m/10m×22.55元/m=193.93元/10m，共计材料费为（131.85+193.93)元/10m=325.78元/10m。

室内给排水管道安装综合单价计算结果见表3-20。

表3-20　室内给排水管道安装综合单价计算结果

项目编码（定额编码）	清单(定额)项目名称	计量单位	数量	综合单价(元)						合计（元）
				人工费	材料（设备）费	机械费	管理费	利润	小计	
10-1-174	室内给水涂塑复合钢管(DN100,沟槽连接)	10m	5	258.39	906.95	8.84	58.04	27.79	1260.01	6300.05
主材	给水涂塑复合钢管	m	49.3		91.15					4493.70
10-1-278	室内螺旋消音UPVC塑料排水管(De110,承插粘接)	10m	7	121.77	325.78	0	26.45	12.66	486.66	3406.62
主材	室内螺旋消音UPVC塑料排水管	m	60.2		22.55					1357.51

【例3-3】 某办公楼同时采用重力流和虹吸式压力流雨水系统。具体工程量和材料价格分别为：1）De110×2.1室内UPVC塑料雨水管（粘接），工程量为80m（设除税价为15.60

元/m)，ϕ110 方形 UPVC 雨水斗 3 个（设除税价为 15.40 元/个）；2）DN100 室内虹吸式 HDPE 塑料雨水管（电熔连接）60m（设除税价为 24.50 元/m），ϕ110 方形 HDPE A 型虹吸式雨水斗 5 个（市场询价后得除税价为 375.00 元/个）。试按定额清单计价法列出该项目综合单价计算表。本题中安装费的人、材、机单价均按《浙江省通用安装工程预算定额》(2018 版）取定的基价考虑；管理费费率为 21.72%，利润费率为 10.40%，风险不计；计算结果保留两位小数。

【解】（1）重力流雨水系统计算　按定额使用说明，室内雨水管道，除室内虹吸式雨水管安装外，定额已包括雨水斗的安装，雨水斗主材另计。

按题意，室内 UPVC 塑料雨水管（De110，粘接）套用定额 10-1-292，查得人工费、材料费、机械费分别为 123.53 元/个、72.35 元/个、0。

塑料雨水管的定额工程量为 80m = 8（10m）；未计价主材塑料雨水管定额含量为 9.5m/10m，未计价主材（塑料雨水管）的工程量为 8(10m)×9.5m/10m = 76m。未计价主材单位价值 = 9.5m/10m×15.60 元/m = 148.20 元/10m，共计材料费为（72.35+148.20)元/10m = 220.55 元/10m。

补充主材 ϕ110 方形 UPVC 雨水斗，工程量为 3 个，材料费 = 0+主材费 = (0+15.40)元/个 = 15.40 元/个

（2）虹吸式压力流雨水系统计算　按定额使用说明，室内虹吸式雨水管及配套的虹吸式雨水斗安装应分别套用不同定额。

室内虹吸式 HDPE 塑料雨水管安装（电熔连接）套用定额 10-1-302，查得人工费、材料费、机械费分别为 285.80 元/10m、377.13 元/10m、3.03 元/10m。

虹吸式雨水管的定额工程量为 60m = 6（10m）；未计价主材塑料雨水管定额含量为 8.52m/10m，未计价主材（塑料雨水管）的工程量为 6(10m)×8.52m/10m = 51.12m。未计价主材单位价值 = 8.52m/10m×24.50 元/m = 208.74 元/10m，共计材料费为（377.13+208.74)元/10m = 585.87 元/10m。

ϕ100 方形 HDPE 虹吸式雨水斗安装套用定额 10-2-331，查得人工费、材料费、机械费分别为 303.89 元/个、14.43 元/个、0。

HDPE 虹吸式雨水斗的定额工程量为 5 个 = 0.5（10 个）；未计价主材虹吸式雨水斗定额含量为 10 个/10 个，未计价主材（虹吸式雨水斗）的工程量为 0.5(10 个)×10 个/10 个 = 5 个。未计价主材单位价值 = 10 个/10 个×375.00 元/个 = 3750.00 元/10 个，共计材料费为 (14.43+3750.00)元/10 个 = 3764.43 元/10 个。

某办公楼雨水管道与雨水斗安装综合单价计算结果见表 3-21。

表 3-21　某办公楼雨水管道与雨水斗安装综合单价计算结果

项目编码(定额编码)	清单(定额)项目名称	计量单位	数量	综合单价(元)						合计(元)
				人工费	材料(设备)费	机械费	管理费	利润	小计	
10-1-292	室内 UPVC 塑料雨水管(De110,粘接)	10m	8	123.53	220.55	0.00	26.83	12.85	383.76	3070.08
主材	UPVC 塑料雨水管	m	76.00		15.60					1185.60

（续）

项目编码（定额编码）	清单（定额）项目名称	计量单位	数量	综合单价（元）						合计（元）
				人工费	材料（设备）费	机械费	管理费	利润	小计	
材-001	ϕ110 塑料方形 UPVC 雨水斗安装	个	3	0.00	15.40	0.00	0.00	0.00	15.40	46.20
主材	方形 UPVC 雨水斗	个	3		15.40					46.20
10-1-302	室内虹吸式 HDPE 塑料雨水管（DN100，电熔连接）	10m	6	285.80	585.87	3.03	62.73	30.04	967.47	5804.82
主材	HDPE 塑料雨水管	m	51.12		24.50					1252.44
10-2-331	ϕ110 方形 HDPE A 型虹吸式雨水斗安装	10 个	0.5	303.89	3764.43	0.00	66.00	31.60	4165.92	2082.96
主材	HDPE 虹吸式雨水斗	个	5		375.00					1875.00

3.2.3　套管制作安装定额与计量计价

给排水工程的套管按其类型可分为刚性防水套管、柔性防水套管、一般穿墙钢套管、一般穿墙塑料套管等。其中，防水套管可以保护管道不被破坏、方便管道安装及后期维修及防止水的渗漏。根据防水套管图集 02S404 相关规定，防水套管类型及其适用场所见表 3-22。

表 3-22　防水套管类型及其适用场所

类型		适用场所	
刚性防水套管	A 型	适用于钢管	管道穿墙处不承受管道振动和伸缩变形的建（构）筑物
	B 型	适用于球墨铸铁管及铸铁管	
	C 型		
柔性防水套管	A 型	用于穿越水池壁或内墙	有地震设防要求的地区；管道穿墙处承受振动和管道伸缩变形；管道穿越有严密防水要求的建（构）筑物
	B 型	用于穿越建（构）筑物外墙	

具体而言，给排水管道穿基础、地下结构（如地下室）外墙，屋面、屋顶水箱及有防水要求的楼板（如露台、厨房间、卫生间和阳台等的楼板）等易漏水、渗水处，应预埋刚性防水套管。管道在最高液位下穿越结构水池处（如水池壁或内墙），应预埋柔性防水套管。

明装给排水立管穿无防水要求的楼板（如非卫生间或非厨房间等楼板）、钢筋混凝土墙体或梁等结构处，应设置一般钢套管。在有腐蚀性介质及潮湿的房间（如卫生间）穿楼板处，也可以设置具有耐蚀性的一般穿墙塑料套管。冷凝水立管穿空调板、器具（含地漏与清扫口）排水管穿楼板或地面、埋地安装的给排水管道穿地面等采用无套管做法（即预留孔洞）。

套管设置场所及定额套用情况对比见表 3-23。

表 3-23　套管设置场所及定额套用情况对比

序号	套管类型	设置场所	制作安装定额	定额套取规格
1	刚性防水套管	管道穿基础、地下室外墙，屋面、屋顶水箱，露台、厨房间、卫生间和阳台等有防水要求的楼板	第十三册 分两条定额	被套管 DN
2	柔性防水套管	最高液位下穿越水池壁或内墙（取水口连接管除外）		
3	一般穿墙钢套管	明装给排水立管穿无防水要求的楼板（如非卫生间或非厨房间等楼板）、钢筋混凝土墙体或梁等结构	第十三册 同一条定额	被套管 DN 加大 2 档
4	一般穿墙塑料套管	有腐蚀性介质及潮湿的房间（如厨房间）穿楼板处		被套管 DN
5	预留孔洞（无套管做法）	冷凝水立管穿空调板、器具（含地漏与清扫口）排水管穿楼板或地面、埋地安装的给排水管道穿地面、给水管穿卫生间内墙敷设等	—	—

注：本表所列设置场所仅供参考，具体以设计要求和当地做法为准。

1. 项目划分与使用说明

套管的制作安装均执行《浙江省通用安装工程预算定额》（2018 版）第十三册《通用项目和措施项目工程》相应定额。具体包括刚性防水套管制作安装，柔性防水套管制作安装，一般穿墙钢套管制作安装和一般穿墙塑料套管制作安装定额。

由表 3-23 可知，刚性和柔性防水套管、一般穿墙塑料套管的制作安装均是以被套管管径为划分条件去选定定额的（定额已考虑套管加大因素）；一般穿墙钢套管制作安装是以被套管管径加大 2 档为划分条件去选定定额的。

按《浙江省通用安装工程预算定额》（2018 版）第十册第 79 页管道安装定额章说明规定，管道穿墙、过楼板套管制作安装等工作内容，发生时，执行《浙江省通用安装工程预算定额》(2018 版）第十三册《通用项目和措施项目工程》的“一般穿墙套管制作安装”相应项目。其中过楼板套管执行“一般穿墙套管制作安装”相应项目时，主材按 0.2m 计，其余不变（见表 3-24），即管道穿无防水要求的楼板时，设置一般穿墙钢套管。因楼板厚度相对较小，主材应从定额含量 0.3m 改为 0.2m。

此外，如设计要求穿楼板（如卫生间楼板）的管道要安装刚性防水套管，执行《浙江省通用安装工程预算定额》（2018 版）第十三册《通用项目和措施项目工程》中“刚性防水套管安装”相应项目，基价×0.3，“刚性防水套管”主材费另计。若刚性防水套管由施工单位自制，则执行《浙江省通用安装工程预算定额》（2018 版）第十三册《通用项目和措施项目工程》中“刚性防水套管制作”相应项目，基价×0.3，焊接钢管按相应定额主材用量×0.3 计算（见表 3-24）。

表 3-24　穿楼板管道套管设置与换算要求

序号	类型	设置场所	定额套用	基价换算	主材换算
1	一般穿墙钢套管	明装给排水立管穿无防水要求的楼板（如非卫生间或厨房间等楼板）、钢筋混凝土墙体或梁等结构	第十三册第 320 页制作安装定额	—	1）过楼板时主材按 0.2m 计 2）穿墙时主材不换算

（续）

序号	类型	设置场所	定额套用	基价换算	主材换算
2	刚性防水套管	露台、厨房间、卫生间和阳台等有防水要求的楼板	第十三册第316页制作定额	施工单位自制时，基价×0.3	施工单位自制时 1）焊接钢管定额主材用量×0.3 2）中厚钢板、扁钢用量不变
			第十三册第320页安装定额	基价×0.3	—

按《浙江省通用安装工程预算定额》（2018版）第十三册第303页通用项目工程定额章说明规定，给排水人防穿墙管制作安装套用“刚性防水套管制作安装”定额。保温管道穿墙、板采用套管时，按保温层外径规格执行套管相应项目。

2. 定额工程量计算

刚性或柔性防水套管、一般穿墙钢（或塑料）套管均以“个”为计量单位。

【例3-4】 某工程De160的UPVC排水塑料管（粘接）穿地下室外墙，设计要求设置刚性防水套管4个，设主材焊接钢管、中厚钢板和扁钢的除税价分别为4200元/t、3800元/t、4000元/t，试按定额清单计价法列出该项目穿建筑物外墙刚性防水套管综合单价计算表。本题中安装费的人、材、机单价均按《浙江省通用安装工程预算定额》（2018版）取定的基价考虑；管理费费率为21.72%，利润费率为10.40%，风险不计；计算结果保留两位小数。

【解】 工程量以“个”为计量单位，套用第十三册《通用项目和措施项目工程》。需要设置DN150（而不是DN200或DN250）的刚性防水套管4个。

刚性防水套管制作套用定额13-1-80，查得定额人工费为83.70元/个，材料费为15.55元/个，机械费为38.74元。刚性防水套管制作定额工程量为4个；未计价主材焊接钢管工程量为4个×9.46kg/个＝37.84kg，未计价主材中厚钢板工程量为4个×6.592kg/个＝26.368kg，未计价主材扁钢工程量为4个×1.28kg/个＝5.12kg。

未计价主材单位价值＝9.46kg/个×4.20元/kg+6.592kg/个×3.80元/kg＋1.28kg/个×4.0元/kg＝69.90元/个，共计材料费为（15.55+69.90)元/个＝85.45元/个。

刚性防水套管安装套用定额13-1-97，查得定额人工费为48.06元/个，材料费为18.90元/个，机械费为0。刚性防水套管安装定额工程量为4个。

穿建筑物外墙刚性防水套管综合单价计算结果见表3-25。

表3-25 穿建筑物外墙刚性防水套管综合单价计算结果

项目编码（定额编码）	清单（定额）项目名称	计量单位	数量	综合单价（元）						合计（元）
				人工费	材料（设备）费	机械费	管理费	利润	小计	
13-1-80	刚性防水套管（DN150）制作，穿地下室外墙	个	4	83.70	85.45	38.74	26.59	12.73	247.21	988.84
主材	中厚钢板	kg	26.368		3.8					100.20
主材	扁钢	kg	5.12		4.0					20.48
主材	碳素结构钢焊接钢管	kg	37.84		4.2					158.93
13-1-97	刚性防水套管（DN150）安装，穿地下室外墙	个	4	48.06	18.90		10.44	5.00	82.40	329.60

【例 3-5】 某工程一根 De40 的明敷 PP-R 给水塑料管（热熔连接）穿二~四层卫生间楼板，设计要求设置刚性防水套管 3 个（施工单位自制），设主材焊接钢管、中厚钢板和扁钢的除税价分别为 4200 元/t、3800 元/t、4000 元/t，试按定额清单计价法列出该项目穿卫生间楼板刚性防水套管综合单价计算表。本题中安装费的人、材、机单价均按《浙江省通用安装工程预算定额》（2018 版）取定的基价考虑；管理费费率为 21.72%，利润费率为 10.40%，风险不计；计算结果保留两位小数。

【解】 工程量以“个”为计量单位，套用第十三册《通用项目和措施项目工程》。需要设置 DN50 的刚性防水套管 3 个。

按定额规定，如设计要求穿楼板（例如卫生间楼板）的管道要安装刚性防水套管，执行“刚性防水套管安装”相应项目基价×0.3；若刚性防水套管由施工单位自制，则“刚性防水套管制作”基价×0.3，主材焊接钢管用量×0.3。

刚性防水套管制作套用定额 13-1-76，定额实际人工费为（41.45×0.3）元/个 = 12.44 元/个，材料费为（8.35×0.3）元/个 = 2.51 元/个，机械费为（18.33×0.3）元 = 5.50 元。刚性防水套管制作定额工程量为 3 个，未计价主材焊接钢管工程量为 3 个×3.26kg/个×0.3kg = 2.934kg，未计价主材中厚钢板工程量为 3 个×3.176kg/个 = 9.528kg，未计价主材扁钢工程量为 3 个×0.72kg/个 = 2.16kg。

未计价主材单位价值 = 3.26kg/个×4.20 元/kg×0.3+3.176kg/个×3.80 元/kg +0.720kg/个×4.0 元/kg = 19.06 元/个，共计材料费为（2.51+19.06）元/个 = 21.57 元/个。

刚性防水套管安装套用定额 13-1-95，定额实际人工费为（42.80×0.3）元/个 = 12.84 元/个，材料费为（9.95×0.3）元/个 = 2.99 元/个，机械费为 0。刚性防水套管安装定额工程量为 3 个。

穿卫生间楼板刚性防水套管综合单价计算结果见表 3-26。

表 3-26 穿卫生间楼板刚性防水套管综合单价计算结果

项目编码（定额编码）	清单（定额）项目名称	计量单位	数量	综合单价（元）						合计（元）
				人工费	材料（设备）费	机械费	管理费	利润	小计	
13-1-76H	刚性防水套管（DN50）制作，穿卫生间楼板且由施工单位自制	个	3	12.44	21.57	5.50	3.90	1.87	45.28	135.84
主材	中厚钢板	kg	9.528		3.8					36.21
主材	扁钢	kg	2.160		4.0					8.64
主材	碳素结构钢焊接钢管	kg	2.934		4.2					12.32
13-1-95H	刚性防水套管（DN50）安装，穿卫生间楼板且由施工单位自制	个	3	12.84	2.99	0.00	2.79	1.34	19.96	59.88

【例 3-6】 某工程一根 De75 的明敷 UPVC 雨水塑料管（粘接）穿二~四层无防水要求的楼板，设计要求设置一般钢套管 3 个，设主材焊接钢管的除税价为 4200 元/t，试按定额清单计价法列出该项目穿普通楼板一般钢套管综合单价计算表。本题中安装费的人、材、机单价均按《浙江省通用安装工程预算定额》（2018 版）取定的基价考虑；管理费费率为

21.72%，利润费率为10.40%，风险不计；计算结果保留两位小数。

【解】 工程量以“个”为计量单位，套用第十三册《通用项目和措施项目工程》，需要设置DN100（比De75大2档）的一般钢套管3个。按定额规定，过楼板套管执行“一般穿墙套管制作安装”相应项目，主材焊接钢管按0.20m/个计。

一般穿墙钢套管制作安装套用定额13-1-109，定额人工费、材料费、机械费分别为24.57元/个、14.72元/个、1.05元/个。一般钢套管制作安装定额工程量为3个，未计价主材焊接钢管工程量为3个×0.2m/个=0.60m。

主材按普通焊接钢管考虑。查表3-3可知，DN100普通焊接钢管的理论质量为10.881kg/m，则未计价主材除税价=10.881kg/m×4.2元/kg=45.700元/m，未计价主材单位价值=45.700元/m×0.20m/个=9.14元/个。共计材料费为（14.72+9.14)元/个=23.86元/个。

穿普通楼板一般钢套管综合单价计算结果见表3-27。

表3-27　穿普通楼板一般钢套管综合单价计算结果

项目编码（定额编码）	清单（定额）项目名称	计量单位	数量	综合单价（元）						合计（元）
				人工费	材料（设备）费	机械费	管理费	利润	小计	
13-1-109	一般穿墙钢套管（DN100）制作安装，过楼板套管	个	3	24.57	23.86	1.05	5.56	2.66	57.70	173.10
主材	普通焊接钢管	m	0.600		45.70					27.42

3.2.4　管道支吊架与定额说明简介

管道支吊架相关知识具体见本书5.2.3管道支吊架定额与计量计价、5.2.4管道支吊架除锈与刷油定额与计量计价。

通常，给排水管道和雨水管道明敷或暗敷于管道井、吊顶或顶棚内时，需要设置管道支吊架。室内生活给排水和雨水管道采用塑料管材时，常采用塑料管卡或塑料单管吊架。当采用金属管道（如消防系统），或者系统复杂、管径大、荷载重时，应按设计要求设置金属支吊架并对其进行刷油防腐处理。

定额规定，管道安装项目中，除部分室内塑料管道（管径≤DN32）项目外，均不包括管道型钢支架、管卡、托钩等制作安装，发生时，执行《浙江省通用安装工程预算定额》（2018版）第十三册《通用项目和措施项目工程》相应定额。

3.2.5　管道附件定额与计量计价

本节讲述的管道附件，主要包括各类阀门、法兰、减压器、疏水器、倒流防止器水表和水表箱、水锤消除器、软接头（软管）方形补偿器和虹吸式雨水斗等。

1. 阀门安装

（1）定额项目划分　定额按阀门类别或用途、连接方式和公称直径等划分项目，共分为螺纹阀门、法兰阀门、塑料阀门和沟槽阀门四类。

（2）定额使用说明与工程量计算规则　阀门安装定额说明与工程量计算规则，具体见《浙江省通用安装工程预算定额》（2018版）第十册第二章第141~142页的相关内容。

由工程量计算规则可知，各种阀门安装均按不同连接方式、公称直径（或外径）以“个”为计量单位，按设计图所示统计工程量。不同类别阀门定额套用注意事项见表3-28。

表3-28 不同类别阀门定额套用注意事项

序号	阀门类别	适用情形	未计价主材	使用说明
1	螺纹阀门	各种内、外螺纹连接阀门的安装	阀门本体	只要连接方式均为螺纹连接且公称直径一致，不管是闸阀、止回阀或截止阀等不同类型阀门，均可套用同一定额
2	螺纹浮球阀、自动排气阀、手动放风阀、散热器温控阀	各种对应用途的同名阀门	阀门本体	1）手动放风阀仅列 $\phi10$ 一个项目 2）其余阀门按不同公称直径划分项目
3	螺纹（或焊接）法兰阀门	各种法兰连接阀门的安装	法兰阀门及配套法兰	1）其余材料如带帽螺栓、垫圈等均已经包含在定额基价内，不得另行计算 2）各种法兰连接用的垫片均按石棉橡胶板考虑，如用其他材料可按实际情况调整 3）如仅为一侧法兰连接（如水泵的吸水底阀或法兰阀门安装于管道末端）时，定额中的法兰、带帽螺栓及垫圈数量减半
4	用沟槽式法兰短管安装的法兰阀门	消防水系统沟槽式法兰阀门安装	—	1）法兰阀门安装执行第八册《工业管道工程》相应法兰阀门安装项目 2）沟槽法兰短管安装套用第十册相关定额 3）螺栓不得重复计算
5	法兰阀（带短管甲、乙型）胶圈（或膨胀水泥）接口	室外或市政给水铸铁管道中的法兰阀门	法兰阀门	1）其余材料如短管甲、乙，带帽螺栓和垫圈等均已经包括在定额基价内，不得另行计算 2）橡胶圈随甲、乙型管一起供应，不单列
6	法兰浮球阀	对应用途的同名阀门	阀门本体、1片平焊法兰	阀门按不同公称直径划分项目
7	遥控浮球阀		阀门本体、2片平焊法兰	
8	塑料阀门（热熔或粘接）	—	塑料阀门	以阀门与管道连接方式及公称直径区分定额项目
9	沟槽阀门	—	沟槽阀门和沟槽式夹箍	—
10	其他	1）电动阀门根据连接方式执行相应阀门安装定额，检查接线执行第四册《电气设备安装工程》的相应定额 2）单个过滤器安装执行阀门安装相应定额		

【例3-7】 某给水工程的阀门工程量及除税价见表3-29，试按定额清单计价法列出该项目综合单价计算表。本题中安装费的人、材、机单价均按《浙江省通用安装工程预算定额》（2018版）取定的基价考虑；管理费费率为21.72%，利润费率为10.40%，风险不计；计算结果保留两位小数。

表 3-29　某给水工程的阀门工程量及除税价

序号	阀门名称	规格	型号	工程量与单位	除税价（元/个）	备注
1	螺纹闸阀	DN40	Z15T-10K	3个	67.70	
2	螺纹止回阀	DN40	H11W-16P	3个	68.00	
3	螺纹浮球阀	DN25	KXF 25	2个	43.40	
4	焊接法兰闸阀	DN50	Z41T-16	5个	257.00	其中2个安装于管道末端
	碳钢平焊法兰		—	8片	22.50	

【解】（1）序号1与2螺纹阀门　按题意，表3-29中的序号1与2的两种阀门同属螺纹阀门且公称直径相同，故可套用同一定额10-2-5。查定额可知人工费、材料费、机械费分别为16.74元/个、10.40元/个、0.56元/个；未计价主材螺纹阀门定额含量为1.01个/个。未计价主材（螺纹闸阀）的工程量为1.01个/个×3个=3.03个；未计价主材（螺纹止回阀）的工程量为1.01个/个×3个=3.03个。

因主材单价不同应分别计算定额材料费。

未计价主材（螺纹闸阀）单位价值=1.01个/个×67.70元/个=68.38元/个，共计材料费为（10.40+68.38)元/个=78.78元/个。

未计价主材（螺纹止回阀）单位价值=1.01个/个×68.00元/个=68.68元/个，共计材料费为（10.40+68.68)元/个=79.08元/个。

（2）序号3螺纹浮球阀　表3-29中的序号3，套用定额10-2-12。查定额可知人工费、材料费、机械费分别为7.97元/个、1.90元/个、0.17元/个；未计价主材（螺纹浮球阀）的定额含量为1.01个/个，工程量为1.01个/个×2个=2.02个。

未计价主材（螺纹浮球阀）单位价值=1.01个/个×43.40元/个=43.83元/个，共计材料费为（1.90+43.83）元/个=45.73元/个。

（3）序号4管道中间安装的法兰闸阀　表3-29中的序号4，安装在管道中间的3个法兰闸阀套用定额10-2-36。查定额可知人工费、材料费、机械费分别为32.81元/个、13.67元/个、8.28元/个。

未计价主材（法兰闸阀）的定额含量为1个/个，未计价主材（平焊法兰）的定额含量为2片/个。未计价主材（法兰闸阀）工程量为1个/个×3个=3个，未计价主材（平焊法兰）工程量为2片/个×3个=6片。

未计价主材单位价值=1个/个×257.00元/个+2片/个×22.50元/片=302.00元/个；共计材料费为（13.67+302.00)元/个=315.67元/个。

（4）序号4管道末端安装的法兰闸阀　表3-29中的序号4，2个安装在管道末端的法兰闸阀，与其余3个法兰闸阀类型一致、公称直径相同，故可套用同一定额10-2-36。但这2个焊接法兰闸阀仅一侧有管道连接，均只用了1套带帽螺栓和1个垫圈，因此相应材料消耗量（法兰、带帽螺栓及垫圈数量）减半。

未计价主材（焊接法兰闸阀）的定额含量为1个/个；未计价主材（平焊法兰）的定额含量为2片/个。

未计价主材（法兰闸阀）工程量为1个/个×2个=2个，未计价主材（平焊法兰）工程量为 2 片/个×0.5×2 个=2 片。

未计价主材单位价值=1 个/个×257 元/个+2 片/个×0.5×22.50 元/片=279.50 元/个。

定额带帽螺栓用量为 8.24 套/个、单价为 1.38 元/套；垫圈（石棉橡胶板）用量为 0.12kg/个、单价为 5.26 元/kg。调整后的定额材料费=13.67 元/个 -(8.24 套/个÷2)×1.38 元/套 -(0.12kg/个÷2)×5.26 元/kg =7.67 元/个。

共计材料费为（7.67+279.50)元/个=287.17 元/个。

某给水工程阀门安装综合单价计算结果见表 3-30。

表 3-30　某给水工程阀门安装综合单价计算结果

项目编码（定额编码）	清单（定额）项目名称	计量单位	数量	综合单价（元）						合计（元）
				人工费	材料（设备）费	机械费	管理费	利润	小计	
10-2-5	螺纹闸阀（Z15T-10K）安装（DN40）	个	3	16.74	78.78	0.56	3.76	1.80	101.64	304.92
主材	螺纹闸阀	个	3.03		67.7					205.13
10-2-5	螺纹止回阀（H11W-16P）安装（DN40）	个	3	16.74	79.08	0.56	3.76	1.80	101.94	305.82
主材	螺纹止回阀	个	3.03		68					206.04
10-2-12	螺纹浮球阀安装（DN25）	个	2	7.97	45.73	0.17	1.77	0.85	56.49	112.98
主材	螺纹浮球阀	个	2.02		43.4					87.67
10-2-36	焊接法兰闸阀（Z41T-16）安装（DN50）	个	3	32.81	315.67	8.28	8.92	4.27	369.95	1109.85
主材	碳钢平焊法兰	片	6		22.50					135.00
主材	焊接法兰闸阀	个	3		257					771.00
10-2-36	焊接法兰闸阀（Z41T-16）单侧安装（DN50）	个	2	32.81	287.17	8.28	8.92	4.27	341.45	682.90
主材	碳钢平焊法兰	片	2		22.50					45.00
主材	焊接法兰闸阀	个	2		257					514.0

2. 法兰安装

法兰是一个圆盘形的零件，通常成对使用，多用于管道与阀门、管道与管道、管道与设备等部位的密封。法兰连接或法兰接头是指由法兰、垫片及螺栓三者相互连接成为一组组合密封结构的可拆连接。

根据法兰与管道的连接方式，法兰可分螺纹连接（丝接）法兰和焊接法兰。其中，焊接法兰根据焊接方式不同又可分为对焊法兰和平焊法兰。

螺纹连接（丝接）法兰是指法兰以螺纹连接方式与管道相连的一种法兰。它将法兰的内孔加工成管螺纹，并和带螺纹的管子配套实现连接，是一种非焊接法兰。

对焊是利用电阻热将两工件沿整个端面同时焊接（环焊）起来的一类电阻焊方法。对焊法兰（又叫作高颈法兰）是指带颈的、有圆管过渡的、与管子对焊连接的一种法兰。所带颈的细端直径与厚度应当与所连接管道的材质、直径、厚度一致，因此与管道连接时相当于对接焊缝。

平焊指焊缝位置的倾角为0°、焊缝转角为90°时进行的焊接。平焊法兰（又叫作承插焊法兰）是指与容器或管道采用角焊缝连接的一种法兰，焊接时管道是放进法兰孔里面焊接的。

不同类型法兰的适用场所及优缺点对比见表3-31。

表3-31 不同类型法兰的适用场所及优缺点对比

序号	对比项目	螺纹法兰	焊接法兰		备注
			对焊法兰	平焊法兰	
1	适用场所	1)现场不允许明火 2)高压管道的连接	1)压力或温度大幅度波动的管线 2)高温、高压（PN ≥ 2.5MPa)及低温的管道	中低压容器和管道的连接	
2	优点	1)与焊接法兰相比,安装、维修方便;可在一些现场不允许焊接的地方使用 2)法兰变形时对筒体或管道产生的附加力矩很小	1)结构合理,强度与刚度较大,经得起高温、高压及反复弯曲和温度波动 2)不易变形,密封可靠	1)与对焊法兰相比,结构简单,用材省 2)焊接装配时较易对中,且价格较便宜	
3	缺点	法兰厚度大,造价较高	与平焊法兰相比,安装费、人工费和辅材费较高	刚度及密封性不如带颈对焊法兰	

（1）定额项目划分　定额按法兰与管道的连接方式、材质和公称直径等划分项目，可分为螺纹法兰、平焊法兰、塑料法兰（带短管）和沟槽法兰短管四大类。其中，平焊法兰按材质不同分为碳钢平焊法兰和不锈钢平焊法兰两类，区分不同直径分别套用相应定额项目；塑料法兰（带短管）安装，按不同的连接方式（热熔、电熔或粘接）并区分不同直径分别套用相应定额项目。

（2）定额使用说明　阀门安装定额说明与工程量计算规则具体见《浙江省通用安装工程预算定额》（2018版）第十册第二章第141~142页的相关内容。

每副法兰和法兰式附件安装项目中，均包括一个垫片和一副法兰螺栓的材料用量，即法兰连接用的带帽螺栓均已经包含在定额基价中，不得另计。各种法兰连接用垫片均按石棉橡胶板考虑，若工程要求采用其他材质可按实际情况调整。

用沟槽法兰短管安装的“法兰阀门安装”应执行《浙江省通用安装工程预算定额》（2018版）第八册《工业管道工程》相应法兰阀门安装项目，螺栓不得重复计算。

应当注意的是，给水泵房的出水管等通常以法兰连接的方式明敷于泵房空间。

与阀门、弯头和三通等配套法兰的公称直径可根据管道附件、配件等与法兰的连接侧公称直径确定，再根据各自结构特点统计法兰片数。例如，阀门、弯头和变径短管（大小头）等均需要2片法兰，三通需要3片法兰。

钢管长直管段上的法兰片数，可以根据钢管的长度规格计算出法兰的数量。一般地，管径小于DN80的钢管长度规格多为6m左右；管径在DN80~DN100的长度规格多为8m左右；管径大于DN100的长度规格多为11~12m。

离心式水泵的进、出口已各自带了1片法兰（见图3-4)。若有钢管与水泵的进（或出）

水口相连，实际仅在钢管一侧需要 1 片法兰，另外 1 片法兰由设备（此处为离心泵）自带。在计量此处的工程量时，未计价主材平焊法兰定额含量由 2 片改为 1 片，带帽螺栓和石棉橡胶板的含量不变，焊条等的消耗量会减少但可忽略。

图 3-4 自带法兰的离心式水泵进、出水口

（3）工程量计算规则　由工程量计算规则可知，螺纹法兰、碳钢平焊法兰和不锈钢平焊法兰等法兰安装区分不同公称直径，工程量按图示以“副”为计量单位，而塑料法兰（带短管）、沟槽法兰短管安装区分不同连接方式、公称直径，按图示以“个”为计量单位。

应当注意，未计价主材中，1 副法兰定额含量包含了 2 片法兰；1 个塑料法兰（带短管）定额含量实际包含了 1 片法兰加 1 根短管，这两者是一个整体；1 个沟槽法兰短管定额含量分别包含了 1 个沟槽法兰短管和 1 套卡箍连接件（含胶圈）。其中，每一套卡箍连接件（含胶圈），都是由两个半圆环、两套配套螺栓和一个密封橡胶圈组合而成的；定额辅材中的六角带锚螺栓是用于安装在法兰孔上的。

【例 3-8】 某给水工程的离心式水泵出水口依次接一根长度为 0.5m 的焊接钢短管、90°弯头后，连接长度为 40.0m 的焊接钢管至水池，如图 3-5 所示。设水泵出水口及相关钢管与配件直径均为 DN50，碳钢平焊法兰除税价为 22.50 元/片，试计算所用碳钢平焊法兰数量，并按定额清单计价法列出该项目综合单价计算表。本题中安装费的人、材、机单价均按《浙江省通用安装工程预算定额》（2018 版）取定的基价考虑；管理费费率为 21.72%，利润费率为 10.40%，风险不计；计算结果保留两位小数。

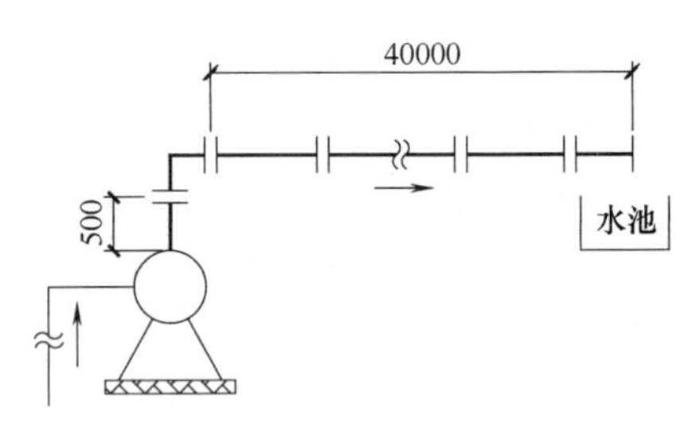

图 3-5 某水泵出水口管道连接示意图

【解】 按题意，设备（离心式水泵）出口自带 DN50 法兰 1 片，因此焊接钢短管两端共需 DN50 的碳钢平焊法兰数量为 2 片；90°弯头两端共需 DN50 的碳钢平焊法兰数量为 2 片。

DN50 焊接钢管长度规格按 6m 考虑，则共需要（40/6）段=6.7 段，即需要 6 段长度规格为 6m 的焊接钢管和 1 段长度为 4m 的焊接钢管。每段钢管需要 2 片 DN50 的碳钢平焊法兰，共需要（7×2）片=14 片法兰。

综上，该工程共需 DN50 的碳钢平焊法兰数量为（2+2+14）片=18 片。

查定额 10-2-121 可知，人工费、材料费、机械费分别为 19.17 元/副、5.93 元/副、8.28 元/副。未计价主材碳钢平焊法兰定额含量为 2 片/副，定额工程量为（18/2）副=9 副。

未计价主材（碳钢平焊法兰）的工程量为 18 片，未计价主材（碳钢平焊法兰）单位价值=2 片/副×22.50 元/片=45.00 元/副，共计材料费为（5.93+45.00）元/副=50.93 元/副。

某给水工程出水管法兰安装综合单价计算结果见表 3-32。

表 3-32　某给水工程出水管法兰安装综合单价计算结果

项目编码（定额编码）	清单（定额）项目名称	计量单位	数量	综合单价（元）						合计（元）
				人工费	材料（设备）费	机械费	管理费	利润	小计	
10-2-121	碳钢平焊法兰安装（DN50）	副	9	19.17	50.93	8.28	5.96	2.85	87.19	784.71
主材	碳钢平焊法兰	片	18		22.50					405.00

3. 减压器、疏水器、倒流防止器、水表和水表箱安装

减压器通过改变节流面积，使流速及流体的动能改变，造成不同的压力损失，从而达到减压的目的。减压器主要用于生活给水、消防给水及其他工业给水系统。

疏水器（又叫疏水阀或自动排水器或凝结水排放器）是一种能识别冷凝水和蒸汽，在排出冷凝水和其他气体的同时保留蒸汽的自动装置。一般安装在用蒸汽加热的管路终端，广泛应用于石油化工、食品制药和电厂等行业。

倒流防止器是一种由水力控制的阀门组合装置，可严格限定管道有压水单向流动，从而有效防止回流污染。常安装于高层建筑的供水系统、消防系统和市政给水系统等处。

水表是测量水流量的仪表，大多用于水的累计流量测量，一般分为容积式水表和速度式水表两类。应当注意，螺纹水表组成安装定额中未计价主材已包含 1 个螺纹阀门，此阀门可以是闸阀、截止阀或止回阀等。

成品水表箱的安装方式通常有地埋式（如单元楼道外地面）、壁挂式（如单元楼梯间墙壁上明敷）。

按材质可分为玻璃钢、金属（如铁质、不锈钢等）、塑料等；按户型可分为两户型、三户型、八户型等（一般不超过八户型）；按出水口位置可分为立式和卧式两种。

应当注意，与水表安装配套的成品水表箱安装，按水表箱半周长的不同，分别套用《浙江省通用安装工程预算定额》（2018 版）第十册定额 10-8-37~10-8-39，即水表和水表箱应分别套用相应定额。此处的成品表箱安装定额适用于水表、热量表和燃气表箱等的安装。

减压器、疏水器、倒流防止器和水表的组成与安装定额情况对比见表 3-33。

表 3-33　减压器、疏水器、倒流防止器和水表的组成与安装定额情况对比

序号	项目	减压器	疏水器	倒流防止器	水表安装
1	参照图集	《常用小型仪表及特种阀门选用安装》（01SS105）	《蒸汽凝结水回收及疏水装置的选用与安装》（05R407）	《倒流防止器选用及安装》（12S108-1）	《室外给水管道附属构筑物》（05S502）
2	项目划分	按不同连接方式（螺纹、法兰）和公称直径划分定额项目		按不同连接方式（螺纹、法兰）、是否带水表和公称直径划分定额项目	按不同连接方式（螺纹、法兰）、有无旁通管和公称直径划分定额项目
3	工程量计算	均按设计图示数量计算，以“组”为计量单位；注意避免重复套用定额			
4	举例	DN25 减压阀组成安装（法兰连接）	DN25 疏水器组成安装（法兰连接）	DN65 倒流防止器组成安装（法兰连接带水表）	DN25 螺纹水表组成安装
	定额编码	10-2-199	10-2-212	10-2-272	10-2-221

（续）

序号	项目	减压器	疏水器	倒流防止器	水表安装
4	未计价主材	1）DN25法兰减压阀1个（减压阀进、出口管径一致） 2）DN25法兰式Y形过滤器1个 3）DN25法兰阀门3个 4）DN25法兰挠性接头1个 5）DN25碳钢平焊法兰4片	1）DN25法兰疏水器1个 2）DN25法兰式Y形过滤器1个 3）DN20截止阀（J41T-16）3个 4）DN25截止阀（J41T-16）2个 5）DN20碳钢平焊法兰（1.6MPa）6片 6）DN25碳钢平焊法兰（1.6MPa）4片	1）DN65倒流防止器1个 2）DN65闸阀（Z45T-10）2个 3）DN65法兰式Y形过滤器1个 4）DN65法兰挠性接头1个 5）DN65法兰水表1只 6）DN50碳钢平焊法兰（1.6MPa）4片 7）DN65碳钢平焊法兰（1.6MPa）4片	1）DN25螺纹水表1个 2）DN25螺纹阀门1个
5	使用说明	1）疏水器成组安装未包括止回阀安装，若安装止回阀执行阀门安装相应项目 2）单独安装减压器、疏水器时执行阀门安装相应项目			1）螺纹水表组成安装定额中未计价主材已包含1个螺纹阀门，此阀门可以是闸阀、截止阀或止回阀等 2）螺纹水表组成安装DN50以内、DN80以内、DN100以内执行补充定额10B-2-1～10B-2-3 3）法兰水表成组安装（带旁通管）中的三通、弯头等均按成品管件考虑

【例3-9】 某四层住宅单元壁挂式成品不锈钢水表箱明装于楼道进口的一侧墙面，它的平面布置图如图3-6所示，相关主材除税价见表3-34。试计算除给水管道外的水表、阀门和成品水表箱工程量，并按定额清单计价法列出该项目综合单价计算表。本题中安装费的人、材、机单价均按《浙江省通用安装工程预算定额》（2018版）取定的基价考虑；管理费费率为21.72%，利润费率为10.40%，风险不计；计算结果保留两位小数。

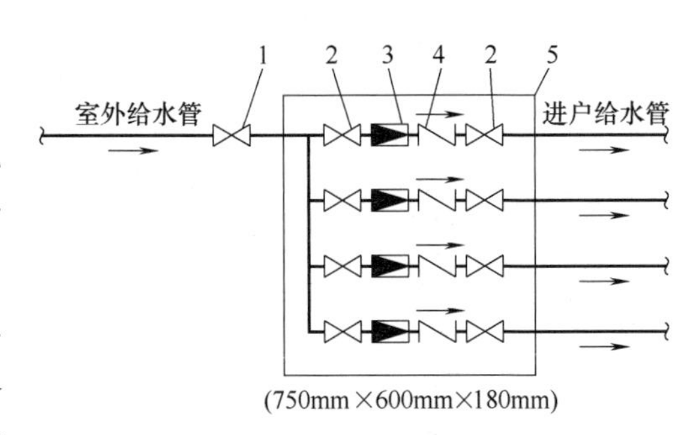

图3-6 壁挂式成品不锈钢水表箱平面布置图

【解】 按题意，螺纹水表组成安装的未计价主材包括了螺纹水表1只和螺纹阀门1个，此处的螺纹阀门可以是图3-6中的2号DN25螺纹铜闸阀（2个）或4号DN25螺纹铜止回阀（1个）中的任意一种。本题选择水表进水口侧的DN25螺纹铜闸阀为定额的未计价主材之一。

表 3-34 某住宅给水工程相关主材除税价

序号	名称	规格	型号	除税价	单位	工程量计算结果	备注
1	螺纹闸阀	DN50	Z15T-10K	245.00	元/个	1个	
2	螺纹铜闸阀	DN25	Z15W-16T	35.20	元/个	4个	
3	螺纹铜止回阀	DN25	H14W-16T	59.20	元/个	4个	
4	螺纹水表	DN15	LXS-15C	57.50	元/只	4组	
5	成品不锈钢水表箱	750mm×600mm×180mm	—	708.00	元/个	1个	市场询价

由图可知相关管道附件与水表箱的工程量分别为：DN50 螺纹闸阀 1 个、DN25 螺纹铜闸阀 4 个、DN15 螺纹水表组成工程量 4 组（均包含 DN15 螺纹水表 1 只和 DN25 螺纹铜闸阀 1 个）、DN25 螺纹铜止回阀 4 个、成品水表箱 1 个。

DN50 螺纹闸阀套用定额 10-2-6。查定额可知，人工费、材料费、机械费分别为 16.74 元/个、14.84 元/个、0.82 元/个。未计价主材螺纹闸阀定额含量为 1.01 个/个，定额工程量为 1.01 个/个×1 个=1.01 个。未计价主材单位价值=1.01 个/个×245.00 元/个=247.45 元/个，共计材料费为（14.84+247.45）元/个=262.29 元/个。

DN25 螺纹铜闸阀套用定额 10-2-3。查定额可知，人工费、材料费、机械费分别为 7.97 元/个、6.16 元/个、0.35 元/个。未计价主材螺纹铜闸阀定额含量为 1.01 个/个，定额工程量为 1.01 个/个×4=4.04 个。未计价主材单位价值=1.01 个/个×35.20 元/个=35.55 元/个，共计材料费为（6.16+35.55）元/个=41.71 元/个。

DN25 螺纹铜止回阀套用定额 10-2-3。查定额可知，人工费、材料费、机械费分别为 7.97 元/个、6.16 元/个、0.35 元/个。未计价主材螺纹铜止回阀定额含量为 1.01 个/个，定额工程量为 1.01 个/个×4 个=4.04 个。未计价主材单位价值=1.01 个/个×59.20 元/个=59.79 元/个，共计材料费为（6.16+59.79）元/个=65.95 元/个。

DN15 螺纹水表组成套用定额 10-2-219。查定额可知，人工费、材料费、机械费分别为 22.41 元/组、3.19 元/组、0.58 元/组。未计价主材螺纹水表定额含量为 1 只/组，定额工程量为 1 只/组×4 组=4 只；未计价主材螺纹铜闸阀定额含量为 1.01 个/组，定额工程量为 1.01 个/组×4 组=4.04 个。未计价主材单位价值=1 只/组×57.50 元/只+1.01 个/组×35.20 元/个=93.05 元/组，共计材料费为（3.19+93.05）元/组=96.24 元/组。

成品不锈钢水表箱（750mm×600mm×180mm）套用定额 10-8-39。查定额可知，人工费、材料费、机械费分别为 49.82 元/个、10.53 元/个、1.61 元/个。未计价主材成品不锈钢水表箱定额含量为 1 个/个，定额工程量为 1 个/个×1 个=1 个。未计价主材单位价值=1 个/个×708.00 元/个=708.00 元/个，共计材料费为（10.53+708.00）元/个=718.53 元/个。

某工程水表与成品不锈钢水表箱等安装综合单价计算结果见表 3-35。

4. 水锤消除器、软接头（软管）安装和方形补偿器制作安装

水锤消除器能在不阻止流体流动的情况下，有效地消除各类流体在传输系统可能产生的水外锤和浪涌发生的不规则水击波震荡，从而消除具有破坏性的冲击波，起到保护管道及配件、附件的目的。

表 3-35 某工程水表与成品不锈钢水表箱等安装综合单价计算结果

项目编码(定额编码)	清单(定额)项目名称	计量单位	数量	综合单价(元)						合计(元)
				人工费	材料(设备)费	机械费	管理费	利润	小计	
10-2-6	螺纹闸阀(Z15T-10K)安装(DN50)	个	1.000	16.74	262.29	0.82	3.81	1.83	285.49	285.49
主材	螺纹闸阀	个	1.010		245.00					247.45
10-2-3	螺纹铜闸阀(Z15W-16T)安装(DN25)	个	4.000	7.97	41.71	0.35	1.81	0.87	52.71	210.84
主材	螺纹铜闸阀	个	4.040		35.20					142.21
10-2-219	螺纹水表组成(LXS-15C)安装(DN15)	组	4.000	22.41	96.24	0.58	4.99	2.39	126.61	506.44
主材	螺纹铜闸阀	个	4.040		35.20					142.21
主材	螺纹水表	只	4.000		57.50					230.00
10-2-3	螺纹铜止回阀(H14W-16T)安装(DN25)	个	4.000	7.97	65.95	0.35	1.81	0.87	76.95	307.80
主材	螺纹铜止回阀	个	4.040		59.20					239.17
10-8-39	成品不锈钢水表箱(750mm×600mm×180mm)壁挂式明装	个	1.000	49.82	718.53	1.61	11.17	5.35	786.48	786.48
主材	成品不锈钢水表箱	台	1.000		708.00					708.00

方形补偿器主要用于补偿管道的热变形量，多用于穿过结构伸缩缝、抗震缝及沉降缝处铺设的管道补偿。它由管子煨制（冷弯或热弯）而成，尺寸较小的可用一根管子煨制，大尺寸的可用二根或三根管子煨制。补偿器工作时其顶部受力最大，因而顶部应用一根管子煨制，不允许焊口存在。

水锤消除器、软接头（软管）安装和方形补偿器制作安装定额情况对比见表 3-36。

表 3-36 水锤消除器、软接头（软管）安装和方形补偿器制作安装定额情况对比

序号	项目	水锤消除器安装	软接头(软管)安装	方形补偿器制作安装
1	项目划分	按照不同连接方式、公称直径划分项目		按公称直径划分项目
2	工程量计算	1)卡紧式软管安装以“根”为计量单位,其余(制作)安装均以“个”为计量单位 2)均按设计图所示数量计算		
3	举例	DN50 水锤消除器安装(螺纹连接)	DN50 螺纹式软接头安装	DN50 方形补偿器制作安装
	定额编码	10-2-286	10-2-325	10-2-271
	未计价主材	水锤消除器 1 个	螺纹式软接头 1 个	—
4	使用说明	1)法兰式软接头安装适用于法兰式橡胶及金属挠性接头安装 2)方形补偿器所占长度计入管道安装工程量,不应另计		

3.2.6 卫生器具定额与计量计价

1. 定额使用说明

卫生器具安装定额使用说明具体见《浙江省通用安装工程预算定额》（2018 版）第十

册第三章第207页的相关内容。

本章卫生器具是参照国家建筑标准设计图集《排水设备及卫生器具安装》（2010年合订本）中有关标准图编制的。

各类卫生器具安装项目除另有标注外，均适用于各种材质。

各类卫生器具安装项目包括卫生器具本体、配套附件、成品支托架安装。配套附件是指给水附件（水嘴、金属软管、阀门、冲洗管、喷头等）和排水附件（下水口、排水栓、器具存水弯、与地面或墙面排水口间的排水连接管等）。

各类卫生器具所用附件已列出消耗量，如随设备或器具配套供应时，消耗量不得重复计算。各类卫生器具支托架如现场制作，执行《浙江省通用安装工程预算定额》（2018版）第十三册《通用项目和措施项目工程》相应定额。

各类卫生器具的混凝土或砖基础、周边砌砖、瓷砖粘贴，蹲式大便器蹲台砌筑、台式洗脸盆的台面，浴厕配件安装，执行《浙江省通用安装工程预算定额》（2018版）相应定额。

2. 定额工程量计算规则

卫生器具安装定额工程量计算规则具体见《浙江省通用安装工程预算定额》（2018版）第十册第三章第208页的相关内容。

为准确统计管道与器具的工程量，应注意区分卫生器具与室内给排水管道连接的分界线，具体见《浙江省通用安装工程预算定额》（2018版）第十册第一章第81页，或见表3-37。

表3-37 卫生器具与室内给排水管道连接的分界线

序号	类别	具体分界线
1	与给水管道	与管道系统连接的第一个连接件(角阀、三通、弯头、管箍等)
2	与排水管道	1)卫生器具出口处的地面或墙面的设计(建筑)尺寸 2)与地漏连接的排水管道,自地漏地面设计(建筑)尺寸算起,不扣除地漏所占长度

3. 浴盆、净身盆、洗脸盆、洗涤盆和化验盆安装

浴盆、净身盆、洗脸盆、洗涤盆和化验盆安装定额情况对比见表3-38。

表3-38 浴盆、净身盆、洗脸盆、洗涤盆和化验盆安装定额情况对比

序号	项目	浴盆	净身盆	洗脸盆	洗涤盆	化验盆
1	项目划分	按材质(搪瓷、玻璃钢或塑料)、是否带喷头划分项目;按摩浴盆按体积划分项目	按安装位置(落地式、壁挂式)划分项目	按安装位置(挂墙、立柱、台上或台下)、介质温度(单冷水或冷热水)、开关类型(手动、脚踏阀)划分项目;洗发盆单列项目	按出水口个数(单嘴或双嘴)、开关形式(肘式、脚踏阀)、介质温度(单冷水或冷热水)划分项目	按龙头个数(单联、双联或三联)、鹅颈龙头按开关形式(肘式、脚踏阀)划分项目
2	工程量计算	均按设计图所示数量计算,以“10组”为计量单位				

（续）

序号	项目	浴盆	净身盆	洗脸盆	洗涤盆	化验盆
3	举例	冷热水带喷头搪瓷浴盆安装	落地式净身盆安装	台上式（冷热水）洗脸盆安装	肘式开关（冷热水）洗涤盆安装	鹅颈水嘴肘式开关化验盆安装
	定额编码	10-3-2	10-3-9	10-3-16	10-3-22	10-3-27
	未计价主材	1）搪瓷浴盆 10.1 个 2）排水附件 10.1 套 3）混合水嘴带喷头 10.1 套	1）净身盆 10.1 个 2）水嘴和排水附件 10.1 套 3）DN15 角型阀（带铜活）20.2 个 4）金属软管 20.2 根	1）洗脸盆 10.1 个 2）排水附件 10.1 套 3）混合冷热水龙头 10.1 个 4）DN15 角型阀（带铜活）20.2 个 5）金属软管 20.2 根	1）洗涤盆 10.1 个 2）排水附件 10.1 套 3）托架（−40×5）10.1 副 4）DN15 立式肘开关水嘴 10.1 个 5）DN15 角型阀（带铜活）20.2 个	1）化验盆 10.1 个 2）排水附件 10.1 套 3）支架（DN15）10.1 个 4）鹅颈水嘴 10.1 个 5）DN15 角型阀（带铜活）10.1 个
4	使用说明	1）液压脚踏卫生器具安装执行本章相应定额，人工费×1.3；液压脚踏阀及控制器等主材另计（如水嘴或喷头等配件随液压脚踏阀及控制器成套供应时，应扣除相应定额中的主材） 2）除带感应开关的小便器、大便器安装（套相应定额）外，其余感应式卫生器具安装执行本章相应定额，人工费×1.2；感应控制器等主材另计（如感应控制器等配件随卫生器具成套供应，则不得另行计算） 3）各类卫生器具的混凝土或砖基础、周边砌砖、瓷砖粘贴，台式洗脸盆的台面，执行《浙江省房屋建筑与装饰工程预算定额》（2018 版）相应定额 4）浴盆冷热水带喷头若采用埋入式安装，混合水管及管件消耗量应另行计算 5）按摩浴盆包括配套小型循环设备（过滤罐、水泵、按摩泵、气泵等）安装，其循环管路材料、配件等均按成套供货考虑 6）浴盆底部所需要填充的干砂材料消耗量另行计算 7）台式洗脸盆（冷水）安装，执行台式洗脸盆（冷热水）安装的相应定额，基价×0.8，软管与角型阀的未计价主材含量×0.5，其余未计价主材含量不变				

4. 大便器、小便器、拖布池、淋浴器和大小便槽自动冲洗水箱安装

大便器、小便器、拖布池、淋浴器和大小便槽自动冲洗水箱安装定额情况对比见表 3-39。

表 3-39　大便器、小便器、拖布池、淋浴器和大小便槽自动冲洗水箱安装定额情况对比

序号	项目	大便器	小便器	拖布池	淋浴器	大小便槽自动冲洗水箱
1	项目划分	按不同形式（蹲式、坐式）、不同水箱形式和冲洗方式划分项目	按不同形式（壁挂式、落地式）及不同冲洗方式划分项目	不区分项目，适用于各种型号的拖布池	按是否成套、管道材质及不同（冷、热水）用水情况划分项目	按水箱用途（大便槽、小便槽）和水箱容积划分项目
2	工程量计算	均按设计图所示数量计算，以“10 组”为计量单位				
3	举例	低水箱蹲便器安装	壁挂式感应开关小便器安装	拖布池安装	手动开关成套淋浴器（冷热水）安装	小便槽自动冲洗水箱（10L）安装
	定额编码	10-3-30	10-3-38	10-3-41	10-3-49	10-3-66

（续）

序号	项目	大便器	小便器	拖布池	淋浴器	大小便槽自动冲洗水箱
3	未计价主材	1)瓷蹲式大便器10.1个 2)低水箱及配件10.1套 3)金属软管10.1根 4)DN15角型阀(带铜活)10.1个 5)DN32冲洗管10.1根	1)挂式小便器10.1个 2)排水附件10.1套 3)DN15冲水连接管10.1根 4)感应控制器10.1个	1)成品拖布池10.1个 2)DN15长颈水嘴10.1个 3)排水栓带链堵10.1套	双管成品淋浴器（含固定件）10套	1)小便槽自动冲洗水箱10个 2)托架10副 3)DN15水箱进水嘴10.1个 4)DN20水箱自动冲洗阀10.1个
4	使用说明	1)液压脚踏卫生器具安装执行本章相应定额,人工费×1.3;液压脚踏阀及控制器等主材另计(如水嘴或喷头等配件随液压脚踏阀及控制器成套供应时,应扣除相应定额中的主材) 2)各类卫生器具的混凝土或砖基础、周边砌砖、瓷砖粘贴,台式洗脸盆的台面,执行《浙江省房屋建筑与装饰工程预算定额》(2018版)相应定额				
		1)高(无)水箱蹲式大便器,低水箱坐式大便器安装,适用于各种型号 2)大便器冲洗(弯)管均按成品考虑。大便器安装已包括柔性连接头或胶皮碗	小便器冲洗(弯)管均按成品考虑	—	每组非成套淋浴器安装,定额中给水部分已经包括截止阀和组成冷水淋浴器的钢管1.8m,组成冷热水淋浴器的钢管2.5m,这部分管道不得再计算管道工程量	定额已包括水箱和冲洗管的成品支托架、管卡安装

5. 给排水附件安装

给排水附件安装包括水龙头、排水栓、地漏和地面扫除口的安装。

水龙头、排水栓、地漏和地面扫除口安装定额情况对比见表3-40。

表3-40 水龙头、排水栓、地漏和地面扫除口安装定额情况对比

序号	项目	排水栓	水龙头	地漏	地面扫除口
1	项目划分	按是否带存水弯及公称直径划分项目	按公称直径划分项目		
2	计量单位	10组	10个		
	工程量计算	均按设计图所示数量计算			
3	举例	DN32带存水弯排水栓安装	DN15水龙头安装	DN50普通塑料地漏安装	DN100地面扫除口安装
	定额编码	10-3-73	10-3-70	10-3-79	10-3-85
	未计价主材	排水栓带链堵10.1套	DN15水嘴10.1个	DN50地漏10.1个	DN100地面扫除口10.1个
4	使用说明	使用要求同“水龙头安装”项目	1)适用于各种不与卫生器具配套的、单独安装的水龙头,如盥洗槽上安装的水龙头、草坪浇灌用简易水龙头等 2)浴盆水嘴、洗脸盆水嘴和洗涤盆水嘴等均已包括在成套卫生器具定额中,不得另计	与地漏连接的排水管道自地面设计尺寸算起,不扣除地漏所占长度	地面扫除口(清扫口)的材质很多,通常工程中出现有塑料、铸铁、铜制等,但只要公称直径一致,均可套用同一定额

6. 其他卫生器具安装

其他卫生器具安装包括小便槽冲洗管制作安装、蒸汽-水加热器安装、饮水器安装、冷热水混合器安装和隔油器安装。

其他卫生器具安装定额情况对比见表3-41。

表3-41 其他卫生器具安装定额情况对比表

序号	项目	小便槽冲洗管制作安装	蒸汽-水加热器安装	饮水器安装	冷热水混合器安装	隔油器安装
1	项目划分	按公称直径划分项目	不区分项目		按不同规格划分项目	按安装方式(地上式或悬挂式)和进水管径划分项目
2	计量单位	10m	10套			套
	工程量计算	均按设计图所示数量计算				
3	举例	DN20塑料小便槽冲洗管(粘接)制作安装	小型单管式蒸汽-水加热器安装	饮水器安装	小型冷热水混合器安装	DN75地上式隔油器安装
	定额编码	10-3-88	10-3-90	10-3-93	10-3-91	10-3-95
	未计价主材	DN20塑料管10.2m	蒸汽式水加热器10套	饮水器10套	小型冷热水混合器10套	隔油器1套
4	使用说明	1)冲洗管工程量不扣除阀门的长度 2)定额按塑料管(粘接)编制。定额只包括多孔冲洗管的制作安装,与冲洗管连接的任何管道及管道上的阀门应按定额规定另行计算	定额不包括支架制作安装,阀门和疏水器安装应按定额规定另行计算	饮水器安装的阀门和脚踏开关应按定额规定另行计算	定额不包括支架制作安装,应按定额规定另行计算	—

3.2.7 给排水设备定额与计量计价

1. 定额使用说明

给排水设备安装定额使用说明具体见《浙江省通用安装工程预算定额》(2018版)第十册第四章第235页相关内容。

采暖、给排水设备章包括了采暖、生活给排水系统中的各种给水设备(如水泵等)、热能源装置、水处理、净化消毒设备、热水器、开水炉、水箱的制作安装等项目。本节内容以给排水设备为主。

设备安装定额中均包括设备本体及与其配套的管道、附件、部件的安装和单机试运转或水压试验、通水调试等内容,均不包括与设备外接的第一片法兰或第一个连接口以外的安装工程量,应另行计算。

设备安装项目中包括与本体配套的压力表、温度计等附件的安装,如实际未随设备供应附件时，材料费另行计算。

设备安装定额中均未包括减振装置、机械设备的拆装检查、基础灌浆、地脚螺栓的埋设，若发生时执行本定额第一册《机械设备安装工程》和第十三册《通用项目和措施项目工程》的相应定额。

设备安装定额中均未包括设备支架或底座制作安装，如采用型钢支架执行《浙江省通用安装工程预算定额》（2018 版）第十三册《通用项目和措施项目工程》的相应定额。混凝土及砖底座执行《浙江省房屋建筑与装饰工程预算定额》（2018 版）相应定额。

2. 定额工程量计算规则

给排水设备安装定额工程量计算规则具体见《浙江省通用安装工程预算定额》（2018 版）第十册第四章第 236 页相关内容。

3. 给水设备安装

给水设备安装定额包括变频给水设备、稳压给水设备、无负压给水设备和气压罐（给水设备）的安装。

给水设备安装定额情况对比见表 3-42。

表 3-42 给水设备安装定额情况对比

<table>
<tr><th>序号</th><th>项目</th><th>变频给水设备</th><th>稳压给水设备</th><th>无负压给水设备</th><th>气压罐(给水设备)</th></tr>
<tr><td>1</td><td>项目划分</td><td colspan="3">均按设备质量划分项目</td><td>按罐体直径划分项目</td></tr>
<tr><td rowspan="2">2</td><td>计量单位</td><td colspan="3">套</td><td>台</td></tr>
<tr><td>工程量计算</td><td colspan="4">均按设计图所示规格、型号、质量及数量计算</td></tr>
<tr><td rowspan="3">3</td><td>举例</td><td>变频给水设备(1t)安装</td><td>稳压给水设备(1t)安装</td><td>无负压给水设备(1t)安装</td><td>气压罐(φ1000mm)安装</td></tr>
<tr><td>定额编码</td><td>10-4-4</td><td>10-4-10</td><td>10-4-16</td><td>10-4-22</td></tr>
<tr><td>未计价主材</td><td>变频给水设备 1 套</td><td>稳压给水设备 1 套</td><td>无负压给水设备 1 套</td><td>气压罐 1 台</td></tr>
<tr><td>4</td><td>使用说明</td><td colspan="4">1)除气压罐外,其他给水设备按底座质量计算,不分泵组出口管道公称直径
2)给水设备按整体组成安装编制,随设备配备的各种控制箱(柜)、电气接线及电气调试等,执行本定额第四册《电气设备安装工程》的相应定额</td></tr>
</table>

4. 太阳能集热装置安装

太阳能集热装置是一种吸收太阳辐射并将产生的热能传递到传热介质的装置。相关产品有太阳能热水器、太阳灶、主动式太阳房、太阳能温室、太阳能干燥、太阳能工业加热、太阳能热发电等。这些产品都是以太阳能集热装置作为系统的动力或者核心部件的。

定额按不同形式（平板式、全玻璃真空管）划分项目，均以“m^2”为计量单位，按设计图所示数量计算。使用时应注意，太阳能集热器是按集中成批安装编制的，如发生 $4m^2$ 以下工程量时，人工费、机械费×1.1。

5. 热水器、开水炉安装

热水器、开水炉安装定额包括蒸汽间断式开水炉、容积式热交换器、电热水器、立式电开水炉、空气能热水器安装。

热水器、开水炉安装定额情况对比见表 3-43。

表 3-43　热水器、开水炉安装定额情况对比

序号	项目	蒸汽间断式开水炉	容积式热交换器	电热水器	立式电开水炉	空气能热水器
1	项目划分	以型号/容积(L)划分项目		按不同安装方式及型号划分项目	不区分项目	
2	工程量计算	均按设计图所示数量计算,以“台”为计量单位				
3	举例	蒸汽间断式开水炉(1#/60L)安装	容积式热交换器(1#/500L)安装	RS50 型挂式电热水器安装	立式电开水炉安装	空气能热水器安装
	定额编码	10-4-72	10-4-83	10-4-77	10-4-81	10-4-82
	未计价主材	蒸汽间断式开水炉 1 台	容积式水加热器 1 台	电热水器 1 台	电开水炉 1 台	空气能热水器 1 台
4	使用说明	定额只考虑了本体安装,连接管、连接件等应按定额规定另行计算				

6. 水箱制作安装

水箱制作安装包括整体水箱安装、组装水箱安装、圆形钢板水箱制作、矩形钢板水箱制作。

水箱制作安装定额情况对比见表 3-44。

表 3-44　水箱制作安装定额情况对比

序号	项目	整体水箱安装	组装水箱安装	圆形钢板水箱制作	矩形钢板水箱制作
1	项目划分	均以水箱设计总容积(m^3)划分项目			
2	计量单位	台		箱体金属质量“100kg”	
	工程量计算	按设计图所示数量计算			
3	定额编码	10-4-101~10-4-108	10-4-109~10-4-113	10-4-114~10-4-121	10-4-122~10-4-129
4	未计价主材	整体水箱 1 台	组装水箱 1 台	钢材	
5	使用说明	1)整体水箱安装适用于玻璃钢、不锈钢、钢板等各种材质,不分圆形、方形,均按箱体容积执行相应项目 2)整体水箱安装按成品水箱编制,如现场制作安装水箱,水箱主材不得重复计算 3)水箱消毒冲洗及注水试验用水按设计图示容积或施工方案计入 4)组装水箱的连接材料是按随水箱配套供应考虑的 5)各种水箱连接管,均未包括在定额内,可执行室内管道安装的相应项目			

3.2.8　其他定额与计量计价

1. 定额使用说明

定额使用说明具体见《浙江省通用安装工程预算定额》(2018 版)第十册第八章第 341 页的相关内容。

本章定额内容包括成品防火套管安装，碳钢管道保护管制作安装，塑料管道保护管制作安装，阻火圈安装，管道二次压力试验，管道冲洗、消毒，成品表箱安装和系统调试费。其中，成品表箱安装相关内容已在水表定额中介绍，此处不再赘述。

2. 定额工程量计算规则

定额工程量计算规则具体见《浙江省通用安装工程预算定额》(2018 版)第十册第八

章第342页的相关内容。

3. 成品防火套管和阻火圈安装

建筑塑料排水管穿越楼层设置阻火装置（防火套管或阻火圈）的目的是防止火灾贯穿蔓延。它的设置必须满足相关规范要求，具体以设计要求为准。

两种阻火装置安装定额情况对比见表3-45。

表3-45　两种阻火装置安装定额情况对比

序号	项目	防火套管	阻火圈
1	项目划分	按被套管公称直径划分项目	按被套管公称外径划分项目
2	计量单位	个	10个
	工程量计算	按工作介质的管道直径区分不同规格计算	
3	定额编码	10-8-1～10-8-6	10-8-21～10-8-25
4	未计价主材	成品防火套管1个	阻火圈10个
5	设置场所	1）高层建筑中，管径≥DN100的塑料排水横管穿越管道井壁处或穿越防火墙处的两侧 2）人防工程中，不论高层还是多层建筑，不论管径大小，不论明敷或暗敷，管道穿越防火分区时均设置	高层建筑中，管径≥DN100的明敷塑料排水立管（每层楼板有防火分隔的管道井除外）穿越楼板处的下方
		具体以设计要求为准	

4. 碳钢（或塑料）管道保护管制作安装

管道保护管是指在管道系统中，为避免外力（荷载）直接作用在介质管道外壁上，造成介质管道受损而影响正常使用，在介质管道外部设置的保护性管段。如过马路管道因埋深不够需做方包或外加管道保护管，以抵抗车辆荷载或土方自重等。

碳钢（或塑料）管道保护管制作安装与一般穿墙钢（或塑料）套管制作安装定额情况对比见表3-46。

表3-46　碳钢（或塑料）管道保护管制作安装与一般穿墙钢（或塑料）套管制作安装定额情况对比

序号	项目	碳钢（或塑料）管道保护管制作安装	一般穿墙钢（或塑料）套管制作安装
1	项目划分	按被套管公称直径划分项目	按被套管公称外径划分项目
2	计量单位	10m	个
	工程量计算	按设计图示管道中心线长度计算	—
3	定额编码	10-8-7～10-8-20	13-1-107～13-1-125
4	未计价主材	碳钢（或塑料）管10.3m	碳钢管0.3m（或塑料管0.318m）
5	使用说明	—	1）一般穿墙钢套管制作安装按被套管管径DN放大2档套用定额 2）一般穿墙塑料套管制作安装按被套管管径DN套用定额

5. 管道二次压力试验

定额按管道公称直径划分项目，以“100m”为计量单位，具体按设计图所示管道中心线长度计算。定额使用时应注意，管道二次压力试验仅适用于因工程需要而发生且非正常情况的管道水压试验。管道安装定额中已经包括规范要求的水压试验，不得重复计算。

6. 管道消毒、冲洗

定额按管道公称直径划分项目，以“100m”为计量单位，具体按设计图所示管道中心线长度计算。规范规定，生活饮用水管道在交付使用前，必须进行管道的消毒、冲洗工作。定额使用时应注意，因工程需要再次发生管道冲洗时，执行消毒冲洗定额项目，同时扣减定额中漂白粉消耗量，其他消耗量×0.6。

3.3 给排水工程国标清单计价

3.3.1 工程量清单的设置内容

给排水工程工程量清单根据《通用安装工程工程量计算规范》（GB 50856—2013）附录K给排水、采暖、燃气工程进行编制和计算。附录K主要由10部分组成，有101种清单项目，见表3-47。

表3-47 附录K清单项目组成情况表

序号	表格编号	清单项目	编码	项目编码	备注
1	K. 1	给排水、采暖、燃气管道	031001	031001001～031001011	
2	K. 2	支架及其他	031002	031002001～031002003	
3	K. 3	管道附件	031003	031003001～031003017	
4	K. 4	卫生器具	031004	031004001～031004019	
5	K. 5	供暖器具	031005	031005001～031005008	
6	K. 6	采暖、给排水设备	031006	031006001～031006015	
7	K. 7	燃气器具及其他	031007	031007001～031007012	
8	K. 8	医疗气体设备及附件	031008	031008001～031008014	
9	K. 9	采暖、空调水工程系统调试	031009	031009001～031009002	
10	K. 10	相关问题及说明	—	—	

清单编码均由12位（9位项目编码加3位顺序码）组成。如031001006001，它表示某规格某材质塑料管的安装，计量单位为“m”，所含工程内容见表3-48工作内容中的一项或多项。一个清单项目是由若干个定额项目组成的，这些定额项目组成了清单项目的综合单价。

表3-48 给排水工程管道安装部分清单项目所含工程内容

清单项目	项目编码	项目名称	计量单位	工作内容
管道安装（部分）	031001001	镀锌钢管	m	管道安装，管件制作安装，压力试验，吹扫、冲洗，警示带铺设
	031001002	钢管		
	031001006	塑料管		管道安装，管件安装，塑料卡固定，阻火圈安装，压力试验，吹扫、冲洗，警示带铺设
	031001007	复合管		管道安装，管件安装，塑料卡固定，压力试验，吹扫、冲洗，警示带铺设

3.3.2 国标工程量清单的编制

1. 清单工程量计算规则

给排水工程的清单工程量计算规则与定额工程量计算规则基本一致。

例如，GB 50856—2013 附表 K.1 备注中规定：管道清单工程量计算不扣除阀门、管件（包括减压器、疏水器、水表、伸缩器等组成安装）及附属构筑物所占长度；方形补偿器以其所占长度列入管道安装工程量。

此外，表 K.10 中规定的管道安装室内、外界限划分也与定额规定一致。

2. 国标工程量清单编制注意问题

如前所述，给排水工程的清单工程量计算规则与定额工程量计算规则基本一致，因此，清单工程量与定额工程量在数量上基本是一致的。工程量清单编制时应注意如下问题：

1）清单工程量通常以原始单位为计量单位，而定额工程量有时也会以 10 倍或 100 倍原始单位为计量单位。因此，尽管两者的工程数量一致，但从表现的数值上看可能会存在 10 倍或 100 倍的比例关系。

2）一条清单项目可能会包含一条定额项目，也可能包含两条，甚至多条定额项目。例如，给水管道安装清单项目包含了管道安装与管道消毒、冲洗共两条定额项目；管道支架的制作安装清单项目包含了一般管架制作和一般管架安装两条定额项目；刚性防水套管的制作安装清单项目包含了刚性防水套管制作和刚性防水套管安装两条定额项目；管道支架除锈、刷油清单项目则包含了五条相关定额项目。

3）编制工程量清单时还应注意五大要素的齐全，具体为项目编码、项目名称、项目特征、计量单位和工作内容，缺一不可。

4）工程量清单编制时，清单的项目特征、工作内容等应根据工程实际情况严格参照计算规范规定进行如实描述。钢塑给水管安装时规范所列可能发生的工作内容与实际发生工作内容对比见表 3-49。

5）清单工作内容与定额工作内容是有区别的。如表 3-49 所示，清单规范所列工作内容中的“压力试验”工作在定额工作内容中表示为“水压试验”，即此工作内容已包含在定额计价中。因此，从实际发生的工程内容看，定额就不需再描述“水压试验”这一工作内容，从而清单也不需要再描述“压力试验”这一工作内容。

表 3-49 钢塑给水管安装时规范所列可能发生的工作内容与实际发生工作内容对比

项目编码(定额编码)	项目名称	工作内容	备注
031001007001	复合管	管道安装,管件安装,塑料卡固定,压力试验,吹扫、冲洗,警示带铺设	规范所列可能发生的
		管道安装、管件安装、压力试验、消毒冲洗	实际发生的
10-1-185	室内钢塑给水管安装(螺纹连接)DN32	留堵洞眼、调直、切管、套丝、组对、连接,管道及管件安装,水压试验及水冲洗	

【例 3-10】 DN32 室内钢塑给水管（螺纹连接）安装，工程量为 55m，试编制工程量清单。

【解】 根据规范规定，生活给水管道在交付使用前，必须进行消毒、冲洗。按清单规范工作内容要求，工作内容除管道安装外，还应有管道消毒、冲洗。这两项工作内容应分别套用定额。

根据工程量计算规范要求，室内钢塑给水管安装工程量清单编制的项目编码为“031001007”，项目名称为“复合管”，计量单位为“m”，工作内容分别为管道安装和管道消毒、冲洗，项目特征按工作内容确定。钢塑给水管安装的工程量清单见表3-50所示。

表3-50 钢塑给水管安装的工程量清单

项目编码(定额编码)	工作内容、项目名称与项目特征	单位	数量
031001007001	复合管： 1. 室内钢塑给水管安装(螺纹连接,DN32) 2. 管道消毒、冲洗(公称直径50mm以内)	m	55.000
10-1-185	室内钢塑给水管安装(螺纹连接,DN32)	10m	5.500
10-8-31	管道消毒、冲洗(公称直径50mm以内)	100m	0.550

3.3.3 国标清单计价及其应用

一个清单项目是由一个或若干个定额项目组成的。通过对定额项目的相关计算，最终可得到清单项目的综合单价。

【例3-11】 按【例3-5】某工程一根De40的明敷PP-R给水塑料管（热熔连接）穿二~四层卫生间楼板，设计要求设置刚性防水套管3个（施工单位自制），设主材焊接钢管、中厚钢板和扁钢的除税价分别为4200元/t、3800元/t、4000元/t，试按国标清单计价法列出该项目穿卫生间楼板刚性防水套管综合单价计算表。本题中安装费的人、材、机单价均按《浙江省通用安装工程预算定额》（2018版）取定的基价考虑；管理费费率为21.72%，利润费率为10.40%，风险不计；计算结果保留两位小数。

【解】 按题意，由已知条件和清单项目工作内容知，该项目应套用套管制作安装清单031002003。对该清单进行组价并计算费用，得到清单综合单价。

刚性防水套管制作安装的清单工程量为3个，定额工程量、主材工程量及其他数据按【例3-5】的计算结果。

分部分项工程清单综合单价计算表、分部分项工程清单与计价表分别见表3-51和表3-52。

表3-51 分部分项工程清单综合单价计算表

项目编码(定额编码)	清单(定额)项目名称	计量单位	数量	综合单价(元)						合计(元)
				人工费	材料(设备)费	机械费	管理费	利润	小计	
031002003001	套管： 1. 刚性防水套管(DN50)制作,穿卫生间楼板且由施工单位自制 2. 刚性防水套管(DN50)安装,穿卫生间楼板	个	3	25.28	24.56	5.50	6.69	3.21	65.24	195.72

（续）

项目编码（定额编码）	清单（定额）项目名称	计量单位	数量	综合单价（元）						合计（元）
				人工费	材料（设备）费	机械费	管理费	利润	小计	
13-1-76H	刚性防水套管（DN50）制作，穿卫生间楼板且由施工单位自制	个	3	12.44	21.57	5.50	3.90	1.87	45.28	135.84
主材	中厚钢板	kg	9.528		3.8					36.21
主材	扁钢	kg	2.160		4.0					8.64
主材	碳素结构钢焊接钢管	kg	2.934		4.2					12.32
13-1-95H	刚性防水套管（DN50）安装，穿卫生间楼板	个	3	12.84	2.99	0.00	2.79	1.34	19.96	59.88

表3-52　分部分项工程清单与计价表

项目编码	项目名称	项目特征	计量单位	工程量	金额（元）					备注
					综合单价	合价	其中			
							人工费	机械费	暂估价	
031002003001	套管	1. 刚性防水套管（DN50）制作，穿卫生间楼板且由施工单位自制 2. 刚性防水套管（DN50）安装，穿卫生间楼板	个	3	65.23	195.69	75.84	16.50		

3.4　给排水工程招标控制价编制实例

3.4.1　工程概况

1. 主体工程概况

此工程为浙江某综合办公楼（局部），共两层，为框架结构。一层为餐厅、包厢区域与车库（层高为5.80m），二层为多个会议室（层高为3.90m），室内外地坪高差为0.15m。

2. 给排水工程概况

此工程设有生活给水、污水、废水和雨水四个系统，下面以⑤~⑥轴与Ⓒ~Ⓔ轴之间的3#卫生间（即卫3）给排水系统为例进行讲解。

生活给水由市政管网直接供水，入户管的供水压力不应大于0.32MPa。

污、废水系统采用分流制。室内污、废水重力自流排入室外，污水经化粪池处理后，尾水与废水汇合进入小区污水管网。污、废水的出户井均位于外墙2.0m处。

屋面雨水系统按当地暴雨公式计算，降雨历时 5min，设计重现期 10 年。除特殊说明外，屋面雨水斗均采用 87 型Ⅱ式钢制雨水斗。雨水立管连接至距外墙 2.0m 处的雨水检查井，雨水经室外雨水管网接至附近水体排放。

(1) 管材与敷设方式　该工程各系统所用管材、连接方式与敷设要求见表 3-53。

表 3-53　各系统所用管材、连接方式与敷设要求

序号	系统	管材	连接方式	敷设要求	备注
1	给水	PP-R 管	热熔连接	暗敷	1)冷水管选用 S5 系列 2)管径≥DN32 需明敷
2	污、废水	低噪声 UPVC 管	承插粘接	明敷	
3	雨水	低噪声承压 UPVC 管	承插粘接	明敷	立管底部的弯头和横管采用承压排水 UPVC 管件

(2) 水表、阀门与附件　该工程所用水表、阀门与附件情况见表 3-54。

表 3-54　所用水表、阀门与附件情况

序号	附件名称	具体名称	型号或材质	规格	备注
1	水表	旋翼湿式冷水表	LXS-40C	DN40	
2	阀门	螺纹闸阀	Z15W-16T	DN40	水表节点处
3	阀门	PP-R 截止阀	塑料	De50	与管道热熔连接
4	地漏	普通带水封地漏	不锈钢	De50	水封高度≥50mm
5	地面清扫口	—	UPVC	De110	

(3) 卫生器具与排水设备附件　该工程所用卫生器具均为陶瓷制品。

卫生器具与排水设备附件安装要求见表 3-55，表中数据均查自图集。

表 3-55　卫生器具与排水设备附件安装要求

序号	器具名称	给水接入管管径	安装高度	排出管管径	参照图集编号	备注
1	台下式感应水嘴洗脸盆(冷水)	DN15	角阀：H+0.55	De50	09S304/52	
2	低水箱蹲式大便器(带存水弯)	DN15	角阀：H+0.70	De110	09S304/83	
3	分体式坐式大便器	DN15	角阀：H+0.20	De110	09S304/66	
4	自动感应一体式立式小便器	DN15	三通：H+1.10	De50	09S304/113	
5	拖布池	DN15	三通：H+0.80	De50	09S304/25	
6	地漏	—	—	De50	04S301/30	
7	地面清扫口	—	—	De50	04S301/13	

(4) 套管与防火装置　给排水管道穿基础、地下结构（如地下室）外墙，屋面及有防水要求的楼板（如露台、厨房间、卫生间和阳台等的楼板）等易漏水、渗水处，应预埋刚性防水套管。

明装给排水立管穿非卫生间或厨房间楼板、钢筋混凝土墙体或梁等结构处，应设置一般钢套管。

器具（含地漏与清扫口）排水管穿楼板或地面、埋地安装的给排水管道穿地面、给水管穿卫生间内墙敷设等采用无套管做法（即预留孔洞）。

按设计要求，管径≥De110 的明敷排水塑料立管穿越楼板时，应在楼板下侧管道上设置阻火圈。

（5）其他

1）尺寸除管长、标高以 m 计外，其余以 mm 计。

2）管道标高：给水、压力排水管等压力管指管中心标高；污水、废水、雨水、溢水管、泄水管等重力流管道和无水流的通气管等指管内底标高。

3）水表、水龙头、地漏、地面清扫口和立管检查口等规格随管道规格。

3. 主要设备与材料表

给排水工程的主要设备与材料表见表 3-56。

表 3-56　给排水工程的主要设备与材料表

序号	图例	名称	备注	序号	图例	名称	备注
1	JL-1 标高	给水立管		13		存水弯	
2	WL-1 标高	污水立管		14		通气帽	
3	FL-1 标高	废水立管		15	YD– YD–	雨水斗	
4	YL-1 标高	雨水立管		16		洗脸盆	
5		闸阀		17		坐式大便器	
6		截止阀		18		蹲式大便器	
7		止回阀		19		小便器	
8		蝶阀		20		淋浴喷头	
9		水表		21		拖布池	污水盆、拖把池
10		地漏		22		延时自闭冲洗阀	
11		清扫口		23		角阀	
12		检查口		24		雨水口	

4. 图样识读

确认图样完整后，研读设计说明、主要设备与材料表，然后反复对照平面布置图与系统图，结合材料表识读图样信息。首先要在平面布置图中找到进、出户管的位置及其管道信息，然后结合系统图了解整个给排水系统的管道走向、标高和管径，再与平面布置图中相互对照，掌握给排水施工图的完整信息。识读时，可依次对给水系统、排水系统和雨水系统沿水流方向进行分别识读。

（1）给水系统　3#卫生间的给水平面布置图如图 3-7 所示，3#卫生间给水布置详图（大样图）如图 3-8 所示，3#卫生间给水系统图如图 3-9 所示。

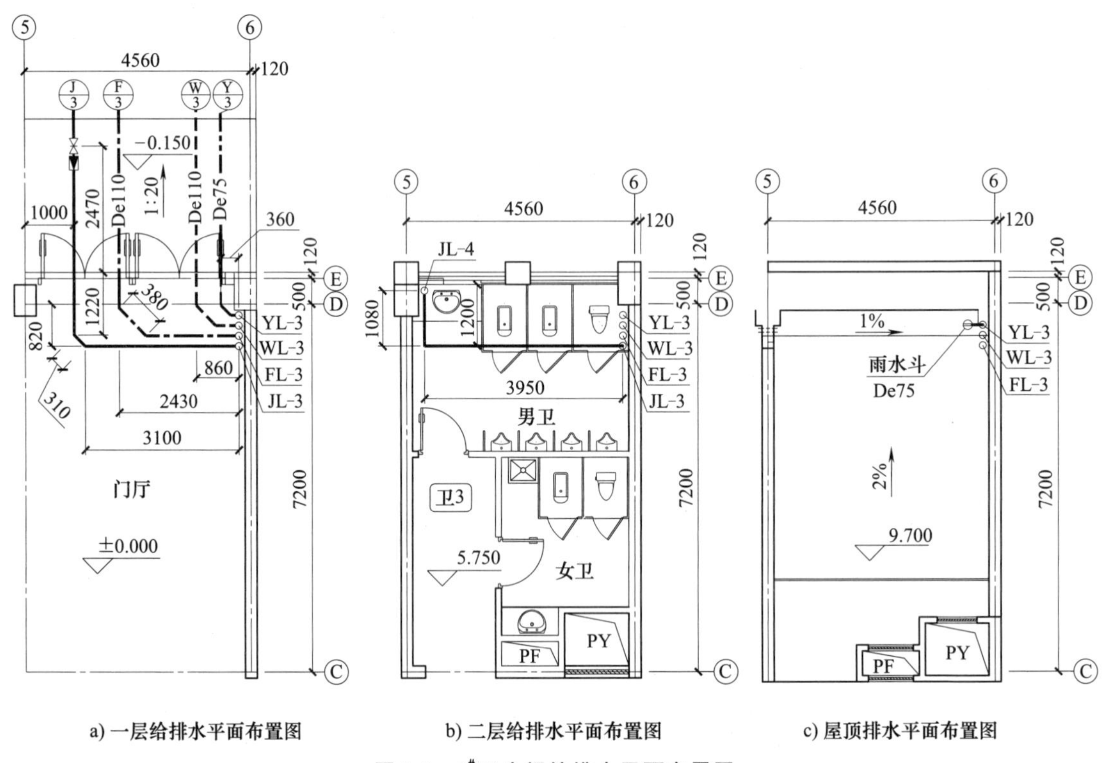

图 3-7　3#卫生间给排水平面布置图

如图 3-7a 所示，3 号给水进户管从建筑北侧、距离⑤轴 1.0m 处埋地进入门厅。结合给水系统图可知，进户管管径为 DN40，管中心标高为-0.80m，管道上有同径闸阀和水表各 1 个。给水干管沿平行于Ⓓ轴 0.82m 埋地暗敷至⑥轴左侧内墙，出地面的给水立管（编号 JL-3）沿墙明敷至二楼梁底。结合一层给排水平面布置图和给水系统图可知，之后给水干管沿梁底（管中心标高为 5.10m）自东向西水平敷设至⑤轴附近又往北至Ⓔ轴内墙边，以立管（编号 JL-4）形式穿二楼楼板沿墙明敷进入二层卫生间。

3#卫生间的给水管详细布置情况如图 3-8 所示。结合给水系统图可知，给水立管 JL-4 沿墙明敷至距地面 0.8m 处，通过 90°弯头转为水平管，通过 1 个 De50 的 PP-R 塑料截止阀后，沿Ⓔ轴内墙由西向东依次为男卫生间的 1 个台下式感应水嘴洗脸盆（冷水）、2 个低水箱蹲式大便器（带存水弯）和 1 个分体式坐式大便器供水。之后，水平管再沿柱子垂直向上，沿梁底（标高为 9.0m）由北向南至男、女卫生间隔墙，通过三通一分为二。一路自上而下

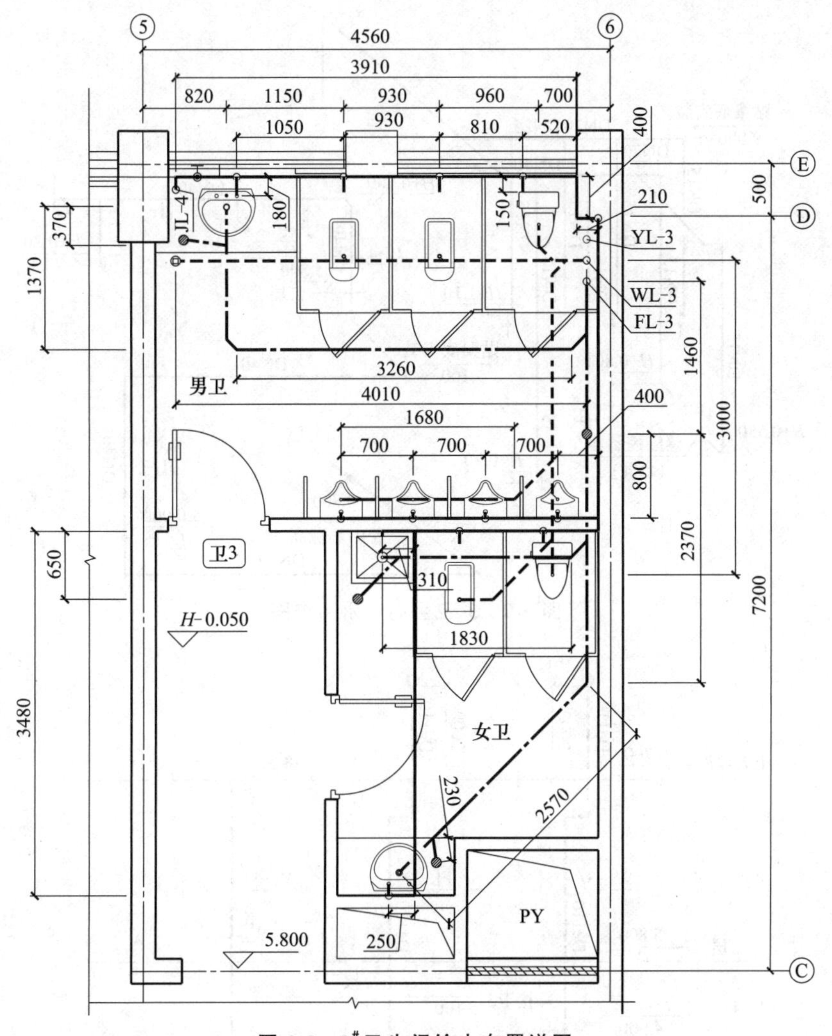

图 3-8 3#卫生间给水布置详图

为男卫生间的 4 个自动感应一体式立式小便器供水，另一路自上而下依次为女卫生间的 1 个分体式坐式大便器、1 个低水箱蹲式大便器（带存水弯）、1 个拖布池和 1 个台下式感应水嘴洗脸盆（冷水）供水。

各给水管道相应的管径与标高，各角阀、延时自闭冲洗阀和水龙头的标高见图 3-9。DN25、DN20、DN15 给水管道沿墙暗敷或吊顶内暗敷，其余管道均沿墙明敷或吊顶内暗敷。

（2）排水系统 该工程污、废水采用分流制。3#卫生间的污、废水平面布置图如图 3-7 所示，3#卫生间污、废水布置详图（大样图）如图 3-8 所示，3#卫生间污水、废水系统图如图 3-10 所示，3#卫生间二层污水系统图如图 3-11 所示，3#卫生间二层废水系统图如图 3-12 所示。

由图 3-8 和图 3-11 可知，二层男卫生间的污水干管，收集了末端 1 个地面清扫口、2 个蹲式大便器和 1 个坐式大便器的污水后接入污水立管 WL-3 中。女卫生间的污水管，收集了 1 个蹲式大便器和 1 个坐式大便器的污水，再与男卫生间的 4 个小便器污水汇合后，接至污水立管 WL-3 中。

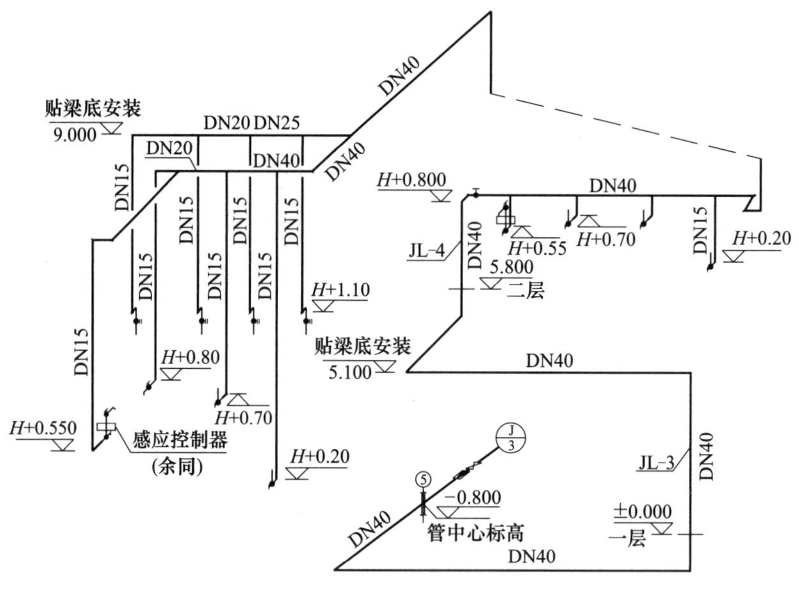

图 3-9 3#卫生间给水系统图

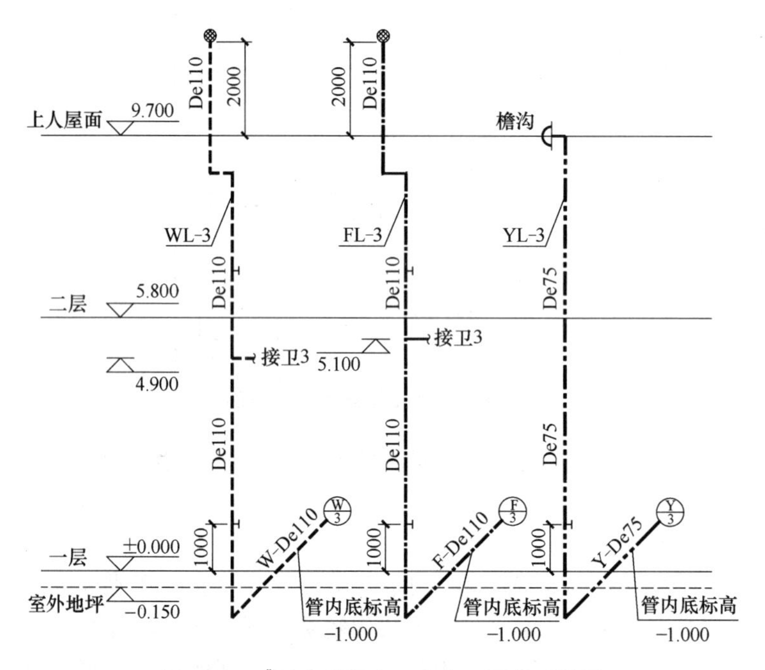

图 3-10 3#卫生间污水、废水、雨水系统图

由图 3-10 和图 3-7a 可知，污水立管管径均为 De110；在高出屋面 2.0m 处设置了通气帽 1 个；在底层和二层距楼地面 1.0m 处设置了立管检查口各 1 个。污水出户管管径为 De110，管内底标高为-1.0m，接出至距外墙 2.0m 处的室外第一个污水检查井。

由图 3-8 和图 3-12 可知，二层男卫生间的废水干管，收集了 1 个地漏和 1 个台下式洗脸盆的废水。女卫生间的废水管，收集了 1 个拖布池及边上的 1 个地漏、1 个台下式洗脸盆及边上的 1 个地漏，以及男卫生间小便器附近的 1 个地漏的废水后，与男卫生间的废水干管汇

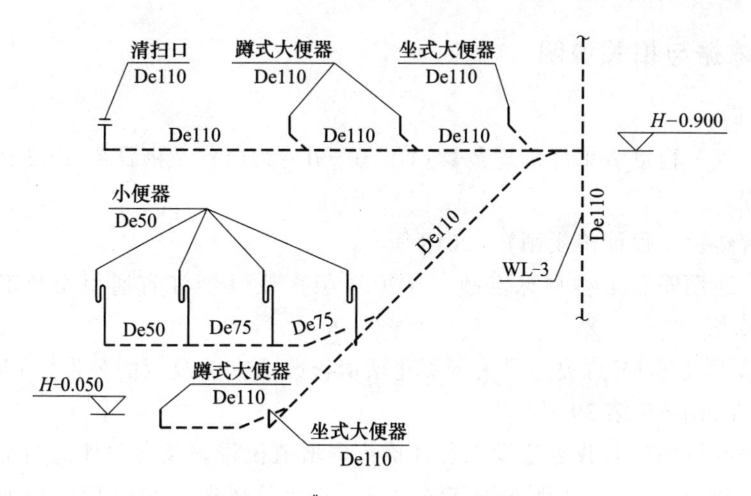

图 3-11 3#卫生间二层污水系统图

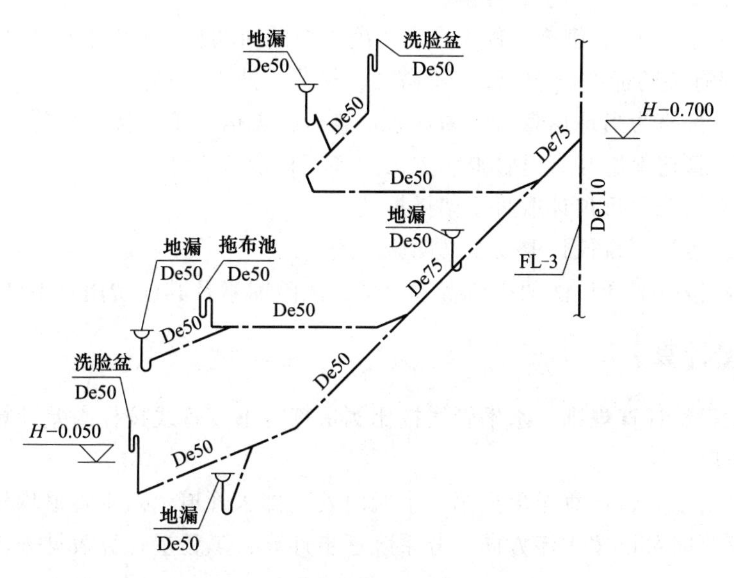

图 3-12 3#卫生间二层废水系统图

合，最后一起接至废水立管 FL-3 中。

由图 3-10 和图 3-7a 可知，废水立管管径均为 De110；在高出屋面 2.0m 处设置了通气帽 1 个；在底层和二层距楼地面 1.0m 处设置了立管检查口各 1 个。废水出户管管径为 De110，管内底标高为-1.0m，接出至距外墙 2.0m 处的室外第一个废水检查井。

二层污、废水管道相应的走向、管径与标高，分别见相应系统图。

（3）雨水系统 雨水系统（屋顶排水）平面布置图如图 3-7 所示，系统图如图 3-10 所示。

屋面雨水汇流至屋顶檐沟，通过 YL-3 立管顶端的钢制雨水斗（87 型Ⅱ式），再沿立管接至距外墙 2.0m 处的雨水检查井。

由图 3-10 和图 3-7c 可知，雨水立管、出户管管径均为 De75；在底层距楼地面 1.0m 处设置了立管检查口 1 个；出户管管内底标高为-1.0m。

3.4.2 编制依据与相关说明

1）编制依据。

①《建设工程工程量清单计价规范》（GB 50500—2013）及浙江省2013清单综合解释、补充规定和勘误。

②《浙江省建设工程计价规则》（2018版）。

③《浙江省通用安装工程预算定额》（2018版）及《浙江省通用安装工程预算定额》（2018版）勘误表。

④《财政部 税务总局 海关总署关于深化增值税改革有关政策的公告》（财政部 税务总局 海关总署公告2019年第39号）。

⑤《关于增值税调整后我省建设工程计价依据增值税税率及有关计价调整的通知》（浙建建发〔2019〕92号）、《关于颁布浙江省建设工程计价依据（2018版）的通知》（浙建建〔2018〕61号）。

⑥《省建设厅关于调整建筑工程安全文明施工费的通知》（浙建建发〔2022〕37号）。

⑦ 与该工程有关的标准（包括标准图集）、规范、技术资料。

2）主要材料价格为当地信息价、浙江省信息价，无信息价的按市场价。

3）水表箱、管道保温与管道管卡、支吊架等工程量暂不计。

4）施工技术措施项目仅计取脚手架搭拆费。

5）施工组织措施项目仅计取安全文明施工费。

6）施工取费按一般计税法的中值费率取费，风险因素及其他费用暂不计。

3.4.3 工程量计算

依据定额工程量计算规则，水平管线按比例量算，垂直管线按标高差计算，不扣除管件及阀门等所占长度。

计算范围：给水管道计算至出户第一个阀门处，排水管道、雨水管道均计算至出户的第一个检查井。计算时可以按水流方向、分系统逐步计算，工程量计算表见表3-57。

表3-57 工程量计算表

序号	项目名称	计算式	单位	数量
一、J3给水系统工程量				
1	给水PP-R管 DN40	1)一层工程量： 水平：出户第一个阀门(闸阀)至外墙皮2.47+外墙皮至门厅(1.22+0.31+3.10)+梁底(3.95+1.08)=12.13m 垂直：5.80+0.80=6.60m 一层工程量=12.13+6.60=18.73m 2)二层工程量： JL-4后水平(0.12+3.91+0.4+0.21)+⑥轴梁底水平(3.00+1.35)+二楼立管(9.00−5.80)=4.64+4.35+3.20=12.19m 3)合计：18.73+12.19=30.92m	m	30.92

（续）

序号	项目名称	计算式	单位	数量
2	给水 PP-R 管 DN25	男卫小便器连接管 0.70+0.40=1.10	m	1.10
3	给水 PP-R 管 DN20	男卫小便器连接管 0.70+女卫蹲便器后 0.43=1.13m	m	1.13
4	给水 PP-R 管 DN15	1）男卫：洗脸盆（0.80－0.55）+蹲便器（0.80－0.70）×2+坐便器（0.80－0.20）+小便器[9.00－（5.80+1.10）]×4+末端小便器水平 0.7=0.25+0.20+0.60+8.40+0.7=10.15m 2）女卫：坐便器（9.00－5.80－0.2）+蹲便器（9.00－5.80－0.7）+洗脸盆[（3.50+0.25）+（9.00－5.80－0.55）]+拖把池[0.31+（9.00－5.80－0.80）]=3.00+2.50+6.40+2.71=14.61m 3）合计：10.15+14.61=24.76m	m	24.76
5	管道消毒、冲洗 DN50 以下	30.92+1.10+1.13+24.76=57.91m	m	57.91
6	刚性防水套管制作安装 DN40（给水管）	穿基础 1 个	个	1
7	刚性防水套管制作安装 DN40（给水管）	穿二层卫生间楼板 1 个	个	1
二、W3 污水系统工程量				
8	排水低噪声 UPVC 塑料管 De50	男卫左第 1～2 小便器水平连接管 0.70+第 4 小便器水平 0.10+登高管（0.50×4）=2.80m	m	2.80
9	排水低噪声 UPVC 塑料管 De75	男卫第 2 个小便器至干管（1.00+0.50）=1.50m	m	1.50
10	排水低噪声 UPVC 塑料管 De110	1）男卫干管（清扫口至立管）4.00+蹲便器、坐便器连接管（0.06×2+0.40）+登高管（0.50×4）=6.52m 2）女卫干管（0.33+0.80+2.90+0.20）+登高管（0.50×2）+立管（2.00+9.70+0.21+1.00）+出户管（1.67+2.00）=21.81m 3）合计：6.52+21.81=28.33m	m	28.33
11	刚性防水套管制作安装 DN100（污水管）	穿屋面 1 个	个	1
12	刚性防水套管制作安装 DN100（污水管）	穿二层卫生间楼板 1 个	个	1
13	刚性防水套管制作安装 DN100（污水管）	穿基础 1 个	个	1
14	排水管阻火圈 De110	穿二层卫生间楼板 1 个	个	1
三、F3 废水系统工程量低噪声 UPVC 管				
15	排水低噪声 UPVC 塑料管 De50	男卫洗脸盆至 6 轴干管 4.80+男卫地漏至干管 0.43+女卫北支管（0.57+2.10）+女卫南干管（2.57+1.35）+女卫地漏至干管 0.23+登高管（0.50×7）=15.55m	m	15.55
16	排水低噪声 UPVC 塑料管 De75	女卫干管 2.48m	m	2.48
17	排水低噪声 UPVC 塑料管 De110	立管（2.00+9.70+0.10+1.00）+出户管（3.35+2.00）=18.15m	m	18.15

（续）

序号	项目名称	计算式	单位	数量
18	刚性防水套管制作安装 DN100（废水管）	穿屋面 1 个	个	1
19	刚性防水套管制作安装 DN100（废水管）	穿二层卫生间楼板 1 个	个	1
20	刚性防水套管制作安装 DN100（废水管）	穿基础 1 个	个	1
21	排水管阻火圈 De110	穿二层卫生间楼板 1 个	个	1
四、Y3 雨水系统工程量				
22	雨水低噪声承压 UPVC 塑料管 De75	立管（9.70+1.00）+出户管（1.10+2.00）=10.70+3.10=13.80m	m	13.80
23	刚性防水套管制作 DN80、安装 DN100（雨水管）	穿屋面 1 个	个	1
24	刚性防水套管制作 DN80、安装 DN100（雨水管）	穿二层卫生间楼板 1 个	个	1
25	刚性防水套管制作 DN80、安装 DN100（雨水管）	穿基础 1 个	个	1
26	钢制短管雨水斗制作（87 型Ⅱ式）	1 个	个	1
27	排水管阻火圈 De75	穿二层卫生间楼板 1 个	个	1
五、其他				
28	旋翼湿式冷水表（LXS-40C）DN40	1 组（含 Z15W-16T DN40 闸阀 1 个）	组	1
29	PP-R 塑料截止阀 De50	1 个	个	1
30	台下式感应水嘴洗脸盆（冷水）	2 组	组	2
31	低水箱蹲式大便器（带存水弯）	3 套	套	3
32	分体式坐式大便器	2 套	套	2
33	自动感应一体式立式小便器	4 套	套	4
34	拖布池	1 套	套	1
35	地面清扫口 De110	1 个	个	1
36	普通带水封地漏 De50	4 个	个	4
37	水龙头安装 DN15	1 个	个	1
38	卫生间暗敷管道补工日	男卫内周长 15.20m，女卫内周长 12.04m 2 间共补贴工日 1.5×2=3 工日	间	2

注：登高管指卫生器具接入排水横支管的那一段垂直排水管道，一般取 0.4~0.5m。

3.4.4 工程量汇总

将工程量进行汇总计算，并列出清单工程量，具体见表 3-58。

表 3-58　工程量汇总表

序号	项目名称	计算式	工程量	
1	室内塑料给水管 PP-R(热熔连接)明敷 DN40(管道消毒、冲洗 DN50 以下)	J3 系统 30.92m	m	30.92
2	室内塑料给水管 PP-R(热熔连接)暗敷 DN25(管道消毒、冲洗 DN50 以下)	J3 系统 1.10m	m	1.10
3	室内塑料给水管 PP-R(热熔连接)暗敷 DN20(管道消毒、冲洗 DN50 以下)	J3 系统 1.13m	m	1.13
4	室内塑料给水管 PP-R(热熔连接)暗敷 DN15(管道消毒、冲洗 DN50 以下)	J3 系统 24.76m	m	24.76
5	室内塑料排水管 低噪声 UPVC(承插粘接)明敷 De50	W3 系统 2.80+F3 系统 15.55=18.35m	m	18.35
6	室内塑料排水管 低噪声 UPVC(承插粘接)明敷 De70	W3 系统 1.50+F3 系统 2.48=3.98m	m	3.98
7	室内塑料排水管 低噪声 UPVC(承插粘接)明敷 De110	W3 系统 28.33+F3 系统 18.15=46.48m	m	46.48
	排水管阻火圈 De110	污水、废水管穿卫生间楼板共 2 个	个	2
8	室内塑料雨水管 承压低噪声 UPVC(承插粘接)明敷 De75[主材补充钢制短管雨水斗制作(87 型Ⅱ式)1 个]	Y3 系统 13.80m	m	13.80
	排水管阻火圈 De75	雨水管穿卫生间楼板共 1 个	个	1
9	螺纹水表组成安装(LXS-40C)DN40	1 组(含 Z15W-16T DN40 闸阀 1 个)	组	1
10	PP-R 塑料截止阀 De50	1 个	个	1
11	台下式感应水嘴洗脸盆(冷水)安装	2 组	组	2
12	低水箱蹲式大便器(带存水弯)安装	3 套	套	3
13	分体式坐式大便器安装	2 套	套	2
14	自动感应一体式立式小便器安装	4 套	套	4
15	拖布池安装	1 套	套	1
16	地面清扫口安装 De110	1 个	个	1
17	普通带水封地漏安装 De50	4 个	个	4
18	水龙头安装 DN15	1 个	个	1
19	刚性防水套管制作安装 DN40	给水管穿基础 1 个	个	1
20	刚性防水套管制作安装 DN40(穿楼板)	给水管穿楼板 1 个	个	1
21	刚性防水套管制作安装 DN100	污水管穿屋面 1+污水管穿基础 1+废水管穿屋面 1+废水管穿基础 1=4 个	个	4
22	刚性防水套管制作安装 DN100(穿楼板)	污水管穿楼板 1+废水管穿楼板 1=2 个	个	2
23	刚性防水套管制作 DN65	雨水管穿屋面 1+雨水管穿基础 1=2 个	个	2
24	刚性防水套管制作 DN65(穿楼板)	雨水管穿楼板 1 个	个	1
25	卫生间暗敷管道补工日	2 间 3 工日	间	2

3.4.5 招标控制价的确定

工程实例采用国标清单计价法，通过品茗胜算造价计控软件编制。

编制完成后，勾选导出 Excel 格式的招标控制价相关表格。主要包括招标控制价封面、招标控制价费用表、单位（专业）工程招标控制价费用表、分部分项工程清单与计价表、施工技术措施项目清单与计价表、分部分项工程清单综合单价计算表、施工技术措施综合单价计算表、施工组织（总价）措施项目清单与计价表、主要材料和工程设备一览表等。为了教学方便，按计算先后顺序对表格进行了排序调整，具体如下：

1）分部分项工程清单综合单价计算表。

2）分部分项工程清单与计价表。

3）施工技术措施综合单价计算表。

4）施工技术措施项目清单与计价表。

5）施工组织（总价）措施项目清单与计价表。

6）单位（专业）工程招标控制价费用表。

7）主要材料和工程设备一览表。

8）招标控制价封面。

3.5 小结

本项目主要讲述了以下内容：

1）给排水工程相关基础知识。主要包括建筑给水、排水和雨水系统的基础知识，以及相关施工图的组成、常用图例和图样识读方法与步骤等。

2）给排水工程定额与应用。主要包括相关定额的组成与使用说明、各定额章节（包括管道、套管、管道支吊架、管道附件、卫生器具、给排水设备和其他定额）的具体使用与注意事项，同时辅以具体例题对相关知识点、定额套用及定额综合单价的计算进行加深巩固。

3）给排水工程国标清单计价。主要包括相关清单的设置内容、编制方法与应用；结合具体例题，以分部分项工程为对象，对清单综合单价的计算方法与步骤进行介绍。

4）给排水工程招标控制价编制实例。通过源于实际的具体工程案例，对给排水工程图识读、计量计价等进行具体讲解，理论与实践进一步结合，以帮助巩固相关知识点。

3.6 课后习题

一、单选题

1. 建筑排水管道存水弯的水封高度一般不得小于（　　）mm。

A. 50　　B. 75　　C. 100　　D. 110

2. 建筑排水管道的最小规格是（　　）。

A. De50　　B. De75　　C. De110　　D. DN110

3. 大便器排水管道的最小规格是（ ）。

A. De50　　B. De75　　C. De110　　D. De160

4. 比焊接钢管 DN32 大两个直径等级的规格应为（ ）。

A. DN32　　B. DN40　　C. DN50　　D. DN65

5.《浙江省通用安装工程预算定额》（2018 版）第十册“室内塑料给水管（热熔连接）”定额不包括（ ）工作内容，应另计工程量。

A. 管件安装　　B. 打堵洞眼　　C. 水压试验　　D. 消毒

6. 关于生活给排水工程计价，下列描述正确的是（ ）。

A. 室内钢塑给水管道（沟槽连接）定额不包括管件的安装

B. 卫生间暗敷管道每间补贴 2 工日

C. 卫生间内管道穿楼板钢套管制作安装，套用《浙江省通用安装工程预算定额》（2018 版）第十三册《通用项目和措施项目工程》定额中“一般穿墙套管制作安装”相应定额子目，主材按 0.2m 计，其余不变

D. 楼层阳台排水支管与雨水管接通组成排水系统，可参照室内排水管道安装定额，雨水斗主材不再另计

7. 弧形管道制作安装按管道安装定额，人工费、机械费乘以系数（ ）。

A. 1.5　　B. 1.4　　C. 2　　D. 2.5

8. 室内雨水镀锌钢管螺纹连接（室内）DN50 的定额基价为（ ）元/10m。

A. 264.06　　B. 238.16　　C. 211.25　　D. 190.53

9. 根据《浙江省通用安装工程预算定额》（2018 版），给排水工程中设置于管道井、封闭式管廊内的管道、法兰、阀门、支架、水表，相应定额人工费乘以系数（ ）。

A. 1.1　　B. 1.2　　C. 1.4　　D. 1.5

10. 室内外给水管道以建筑物外墙皮（ ）m 为界，入口处设阀门者以阀门为界。

A. 2.0　　B. 1.8　　C. 1.5　　D. 1.0

11. 关于给排水、采暖、燃气工程与市政管网工程的界限划分说法错误的是（ ）。

A. 给水、采暖管道与市政管道以水表井为界，无水表井者以与市政管道碰头点为界

B. 室外排水管道以与市政管道碰头井为界

C. 燃气管道进小区调压站后的管道及附件执行《浙江省市政工程预算定额》（2018 版）

D. 厂区范围燃气管道无调压站的，以出口第一个计量表（阀门）为界，界线以外为市政工程

12. 根据《浙江省通用安装工程预算定额》（2018 版），某住宅楼给排水工程，有卫生间内周长 10m 的 2 间（管道均暗敷）；另有阳台 2 个（管道明敷），则补贴（ ）工日。

A. 2　　B. 3　　C. 4　　D. 5

13. 重力流室内塑料雨水管（粘接）安装套用定额时，（ ）需要单独计量计价。

A. 三通　　B. 检查口　　C. 吊杆及管夹　　D. 雨水斗

14. 水表安装的工程量，均以（ ）为单位。

A. 组　　B. 个　　C. 副　　D. 台

15. 带感应开关台上式洗脸盆（冷水）安装的定额基价为（ ）元。

A. 500.60　　B. 400.48　　C. 468.07　　D. 480.58

二、多选题

1. 根据《通用安装工程工程量计算规范》（GB 50856—2013），给排水、采暖、燃气工程中的套管项目特征有（　　）。

A. 名称、类型　　B. 介质　　C. 材质

D. 填料材质　　E. 规格

2. 根据《通用安装工程工程量计算规范》（GB 50856—2013），成品卫生器具项目中的附件安装，主要指给水附件包括（　　）等。

A. 水嘴　　B. 阀门　　C. 喷头

D. 地面扫出口　　E. 下水口

3. 根据《浙江省通用安装工程预算定额》(2018 版)，水灭火系统中管道安装按设计图示管道中心线长度，以“m”为计量单位，不扣除（　　）所占长度。

A. 阀门　　B. 管件　　C. 各种组件

D. 室内消火栓　　E. 水箱

4. 根据《浙江省通用安装工程预算定额》（2018 版），管道保护管制作与安装分为（　　）两种材质，区分不同规格，按设计图示管道中心线长度以 m 为计量单位。

A. 塑料　　B. 钢制　　C. 铝

D. 铝合金　　E. 玻璃钢

5. 根据《浙江省通用安装工程预算定额》(2018 版)，下列有关管道安装工程中说法正确的是（　　）。

A. 排水管道消能装置中的四个弯头可另计材料费，其余按管道计

B. H 形管计算连接管的长度，管件不再另计

C. 室内钢塑给水管沟槽连接执行室内钢管沟槽连接的相应项目

D. 钢管焊接安装项目中均未考虑成品管件和现场煨制弯管摔制大小头挖眼三通

E. 雨水管安装定额（室内虹吸塑料雨水管安装除外）未包括雨水斗的安装

三、计算题

背景资料：某六层住宅楼给排水平面布置图与给水系统图如图 3-13 和图 3-14 所示。已知：

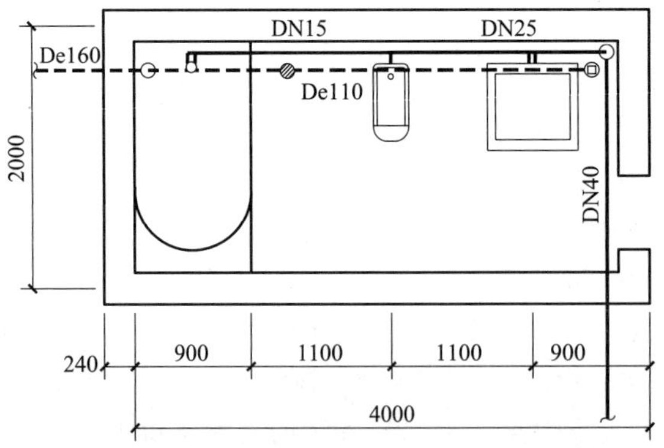

图 3-13　某六层住宅楼给排水平面布置图

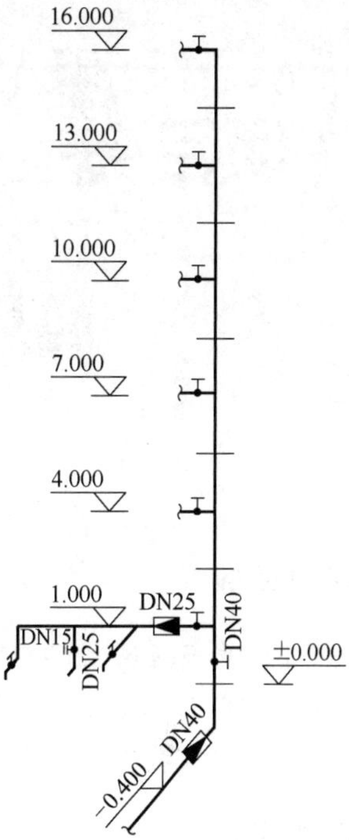

1）给水管道采用钢塑管螺纹连接，设计要求管道施工完成以后进行水压试验，管道冲洗。

2）排水管道采用UPVC塑料管胶粘接安装，设计要求管道施工完成以后进行灌水试验（也叫密闭试验或漏水试验），管道穿屋面板处设刚性防水套管。伸顶通气管高度为2m。

3）系统采用DN40和DN25的螺纹水表、Z15T-10K的螺纹闸阀。

4）卫生器具采用陶瓷挂式洗脸盆配冷热水混合龙头，洗脸盆角阀安装高度距离楼层地面0.45m；陶瓷浴盆配冷热水混合龙头带淋浴喷头，浴盆水龙头安装高度距离楼层地面0.8m；陶瓷蹲式大便器自闭冲洗阀冲洗；地漏及地面扫除口材质为不锈钢，清扫口至右侧墙距离0.3m。

5）墙体厚度为0.24m，给水管道中心距离墙面0.05m；排水管道中心距离墙面0.1m，出户后第一个检查井距外墙的距离为2m。

要求：根据《通用安装工程工程量计算规范》计算工程量，并编制给水管DN40的分部分项工程量清单，将结果填入下表对应的空中（保留两位小数）。

1）蹲式大便器的数量有（　　）。

2）洗脸盆的数量有（　　）。

3）DN50圆形不锈钢地漏的数量有（　　）。

4）螺纹水表DN25的数量有（　　）。

5）螺纹水表DN40的数量有（　　）。

6）淋浴器的数量有（　　）。

7）给水管钢塑管DN15的长度为（　　）m；计算式：____________。

8）给水管钢塑管DN40的长度为（　　）m；计算式：____________。

9）复合管项目编码为031001007，请编制给水管DN15的分部分项工程清单与计价表（见表3-59）。

图3-14 某六层住宅楼给水系统图

表3-59 给水管DN15的分部分项工程清单与计价表

项目编码	项目名称	项目特征	计量单位	工程量	金额（元）					备注
					综合单价	合价	其中			
							人工费	机械费	暂估价	

通风空调工程计量与计价

知识目标：

1）掌握通风空调工程工程量计算的规则与方法。

2）掌握通风空调工程工程量清单及招标控制价的编制方法与步骤。

3）熟悉通风空调工程施工图识读的方法与注意点。

技能目标：

能够根据给定的简单通风空调工程图，完成招标控制价的编制。

4.1 通风空调工程基础知识与施工图识读

通风工程是送风、排风、防排烟、除尘和气力输送系统工程的总称。建筑内的通风是利用室外新鲜空气置换室内的空气。通风除了改善室内空气品质的主要功能外，还具有以下功能：①提供呼吸用的氧气；②提供燃烧所需的氧气；③稀释或排除室内污染物与气味、排放余热或余湿等。

空调工程（即空气调节工程）是舒适性空调、恒温恒湿空调和洁净室空气净化及空气调节系统工程的总称，具体是指对某一房间或空间内的温度、湿度、洁净度和空气流动速度等进行调节与控制，并提供足够的新鲜空气。空调工程可以实现对建筑热湿环境、空气质量和气流环境的全面控制。它包含了通风的部分功能，是通风的高级形式。

通风工程和空调工程通常合称为通风空调工程。

4.1.1 通风系统

1. 通风系统的分类与定义

通风系统的分类与定义见表4-1。

下面对以用途为分类条件的通风系统进行简单介绍。

2. 民用建筑通风系统

全面通风适用于建筑内的污染物散发是分散的或不定点的。全面通风按空气流动的动力不同可分为机械通风和自然通风。

表 4-1　通风系统的分类与定义

序号	分类属性	类别	定义
1	用途	民用建筑通风	以治理建筑中人员及其活动产生的污染物为主的通风系统,常与空调系统结合使用
		工业建筑通风	以治理工业生产过程中产生的污染物或余热、余湿等为主的通风系统
		建筑防烟和排烟	控制建筑火灾过程中产生的烟气流动,创造无烟或少烟的人员疏散通道(或避难区)的通风系统
		事故通风	用于排除突发事件中产生的大量有燃烧、爆炸危害或有毒害气体、蒸汽的通风系统
2	动力	自然通风	依靠室外风力造成的风压、室内外温差或高度差产生的热压使空气流动的通风方式
		机械通风	依靠风机造成的压力作用使空气流动的通风方式
3	作用范围	全面通风	又称稀释通风,是将污染物浓度低的新风送到房间各处,以稀释室内污染物浓度高的室内空气,并将等量的室内空气连同污染物排至室外
		局部通风	为改善室内局部空间的空气环境,向该空间输入或从该空间排出空气的通风方式
		混合通风	全面送风加局部排风或全面排风与局部送风组合应用的通风方式

局部排风是直接在污染源处排除污染物的一种局部通风方式。当污染物集中于某处发生时，局部排风是治理污染物危害最有效的通风方式。当采用全面通风已无法保证室内所有地方都达到卫生规范的容许浓度，则只能退而求其次，采用局部送风的办法，使某些局部区域的污染物达到容许浓度。

3. 工业建筑通风系统

除尘系统和有害气体净化系统是工业建筑中治理污染物重要而有效的技术。

此外，工业建筑中还必须设置通风系统。它是为防止有毒有害气体等突发性大量泄出，对工作人员造成伤害并可能导致事故扩大而设置的临时排风系统。

4. 建筑防排烟系统

建筑内控制烟气流动的主要方法有划分防火和防烟分区、加压送风防烟和疏导排烟。控制烟气流动的主要方法有划分防火和防烟分区、疏导排烟和加压送风防烟，具体见表 4-2。

表 4-2　控制烟气流动的主要方法

序号	类型	定义与特点
1	防火分区	用防火墙、楼板、防火门或防火卷帘等分隔区域,将火灾在一定时间内限制在局部区域内,从而控制火势蔓延并隔断烟气
	防烟分区	1)利用挡烟垂壁、隔墙或从顶板下突出≥0.5m 的梁等具有一定耐火等级的不燃烧物体来划分的防火、蓄烟空间 2)挡烟垂壁可以是固定的或活动(即电动式)的 3)电动挡烟垂壁在火灾发生时可自动下落,通常与烟感报警系统联动
2	加压送风防烟	1)用风机把一定量的室外空气送入房间或通道内,使室内保持一定压力或门洞处有一定流速,以避免烟气侵入 2)主要用于建筑中的垂直疏散通道和避难层(间)。其中,垂直通道主要指防烟楼梯间和消防电梯,以及与之相连的前室和合用前室 3)造价高,一般只在一些重要建筑和重要的部位使用
		防烟楼梯间和前室加压系统,可在每层或隔层的前室内设置加压送风口(又称为补风口)。加压送风口有常闭型风口和常开型风口两种
		避难层(间)的加压系统。封闭的避难层(间)通常是与防烟楼梯间的前室或合用前室相通的,这些地方有防烟措施,烟气从这里进入的可能性很小

（续）

序号	类型	定义与特点
3	疏导排烟	1）利用自然或机械为动力，将烟气通过排烟口排至室外 2）自然排烟是利用热烟气产生的浮力、热压或其他自然作用力将烟气排至室外 3）机械排烟是利用机械（风机）作用力将烟气排至室外，实质上是一个排风系统。应设置排烟设施且不具备自然排烟条件的场所和部位应设置机械排烟设施

建筑防排烟分为防烟和排烟两种形式，分别通过补风和排烟两个系统来实现建筑内部空气的循环和调节。

加压送风防烟中的补风口一般设置在排烟通道和进风通道之间，通过补风增加建筑内部的进风量从而保持正负压平衡，最终保证防排烟系统的正常运行。具体而言，进风通道内保持正压，使排烟通道内的烟气和有毒气体不会向进风通道扩散，最终保障了人员安全；补充进风量使排烟通道内保持较低负压，避免室内产生过大负压而影响排烟效果。

疏导排烟中的排烟是指将烟气和有毒气体排至室外。排烟口通常安装在建筑物墙面或顶棚上，用于排除火灾产生的热气和烟气。排烟口平时关闭，需要时能以自动或手动方式开启。

常见的机械排烟系统有内走道机械排烟系统和多个房间（或防烟分区）机械排烟系统，分别如图 4-1 和图 4-2 所示。

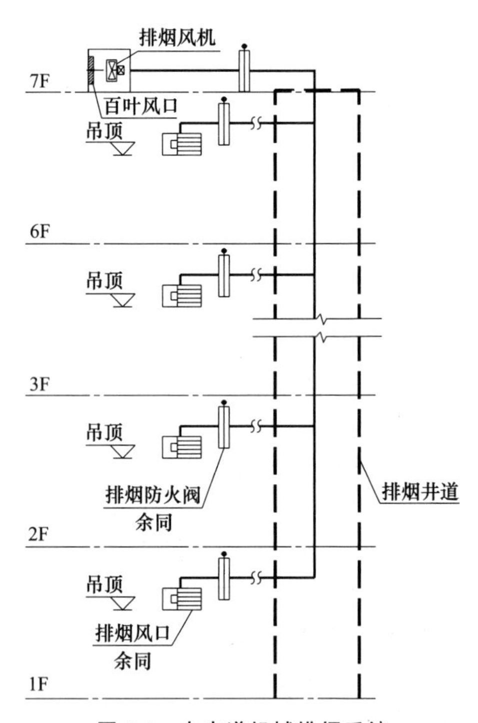

图 4-1　内走道机械排烟系统

如图 4-1 所示，当每层的内走道位置均相同时，宜采用垂直布置。着火时，所在楼层的排烟风口吸入烟气，经管道、屋顶风机和百叶排烟风口等排至室外。该系统设置的排烟风口可以是常开型或常闭型风口（如铝合金百叶风口）。

各层设置常开型排烟风口时，各支风管上均应同时安装常闭型 280℃ 排烟防火阀。火灾时该防火阀可自动开启或手动开启（必须手动复位），280℃ 时自动关闭。当烟温达到 280℃

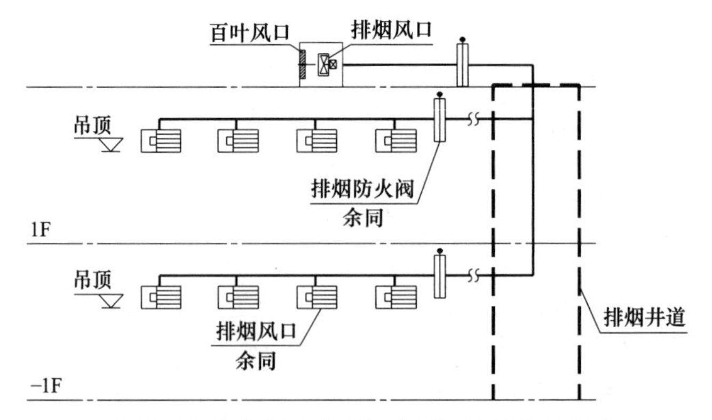

图 4-2　多个房间（或防烟分区）机械排烟系统

时，烟气中已带火，排烟已无实际意义，阀门自动关闭可避免火势蔓延。

各层设置常闭型排烟风口时，各支风管上取消安装排烟防火阀。火灾时，所在楼层的排烟风口可自动开启或手动开启（必须手动复位），280℃时自动关闭。此外，排烟风机机房入口也应同时安装280℃排烟防火阀，以防火势蔓延至排烟风机房所在楼层。

如图4-2所示，地下室或无自然排烟的地面房间设置机械排烟时，每层宜采用多个排烟风口水平连接的风管子系统，然后通过竖向风道将若干层的子系统合为一个系统。

排烟风口多采用常闭型排烟风口，火灾时由控制中心通过24V直流电开启或手动开启（必须手动复位）。

排烟风口的布置原则：作用距离≤30m；同层房间过多、水平排烟风管布置困难时，可分设多个系统；每层的水平风管不得跨越防火分区。

5. 通风系统的组成

通风系统主要由风管、管件（即配件）、部件（如风口、风阀、风帽、罩类、消声器和静压箱等）、设备（如空气处理设备、风机等）等组成。上述组成内容即为通风系统的计量计价范围。

（1）风管　风管是用于空气流通的管道。

按截面形状不同，风管有圆形风管和矩形风管两大类。通风系统和空调系统常用矩形截面；通风空调系统中与设备相连的管道通常用圆形截面。

按材质不同，风管分为薄钢板（普通薄钢板或镀锌薄钢板）风管、不锈钢板风管、铝板风管、塑料风管、玻璃钢风管和复合风管等。不同材质的风管特点与应用场所对比见表4-3。

表4-3　不同材质的风管特点与应用场所对比

序号	材质	特点	应用场所
1	薄钢板风管	普通薄钢板表面易生锈，需进行防腐处理 镀锌薄钢板俗称“白铁皮”，具有较好的耐蚀性和耐潮湿性能	广泛应用于通风空调工程中的送风、排风和净化系统
2	不锈钢板风管	多含镍铬钢，强度高、韧性大，表面光洁、不易腐蚀、耐酸	1）含腐蚀性介质的系统 2）厨房排油烟风管
3	铝板风管	分为纯铝板和铝合金板两种。延展性好，耐蚀性好，具有良好的导热性，摩擦时不易产生火花	有防爆要求的系统
4	塑料风管	表面平整光滑、耐酸碱腐蚀性强、便于加工成型；导热性能较差，不耐高温和紫外线	-10～60℃环境、有耐蚀性要求的系统
5	玻璃钢风管	由玻璃纤维（如玻璃布）与合成树脂添加优质石英砂经机器控制缠绕而成。强度较高、质量轻、耐蚀性好	排除腐蚀性气体的系统
6	复合风管	1）在普通钢板表面粘贴或喷涂一层塑料薄膜而成，如酚醛（或聚氨酯）板复合材料、玻璃纤维板复合材料、机制玻镁复合材料、钢板内衬玻璃纤维隔热材料等 2）耐蚀性好，弯折、咬口、钻孔等加工性能较好	空气洁净系统、-10～70℃范围内的通风与空调系统

防火风管材质应由不燃材料构成，耐火等级与耐火时限应符合设计的规定和要求。

风管制作宜采用节能、环保、高效和机械化加工程度高的工厂化制作，风管安装宜采用装配化施工。

根据《通风与空调工程施工质量验收规范》（GB 50243—2016）对矩形风管规格、风管类别划分、设计无要求时的钢板风管板材厚度和金属风管板材的拼接方法等的相关规定，分别见表 4-4~4-7。

金属风管规格应以外径或外边长为准，非金属风管（含复合风管）和风道规格应以内径或内边长为准。

表 4-4　矩形风管规格

<table>
<tr><th colspan="5">风管边长/mm</th></tr>
<tr><td>120</td><td>320</td><td>800</td><td>2000</td><td>4000</td></tr>
<tr><td>160</td><td>400</td><td>1000</td><td>2500</td><td></td></tr>
<tr><td>200</td><td>500</td><td>1250</td><td>3000</td><td></td></tr>
<tr><td>250</td><td>630</td><td>1600</td><td>3500</td><td></td></tr>
</table>

风管系统按工作压力不同划分为微压、低压、中压与高压四个类别。

表 4-5　风管类别

<table>
<tr><th rowspan="2">序号</th><th rowspan="2">类别</th><th colspan="2">风管系统工作压力 P/Pa</th><th rowspan="2">备注</th></tr>
<tr><th>管内正压</th><th>管内负压</th></tr>
<tr><td>1</td><td>微压</td><td>$P<125$</td><td>$P\geqslant-125$</td><td></td></tr>
<tr><td>2</td><td>低压</td><td>$125<P\leqslant500$</td><td>$-500<P\leqslant-125$</td><td>适用于一些低压力的通风系统，如住宅、小型商业店铺等小型空调系统</td></tr>
<tr><td>3</td><td>中压</td><td>$500<P\leqslant1500$</td><td>$-1000<P\leqslant-500$</td><td>适用于要求较高的通风系统，如商业建筑、办公楼等中等空调系统</td></tr>
<tr><td>4</td><td>高压</td><td>$1500<P\leqslant2500$</td><td>$-2000<P\leqslant-1000$</td><td>适用于一些特殊的场合，如①大型商业建筑和公共场所（如机场、车站、医院等）的空调系统；②工业制造企业中存在热处理炉、喷漆室等需要排除废气和有毒有害气体的设备时</td></tr>
</table>

表 4-6　设计无要求时钢板风管板材厚度　　（单位：mm）

<table>
<tr><th rowspan="3">序号</th><th rowspan="3">风管长边尺寸 b 或直径 D</th><th colspan="5">板材厚度</th></tr>
<tr><th rowspan="2">微压、低压系统风管</th><th colspan="2">中压系统风管</th><th rowspan="2">高压系统风管</th><th rowspan="2">除尘系统风管</th></tr>
<tr><th>圆形</th><th>矩形</th></tr>
<tr><td>1</td><td>$b(D)\leqslant320$</td><td rowspan="2">0.5</td><td colspan="2">0.5</td><td rowspan="2">0.75</td><td rowspan="2">2.0</td></tr>
<tr><td>2</td><td>$320<b(D)\leqslant450$</td><td colspan="2">0.6</td></tr>
<tr><td>3</td><td>$450<b(D)\leqslant630$</td><td>0.6</td><td colspan="2" rowspan="2">0.75</td><td rowspan="2">1.0</td><td>3.0</td></tr>
<tr><td>4</td><td>$630<b(D)\leqslant1000$</td><td>0.75</td><td>4.0</td></tr>
<tr><td>5</td><td>$1000<b(D)\leqslant1500$</td><td rowspan="2">1.0</td><td colspan="2">1.0</td><td>1.2</td><td>5.0</td></tr>
<tr><td>6</td><td>$1500<b(D)\leqslant2000$</td><td colspan="2">1.2</td><td>1.5</td><td rowspan="2">按设计要求</td></tr>
<tr><td>7</td><td>$2000<b(D)\leqslant4000$</td><td>1.2</td><td>按设计要求</td><td>1.2</td><td>按设计要求</td></tr>
</table>

注：1. 螺旋风管的钢板厚度可按圆形风管减少 10%~15%。
2. 排烟系统风管钢板厚度可按高压系统。
3. 不适用于地下人防与防火隔板的预埋管。

表 4-7 金属风管板材的拼接方法

<table>
<tr><th>序号</th><th>板厚/mm</th><th>镀锌钢板
或彩色涂塑层钢板</th><th>不锈钢板</th><th>铝板</th></tr>
<tr><td>1</td><td>$\delta\leq1.0$</td><td rowspan="4">咬口连接或铆接</td><td>咬口连接或铆接</td><td rowspan="3">平接和角接可采用咬口连接,但不得采用按扣式咬口</td></tr>
<tr><td>2</td><td>$1.0<\delta\leq1.2$</td><td rowspan="3">氩弧焊(不得采用气焊)</td></tr>
<tr><td>3</td><td>$1.2<\delta\leq1.5$</td></tr>
<tr><td>4</td><td>$\delta>1.5$</td><td>折边铆接或缀缝焊接</td></tr>
</table>

(2) 管件 风管系统中的风管管件（配件）包括弯管、三通、四通、异型管（如变径管、天圆地方等）和法兰等构件。风管的长度包括各类管件的长度。

(3) 部件 风管系统中的风管部件包括各类风口、风阀、风帽、罩类（侧吸罩、排气罩等）、消声器和静压箱等。风管长度计算时，应扣减部件所占长度。

1）风口。按具体功能划分，通风系统常用风口有位于室外的进风口和排风口，以及位于室内的送风口（防排烟系统中为补风口）和排风口（防排烟系统中为排烟口）。

室外进风口是通风系统采集室外新鲜空气的入口，其常见造型如塔式室外进风口、百叶进风口等。室外排风口用于将室内被污染的空气直接或经处理后排至大气中去，如屋顶带风帽的排风装置、百叶排风口等。

民用建筑室内及防排烟常用送（补）风口为百叶风口；工矿企业常用圆形风管插板式送风口、旋转式吹风口、单面或双面送吸风口和矩形空气分布器等。

2）风阀 风阀是空气输配管网的控制、调节机构，一般安装在风管或风口上，用于截断或开通空气流通的管路，调节或分配管路流量。

具有控制和调节两种功能的风阀有蝶阀、插板阀和多叶调节阀等，只具有控制功能的风阀有止回阀、防火阀和排烟阀等。

各种常见风阀的特点见表 4-8。

表 4-8 各种常见阀门的特点

序号	阀门名称	特 点
1	蝶阀	通过改变阀板的转角调节风量,多用于分支管上。操作简单;严密性较差,不宜做关断用
2	止回阀	通风机停止运转后,防止气体倒流 1)按结构划分,有垂直式和水平式 2)按管道形状划分,有圆形和矩形 3)正常情况下,通风机启动后,阀板在风压作用下会自动打开;通风机停止运转后,阀板自动关闭
3	插板阀	又称手动刀型闸阀,通过控制插板来控制流量。适用于全启或全闭的场合,也可用作调节阀。插板阀按结构特性分为平行插板阀和楔形插板阀。楔形插板阀(又称密闭式斜插板阀)的密封面是倾斜的
4	多叶调节阀	一种通过多个叶片调节流量和压力的阀门装置。多安装在大截面风管上,如空调箱内或送、回风总管道上 1)按构造型式划分,有平行式、对开式及轻型对开式 2)按密闭要求划分,有普通型和密闭型 3)按动作方式划分,有电动型、气动型和手动型

（续）

序号	阀门名称	特　点
5	防火阀	1)是一种记忆熔合金的温度控制装置,利用重力作用和弹簧机构作用来关闭阀门 2)常用的有 70℃防火阀和 280℃排烟防火阀 3)70℃防火阀用于通风、空调系统的送、回风管路上,风管内气流温度超过 70℃时,熔断器熔断、阀门关闭 4)280℃排烟防火阀用于排烟系统管道。当风管内烟气温度超过 280℃时,熔断器熔断、阀门关闭 5)两种防火阀均可阻止火势沿风管蔓延,且可同时输出联动信号

在风管长度计算时，应扣减部件的长度。常用风阀长度见表 4-9。

表 4-9　常用风阀长度

序号	风阀名称	风阀长度/mm
1	蝶阀	150
2	止回阀	300
3	密闭式对开多叶调节阀	210
4	圆形风管防火阀	一般为 300~380(或风管直径 D+240mm)
5	矩形风管防火阀	一般为 300~380(或风管高度 B+240mm)

塑料手柄蝶阀、塑料拉链式蝶阀、密闭式斜插板阀和塑料插板阀等的长度见相关规定。其他部件的长度可参考设计图、产品样本等相关资料。

3）风帽。风帽是根据自然风推动风机的涡轮旋转原理及室内空气对流原理，将平行方向的空气流加速并转变为由下而上的垂直空气流，以提高室内通风换气效果的一种装置。风帽通常安装于室外排风系统的末端出口处。

安装于屋顶的自然通风系统常用球形风帽（又称为球形通风器）、筒形风帽和方形风帽。这类风帽通常又被称为屋顶风帽或无动力风帽。

风帽按材质分为碳钢风帽、塑料风帽（尼龙、聚酯纤维、聚氨酯或高密度纤维等）、铝板风帽和玻璃风帽等。

一般机械排风系统常用伞形风帽，除尘系统及非腐蚀性有毒介质系统常用锥形风帽。

4）罩类。罩类主要指局部排风罩，主要作用是排除工艺过程或设备中的含尘气体、余热、余湿、毒气和油烟等。按工作原理不同，可分为密闭罩、柜式排风罩（通风柜）、外部吸气罩、接受式排风罩和吹吸式排风罩等。

通风机的传动装置外露部分应设置保护罩，安装在室外的电动机必须设置防雨罩。

5）消声器。消声器是一种既能阻止或减弱声能向外传播，又允许气流顺畅通过的装置。在通风系统和空调系统中均有广泛应用。

消声器一般安装在风机出口水平总风管上，用以降低风机产生的空气动力噪声，也可安装在各个送风口前的弯头内，用来阻止或降低噪声从风管内向空调房间传播。

消声器为风管部件，不计入风管长度，在计算风管长度时需扣减。当采用消声棉为消声材料时，可不考虑保温，否则应采取保温措施。

消声器按材质划分，有陶瓷消声器、玻璃棉消声器和泡沫塑料消声器等；按结构划分，有直管式消声器、筒式消声器和板式消声器等；按工作原理划分，有阻性消声器（管式、片式和消声弯头等）、抗性消声器、阻抗复合式消声器、微穿孔板消声器和小孔消声器等。

消声器的分类和使用场所等情况见表4-10。

表4-10 消声器的分类和使用场所等情况

序号	分类	定义或工作原理	安装位置或性能特点	产品形式
1	阻式消声器	利用敷设在气流通道内的多孔吸声材料吸收声能以降低噪声	具有良好的中、高频消声性能	管式、片式、蜂窝式、折板式、迷宫式、矿棉管式、聚氨酯泡沫管式、卡普隆纤维管式和消声弯头等
	1）管式消声器	镀锌钢板外壳内贴超细玻璃棉板、贴玻璃布或压镀锌铅丝网片，并用钢筋框固定而成	1）构造简单、制作方便、使用范围广 2）适用于断面小的支风管或风量较小的通风空调系统	—
	2）片式消声器	镀锌钢板外壳内壁填充超细棉、玻璃丝布，内衬金属穿孔板	1）应用广泛、结构简单、阻力也不大、体积较大 2）可适用于较高流速，有较好的空气动力性能	—
	3）消声弯头	将超细玻璃棉板粘贴在弯头内壁上，再包贴无纺布，并用铝钉将其固定在弯头内壁上	设置在通风空调系统风道的拐弯处，以降低风道噪声	普通消声弯头和改良型消声弯头
2	抗性消声器	通过改变气流通道的截面积或旁接共振腔、支管等，使声波产生反射、共振或干涉，达到消声目的	1）具有良好的低频、低中频消声性能 2）宜在高温、高湿、高速及脉动气流环境下工作	扩张室式、共振式和干涉式消声器
3	阻抗复合式消声器	利用对声音的阻性和抗性合成作用降噪	消声量高，消声频带宽	吸声材料多为玻璃棉，此外也有涤纶棉和卡普隆棉等
4	微穿孔板消声器	用金属微穿孔板固定在气流管道中，声波通过孔板腔消耗能量，减少声波传递	1）对低频的消声效果优于阻抗复合式消声器 2）适用于防潮、耐高温及洁净度要求较高的空调系统中 3）适用于较高速气流的情况（如放空排气）	1）微穿孔板可用钢、不锈钢或合金等材料的板（管）制作 2）按微穿孔板层数有单层和双层两种类型
5	小孔消声器	利用喷气口直径变小、喷气噪声峰值频率移向超声频的原理制成	1）适用于各种空气动力设备或高压容器的排气降噪 2）具有结构简单、消声量高、耗钢材少、重量轻等优点	

6）静压箱。静压箱又称稳压室，是连接送风口的大空间箱体。气流在此空间中流速降低并趋近于零，动压转化为静压，且各点的静压近似相等，从而使送风口达到均匀送风的效果。总之，它可以将部分动压转换为静压，使气流吹得更远；可以降低噪声，更加均匀地静

压出风，减少动压损失；起到万能接头的作用；可以提高通风系统的综合性能。

当风管需要较大变径，但现场安装距离又无法满足变径所需长度时，可考虑制作静压箱；风管与空调设备（如预冷空调箱 PAU、空调箱 AHU 等）连接时，在设备出入口通常以静压箱连接；多支风管汇合或分支处，为了保证气流均匀，一般应设静压箱。

静压箱箱体的材料宜与所在风管系统的风管的材料一致。

在静压箱内贴以吸声材料，即得到消声静压箱。它是一种集静压、消声、风量过渡与分配动能于一体的设备，一般安装在风机出口处或空气分布器前。

静压箱为风管部件，不计入风管长度，在计算风管长度时需扣减。若静压箱带有消声功能可不考虑保温，否则应采取保温措施。

（4）设备

1）空气处理设备。通风系统的空气处理设备具有空气过滤和空气加热（仅供暖地区）功能。空气过滤的目的是清除空气中的悬浮颗粒物，通常采用粗效过滤器和中效过滤器。

2）风机。风机为空气提供输送动力。根据作用原理可分为轴流风机、离心风机和混流（即斜流）风机等。此外，风帽可以认为是一种特殊类型的风机。各类常用风机对比情况见表 4-11。

表 4-11 各类常用风机对比情况

序号	对比项目	轴流风机	离心风机	混流（即斜流）风机
1	作用原理	机翼绕流	离心力作用	机翼绕流+离心力
2	气流方向	平行于叶轮轴	垂直于叶轮轴	空气混合了离心和轴向两种运动
3	转子安装方式	一般裸露安装，体积大	转子封闭安装，体积小	—
4	特点	风压很低，风量大	风压较高，风量不大	风压比轴流风机高，流量比离心风机大
5	应用场景与实例	使用范围和经济性能均比离心风机好，如大型电站、大型隧道、矿井等场所	一般应用于小流量、高压力的场所，且常选用交流电动机拖动	风压和流量都“不大不小”的场合
		1）墙上安装的排风扇 2）排烟专用轴流风机	屋顶排烟离心风机	1）HL3-2A[SWF(B)]系列混流通风机 2）防爆型混流风机
		轴流或离心屋顶风机安装在屋顶，是一种小风量、低噪声、压头适合且便于与建筑物相配合的小型风机，可防止雨水进入		—

此外，排烟风机应具有耐热性，可在 280℃ 高温下连续运行至少 30min。

电动机外置的离心风机或轴流风机都可做排烟风机。此外，也有排烟系统专用的电动机内置型轴流风机、斜流风机或屋顶风机，它们的电动机被包裹并有相应的冷却措施。

排烟风机应安装在排烟系统的最高点。

4.1.2 空调系统

1. 空调系统的分类与定义

空调系统可按用途或服务对象、承担室内负荷的介质或按冷热源集中程度（以空气介质为例）等进行分类，具体见表 4-12。

表 4-12 空调系统的分类

序号	分类属性	类别	含义	应用场所
1	用途或服务对象	舒适性空调	为室内人员创造舒适健康环境的空调系统	办公楼、商场空调
		工艺性空调	为生产工艺过程或设备运行创造必要环境条件的空调系统;有条件时也可兼顾工作人员的舒适要求	电子车间、手术室空调
2	承担室内冷负荷、湿负荷或热负荷的介质	全空气系统	全部以处理后的空气为介质把热量或冷量传递给所控制的环境,以承担其热负荷、冷负荷或湿负荷的系统	全新风系统
		空气-水系统	以空气和水为介质,共同承担所控制环境的热负荷、冷负荷或湿负荷的系统	风机盘管+新风系统
		全水系统	全部以水为介质把热量或冷量传递给所控制的环境,以承担其热负荷或冷负荷的系统	风机盘管系统
		冷剂系统	又称为直接蒸发式系统。以制冷剂为介质,把热量或冷量传递给所控制的环境,以承担其热负荷或冷负荷的系统	分体式空调器、多联体空调系统
3	按空气处理设备的集中程度(以空气介质为例)	集中式系统	1)空气处理设备(过滤器、加热器、冷却器和加湿器等)及通风机集中设置在空调机房内,空气经处理后,由风道送入各房间 2)按送入每个房间的送风管数目分为单风管系统和双风管系统	全空气空调系统(俗称中央空调)
		半集中式系统	新风机组等空气处理设备集中设置并处理部分或全部风量,然后送至各房间(或各区);风机盘管等末端装置分散在各个空调房间内再进行处理的系统	宾馆的空调(大多为新风+风机盘系统)
		分散式系统	将整体组装的空调机组(含空气处理设备、通风机和制冷设备)直接放在空调房间内的系统	局部空调系统(如家用窗式空调器、分体式空调器等)
4	集中式系统按空气重复利用情况	封闭式系统	1)空调系统处理的空气全部再循环,不补充新风的系统 2)能耗小、卫生条件差,需备有氧气再生及二氧化碳吸收装置	地下室建筑空调、潜艇空调
		直流式系统	1)所处理的空气全部来自室外新风,经处理后送入室内,吸收室内热湿负荷后全部排至室外 2)能耗高	产生有毒有害物质的车间、不允许利用回风的实验室等场所
		混合式系统	1)处理的空气由回风和新风混合而成 2)兼有封闭式和直流式的优点,应用较普遍 3)可采用一次回风或二次回风的回风方式 4)可节约热量,降低电耗	宾馆、剧场等场所的空调系统

2. 几种典型的冷剂式空调系统

(1) 房间空调器　房间空调器是一种向室内提供处理后空气的设备，多用于封闭的房间或空间。主要包括制冷和除湿用的制冷系统、空气循环和净化装置，还可包括加热和通风装置等，这些组件系统可被组装在一个箱壳内或被设计成一起使用。

房间空调器按结构划分，有整体式、分体式和一拖多房间空调器。其中，整体式（代号为C）分为窗式（装于外墙窗台上）和穿墙式（装于外墙墙洞中）；分体式（代号为F）分为室内机组和室外机组，室内机组按结构可分为吊顶式、挂壁式、落地式、嵌入式和风管式等。

1）窗式空调器。窗式空调器是一种可以安装在窗口上的小型空调器，是最早出现的房间空调器产品，具有结构简单、生产成本较低、价格便宜、安装方便、运行可靠等优点。

窗式空调器有冷风型、电热型和热泵型三类。

冷风型窗式空调器只具有降温、通风、除湿等功能，用于只需供冷的场所，又称为冷风机。

电热型窗式空调器不仅有冷风型窗式空调器的功能，通过电热丝加热还具备了升温的功能。

热泵型窗式空调器功能与电热型窗式空调器类似，既可供冷又可供热，升温热能来自冷凝器放出的热量。

2）分体式空调器。分体式空调器是指将室内机、室外机两部分分开，中间由制冷剂管路和导线相连接而构成的空调器。具有外形美观、式样多、占地小、室内噪声低、安装位置灵活和检修方便等特点。常见的家庭用分体式空调有壁挂式和落地式两种。

室内机设有蒸发器、风机、过滤器、进风口和送风口等；室外机设有制冷压缩机、冷凝器和风机等。

3）一拖多房间空调器。一拖多房间空调器（简称一拖多空调器）是一种可向多个室内空间提供经处理后空气的设备。主要由一台室外机组与一台以上的室内机组相连接，可以实现三种工况（所有室内机组同时工作、部分室内机组同时工作或单独某个室内机组工作）的组合体系统。

它的工作原理与多联体空调机（又称多联式空调机，简称多联机）一致，实际上是容量（制冷量或制热量）较小的多联体空调机。为了区分，有时也把容量小的机组称为家用多联机，容量大的机组称为商用多联机。

（2）多联体空调系统　多联体空调系统（简称多联机、VRV 或 VRF 空调系统），是指用制冷剂管路（液体管和气体管）把一台或多台室外机和若干台分置于各房间中的室内机组成的冷剂式空调系统。

室外机由制冷压缩机和热换器（冷凝器或蒸发器）等组成；室内机由风机和热换器（蒸发器或冷凝器）组成，通过热换器直接对房间的空气进行冷却或加热。

1）工作原理。由控制系统采集室内舒适性参数、室外环境参数和表征制冷系统运行状况的状态参数，根据系统运行优化准则和人体舒适性准则，通过变频等手段调节压缩机输气量，并控制空调系统的风扇、电子膨胀阀等一切可控部件，使空调系统在最佳工作状态下稳定运行，从而保证室内环境的舒适性。

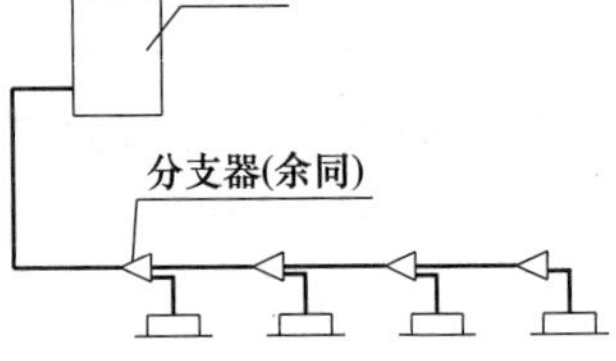

图 4-3 是单台室外机的多联机系统原理图，此种系统由单台室外机连接多台（一般 2~8 台）室内机。室内机数量等于室外机的压缩机数量，即每台室内机可分别控制各自对应的压缩机。实质上就是制冷量（或制热量）比较小的多联体空调机，又称为家用多联机。这种空调器又称为一拖多房间空调器。

图 4-3　单台室外机的多联机系统原理图

图 4-4 是多台室外机的多联机系统原理图，此种系统由多台室外机连接多台室内机。当室内机数量较多时，单台室外机无法满足需求，必须配置多台室外机，这类机组称为商用多联机，常用于商场、医院和写字楼等场所。

2）优点与特点。多联体空调系统具有设计安装方便、布置灵活多变、建筑空间小、使用方便、可靠性高、运行费用低、不需机房和无水系统，以及室内舒适度高等优点。但系统对新风及湿度的处理能力相对较差，需另外增加通风系统才能弥补此不足。

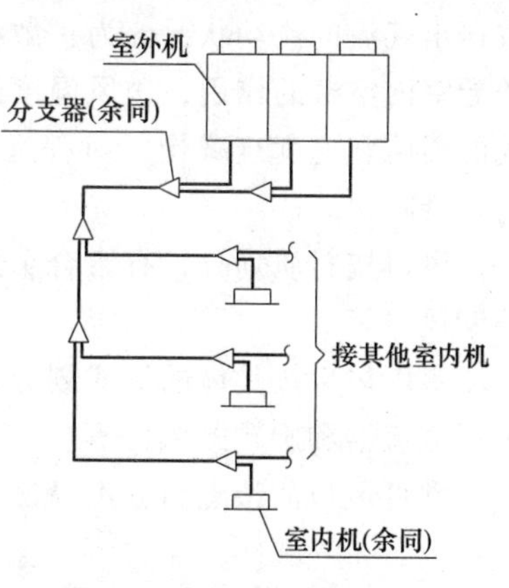

图 4-4　多台室外机的多联机系统原理图

3. 多联体空调系统的组成

多联体空调系统通常由室外机、室内机、冷媒管和分支器、风管、风口、控制装置和冷凝水排除系统组成。随着技术的发展，在空调系统的基础上又可以增加新风系统和全热交换器。上述组成内容即为多联体空调系统的计量计价范围。

空调系统的主要组成内容如风阀、风机和消声器等与通风系统相同，具体见本书 4.1.1 节相关内容，不再赘述。

（1）室外机　室外机由压缩机、换热盘管（制冷运行时是冷凝器，制热运行时是蒸发器）、风机和控制设备等组成。

室外机有整体式和模块式两类。模块式室外机可实现各种容量的组合，满足各种不同冷量负荷需求，广泛应用于办公楼、商场、工厂、学校和医院等场所。室外机在提供综合性能系数、人工智能和绿色节能等方面越来越成熟。

（2）室内机　室内机由换热盘管、风机和电子膨胀阀等组成。室内机有普通静压风管机、超薄风管机、四面出风天井机、单面出风天井机、壁挂机等多种产品形式，以满足不同场所的需求。选择时应充分考虑房间的建筑平面形式（正方形或狭长形等）、室内装饰、有无吊顶、吊顶的高度及其内管线布置、凝结水的排放等因素。

（3）冷媒管和分支器　冷媒管是指空调系统中制冷剂流经的管路。这些管路连接了换热器、阀门和压缩机等主要制冷部件。冷媒管包括气管和液管两种，气管一般口径比液管要粗，两种管道均需做保温。通常采用去磷无缝紫铜管，以钎焊方式连接。常用冷媒为 R410A 等环保冷媒。

分支器又叫分歧管或分歧器。它在多联体空调系统中将制冷剂分流到室内机。分支器也包括气管和液管两种。

（4）风管　空调系统的风管常用材质为镀锌薄钢板，咬口连接或铆接。不耐腐蚀、易生锈、无保温和消声性能，必须另加保温层、保温防护层和消声器。目前复合材料所制风管也大量使用，如聚氨酯复合保温风管、复合铝箔酚醛风管和玻镁风管等。此类复合材料制成的风管具有消声、保温、防火、防潮和漏风量小等优点。

（5）风口　按具体功能划分，空调系统常用风口有位于室外的新风口与排风口，以及位于室内的送风口和回风口等。

室外新风口是空调系统采集室外新鲜空气的入口，如屋顶设置的百叶风塔、建筑外墙上设置的百叶风口（多雨地区常采用防雨百叶风口）等。室外排风口可设在屋顶或外墙侧面，外墙侧面的排风口一般采用百叶窗形式，必要时采用防雨百叶风口。

空调系统的室内送风口是制冷或加热后的空气送至室内的末端部件；回风口是回风用的，将室内带有一定温度的空气吸回去进入空调箱与少量新风混合，具有一定的节能效果。

室内送风口按安装位置划分，有侧送风口、顶送风口（向下送）、地面风口（向上送）；按送出气流的流动状况分为扩散型风口、轴向型风口和孔板送风口。扩散型风口具有较大的诱导室内空气的作用，送风温度衰减快，射程较短；轴向型风口诱导室内气流的作用小，空气的温度和速度衰减慢，射程远；孔板送风口是在平板上满布小孔的送风口，速度分布均匀，衰减快。

风口按材质划分，有铝合金风口、不锈钢风口、铝制孔板风口、木风口、碳钢风口和玻璃钢风口等。

室内风口按具体的形式划分，有活动百叶风口、喷口送风、方形或圆形散流器、可调式条形散流器和旋转式风口等。

常见风口的特点与分类情况见表 4-13。

表 4-13　常见风口的特点与分类情况

序号	风口名称	特点与分类
1	百叶风口	由固定的栏护网格、水平或垂直的活动叶片和叶框组成 分为单层百叶风口和双层百叶风口。通过调节叶片与出风面的夹角来调节风量。叶片与出风面的夹角越大，风量越大；反之则风量越小 最常见的活动百叶风口多安装在侧墙或风道侧面，或安装在风道底部用作送、回风口。除单层百叶外，回风口还有格栅式和金属网格风口等形式
2	喷口送风	喷口送风用于远程送风，送风气流诱导室内风量少，可以输送较远距离，射程一般可达 10~30m 当空调送风口与人员活动范围有较大距离（如体育馆、候车或候机大厅、装配车间等大空间场所）时，利用天花板送风口不能将空气均匀送到目标位置或达不到理想效果时，通常考虑安装喷口送风（固定式侧送或垂直下送） 冷、热风兼送时，应选用可调角喷口（最大转动角度 30°，可人工调节或通过电动、气动执行器调节）；送冷风时风口水平或上倾，送热风时风口下倾
3	散流器	通常装在送风管道下方、明装或暗装于顶棚上。有多层同心的平行导向叶片，使空气流出后贴附于顶棚流动 1）按送风形式可分为平送或下送两种 2）按形状可分为方形（正方形或长方形）散流器、圆形散流器等。其中，方形散流器可以是四面出风、三面出风、两面出风或单面出风

（6）控制装置　空调系统的控制装置包括遥控器、线控器、集中控制器和调试器群控等。

（7）冷凝水排除系统　空调运行时，内机的蒸发器温度下降，空气中的水蒸气遇冷形成液滴，最后接入空调冷凝水管。

一般来说，一台 1 匹的空调每小时能产生 1kg 的冷凝水。此外，空调内机自带冷凝水提升泵，扬程差异较大，一般在 0.6~1.0m。

（8）新风系统　新风系统是由送风系统和排风系统组成的一套独立的空气处理系统。使用时，可选择不同等级的过滤器模块组件进行组合（组合式新风机组），实现洁净空气的目的。

多联机空调系统的新风供应方式有下面几种：室内机自吸新风方式、采用带有全热交换器的新风机组方式、采用自带制冷机的专用分体式新风机组方式等。

新风系统和空调系统可以实现联动，进行一体化控制。

（9）全热交换器　全热交换器通常是一种含有全热换热芯体的新风、排风换气设备，是一种高效节能的热回收装置。全热交换器工作时，室内排风和新风分别呈正交叉方式流经换热器芯体。由于气流分隔板两侧气流存在着温差和蒸汽分压差，两股气流通过分隔板时呈现传热、传质现象，引起全热交换过程。通过换热芯体的全热换热过程，让新风从空调排风中回收能量，达到预热（冬季）或预冷（夏季）的效果。

4.1.3　施工图识读

1. 通风空调工程施工图的组成

通风空调工程施工图通常由图纸目录、设计与施工说明（含图例、主要设备与材料表等）、平面布置图（含总平面布置图、地下层平面布置图、底层平面布置图、标准层平面布置图、顶层平面布置图等）、系统图、剖面图、大样图（或详图）和标准图等组成。具体表达内容如下：

1）设计与施工说明主要包括工程概况、设计依据、设计范围、空调冷热源、空调方式、各系统设计、管道材料、工程做法、节能设计、图例代号含义和各系统室内外机参数等内容。

2）平面布置图通常包含风管、冷媒管、排风、室外机和防排烟等平面布置图，表明了各自内容的平面布置及立管位置与编号。

3）系统图主要表明通风空调的风管、冷媒管的空间走向情况，及其与设备的连接情况等内容。

4）剖面图主要用于表达分支立管接出主管的标高、尺寸等信息，方便更准确地获得相关信息。

5）通过以上图样和说明还无法表达清楚的，则通过大样图（或详图）及标准图来表示。

2. 通风空调工程施工图识读方法

识读通风空调工程施工图时，要按合理的顺序看图。如先识读设计与施工说明，再识读平面布置图、系统图与剖面图并找出对应关系；按空气流动方向、分区域、逐楼层，分别研读新风系统、冷媒管系统、排风系统、冷凝水排水系统和防排烟系统等。通风空调工程图识读的一般流程如图4-5所示。

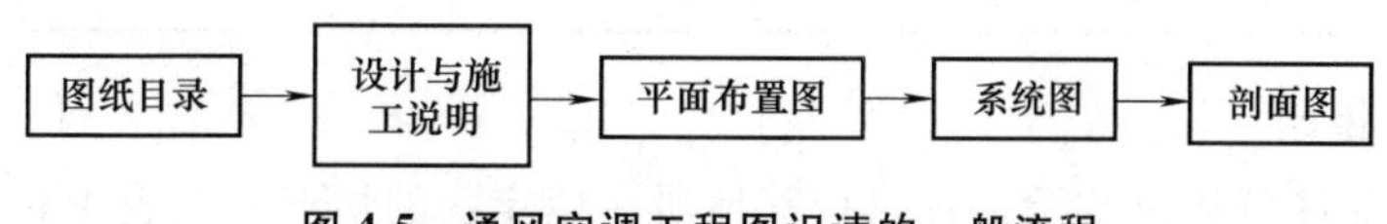

图4-5　通风空调工程图识读的一般流程

1）首先要对照图纸目录，检查图样是否完整，各图样的图名与图纸目录是否一致。在进行竣工结算计量计价时，尤其要认真、仔细地检查是否为最终版图样。

2）认真识读设计与施工说明，了解本工程通风空调的设计范围、内容、施工相关规范和标准图集。熟悉主要设备材料表中所列图例符号所代表的具体内容与含义，以及它们的相互关系。掌握本工程使用的风管与冷媒管管材、附件和设备等的类型与技术参数，作为计量计价的依据。

3）反复对照、识读各平面布置图、系统图和剖面图等。平面布置图主要表明新风管道（以及冷媒管、排风管道、冷凝水管道和防排烟系统）与设备、风管部件和风口等的平面布置，识读时应注意弄清通风空调设备的类型、数量、安装位置、连接方式，明确风管平面走向、位置、尺寸与标高等，明确阀门等的型号、连接方式等。

通风空调系统图与给排水系统图有类似之处。识读时应与平面布置图对照，注意读取风管、冷媒管等的安装高度及相关部件的位置等信息。注意相关图例与平面布置图上的可能会有差异。

通风空调剖面图主要用于辅助表达设备和管道密集处，如空调机房、屋面风机或支管接出及其他管道密集处等。识读时，应结合平面布置图信息，进一步掌握设备、风管等的位置、高度等信息。

4）通风空调工程施工要与土建工程及其他专业工程（如电气、给排水或工业管道等）相互配合，因此必要时还需查阅土建工程相关图样和其他专业图样。

总之，编制工程计价文件时看图应有所侧重，要仔细弄清通风空调系统的相关信息，以便能正确进行工程量计算和定额套用。

4.2 通风空调工程定额与应用

浙江省内的通风空调工程项目主要执行《浙江省通用安装工程预算定额》（2018 版）中的第七册《通风空调工程》。定额适用于新建、扩建、改建项目中的通风、空调工程。

4.2.1 定额内容与使用说明

1. 定额内容

定额由五个定额章和两个附录组成。通风空调工程相关预算定额组成内容见表 4-14。

表 4-14 通风空调工程相关预算定额组成内容

定额章	名称	子目编号	定额章	名称	子目编号
一	通风空调设备及部件制作、安装	7-1-1～7-1-88	五	通风空调工程系统调试	7-5-1～7-5-2
二	通风管道制作、安装	7-2-1～7-2-165	附录一	主要材料损耗率表	
三	通风管道部件制作、安装	7-3-1～7-3-211			
四	人防通风设备及部件制作、安装	7-4-1～7-4-38	附录二	风管、部件参数表	

2. 定额使用说明

定额使用时应注意通风空调工程执行其他册相应定额的情形，见表 4-15。

表 4-15 通风空调工程执行其他册相应定额的情形

序号	内容	执行相应定额或换算	
1	除专供通风工程配套的各种风机及除尘设备，其他工业用风机（如热力设备用风机）及除尘设备安装	第一册	《机械设备安装工程》
		第二册	《热力设备安装工程》
2	系统管道配管	第十册	《给排水、采暖、燃气工程》
	制冷机房、锅炉房管道配管	第八册	《工业管道工程》
3	刷油、防腐蚀、绝热工程	第十二册	《刷油、防腐蚀、绝热工程》
4	安装在支架上的木衬垫或非金属垫料	按实计入成品材料价格	

（续）

序号	内　容	执行相应定额或换算	
5	定额未包括风管穿墙、穿楼板的孔洞修补	《浙江省房屋建筑与装饰工程预算定额》	
6	设备支架的制作安装、减振器、隔振垫安装	第十三册	《通用项目和措施项目工程》
7	卫生间通风器	第四册	《电气设备安装工程》中换气扇安装的相应定额;应注意勿重复计量

此外，还应特别注意空调管道及部件制作和安装的人工、材料、机械费所占比例，见表4-16。

表4-16　空调管道及部件制作和安装的人工、材料、机械费所占比例

序号	项目名称	制作(%)			安装(%)		
		人工费	材料费	机械费	人工费	材料费	机械费
1	空调部件及设备支架制作、安装	86	98	95	14	2	5
2	镀锌薄钢板法兰通风管道制作、安装	60	95	95	40	5	5
3	镀锌薄钢板共板法兰通风管道制作、安装	40	95	95	60	5	5
4	薄钢板法兰通风管道制作、安装	60	95	95	40	5	5
5	净化通风管道及部件制作、安装	40	85	95	60	15	5
6	不锈钢板通风管道及部件制作、安装	72	95	95	28	5	5
7	铝板通风管道及部件制作、安装	68	95	95	32	5	5
8	塑料通风管道及部件制作、安装	85	95	95	15	5	5
9	复合型风管制作、安装	60	—	99	40	100	1
10	风帽制作、安装	75	80	99	25	20	1
11	罩类制作、安装	78	98	95	22	2	5

当实际情况与定额项目工作内容有区别时，应注意合理套用定额。例如，使用复合型风管制作、安装子目时，工作内容包括制作和安装，其主材为复合型板材。若实际主材为成品复合型风管（如旧风管重新利用），则应换算为复合型风管安装，应按照表4-16序号9的人工费×40%、材料费×100%、机械费×1%。

4.2.2　通风空调设备及部件制作安装定额与计量计价

1. 定额使用说明

定额使用说明具体见《浙江省通用安装工程预算定额》（2018版）第七册第一章的相关内容。

本章内容包括空气加热器（冷却器）、除尘设备、空气过滤器及其框架、净化工作台、洁净室、风淋室、空调器、多联体空调机室外机、风机盘管、空气幕、VAV变风量末端装置、通风机、钢板密闭门、钢板挡水板安装以及滤水器、溢水盘等的制作安装。

2. 空气加热器（冷却器）、除尘设备、空气过滤器及其框架、净化工作台、洁净室、风淋室等安装

空气加热器是对气体流进行加热的电加热设备；空气冷却器是利用空气冷却热流体的换热器。

除尘设备是指把粉尘从烟气中分离出来的设备，也叫除尘器。

空气过滤器主要用于机房专用空调、通风系统的预过滤，净化空调洁净室回风过滤，高效过滤和空压机的预过滤。外框为硬纸板，过滤材料为折叠的无纺布纤维毡，后面以金属方孔网作为支持。初效空气过滤器适用于中央空调和集中通风系统的初级过滤。中效空气过滤器广泛应用于各种空调设备及空调系统中，也用于多级过滤系统的中级保护。高效空气过滤器主要用于微电子工业、精密仪器仪表、医疗卫生、制药及食品等行业和各类洁净室、洁净隧道、高效送风口、净化工作台、风淋室等净化设备中的空气末级过滤。

净化工作台（即超净工作台）通过风机将空气吸入预过滤器，经由静压箱进入高效过滤器过滤，将过滤后的空气以垂直或水平气流的状态送出，使操作区域（工作台）达到百级洁净度，保证生产对环境洁净度的要求。

洁净室是指对空气洁净度、温度、湿度、压力、噪声等参数根据需要都进行控制的密闭性较好的空间。

风淋室又称为风淋、洁净风淋室、净化风淋室、风淋房、吹淋房、风淋门、浴尘室、吹淋室、风淋通道、空气吹淋室等。它是进入洁净室必经的通道，可以减少进出洁净室所带来的污染问题。当人与货物要进入洁净区时需经风淋室吹淋，风淋室吹出的洁净空气可去除人与货物所携带的尘埃，能有效地阻断或减少尘源进入洁净区。

空气加热器（冷却器）、除尘设备、空气过滤器等（制作）安装定额情况对比见表4-17。

表4-17 空气加热器（冷却器）、除尘设备、空气过滤器等（制作）安装定额情况对比

序号	项目	空气加热器（冷却器）安装	除尘设备安装	净化工作台、洁净室、风淋室安装	空气过滤器安装	空气过滤器框架制作安装
1	项目划分	按设备质量划分项目		1)净化工作台不区分项目 2)其他按设备质量划分项目	区分过滤效率	不区分项目
2	计量单位	台				100kg
3	工程量计算	按设计图示数量计算				按设计图示尺寸计算
4	定额编码	7-1-1~7-1-3	7-1-4~7-1-7	7-1-57~7-1-61	7-1-54~7-1-55	7-1-56
	未计价主材	空气加热器（冷却器）1台	除尘设备1台	净化工作室1台风淋室1台	过滤器1台	—
5	使用说明	—		净化工作台包括XHK型、BZK型、SXP型、SZP型、SZX型、SW型、SZ型、SXZ型、TJ型、CJ型等系列	1)低效过滤器包括M-A型、WL型、LWP型等系列 2)中效过滤器包括ZKL型、YB型、M型、ZX-1型等系列 3)高效过滤器包括GB型、GS型、JX-20型等系列	

3. 空调器、多联体空调机室外机安装

空调器即空气调节器，定额分为整体式空调机组（吊式）安装、整体式空调机组（落地）安装、分体式及窗式空调器安装、组合式空调机组安装等。

空调器、多联体空调机室外机安装定额情况对比见表4-18。

表 4-18 空调器、多联体空调机室外机安装定额情况对比

序号	项目	空调器安装	组合式空调机组安装	多联体空调机室外机安装
1	项目划分	按结构(整体式、分体式及窗式)、安装方式(吊式、落地式、墙上、吸顶、窗式)及制冷量划分项目	按风量划分项目	按制冷量划分项目
2	工程量计算	均按设计图所示数量计算,以“台”为计量单位		
3	定额编码	7-1-8~7-1-23	7-1-24~7-1-31	7-1-32~7-1-36
	未计价主材	空调器 1 台	空调器 1 套	空调器 1 台
4	使用说明	成套分体空调器安装定额包含室内机、室外机安装,以及长度在 5m 以内的冷媒管及其保温、保护层的安装、电气接线工作,未计价主材包含设备本体、冷媒管、保温及保护层材料、电线	—	多联体空调系统的室内机(如四面出风天井式室内机、风管式室内机等)按安装方式执行风机盘管子目

【例 4-1】 定额套用与换算见表 4-19,根据项目名称补齐定额编号、定额计量单位并计算基价,基价计算需保留计算过程,计算结果保留至小数点后两位。

表 4-19 定额套用与换算

序号	定额编码	项目名称	定额计量单位	基价(元/台)
1		新风室内机(吊装)安装(L=4000m^3/h LQ=45.0kW RQ=32kW N=1.24kW)		
2		新风室外机安装(LQ=45.0kW RQ=50kW N=13.94kW)		
3		成套分体挂式空调安装(N=1.25kW LQ=3.51kW RQ=5.0kW)		
4		成套分体立式空调安装(N=1.51kW LQ=5.0kW RQ=5.5kW)		

注:L 为额定循环风量;LQ 为制冷量;RQ 为制热量;N 为输入功率。

【解】 根据题意及空调器定额,各项目定额套用与换算过程如下:

1)该新风室内机仅具备基本的制冷、制热功能,未加上过滤等其他模块,因此应套用整体式空调机组(吊装)相关定额。根据题意,该新风室内机制冷量为 45.0kW,则应套用定额 7-1-10,基价为 222.09 元/台。

2)新风室外机参照多联体空调室外机相应定额。本题新风室外机制冷量为 45.0kW,应套用定额 7-1-33,基价为 278.49 元/台。

3)成套分体挂式空调安装套用定额 7-1-20,基价为 149.03 元/台。

4)成套分体立式空调安装套用定额 7-1-21,基价为 168.11 元/台。

定额套用与换算结果见表 4-20。

表 4-20 定额套用与换算结果

序号	定额编码	项目名称	定额计量单位	基价(元/台)
1	7-1-10	新风室内机(吊装)安装(L=4000m^3/h LQ=45.0kW RQ=32kW N=1.24kW)	台	222.09
2	7-1-33	新风室外机安装(LQ=45.0kW RQ=50kW N=13.94kW)	台	278.49

（续）

序号	定额编码	项目名称	定额计量单位	基价(元/台)
3	7-1-20	成套分体挂式空调安装(N=1.25kW LQ=3.51kW RQ=5.0kW)	台	149.03
4	7-1-21	成套分体立式空调安装(N=1.51kW LQ=5.0kW RQ=5.5kW)	台	168.11

【例 4-2】 某高效型全新风空气处理机组包括 PM2.5 过滤组件和除臭过滤箱组件，它的性能参数见表 4-21。市场询价后得除税价为 5000.00 元/台，试按定额清单计价法列出该项目的综合单价计算表。本题中安装费的人、材、机单价均按《浙江省通用安装工程预算定额》(2018 版) 取定的基价考虑；管理费费率为 21.72%，利润费率为 10.40%，风险不计；计算结果保留两位小数。

表 4-21 某高效型全新风空气处理机组性能参数

设备编号	新风量/(m^3/h)	冷量/kW	热量/kW	电机功率/W	PM2.5 过滤网(组)	除臭过滤网(组)	机组形式	数量(台)
3F-2-1	2100	28	17.4	300	1 组(2 件)		吊顶	1

【解】 根据题意，该高效型全新风空气处理机组（新风量为 2100m^3/h）除基本功能外，还与过滤等其他各种功能模块（即功能段）进行了组合，为组合式新风机组，应套用组合式空调机组相关定额。套用定额 7-1-24，查得定额人工费、材料费、机械费分别为 213.84 元/台、4.63 元/台、16.94 元/台。

未计价主材（高效型全新风空气处理机组）的工程量为 1 台。

未计价主材单位价值=5000.00 元/台×1 台/台=5000.00 元/台，共计材料费=(4.63+5000.00) 元/台=5004.63 元/台。

综合单价计算结果见表 4-22。

表 4-22 综合单价计算结果

项目编码(定额编码)	清单(定额)项目名称	计量单位	数量	综合单价(元)						合计(元)
				人工费	材料(设备)费	机械费	管理费	利润	小计	
7-1-24	高效型全新风空气处理机组(新风量为 2100m^3/h)	台	1	213.84	5004.63	16.94	50.13	24.00	5309.54	5309.54
主材	高效型全新风空气处理机组	台	1		5000.00					5000.00

本题解题时应当注意：

1）要正确区分普通新风室内机（仅具备基本的制冷、制热功能）和组合式新风机组（还包括了过滤等其他功能段）。

2）类似情况也存在于空调机组中。整体式空调机组仅包含基本的制冷、制热功能，组合式空调机组除基本功能外，还与过滤等功能段进行组合。组合式空调机组的送风量=新风量+回风量，应当选取送风量（而非新风量）为参数选用定额。

4. 风机盘管、空气幕、VAV 变风量末端装置安装

风机盘管机组简称风机盘管，是常用的空调系统末端装置之一。通常由小型风机、电动机和盘管（空气换热器）等组成。盘管管内流过冷冻水或热水时与管外空气换热，使空气被冷却（或加热）来调节室内的空气参数。

空气幕是利用条状喷口送出一定速度、温度和厚度的幕状气流，用于隔断另一气流。它是局部送风的另一种形式，主要用于公共建筑、工厂中经常开启的外门，或用于防止建筑火灾时烟气向无烟区侵入，或用于阻挡不干净空气、昆虫等进入控制区域。目的是产生空气隔层，以减少和阻隔室内外空气的对流，或改变污染空气气流的方向。通常由空气处理设备、通风机、风管系统及空气分布器组成。

变风量末端装置是变风量空调系统（Variable Air Volume System，VAVS）的关键设备之一。空调系统通过末端装置调节一次风送风量，跟踪负荷变化，维持室温。

风机盘管、空气幕、VAV 变风量末端装置安装定额情况对比见表 4-23。

表 4-23　风机盘管、空气幕、VAV 变风量末端装置安装定额情况对比

序号	项目	风机盘管	空气幕	VAV 变风量末端装置
1	项目划分	按安装方式(落地式、吊顶式、壁挂式、卡式嵌入式)划分项目	按空气幕长度值划分项目	按类型(单风道型、风机动力型)划分项目
2	工程量计算	均按设计图所示数量计算，以“台”为计量单位		
3	定额编码	7-1-37～7-1-40	7-1-41～7-1-43	7-1-44～7-1-45
	未计价主材	风机盘管 1 台	空气幕 1 台	VAV 变风量末端装置 1 台
	使用说明	1)诱导器安装执行风机盘管安装子目 2)多联体空调系统的室内机(如四面出风天井机、内藏式风管机等)按安装方式执行风机盘管子目 3)定额已包含吊架的制作安装	—	—

【**例 4-3**】　某区域多联体空调设备参数及除税价见表 4-24，试按定额清单计价法列出该项目综合单价计算表。本题中安装费的人、材、机单价均按《浙江省通用安装工程预算定额》(2018 版) 取定的基价考虑；管理费费率为 21.72%，利润费率为 10.40%，风险不计；计算结果保留两位小数。

表 4-24　某区域多联体空调设备参数及除税价

设备名称	制冷量/kW	制热量/kW	功率/W	安装方式	单位	数量	除税价(元/台)	备注
四面出风室内机	3.6	4.0	80	嵌入式	台	9	6900.00	自带冷凝水提升泵
风管型室内机	2.8	3.2	68	吊顶式	台	6	5100.00	自带冷凝水提升泵
多联体室外机	52	56	1.35×10^4	落地式	台	1	30600.00	IPLV>5.0

【**解**】　按定额章说明，多联体空调系统的室内机按安装方式执行风机盘管子目。

天井机空调，又称天花机或吸顶式、嵌入式空调。四面出风室内机安装套用定额 7-1-40 风机盘管卡式嵌入式安装，定额人工费、材料费、机械费分别为 99.23 元/台、32.85 元/

台、5.67元/台。未计价主材（四面出风室内机）的工程量为9台，未计价主材单位价值=6900.00元/台×1.0台/台=6900.00元/台，共计材料费为（32.85+6900.00）元/台=6932.85元/台。

风管型室内机安装套用定额7-1-38风机盘管吊顶式安装，定额人工费、材料费、机械费分别为97.61元/台、34.19元/台、12.38元/台。未计价主材（风管型室内机）的工程量为6台，未计价主材单位价值=5100.00元/台×1.0台/台=5100.00元/台，共计材料费为（34.19+5100.00）元/台=5134.19元/台。

多联体室外机套用定额7-1-34多联体空调机室外机安装（制冷量在90kW以内），定额人工费、材料费、机械费分别为350.87元/台、54.26元/台、14.21元/台。未计价主材（多联体室外机）的工程量为1台，未计价主材单位价值=30600.00元/台×1.0台/台=30600.00元/台，共计材料费为（54.26+30600.00）元/台=30654.26元/台。

综合单价计算结果见表4-25。

表4-25 综合单价计算结果

项目编码（定额编码）	清单（定额）项目名称	计量单位	数量	综合单价（元）						合计（元）
				人工费	材料（设备）费	机械费	管理费	利润	小计	
7-1-40	风机盘管卡式嵌入式安装	台	9	99.23	6932.85	5.67	22.78	10.91	7071.44	63642.96
主材	四面出风室内机	台	9		6900.00					62100.00
7-1-38	风机盘管吊顶式安装	台	6	97.61	5134.19	12.38	23.89	11.44	5279.51	31677.06
主材	风管型室内机	台	6		5100.00					30600.00
7-1-34	多联体空调机室外机安装（制冷量在90kW以内）	台	1	350.87	30654.26	14.21	79.30	37.97	31136.61	31136.61
主材	多联体室外机	台	1		30600.00					30600.00

5. 通风机安装

通风机安装定额包括离心式通风机（落地）安装，离心式通风机（吊式）安装，轴流式、斜流式、混流式通风机（落地）安装，轴流式、斜流式、混流式通风机（吊式）安装，屋顶式通风机安装等定额项目。

通风机安装定额情况对比见表4-26。

表4-26 通风机安装定额情况对比

序号	项目	离心式通风机（落地）安装	离心式通风机（吊式）安装	轴流式、斜流式、混流式通风机（落地）安装	轴流式、斜流式、混流式通风机（吊式）安装	屋顶式通风机安装
1	项目划分	区别不同安装方式与风机号数（风量）划分定额项目				
2	工程量计算	均按设计图所示数量计算，以“台”为计量单位				
3	定额编码	7-1-62～7-1-69	7-1-70～7-1-76	7-1-77～7-1-81	7-1-82～7-1-85	7-1-86～7-1-88
	未计价主材	通风机1台				

（续）

序号	项目	离心式通风机（落地）安装	离心式通风机（吊式）安装	轴流式、斜流式、混流式通风机（落地）安装	轴流式、斜流式、混流式通风机（吊式）安装	屋顶式通风机安装
4	使用说明	1）通风机安装子目内包含电动机安装，安装形式有A、B、C、D等型，适用于碳钢、不锈钢、塑料通风机安装 2）卫生间通风器执行第四册《电气设备安装工程》中换气扇安装的相应定额 3）轴流式通风机如果安装在墙体里，参照轴流式通风机吊式安装的相应定额子目，人工费、材料费×0.7 4）箱体式风机安装按照通风机安装的相应子目，基价×1.2				

定额所列部分通风机号数与风量见表4-27。

表4-27 部分通风机号数与风量

序号	通风机号数	风量 $Q/(m^3/h)$		
		离心式通风机	轴流式通风机	屋顶式通风机
1	3.6#	—	—	≤2760
2	4#	≤4500	—	—
3	4.5#	—	—	2761~9100
4	5#	—	≤8900	—
5	6#	4501~7000	—	—
6	6.3#	—	—	>9100
7	7#	—	8901~25000	—
8	8#	7001~19300	—	—
9	10#	—	25001~63000	—
10	12#	19301~62000	—	—
11	16#	62001~123000	63001~140000	—
12	20#	>123000	>140000	—

注：上表仅供参考，不同品牌的通风机号数与风量对应关系会有差别。

6. 钢板密闭门、钢板挡水板安装，滤水器、溢水盘制作安装

密闭门指用来关闭空调室入孔的门，可分为喷雾式密闭门和钢板密闭门。

挡水板是中央空调末端装置的一个重要部件（组成喷水室的部件之一），它由多个直立的折板（呈锯齿形）组成，与中央空调相配套，具有水气分离功能，可采用钢板、玻璃钢或PVC材料。挡水板具有阻力小、质量轻、强度高、耐蚀性好、耐老化、水气分离效果好、清洗方便、经久耐用等特点。

滤水器具有过滤循环水的作用。为防止杂质堵塞喷嘴孔口，在循环水管入口处装设圆筒形装置，内有以黄铜丝网或尼龙丝网做成的滤网，网眼大小可根据喷嘴孔径而定。滤水器可分为手动滤水器和电动滤水器两种。

溢水盘是盘管的重要组成部分。在夏季空气的冷却干燥过程中，因空气中水蒸气凝结，以及喷水系统中不断加入冷冻水，池底水位将不断上升。为保持一定的水位，必须设置溢水盘。

钢板密闭门、钢板挡水板安装，滤水器、溢水盘制作安装定额情况对比见表4-28。

表 4-28　钢板密闭门、钢板挡水板安装，滤水器、溢水盘制作安装定额情况对比

序号	项目	钢板密闭门安装	钢板挡水板安装	滤水器制作安装	溢水盘制作安装
1	项目划分	区分是否带保温、是否带视孔及尺寸划分项目	区分不同片距划分项目	不区分项目	
2	计量单位	个	m^2	100kg	
3	工程量计算	按设计图示数量计算	以空调器断面面积计算	1)按设计图示尺寸以质量计算 2)非标部件制作安装按成品质量计算	
4	定额编码	7-1-46～7-1-49	7-1-50～7-1-51	7-1-52～7-1-53	
	未计价主材	钢板密闭门 1 台	钢板挡水板价值另计	—	—

4.2.3　通风管道制作安装定额与计量计价

1. 定额使用说明

定额使用说明具体见《浙江省通用安装工程预算定额》（2018 版）第七册第二章第 23 页的相关内容。

本章内容包括镀锌薄钢板法兰通风管道制作安装，镀锌薄钢板共板法兰通风管道制作安装，薄钢板法兰通风管道制作安装，镀锌薄钢板矩形净化通风管道制作安装，不锈钢板通风管道制作安装，铝板风管制作安装，塑料风管制作安装，玻璃钢通风管道安装，复合型风管制作安装，柔性软风管安装，固定式挡烟垂壁安装，弯头导流叶片及其他等。

2. 风管计算规则

风管制作、安装按设计图示内径尺寸以展开面积计算，以“m^2”为计量单位，不扣除检查孔、测定孔、送风口、吸风口等所占面积。

风管长度计算时均以设计图示中心线长度（主管与支管以其中心线交点划分），包括弯头、变径管、天圆地方等管件的长度，不包括部件所占长度。

（1）金属圆形风管相关工程量计算

1）面积计算。

$$圆形风管面积\ F=\pi DL$$

式中　F——圆形风管展开面积（m^2）；

D——圆形风管外径（m）；

L——管道中心线长度（m）。

2）保温层体积计算。

$$\begin{aligned}圆形风管保温层体积\ V&=\pi DL\delta'\\&=F\delta'\end{aligned}$$

式中　δ'——圆形风管保温层厚度（m）。

（2）金属矩形风管相关工程量计算

1）面积计算。矩形风管按图示内周长乘以管道中心线长度计算。

$$\begin{aligned}矩形风管面积\ F&=2\times(A+B)L\\&=CL\end{aligned}$$

式中　F——矩形风管展开面积（m^2）；

A——矩形风管（风道）长边长或截面宽度（m）；

B——矩形风管（风道）短边长或截面高度（m）；

L——管道中心线长度（m）；

C——矩形风管内周长（m）。

2）保温层体积计算。矩形风管保温层体积按矩形单边内长度加一个保温厚度为边长计算。

$$
\begin{aligned}
\text{矩形风管保温层体积 } V &= 2\times[(A+\delta')+(B+\delta')]L\delta' \\
&= [2\times(A+B)+4\delta']L\delta' \\
&= (C+4\delta')L\delta' \\
&= F\delta'+4\delta'^2L
\end{aligned}
$$

式中　V——矩形风管保温层体积（m^3）；

δ'——矩形风管保温层厚度（m）。

3. 不同材质通风管道（制作）安装定额

不同材质通风管道（制作）安装定额情况对比见表4-29。

表4-29　不同材质通风管道（制作）安装定额情况对比

序号	项目	镀锌薄钢板法兰风管制作安装	镀锌薄钢板共板法兰风管制作安装	薄钢板法兰风管制作安装	镀锌薄钢板矩形净化风管制作安装	玻璃钢通风管道安装	复合型风管制作安装	不锈钢板风管制作安装	铝板风管制作安装	塑料风管制作安装
1	项目划分	区别不同截面（圆形、矩形）、风管板厚和不同直径（或长边长）划分定额项目						区别不同截面（圆形、矩形）、不同直径（或长边长）×板厚划分定额项目		
2	工程量计算	风管长度均以设计图示中心线长度（主管与支管以其中心线交点划分）为准，按展开面积计算，以“$10m^2$”为计量单位								
3	定额编码	7-2-1～7-2-11	7-2-12～7-2-16	7-2-17～7-2-34	7-2-35～7-2-39	7-2-100～7-2-115	7-2-116～7-2-138	7-2-40～7-2-59	7-2-60～7-2-89	7-2-90～7-2-99
	未计价主材	镀锌薄钢板 $11.38m^2$	镀锌薄钢板 $11.8m^2$	热轧薄钢板Q235 $10.8m^2$	镀锌薄钢板 $11.49m^2$	玻璃钢风管 $10.32m^2$	复合型板材 玻纤圆形（粘接）$11.6m^2$ 玻纤矩形（粘接）$11.8m^2$ 机制玻镁矩形（粘接）$11.6m^2$ 彩钢复合矩形（法兰）$10.8m^2$ 铝箔复合矩形（法兰）$11.0m^2$	不锈钢板304 $10.8m^2$	纯铝板 $10.8m^2$	硬聚氯乙烯板 $11.6m^2$

（续）

<table>
<tr><th>序号</th><th>项目</th><th>镀锌薄钢板法兰风管制作安装</th><th>镀锌薄钢板共板法兰风管制作安装</th><th>薄钢板法兰风管制作安装</th><th>镀锌薄钢板矩形净化风管制作安装</th><th>玻璃钢通风管道安装</th><th>复合型风管制作安装</th><th>不锈钢板风管制作安装</th><th>铝板风管制作安装</th><th>塑料风管制作安装</th></tr>
<tr><td rowspan="7">4</td><td rowspan="7">使用说明</td><td colspan="9">1）薄钢板风管整个通风系统设计采用渐缩管均匀送风时，圆形风管按平均直径、矩形风管按平均长边长参照相应规格子目，人工费×2.5
2）如制作空气幕送风管时，按矩形风管平均长边长执行相应风管规格子目，人工费×3.0
3）圆弧形风管制作安装参照相应规格子目，人工费、机械费均×1.4
4）薄钢板通风管道、净化通风管道、玻璃钢通风管道、复合型风管制作安装子目中，包括弯头、三通、变径管、天圆地方等管件及法兰、加固框和吊托支架的制作安装，但不包括过跨风管落地支架，落地支架制作安装执行第十三册《通用项目和措施项目工程》的相应定额
5）风管制作安装子目规格所表示的直径为内径，边长为内边长
6）在管井（封闭式管廊内）安装风管时，应考虑人工降效，相应风管、阀门安装定额的人工费×1.2</td></tr>
<tr><td colspan="9">7）镀锌薄钢板防排烟风管如采用防火板包覆，风管防火板安装执行定额 12B-4-1；其工程量按防火板的外表面积计算，以 m^2 为计量单位
8）镀锌薄钢板风管（δ=1.5mm 以内咬口）制作安装，执行镀锌薄钢板风管（δ=1.2mm 以内咬口）制作安装相应定额，人工费、机械费均×1.1</td></tr>
<tr><td colspan="9">9）净化圆形风管制作安装执行净化矩形风管制作安装子目
10）净化风管涂密封胶按全部口缝外表面涂抹考虑。如设计要求口缝不涂抹而只在法兰处涂抹时，每 $10m^2$ 风管应减去密封胶 1.5kg 和 0.37 工日
11）净化风管及部件制作安装子目中，型钢未包括镀锌费，如设计要求镀锌时，应另加镀锌费
12）净化通风管道子目按空气洁净度 100000 级编制</td></tr>
<tr><td colspan="9">13）不锈钢板风管、铝板风管制作安装子目中包括管件，但不包括法兰和吊托支架；法兰和吊托支架应单独列项计算，执行相应子目
14）不锈钢板风管咬口连接制作安装参照镀锌薄钢板法兰风管制作安装子目，其中材料费×3.5，不锈钢法兰和吊托支架不再另外计算</td></tr>
<tr><td colspan="9">15）塑料风管制作安装子目中包括管件、法兰、加固框，但不包括吊托支架制作安装；吊托支架执行第十三册《通用项目和措施项目工程》的相应定额
16）塑料风管制作安装子目中的法兰垫料如与设计要求使用品种不同时可以换算，但人工消耗量不变
17）塑料通风管道胎具材料摊销费的计算方法：塑料风管管件制作的胎具摊销材料费未包括在内，按以下规定另行计算
①风管工程量在 $30m^2$ 以上的，每 $10m^2$ 风管的胎具摊销木材为 $0.06m^3$，按材料价格计算胎具材料摊销费
②风管工程量在 $30m^2$ 以下的，每 $10m^2$ 风管的胎具摊销木材为 $0.09m^3$，按材料价格计算胎具材料摊销费</td></tr>
<tr><td colspan="9">18）玻璃钢风管定额中未计价主材在组价时应包括同质法兰和加固框，质量暂按风管全重的 15%计，风管修补应由加工单位负责
19）双面彩钢复合风管制作安装（法兰连接）执行补充定额 7B-2-1～7B-2-5</td></tr>
<tr><td colspan="9">20）风管制作安装定额工作内容已包含吊托支架制作安装的：①镀锌薄钢板法兰风管制作安装；②镀锌薄钢板共板法兰风管制作安装；③薄钢板法兰风管制作安装；④镀锌薄钢板矩形净化风管制作安装；⑤玻璃钢通风管道安装；⑥复合型风管制作安装
21）风管制作安装定额工作内容未包含吊托支架制作安装的：①不锈钢板风管制作安装；②铝板风管制作安装；③塑料风管制作安装</td></tr>
</table>

4. 柔性软风管、固定式挡烟垂壁、弯头导流叶片及其他安装定额

弯头导流叶片是在通风管道的转弯处利用弯头使流体通过，在通风管道转弯处，流体容易发生堵塞，在此设置叶片以增大流体的流速。

矩形风管弯管宜采用曲率半径为一个平面边长、内外同心弧的形式。当采用其他形式的弯管，且平面长边长度 $A>500$mm 时，应设置弯管导流片。风管长边长度 A 与导流叶片数的关系见表 4-30。

表 4-30 风管长边长度 A 与导流叶片数的关系

风管长边长度 A/mm	$A\leqslant 500$	$500<A\leqslant 630$	$630<A\leqslant 800$	$800<A\leqslant 1000$	$1000<A\leqslant 1250$	$1250<A\leqslant 1600$	$1600<A\leqslant 2000$
导流叶片数(片)	4		6	7	8	10	12

矩形风管的短边长度 B 与单片导流叶片面积的关系见表 4-31［或《浙江省通用安装工程预算定额》（2018 版）第七册附表 2-1］。

表 4-31 矩形风管短边长度 B 与单片导流叶片面积的关系

风管短边长度 B/mm	200	250	320	400	500	630	800	1000	1250	1600	2000
单片面积/m^2	0.075	0.091	0.114	0.140	0.170	0.216	0.273	0.425	0.502	0.623	0.755

其他内容包括软管接口（即帆布软接口）安装、风管检查孔安装及温度、风量测定孔安装等。

软管接口与柔性风管情况对比见表 4-32。

表 4-32 软管接口与柔性风管情况对比

序号	区别	软管接口(即帆布软接口)	柔性风管
1	实物		
2	功能	设备与风管(或部件)的连接,以减小噪声、振动与伸缩等	用于不宜设置刚性风管位置,属通风管道系统
3	应用场所举例	1)设备(如风机盘管或内藏式风管机、新风室内机、全热交换器等)与风管连接处 2)部件(如静压箱)与风管连接处 3)(送、回、排)风口与垂直支管连接处	1)水平风管过伸缩缝处 2)水平主风管与吊顶风口连接处
4	连接方式	法兰连接	专用卡箍或铁丝绑扎
5	支吊架	一般不设专门的支托吊架	采用吊托支架固定
6	长度	0.15~0.25m(设计无说明取 0.2m)	0.5~2.5m
7	材质	常用帆布或其他不燃耐火材料	可由金属、涂塑化纤织物、聚酯、聚乙烯、聚氯乙烯薄膜或铝箔等材料制成
8	施工工艺	现场制作安装,不需另外保温	成品软管现场安装,不需另外保温
9	灵活性	一般	高
10	定额编码	7-2-163	7-2-139~7-2-160
11	计量单位	m^2	m

柔性软风管安装、固定式挡烟垂壁安装、弯头导流叶片及其他安装定额情况对比见表 4-33。

表 4-33　柔性软风管安装、固定式挡烟垂壁安装、弯头导流叶片及其他安装定额情况对比

<table>
<tr><th rowspan="2">序号</th><th rowspan="2">项目</th><th colspan="4">柔性软风管安装</th><th rowspan="2">固定式挡烟垂壁安装</th><th rowspan="2">弯头导流叶片</th><th rowspan="2">软管(帆布)接口</th><th rowspan="2">风管检查孔</th><th rowspan="2">温度、风量测定孔</th></tr>
<tr><th>无保温套管</th><th>有保温套管</th><th>铝合金软管</th><th>铝箔保温软管</th></tr>
<tr><td>1</td><td>项目划分</td><td colspan="4">区别不同软风管类型(无保温套管、有保温套管、铝合金软管和铝箔保温软管)及不同规格(公称直径)划分定额项目</td><td colspan="5">不区分定额项目</td></tr>
<tr><td>2</td><td>计量单位</td><td colspan="2">m</td><td colspan="2">10m</td><td>m</td><td colspan="2">m²</td><td>100kg</td><td>个</td></tr>
<tr><td>3</td><td>工程量计算</td><td colspan="4">柔性软风管安装按设计图示中心线长度计算</td><td>按设计图示长度计算</td><td>按设计图示叶片的面积计算</td><td>软管(帆布)接口制作安装按设计图示尺寸计算</td><td>按设计图示尺寸质量计算</td><td>依据其型号,按设计图示数量计算</td></tr>
<tr><td rowspan="2">4</td><td>定额编码</td><td colspan="4">7-2-139~7-2-154</td><td>7-2-161</td><td colspan="4">7-2-162~7-2-165</td></tr>
<tr><td>未计价主材</td><td colspan="2">柔性软风管 1m</td><td>铝合金伸缩软管 6.12m</td><td>铝箔保温软管 10.02m</td><td>固定式挡烟垂壁 0.50m</td><td colspan="4">—</td></tr>
<tr><td>5</td><td>使用说明</td><td colspan="4">柔性软风管定额适用于由金属、涂塑化纤织物、聚酯、聚乙烯、聚氯乙烯薄膜、铝箔等材料制成的软风管</td><td>1)定额适用于防火玻璃型和挡烟布型等材料制成的固定式挡烟垂壁
2)电动挡烟垂壁安装执行固定式挡烟垂壁安装定额,人工费×1.3</td><td colspan="4">1)风管导流叶片不分单叶片和香蕉形双叶片均执行同一子目
2)软管(帆布)接头如使用人造革而不使用帆布时可以换算。子目中的法兰垫料按橡胶板编制,如与设计要求使用的材料品种不同时可以换算,但人工消耗量不变。使用泡沫塑料者每 1kg 橡胶板换算为泡沫塑料 0.125kg;使用闭孔乳胶海绵者每 1kg 橡胶板换算为闭孔乳胶海绵 0.5kg</td></tr>
</table>

【例 4-4】 某建筑空调送风管平面布置图（局部）如图 4-6 所示。已知空调风管采用镀锌薄钢板共板法兰工艺制作。板厚根据《通风与空调工程施工质量验收规范》（GB 50243—2016）中压系统相关规定选用，其中长边尺寸 $320\text{mm}<b\leq 450\text{mm}$ 的矩形风管厚度为 0.6mm，$450\text{mm}<b\leq 1000\text{mm}$ 的矩形风管厚度为 0.75mm；风管采用难燃型 B1 发泡橡塑保温，厚度为 20mm；单个对开多叶调节阀长度为 210mm。试计算风管的工程量（设所有风管底部标高相同），计算结果保留两位小数。

【解】 根据题意，由矩形风管的长边长确定风管厚度，依次计算各规格风管的长度、周长、展开面积，最后根据定额项目划分的长边长尺寸，兼顾风管厚度，汇总统计风管的展开面积。

工程量计算表见表 4-34，工程量汇总表见表 4-35。

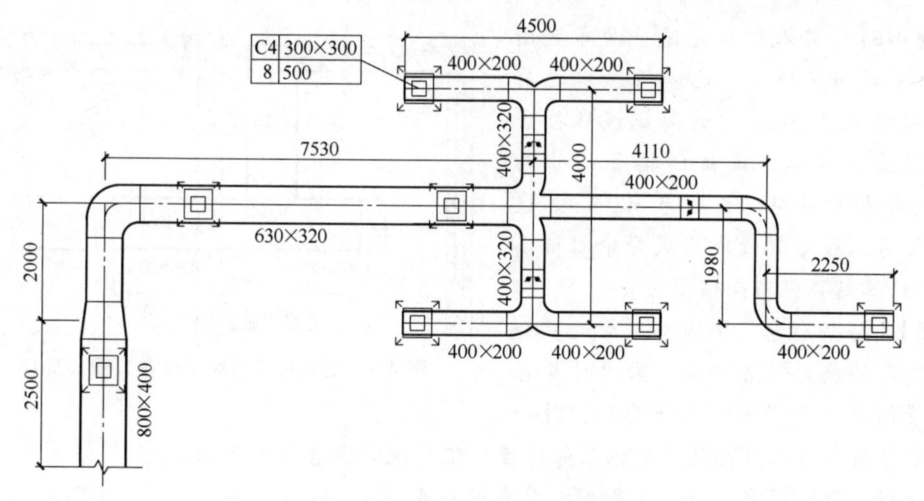

图 4-6　某建筑空调送风管平面布置图（局部）

表 4-34　工程量计算表

序号	项目名称	规格/mm	计算式
1	镀锌薄钢板共板法兰风管制作安装	800×400	1)钢板厚度 δ=0.75mm 2)长度 L=2.50m 3)周长 $C=(A+B)\times2=(0.80+0.40)\times2=2.40$m 4)风管制作安装工程量 $F=CL=2.40\times2.50=6.00\text{m}^2$ 5)风管保温工程量 $V=(C+4\delta')L\delta'$ $=(2.40+4\times0.02)\times2.50\times0.02=0.124\text{m}^3$
2		630×320	1)钢板厚度 δ=0.75mm 2)长度 L=2.00+7.53=9.53m 3)周长 $C=(A+B)\times2=(0.63+0.32)\times2=1.90$m 4)风管制作安装工程量 $F=CL=1.90\times9.53=18.11\text{m}^2$ 5)风管保温工程量 $V=(C+4\delta')L\delta'$ $=(1.90+4\times0.02)\times9.53\times0.02=0.377\text{m}^3$
3		400×320	1)钢板厚度 δ=0.6mm 2)长度 L=4.00−0.21×2=3.58m 3)周长 $C=(A+B)\times2=(0.40+0.32)\times2=1.44$m 4)风管制作安装工程量 $F=CL=1.44\times3.58=5.16\text{m}^2$ 5)风管保温工程量 $V=(C+4\delta')L\delta'$ $=(1.44+4\times0.02)\times(3.58+0.21\times2)\times0.02=0.122\text{m}^3$
4		400×200	1)钢板厚度 δ=0.6mm 2)长度 L=4.50×2+4.11+1.98+2.25−0.21=17.13m 3)周长 $C=(A+B)\times2=(0.40+0.20)\times2=1.20$m 4)风管制作安装工程量 $F=CL=1.20\times17.13=20.56\text{m}^2$ 5)风管保温工程量 $V=(C+4\delta')L\delta'$ $=(1.20+4\times0.02)\times(17.13+0.21)\times0.02=0.444\text{m}^3$

表 4-35　工程量汇总表

序号	项目名称	长边长 b/mm	板厚 δ/mm	计算式
1	镀锌薄钢板共板法兰风管制作安装	450<b≤1000	0.75	$\sum F=6.00+18.11=24.11\text{m}^2$
2		320<b≤450	0.6	$\sum F=5.16+20.56=25.72\text{m}^2$
3	空调管道绝热(难燃型B1发泡橡塑 δ=20mm)	—	—	$\sum V=0.124+0.377+0.122+0.444=1.067\text{m}^3$

【例 4-5】 某人防口通风平面布置图（局部）如图 4-7 所示。已知排风机之前的圆形风管采用 3mm 厚的薄钢板焊接成型，角钢法兰连接。风机的接管尺寸为 DN630，每个密闭阀门长度为 300mm。试计算风管的工程量（设所有风管中心标高相同），计算结果保留两位小数。

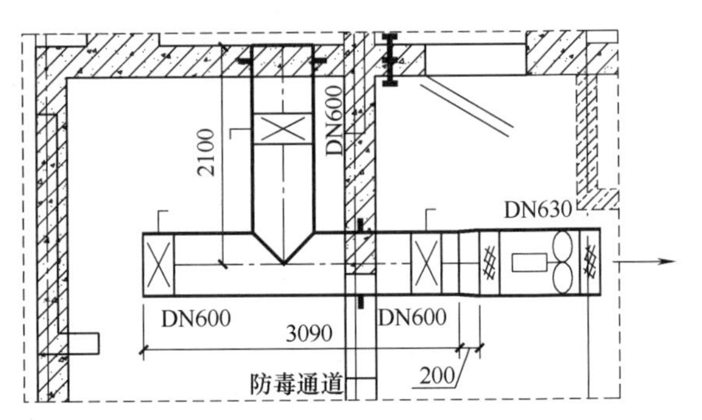

图 4-7　某人防口通风平面布置图（局部）

【解】 根据题意，由圆形风管的直径 D 及已知条件确定风管厚度，依次计算各规格风管的长度、周长、展开面积，最后根据定额项目划分的直径值，兼顾风管厚度，汇总统计风管展开面积。

工程量计算表见表 4-36，工程量汇总表见表 4-37。

表 4-36　工程量计算表

序号	项目名称	规格型号	计算式
1	薄钢板圆形法兰风管（焊接）制作安装	DN600	1）钢板厚度 $\delta=3\text{mm}$ 2）长度 $L=2.10+3.09+0.20\div2-0.30\times3=4.39\text{m}$ 3）周长 $C=0.60\pi=1.88\text{m}$ 4）风管制作安装工程量 $F=CL=1.88\times4.39=8.25\text{m}^2$
2		DN630	1）钢板厚度 $\delta=3\text{mm}$ 2）长度 $L=0.20\div2=0.10\text{m}$ 3）周长 $C=0.63\pi=1.98\text{m}$ 4）风管制作安装工程量 $F=CL=1.98\times0.10=0.20\text{m}^2$

表 4-37　工程量汇总表

项目名称	直径 D/mm	板厚 δ/mm	计算式
薄钢板圆形法兰风管（焊接）制作安装	$450<D\leqslant1000$	3	$\sum F=8.25+0.20=8.45\text{m}^2$

【例 4-6】 某通风空调工程的风管相关信息见表 4-38。试按定额清单计价法列出该项目综合单价计算表。本题中制作安装费的人、材、机单价均按《浙江省通用安装工程预算定额》（2018 版）取定的基价考虑；管理费费率为 21.72%，利润费率为 10.40%，风险不计；计算结果保留两位小数。

表 4-38　某通风空调工程的风管相关信息

序号	风管与材质	厚度/mm	连接方式	规格/mm	工程量/m^2	除税价（元/t）	单重/（kg/m^2）
1	镀锌薄钢板共板法兰矩形风管	0.60	咬口	$320<b\leqslant450$	25.72	4900	4.71
2		0.75		$450<b\leqslant630$	14.31		5.89
3	薄钢板法兰圆形风管	3.00	焊接	$D\leqslant1000$	10.16	3800	23.55

【解】 根据题意及风管相关信息表内容，计算过程如下：

1）镀锌薄钢板共板法兰矩形风管（咬口方式连接、$320\text{mm}<b\leqslant450\text{mm}$、$\delta=0.6\text{mm}$）制作安装套用定额 7-2-13，查得定额人工费、材料费、机械费分别为 390.15 元/10m^2、99.16 元/10m^2、114.28 元/10m^2。

定额工程量为 25.72m^2÷10=2.572（10m^2），未计价主材定额含量为 11.8m^2/10m^2，未计价主材工程量为 11.8m^2/10m^2×2.572（10m^2）= 30.350m^2。

未计价主材除税价为 4.9 元/kg×4.71kg/m^2 = 23.08 元/m^2，未计价主材单位价值为 11.8m^2/10m^2×23.08 元/m^2 = 272.34 元/10m^2，共计材料费为（99.16+272.34）元/10m^2 = 371.50 元/10m^2。

2）镀锌薄钢板共板法兰矩形风管（咬口方式连接、450mm<b≤630mm、δ=0.75mm）制作安装套用定额 7-2-14，查得定额人工费、材料费、机械费分别为 281.07 元/10m^2、105.43 元/10m^2、55.83 元/10m^2。

定额工程量为 14.31m^2÷10=1.431（10m^2），未计价主材定额含量为 11.8m^2/10m^2，未计价主材工程量为 11.8m^2/10m^2×1.431（10m^2）= 16.886m^2。

未计价主材除税价为 4.9 元/kg×5.89kg/m^2 = 28.86 元/m^2，未计价主材单位价值为 11.8m^2/10m^2×28.86 元/10m^2 = 340.55 元/10m^2，共计材料费为（105.43+340.55）元/10m^2 =445.98 元/10m^2。

3）薄钢板法兰圆形风管（焊接、D≤1000mm、δ=3mm）制作安装套用定额 7-2-23，查得定额人工费、材料费、机械费分别为 969.17 元/10m^2、246.57 元/10m^2、125.88 元/10m^2。

定额工程量为 10.16m^2÷10=1.016（10m^2），未计价主材定额含量为 10.8m^2/10m^2，未计价主材工程量为 10.8m^2/10m^2×1.016（10m^2）= 10.973m^2。

未计价主材除税价为 3.8 元/kg×23.55kg/m^2 = 89.49 元/m^2，未计价主材单位价值为 10.8m^2/10m^2×89.49 元/m^2 =966.49 元/10m^2，共计材料费为（246.57+966.49）元/10m^2 = 1213.06 元/10m^2。

综合单价计算结果见表 4-39。

表 4-39 综合单价计算结果

项目编码（定额编码）	清单（定额）项目名称	计量单位	数量	综合单价（元）						合计（元）
				人工费	材料（设备）费	机械费	管理费	利润	小计	
7-2-13	镀锌薄钢板共板法兰矩形风管（δ=0.6mm、咬口方式连接、b≤450mm）	10m^2	2.572	390.15	371.50	114.28	109.56	52.46	1037.95	2669.61
主材	镀锌薄钢板（δ=0.6mm）	m^2	30.350		23.08					700.48
7-2-14	镀锌薄钢板共板法兰矩形风管（δ=0.75mm、咬口方式连接、b≤1000mm）	10m^2	1.431	281.07	445.98	55.83	73.17	35.04	891.09	1275.15
主材	镀锌薄钢板（δ=0.75mm）	m^2	16.886		28.86					487.33
7-2-23	薄钢板圆形风管（δ=3mm、焊接、D≤1000mm）	10m^2	1.016	969.17	1213.06	125.88	237.84	113.89	2659.84	2702.40
主材	热轧薄钢板（δ=3.0mm）	m^2	10.973		89.49					981.97

4.2.4 通风管道部件制作安装定额与计量计价

1. 定额使用说明

定额使用说明具体见《浙江省通用安装工程预算定额》（2018 版）第七册第三章第 61 页的相关内容。

本章内容包括通风管道各种调节阀、风口、散流器、消声器的安装，以及静压箱、风帽、罩类的制作与安装等。

通风管道部件指通风空调系统中的各类风口、阀门、消声器、静压箱、排气罩、风帽、检视门、（风量或温度）测定孔等。

2. 碳钢调节阀、柔性软风管阀门安装

碳钢调节阀、柔性软风管阀门安装定额情况对比见表 4-40。

表 4-40 碳钢调节阀、柔性软风管阀门安装定额情况对比

序号	项目	碳钢调节阀安装	柔性软风管阀门安装
1	项目划分	1)空气加热器上的调节阀,按安装位置划分项目 2)其余调节阀均区分类型、直径(圆形)或周长(矩形)划分项目	区分直径(圆形)划分项目
2	工程量计算	按设计图示数量计算,均以“个”为计量单位	
3	定额编码	7-3-1~7-3-36	7-3-37~7-3-41
	未计价主材	相应调节阀 1 个	
4	使用说明	1)碳钢阀门安装定额适用于玻璃钢阀门安装,铝及铝合金阀门安装执行碳钢阀门安装的相应定额,人工费×0.8 2)蝶阀安装子目适用于圆形(或方形)的保温(或不保温)蝶阀;风管止回阀安装子目适用于圆形(或方形)风管止回阀 3)对开多叶调节阀安装定额适用于密闭式(或手动式)对开多叶调节阀安装	

3. 风口安装相关定额

风口安装相关定额情况对比见表 4-41。

表 4-41 风口安装相关定额情况对比

序号	项目	铝合金风口安装	不锈钢风口安装	铝制孔板风口安装	塑料散流器安装	塑料空气分布器安装
1	项目划分	1)百叶风口、矩形送风口、矩形空气分布器、方形散流器、送吸风口、活动篦式风口、网式风口、板式排烟口、多叶排烟口(送风口)等,均按其周长划分项目 2)旋转吹风口、圆形或流线型散流器等,按直径划分项目 3)钢百叶窗风口按框内面积划分项目	不区分项目	以风口周长划分项目	以塑料直片式散流器的质量划分项目	以塑料空气分布器的类型、规格与质量等划分项目
2	计量单位	个			100kg	
3	工程量计算	按设计图示数量计算				

（续）

序号	项目	铝合金风口安装	不锈钢风口安装	铝制孔板风口安装	塑料散流器安装	塑料空气分布器安装
4	定额编码	7-3-42～7-3-98	7-3-99	7-3-112～7-3-119	7-3-103～7-3-104	7-3-105～7-3-111
	未计价主材	相应材质、相应类型的风口1个		铝制孔板风口1个	塑料散流器若干	塑料空气分布器若干
5	使用说明	1)木风口、碳钢风口、玻璃钢风口安装，执行铝合金风口的相应定额，人工费×1.2 2)送吸风口安装定额适用于铝合金单面（或双面）送吸风口 3)风口的宽与长之比≤0.125的为条缝形风口，执行百叶风口相关定额，人工费×1.1 4)风机防虫网罩安装执行（网式）风口安装相应定额，基价×0.8 5)带调节阀（过滤器）百叶风口安装、带调节阀散流器安装，执行铝合金风口安装的相应定额，基价×1.5	—	铝制孔板风口如需电化处理时，电化费另行计算	—	—

【例4-7】 某17层建筑的电梯前室加压系统远控多叶送风口和自垂百叶送风口布置图如图4-8和图4-9所示。风口设置楼层为1～17层，均为铝合金材质。已知远控多叶送风口

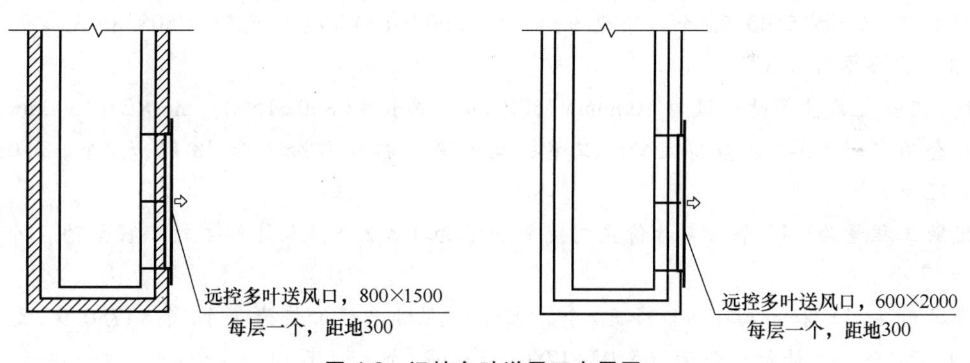

图4-8　远控多叶送风口布置图

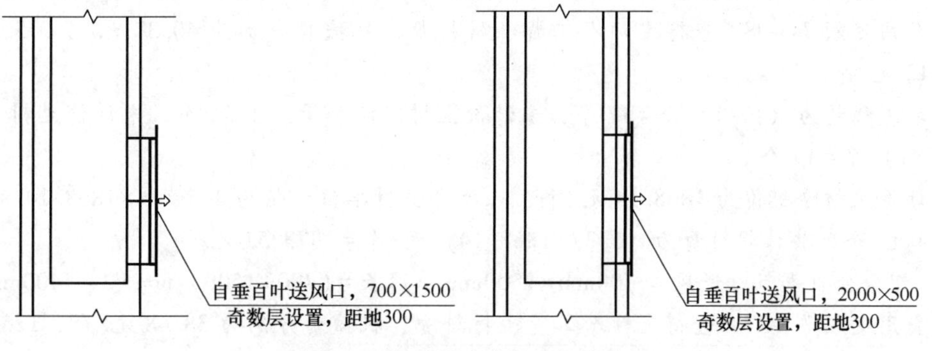

图4-9　自垂百叶送风口布置图

含税信息价计算式为［$A(B+0.2)\times985+535$］元/个，自垂百叶送风口含税信息价计算式为（$AB\times525+50$）元/个；式中 A 和 B 分别为风口的长边长和短边长，单位均为 m，增值税税率均为 13%。试计算风口工程量，并按定额清单计价法列出该项目综合单价计算表。本题中制作安装费的人、材、机单价均按《浙江省通用安装工程预算定额》（2018 版）取定的基价考虑；管理费费率为 21.72%，利润费率为 10.40%，风险不计；计算结果保留两位小数。

【解】 根据题意先计算风口工程量，再计算含税价与除税价，最后计算相应综合单价。计算过程如下：

（1）风口工程量计算　铝合金远控多叶送风口 800mm×1500mm、600mm×2000mm 每层各设置 1 个，建筑共 17 层，工程量均为 17 个。

铝合金自垂百叶送风口 700mm×1500mm、2000mm×500mm 奇数层设置，建筑共 17 层，此种风口设置楼层为 1、3、5、7、9、11、13、15、17 层，工程量均为 9 个。

（2）含税价与除税价计算　铝合金远控多叶送风口 800mm×1500mm，含税价为［$A(B+0.2)\times985+535$］元/个=［1.5×(0.8+0.2)×985+535］元/个=2012.50 元/个，除税价为［2012.50/(1+13%)］元/个=1780.97 元/个。

铝合金远控多叶送风口 600mm×2000mm，含税价为［$A(B+0.2)\times985+535$］元/个=［2.0×(0.6+0.2)×985+535］元/个=2111.00 元/个，除税价为［2111.00/(1+13%)］元/个=1868.14 元/个。

铝合金自垂百叶送风口 700mm×1500mm，含税价为（$AB\times525+50$）元/个=(1.5×0.7×525+50）元/个=601.25 元/个，除税价为［601.25/(1+13%)］元/个=532.08 元/个。

铝合金自垂百叶送风口 2000mm×500mm，含税价为（$AB\times525+50$）元/个=(2.0×0.5×525+50）元/个=575.00 元/个，除税价为［575.00/(1+13%)］元/个=508.85 元/个。

（3）综合单价计算

1）铝合金远控多叶送风口 800mm×1500mm［周长=(800+1500）mm×2=4600mm］安装，应套用定额 7-3-97，查得定额人工费、材料费、机械费分别为 38.88 元/个、5.03 元/个、0.12 元/个。

定额工程量为=17 个，未计价主材定额含量为 1 个/个，未计价主材工程量为 1 个/个×17 个=17 个。

未计价主材除税价为 1780.97 元/个，未计价主材单位价值为 1 个/个×1780.97 元/个=1780.97 元/个，共计材料费为（5.03+1780.97）元/个=1786.00 元/个。

2）铝合金远控多叶送风口 600mm×2000mm［周长=(600+2000）mm×2=5200mm］安装，应套用定额 7-3-98，查得定额人工费、材料费、机械费分别为 40.37 元/个、5.37 元/个、0.12 元/个。

定额工程量为（17/1）个=17 个，未计价主材定额含量为 1 个/个，未计价主材工程量为（17×1）个=17 个。

未计价主材除税价为 1868.14 元/个，未计价主材单位价值为 1 个/个×1868.14 元/个=1868.14 元/个，共计材料费为（5.37+1868.14）元/个=1873.51 元/个。

3）铝合金自垂百叶送风口 700mm×1500mm［周长=(700+1500）mm×2=4400mm］安装，应套用定额 7-3-47，查得定额人工费、材料费、机械费分别为 38.48 元/个、12.05 元/个、0.12 元/个。

定额工程量为9个，未计价主材定额含量为1个/个，未计价主材工程量为1个/个×9个=9个。

未计价主材除税价为532.08元/个，未计价主材单位价值为1个/个×532.08元/个=532.08元/个，共计材料费为（12.05+532.08）元/个=544.13元/个。

4）铝合金自垂百叶送风口2000mm×500mm［周长=(2000+500) mm×2=5000mm］安装，应套用定额7-3-48，查得定额人工费、材料费、机械费分别为49.55元/个、15.03元/个、0.12元/个。

定额工程量为9个，未计价主材定额含量为1个/个，未计价主材工程量为1个/个×9个=9个。

未计价主材除税价为508.85元/个，未计价主材单位价值为1个/个×508.85元/个=508.85元/个，共计材料费为（15.03+508.85）元/个=523.88元/个。

风口安装综合单价计算结果见表4-42。

表4-42 风口安装综合单价计算结果

项目编码（定额编码）	清单（定额）项目名称	计量单位	数量	综合单价（元）						合计（元）
				人工费	材料（设备）费	机械费	管理费	利润	小计	
7-3-97	铝合金多叶送风口安装周长≤4800mm	个	17	38.88	1786.00	0.12	8.47	4.06	1837.53	31238.01
主材	铝合金远控多叶送风口800mm×1500mm	个	17		1780.97					30276.49
7-3-98	铝合金多叶送风口安装周长≤5200mm	个	17	40.37	1873.51	0.12	8.79	4.21	1927.00	32759.00
主材	铝合金远控多叶送风口600mm×2000mm	个	17		1868.14					31758.38
7-3-47	铝合金百叶风口安装周长≤4800mm	个	9	38.48	544.13	0.12	8.38	4.01	595.12	5356.08
主材	铝合金自垂百叶送风口700mm×1500mm	个	9		532.08					4788.72
7-3-48	铝合金百叶风口安装周长≤6000mm	个	9	49.55	523.88	0.12	10.79	5.17	589.51	5305.59
主材	铝合金自垂百叶送风口2000mm×500mm	个	9		508.85					4579.65

4. 不锈钢圆形法兰、吊托支架制作安装

不锈钢圆形法兰、吊托支架制作安装相关定额情况对比见表4-43。

表4-43 不锈钢圆形法兰、吊托支架制作安装相关定额情况对比

序号	项目	不锈钢圆形法兰制作安装	不锈钢板风管吊托支架制作安装
1	项目划分	以法兰单重划分项目	不区分项目
2	工程量计算	按设计图示尺寸以质量计算，均以“100kg”为计量单位	
3	定额编码	7-3-100~7-3-101	7-3-102
	未计价主材	—	
4	使用说明	—	

5. 风帽制作安装

定额中的风帽制作安装包括碳钢风帽制作安装，塑料风帽、伸缩节制作安装，铝板风帽、法兰制作安装，以及玻璃钢风帽安装。

风帽制作安装相关定额情况对比见表4-44。

表4-44 风帽制作安装相关定额情况对比

序号	项目	碳钢风帽制作安装	塑料风帽、伸缩节制作安装	铝板风帽、法兰制作安装	玻璃钢风帽安装
1	项目划分	1)碳钢风帽区别风帽类型(圆伞形、锥形和筒形)、单个质量划分项目 2)碳钢筒形风帽滴水盘区分单个滴水盘质量划分项目 3)碳钢风帽筝绳、泛水等不区分项目	1)塑料风帽区别风帽类型(圆伞形、锥形和筒形)划分项目,其中锥形和筒形还区别单个质量进一步划分项目 2)柔性接口及伸缩节按有无法兰区分项目	1)铝板圆伞形风帽不区分项目 2)铝板风帽的圆、矩形法兰按单片质量区分项目	玻璃钢风帽区别风帽类型(圆伞形、锥形和筒形)、单个质量划分项目
2	计量单位	1)风帽泛水以“m^2”为计量单位 2)其余均以“100kg”为计量单位	1)风帽以“100kg”为计量单位 2)伸缩节以“m^2”为计量单位	100kg	
3	工程量计算	按设计图示尺寸以质量或展开面积计算		按设计图示尺寸以质量计算	依据成品质量按设计图示数量计算
4	定额编码	7-3-120~7-3-132	7-3-133~7-3-141	7-3-142~7-3-146	7-3-147~7-3-152
	未计价主材	—	—	—	—
5	使用说明	拆分比例见第七册册说明“空调管道及部件制作和安装的人工、材料、机械比例表”			
		1)非标准碳钢风帽制作安装按成品质量以“kg”为计量单位 2)风帽为成品安装时制作不再计算	—	—	—

6. 罩类、塑料风罩制作安装与厨房油烟排气罩安装

罩类、塑料风罩制作安装与厨房油烟排气罩安装相关定额情况对比见表4-45。

表4-45 罩类、塑料风罩制作安装与厨房油烟排气罩安装相关定额情况对比

序号	项目	罩类制作安装	塑料风罩制作安装	厨房油烟排气罩安装
1	项目划分	1)罩类制作安装分皮带防护罩,电动防雨罩(T110),侧吸罩,中小型零件焊接台排气罩,侧吸罩,槽边风罩(吹、吸),各型风罩调节阀,条缝槽边抽风罩,泥心烘炉排气罩,升降式回转、升降式、手锻炉排气罩和上下吸式圆形回转罩等 2)除皮带防护罩(区分B式、C式)、侧吸罩(区分上吸式、下吸式)和上下吸式圆形回转罩(区分墙上、混凝土柱上或钢柱上)外,其余均不区分定额项目	1)塑料风罩制作安装区分风罩类型(槽边侧吸罩、槽边风罩、条缝槽边抽风罩)和各型风罩调节阀、风罩结构特点、功能(吹或吸风,周边、单侧或双侧抽风)等划分定额项目 2)各型风罩调节阀不区分定额项目	不区分项目

（续）

序号	项目	罩类制作安装	塑料风罩制作安装	厨房油烟排气罩安装
2	工程量计算	按质量计算，均以“100kg”为计量单位		按设计图示数量计算，以“个”为计量单位
3	定额编码	7-3-153～7-3-168	7-3-169～7-3-176	7-3-211
	未计价主材	—		厨房油烟排气罩1个
4	使用说明	1）拆分比例见第七册册说明“空调管道及部件制作和安装的人工、材料、机械比例表” 2）罩类为成品安装时制作不再计算		—

7. 消声器安装与静压箱制作安装

消声器安装与静压箱制作安装定额包括微穿孔板消声器、阻抗式消声器、管式消声器、片式消声器安装，以及消声弯头安装；静压箱安装和静压箱制作等。

消声器安装与静压箱制作安装相关定额情况对比见表4-46。

表4-46 消声器安装与静压箱制作安装相关定额情况对比

序号	项目	消声器安装	静压箱安装	静压箱制作
1	项目划分	1）消声器安装区分消声器的类型（微穿孔板、阻抗式、管式、片式等）和周长划分定额项目 2）消声弯头区分周长划分定额项目	区分静压箱展开面积大小划分定额项目	分为静压箱制作、贴吸音材料两条定额项目
2	工程量计算	按设计图示数量计算，以“个”为计量单位		按设计图示尺寸以展开面积计算，以“m^2”为计量单位；不扣除开口面积
3	定额编码	7-3-177～7-3-205	7-3-206～7-3-208	7-3-209～7-3-210
	未计价主材	相应消声器1个或消声弯头1个	静压箱1台	镀锌薄钢板（$\delta=1.0$mm）11.49m^2或吸音材料11.00m^2
4	使用说明	—		

【例4-8】 如图4-10所示，某净化空调机组送回风管处设置双腔微穿孔板消声器（有效长度均为1m）。已知双腔微穿孔板消声器含税信息价计算式为$(AB+AL+BL)\times2\times730$，式中$A$、$B$和$L$分别为消声器的长边长、短边长和有效长度，单位均为m，增值税税率为13%。试按定额清单计价法列出该项目2个双腔微穿孔板消声器综合单价计算表。本题中制作安装费的人、材、机单价均按《浙江省通用安装工程预算定额》（2018版）取定的基价考虑；管理费费率为21.72%，利润费率为10.40%，风险不计；计算结果保留两位小数。

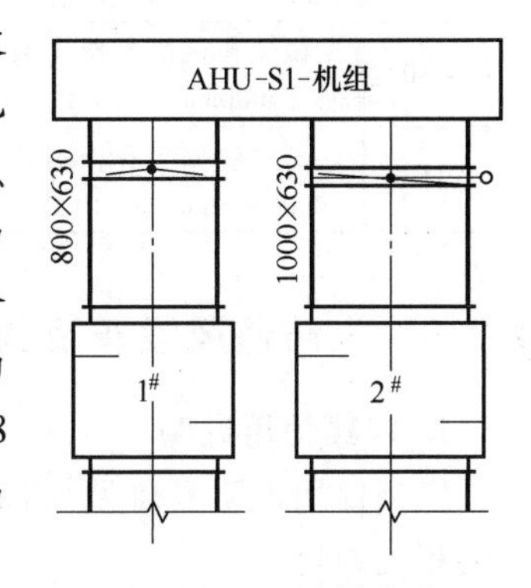

图4-10 双腔微穿孔板消声器布置图

【解】 根据题意，先计算两个消声器各自的含税价与除税价，再计算相应综合单价。

（1）含税价与除税价计算 1#双腔微穿孔板消声器的尺寸为800mm×630mm×1000mm，含税价为$[(AB+AL+BL)\times2\times730]$元/个$=[(0.8\times0.63+0.8\times1.0+0.63\times1.0)\times2\times730]$元/个$=2823.64$元/个，除税价为$[2823.64/(1+13\%)]$元/个$=2498.80$元/个。

$2^{\#}$双腔微穿孔板消声器的尺寸为 1000mm×630mm×1000mm，含税价为［(AB+AL+BL)×2×730］元/个=[(1.0×0.63+1.0×1.0+0.63×1.0)×2×730］元/个=3299.60 元/个，除税价为［3299.60/(1+13%)］元/个=2920.00 元/个。

（2）综合单价计算 $1^{\#}$双腔微穿孔板消声器 800mm×630mm×1000mm［周长=(800+630) mm×2=2860mm］安装，应套用定额 7-3-179（微穿孔板消声器安装周长≤3200mm），查得定额人工费、材料费、机械费分别为 155.79 元/个、102.82 元/个、0.00 元/个。

定额工程量为 1 个，未计价主材定额含量为 1 个/个，未计价主材工程量为 1 个/个×1 个=1 个。

未计价主材除税价为 2498.80 元/个，未计价主材单位价值为 2498.80 元/个×1 个/个=2498.80 元/个，共计材料费为（102.82+2498.80）元/个=2601.62 元/个。

$2^{\#}$双腔微穿孔板消声器 1000mm×630mm×1000mm［周长=(1000+630) mm×2=3260mm］安装，应套用定额 7-3-180（微穿孔板消声器安装周长≤4000mm），查得定额人工费、材料费、机械费分别为 208.17 元/个、183.74 元/个、0.00 元/个。

定额工程量为 1 个，未计价主材定额含量为 1 个/个，未计价主材工程量为 1 个/个×1 个=1 个。

未计价主材除税价为 2920.00 元/个，未计价主材单位价值为 2920.00 元/个×1 个/个=2920.00 元/个，共计材料费为（183.74+2920.00）元/个=3103.74 元/个。

消声器安装综合单价计算结果见表 4-47。

表 4-47　消声器安装综合单价计算结果

项目编码（定额编码）	清单（定额）项目名称	计量单位	数量	综合单价（元）						合计（元）
				人工费	材料（设备）费	机械费	管理费	利润	小计	
7-3-179	微穿孔板消声器安装 周长≤3200mm	个	1	155.79	2601.62	0.00	33.84	16.20	2807.45	2807.45
主材	$1^{\#}$双腔微穿孔板消声器 800mm×630mm×1000mm	个	1		2498.80					2498.80
7-3-180	微穿孔板消声器安装周长≤4000mm	个	1	208.17	3103.74	0.00	45.21	21.65	3378.77	3378.77
主材	$2^{\#}$双腔微穿孔板消声器 1000mm×630mm×1000mm	个	1		2920.00					2920.00

4.2.5 人防通风设备及部件制作安装定额与计量计价

1. 定额使用说明

定额使用说明具体见《浙江省通用安装工程预算定额》（2018 版）第七册第四章第 101 页的相关内容。

本章内容包括人防设备工程中的通风及空调设备安装，通风管道部件制作安装，防护设备、设施安装。

2. 人防排气阀门、人防手动密闭阀门安装

1）定额中的人防排气阀门共有三类：YF 型自动防爆排气阀门、超压排气阀门和 FCS 防爆超压排气阀门。

YF 型自动防爆排气阀门是用于超压排风的一种通风设备。

超压排气阀门主要用于防护工程的排风口。平时处于关闭状态，当需要进行滤毒通风时，工程内部必须提供并保持 30~50Pa 超压，此时阀门的阀盖在超压作用下自动开启，以排除防毒通道内的毒气。战时需要进行隔绝防护时，人工将阀盖锁紧，此时阀门具有防护密闭功能。

FCS 防爆超压排气阀门可直接替代战时排风系统上的防爆波阀门和自动排气阀门组成的排风消波系统。平时处于开启状态，便于排风；在冲击波正压作用下，阀盖自动关闭，消减 90%以上的冲击波能量；工程内部在超压 30~50Pa 时阀盖自动开启。战时需要隔绝防护时用人工锁紧阀盖，可达到防护密闭的目的。

2）人防手动密闭阀门用于控制风管内气流循环方式的切换。操控不同位置的人防手动密闭阀启闭，使人防通风能在滤毒式通风、清洁式通风、隔绝式通风和滤毒间换气四种不同通风方式之间顺利进行转换。

人防排气阀门、人防手动密闭阀门安装定额情况对比见表 4-48。

表 4-48　人防排气阀门、人防手动密闭阀门安装定额情况对比

序号	项目	人防排气阀门	人防手动密闭阀门
1	项目划分	三种排气阀门均按常见直径规格，并区分密闭套管制作安装、阀门安装划分定额项目	区分不同直径划分定额项目
2	工程量计算	按设计图示数量计算，以“个”为计量单位	
3	定额编码	7-4-1~7-4-6	7-4-7~7-4-13
	未计价主材	相应排气阀门 1 个	手动密闭阀门 1 个
4	使用说明	—	1）电动密闭阀安装执行手动密闭阀安装子目，人工费×1.05 2）手动密闭阀安装子目包括一副法兰、两副法兰螺栓及橡胶石棉垫圈；如为一侧接管，人工费×0.6，材料费、机械费均×0.5；不包括吊托支架制作与安装，如发生执行第十三册《通用项目和措施项目工程》的相应定额

3. 人防其他部件制作安装

人防其他部件制作安装包括了人防通风机安装、防护设备制作安装（LWP 型滤尘器安装，毒气报警器安装，过滤吸收器、预滤器、除湿器安装，密闭穿墙管制作安装，密闭穿墙管填塞，测压装置安装，换气堵头安装，波导窗安装等）。

人防其他部件制作安装定额情况对比见表 4-49。

表 4-49　人防其他部件制作安装定额情况对比

序号	项目	人防通风机安装	防护设备制作安装							
			LWP 型滤尘器安装	毒气报警器安装	过滤吸收器、预滤器、除湿器安装	密闭穿墙管制作安装	密闭穿墙管填塞	测压装置安装	换气堵头安装	波导窗安装
1	项目划分	定额区分手摇、电动两用风机或脚踏、电动两用风机两类风机划分两个定额项目	区分不同安装方式（立式、人字式、卧式、匣式）划分定额项目	区分不同类型（探头式含磷毒气报警器、γ射线报警器）划分定额项目	过滤吸收器区分不同型号（500型、1000型）划分项目；预滤器、除湿器不区分项目	区分不同类型（Ⅰ、Ⅱ、Ⅲ型）和尺寸划分项目	区别不同公称直径划分项目	不区分项目		

（续）

序号	项目	人防通风机安装	防护设备制作安装							
			LWP 型滤尘器安装	毒气报警器安装	过滤吸收器、预滤器、除湿器安装	密闭穿墙管制作安装	密闭穿墙管填塞	测压装置安装	换气堵头安装	波导窗安装
2	计量单位	台	m^2	台		个		套	个	个
3	工程量计算	按设计图示数量计算	按设计图示尺寸以面积计算	按设计图示数量计算						
4	定额编码	7-4-14～7-4-15	7-4-16～7-4-19	7-4-20～7-4-21	7-4-22～7-4-25	7-4-26～7-4-32	7-4-33～7-4-35	7-4-36～7-4-38		
	未计价主材	橡胶隔振垫 1 组 人防通风机 1 台	LWP 型滤尘器另计	相应报警器 1 台	过滤吸收器 1 台 预滤器 1 台 除湿器 1 台 柔性接头（D200）2 个	热轧薄钢板、扁钢若干	—	测压装置 1 套 D315 换气堵头 1 个 波导窗 1 个		
5	使用说明	1）滤尘器、过滤吸收器安装子目不包括支架制作安装，其支架制作安装执行第十三册《通用项目和措施项目工程》的相应定额 2）过滤吸收器的柔性接头按随设备供应考虑								
		3）探头式含磷毒气报警器安装包括探头固定板和三角支架制作安装 4）γ 射线报警器定额已包含探头安装孔孔底电缆套管的制作安装，但不包括电缆敷设；如设计电缆穿管长度>0.5m，超过部分另外执行相应子目；地脚螺栓（M12×200mm，6 个）按与设备配套编制								
		5）密闭穿墙管填塞定额的填料按油麻丝、黄油封堵考虑，如填料不同，不做调整 6）密闭穿墙管制作安装分类：Ⅰ型为薄钢板风管直接浇入混凝土墙内的密闭穿墙管；Ⅱ型为取样管用密闭穿墙管；Ⅲ型为薄钢板风管通过套管穿墙的密闭穿墙管 7）密闭穿墙管按墙厚 0.3m 编制，若与设计墙厚不同，管材可以换算，其余不变；Ⅲ型穿墙管项目不包括风管本身 8）密闭穿墙套管为成品安装时，按密闭穿墙套管制作安装定额×0.3，穿墙管主材另计								

【例 4-9】 某人防工程通风预埋孔洞平面布置图如图 4-11 所示。已知超压排气阀门除税价为 1100.00 元/个，热轧薄钢板综合除税价为 3800.00 元/t，扁钢 Q235B 综合除税价为 4200.00 元/t。试按定额清单计价法列出该项目超压排气阀门及配套密闭套管、预埋套管（Ⅰ型）的综合单价计算表。本题中制作安装费的人、材、机单价均按《浙江省通用安装工程预算定额》（2018 版）取定的基价考虑；管理费费率为 21.72%，利润费率为 10.40%，风险不计；计算结果保留两位小数。

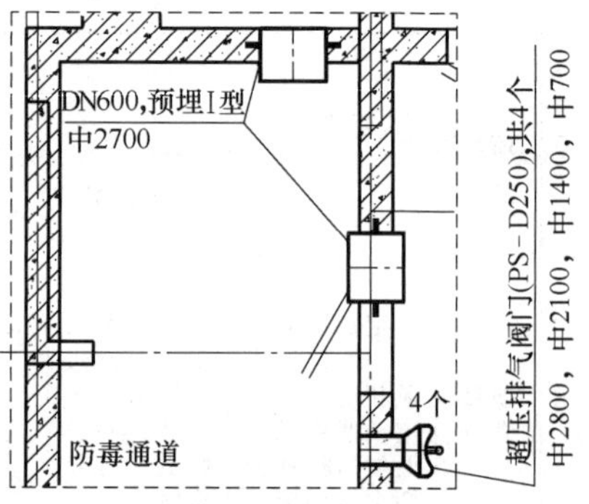

【解】 根据题意，综合单价计算过程如下：

1）超压排气阀门（PS-D250）安装，应套用定额 7-4-4（直径为 250mm），查得定额人工费、材料费、机械费分别为 121.91 元/个、125.99 元/个、

DN600，预埋Ⅰ型
中2700
超压排气阀门(PS-D250)，共4个
中2800，中2100，中1400，中700
4个
防毒通道

图 4-11　某人防工程通风预埋孔洞平面布置图

4.81 元/个。

定额工程量为 4 个，未计价主材定额含量为 1 个/个，未计价主材工程量为 1 个/个×4 个=4 个。

未计价主材除税价为 1100.00 元/个，未计价主材单位价值为 1100.00 元/个×1 个/个=1100.00 元/个，共计材料费为（125.99+1100.00）元/个=1225.99 元/个。

2）超压排气阀门密闭套管制作安装，应套用定额 7-4-3（直径为 250mm），查得定额人工费、材料费、机械费分别为 39.83 元/个、25.49 元/个、6.00 元/个。

定额工程量为 4 个，无未计价主材。

3）预埋密闭穿墙套管Ⅰ型 DN600 制作安装，应套用定额 7-4-27（666mm 以内），查得定额人工费、材料费、机械费分别为 80.06 元/个、3.68 元/个、9.68 元/个。

定额工程量为 2 个。未计价主材热轧薄钢板 Q235B 综合的定额含量为 18.07kg/个，则它的工程量为 18.07kg/个×2 个=36.14kg；未计价主材扁钢 Q235B 综合的定额含量为 2.57kg/个，则其工程量为 2.57kg/个×2 个=5.14kg。

未计价主材热轧薄钢板 Q235B 综合的除税价为 3800.00 元/t，则未计价主材单位价值为 18.07kg/个×3.80 元/kg=68.67 元/个；未计价主材扁钢 Q235B 综合的除税价为 4200.00 元/t，则未计价主材单位价值为 2.57kg/个×4.20 元/kg=10.79 元/个。共计材料费为（3.68+68.67+10.79）元/个=83.14 元/个。

超压排气阀门安装和密闭套管制作安装综合单价计算结果见表 4-50。

表 4-50 超压排气阀门安装和密闭套管制作安装综合单价计算结果

项目编码（定额编码）	清单（定额）项目名称	计量单位	数量	综合单价（元）						合计（元）
				人工费	材料费	机械费	管理费	利润	小计	
7-4-4	超压排气阀门（直径为 250mm）阀门安装	个	4	121.91	1225.99	4.81	27.52	13.18	1393.41	5573.64
主材	超压排气阀门 PS-D250	个	4		1100.00					4400.00
7-4-3	超压排气阀门（直径为 250mm）密闭套管制作安装	个	4	39.83	25.49	6.00	9.95	4.77	86.04	344.16
7-4-27	密闭穿墙管制作安装（666mm 以内）Ⅰ型	个	2	80.06	83.14	9.68	19.49	9.33	201.70	403.40
主材	扁钢 Q235B 综合	kg	5.14		4.20					21.59
主材	热轧薄钢板 Q235B 综合	kg	36.14		3.80					137.33

4.2.6 通风空调工程系统调试定额与计量计价

1. 定额使用说明

定额使用说明具体见《浙江省通用安装工程预算定额》（2018 版）第七册第五章第 115 页的相关内容。

本章定额为通风空调工程系统调试项目。

变风量空调风系统调试仅适用于变风量空调风系统，不得重复计算通风空调系统调试项目。

通风空调系统调试工作内容包括通风管道漏光试验、漏风试验、风量测定、温度测定、各系统风口阀门调整。变风量系统调试工作内容包括通风管道漏光试验、漏风试验、风系统平衡调试。

2. 工程量计算规则

通风空调工程系统调试费、变风量空调风系统调试费均按系统人工总工日数，以“100工日”为计量单位。

【例 4-10】 已知某通风空调工程分部分项工程中相关人工总工日为 6598 工日，试按定额清单计价法列出该项目通风空调工程系统调试费综合单价计算表。本题中制作安装费的人、材、机单价均按《浙江省通用安装工程预算定额》（2018 版）取定的基价考虑；管理费费率为 21.72%，利润费率为 10.40%，风险不计；计算结果保留两位小数。

【解】 通风空调工程系统调试费套用定额 7-5-1，查得定额人工费、材料费、机械费分别为 330.75 元/100 工日、577.40 元/100 工日、0 元/100 工日。

定额工程量为 6598 工日=65.98（100 工日），无未计价主材。

通风空调工程系统调试综合单价计算结果见表 4-51。

表 4-51 通风空调工程系统调试综合单价计算结果

项目编码（定额编码）	清单（定额）项目名称	计量单位	数量	综合单价（元）						合计（元）
				人工费	材料（设备）费	机械费	管理费	利润	小计	
7-5-1	通风空调工程系统调试费	100工日	65.98	330.75	577.40	0.00	71.84	34.40	1014.39	66929.45

4.3 通风空调工程国标清单计价

4.3.1 工程量清单的设置内容

通风空调工程的工程量清单根据《通用安装工程工程量计算规范》（GB 50856—2013）附录 G 通风空调工程进行编制和计算。附录 G 主要由 5 部分组成，有 52 种清单项目，包含通风及空调设备及部件制作安装，通风管道制作安装，通风管道部件制作安装，通风工程检测、调试，相关问题及说明等，附录 G 组成情况见表 4-52。

表 4-52 附录 G 组成情况

序号	表格编号	清单项目	编码	项目编码
1	G.1	通风及空调设备及部件制作安装	030701	030701001～030701015
2	G.2	通风管道制作安装	030702	030702001～030702011
3	G.3	通风管道部件制作安装	030703	030703001～030703024
4	G.4	通风工程检测、调试	030704	030704001～030704002
5	G.5	相关问题及说明	—	—

清单编码均由12位（9位项目编码加3位顺序码）组成。例如，030702001001表示某规格、某厚度的碳钢通风管道制作安装，计量单位为“m^2”。实际包含的内容为表4-53中所含工程内容的一项或多项。一个清单项目是由若干个定额项目组成的，这些定额项目组成了清单项目的综合单价。

表4-53　通风管道制作安装部分清单项目所含工程内容

清单项目	项目编码	项目名称	计量单位	工作内容
通风管道制作安装（部分）	030702001	碳钢通风管道	m^2	1. 风管、管件、法兰、零件、支吊架制作安装 2. 过跨风管落地支架制作安装
	030702002	净化通风管		
	030702003	不锈钢板通风管道		
	030702004	铝板通风管道		
	030702005	塑料通风管道		

4.3.2　工程量清单的编制

1. 清单工程量计算规则

通风空调工程的清单工程量计算规则与定额工程量计算规则基本一致。

例如，表G.2备注中规定，风管展开面积以“m^2”为计量单位，不扣除检查孔、测定孔、送风口、吸风口等所占面积；风管长度一律以设计图示中心线长度为准（主管与支管以其中心线交点划分），包括弯头、三通、变径管、天圆地方等管件的长度，但不包括部件所占的长度。风管展开面积不包括风管、管口重叠部分面积。

此外，表G.5中规定的执行其他部分项目编码的规定也与定额规定一致。

2. 工程量清单编制应注意的问题

如前所述，通风空调工程的清单工程量计算规则与定额工程量计算规则基本一致，因此，清单工程量与定额工程量在数量上基本是一致的。工程量清单编制时应注意如下问题：

1）清单工程量通常以原始单位为计量单位，而定额工程量有时也会以10倍或100倍原始单位为计量单位。因此，尽管两者的工程数量一致，但从表现的数值上看可能会存在10倍或100倍的比例关系。

2）一条清单项目可能会包含一条定额项目，也可能包含两条甚至多条定额项目。例如，空调器安装清单项目包含了空调器本体安装、设备支架制作、设备支架安装和减振器安装4条定额项目；风机盘管安装清单项目包含了风机盘管本体安装与减振器安装共2条定额项目；碳钢阀门安装清单项目包含了成品阀门安装、设备支架制作和设备支架安装共3条定额项目。

3）工程量清单编制时还应注意五大要素的齐全，具体为项目编码、项目名称、项目特征、计量单位和工作内容，缺一不可。

4）工程量清单编制时，清单的项目特征、工作内容等应根据工程实际情况严格参照计算规范规定进行如实描述。例如，碳钢阀门制作安装时与70℃防火阀安装时，规范所列工作内容与实际发生工作内容对比见表4-54。

5）清单工作内容与定额工作内容是有区别的。如表4-54所示，清单规范所列工作内容中的“阀体制作、阀体安装”工作在定额工作内容中表示为“70℃防火阀（成品）800mm×400mm 安装”，即“阀体制作”工作内容已包含在定额计价中的主材费里。因此，从实际发生的工程内容看，定额就不需再描述“阀体制作”这一工作内容，从而清单也不需要再描述“阀体制作”这一工作内容。

表 4-54　规范所列工作内容与实际发生工作内容对比

项目编码(定额编码)	项目名称	工作内容	备注
030703001001	碳钢阀门	阀体制作、阀体安装、支架制作安装	规范所列可能发生的
		70℃防火阀(成品)800mm×400mm安装、支架制作安装	实际发生的
7-3-33	70℃防火阀(成品)安装 800mm×400mm	量孔、钻孔、对口、校正、垫垫、加垫、上螺栓、紧固、试动	
13-1-39	设备支架制作　单件质量 50kg 以下	切断、调直、煨制、钻孔、组对、焊接	
13-1-41	设备支架安装　单件质量 50kg 以下	打洞眼、堵洞眼、就位、固定、安装	

【例 4-11】 某工程有70℃防火阀（成品，800mm×400mm）安装，工程量为22个，单个阀门的支架重量按5kg考虑，试编制工程量清单。

【解】 根据《通风与空调工程施工质量验收规范》（GB 50243—2016）相关规定，直径 D 或长边长 $A \geqslant 630$mm 的防火阀，应设独立支吊架。按清单规范工作内容要求，工作内容除阀门安装外，还应有支架制作安装。这两项工作内容应分别套用定额。

根据工程量计算规范要求，70℃防火阀（成品）安装工程量清单编制的项目编码为“030703001”，项目名称为“碳钢阀门”，计量单位为“个”，工作内容分别为阀体制作、阀体安装、支架制作安装，项目特征按工作内容确定。单个阀门的支架质量按5kg考虑，则支架总重量为5kg/个×22个=110kg。70℃防火阀（成品）安装的工程量清单编制见表4-55。

表 4-55　70℃防火阀（成品）安装的工程量清单编制

项目编码(定额编码)	工作内容、项目名称与项目特征	单位	数量
030703001001	碳钢阀门： 1. 70℃防火阀(成品)安装 800mm×400mm 2. 设备支架制作　单件质量为 5kg 3. 设备支架安装　单件质量为 5kg	个	22
7-3-33	70℃防火阀(成品)安装 800mm×400mm	个	22
13-1-39	设备支架制作　单件质量 50kg 以下	100kg	1.10
13-1-41	设备支架安装　单件质量 50kg 以下	100kg	1.10

4.3.3　国标清单计价及其应用

一个清单项目是由一个或若干个定额项目组成的。通过对定额项目的相关计算，最终可得到清单项目的综合单价。

【例 4-12】 某工程有70℃防火阀（成品）800mm×400mm 共22个，单个阀门的支架质量按5kg考虑。该防火阀的含税信息价计算式为（AB×1165+180）元/个，式中，A 和 B 分别为防火阀的长边长和短边长，单位均为 m，增值税税率为13%。设主材型钢的除税价为4200元/t，试按国标清单计价法列出该项目70℃防火阀（成品）安装综合单价计算表。本题中安装费的人、材、机单价均按《浙江省通用安装工程预算定额》（2018版）取定的基价考虑；管理费费率为21.72%，利润费率为10.40%，风险不计；计算结果保留两位小数。

【解】 按题意，由已知条件和清单项目工作内容知，该项目应套用碳钢阀门清单项目030703001。对该清单进行组价并计算费用，得到清单综合单价。

（1）含税价与除税价计算　70℃防火阀（成品）800mm×400mm，含税价为（AB×1165+180）元/个=(0.8×0.4×1165+180）元/个=552.80元/个，除税价为552.80元/个/(1+13%)=489.20元/个。

（2）定额综合单价计算

1）70℃防火阀（成品）安装800mm×400mm，周长为（800+400）mm×2=2400mm，应套用定额7-3-33（周长≤3600mm），查得定额人工费、材料费、机械费分别为87.48元/个、11.32元/个、4.65元/个。

定额工程量为22个，未计价主材定额含量为1个/个，未计价主材工程量为1个/个×22个=22个。

未计价主材除税价为489.20元/个，未计价主材单位价值为1个/个×489.20元/个=489.20元/个，共计材料费为（11.32+489.20）元/个=500.52元/个。

2）支架单件质量为5kg，故支架制作应套用定额13-1-39（单件质量在50kg以下），查得定额人工费、材料费、机械费分别为266.09元/100kg、15.69元/100kg、37.29元/100kg。

定额工程量为5kg/个×22个÷100=1.10（100kg），未计价主材定额含量为105kg/100kg，未计价主材工程量为105kg/100kg×1.10（100kg)=115.5kg。

未计价主材单位价值为105kg/100kg×4.20元/kg=441.00元/100kg，共计材料费为(15.69+441.00）元/100kg=456.69元/100kg。

3）设备支架安装，应套用定额13-1-41（单件质量在50kg以下），其中定额人工费、材料费、机械费分别为223.16元/个、35.20元/个、73.14元/个。

定额工程量为1.10（100kg），无未计价主材。

（3）清单综合单价计算

人工费清单综合单价=[(87.48×22+266.09×1.10+223.16×1.10)÷22]元/个=111.94元/个。

材料费清单综合单价=[(500.52×22+456.69×1.10+35.20×1.10)÷22]元/个=525.11元/个。

机械费清单综合单价=[(4.65×22+37.29×1.10+73.14×1.10)÷22]元/个=10.17元/个。

分部分项工程清单综合单价计算表、分部分项工程清单与计价表分别见表4-56和表4-57。

表 4-56 分部分项工程清单综合单价计算表

项目编码（定额编码）	清单（定额）项目名称	计量单位	数量	综合单价（元）						合计（元）
				人工费	材料费	机械费	管理费	利润	小计	
030703001001	碳钢阀门： 1. 70℃防火阀（成品）安装 800mm×400mm 2. 设备支架制作 单件质量 50kg 以下 3. 设备支架安装 单件质量 50kg 以下	个	22	111.94	525.11	10.17	26.52	12.70	686.44	15101.68
7-3-33	风管防火阀 周长≤3600mm	个	22	87.48	500.52	4.65	20.01	9.58	622.24	13689.28
主材	70℃防火阀（成品）800mm×400mm	个	22		489.20					10762.40
13-1-39	设备支架制作 单件质量 50kg 以下	100kg	1.10	266.09	456.69	37.29	65.89	31.55	857.51	943.26
主材	型钢综合	kg	115.50		4.20					485.10
13-1-41	设备支架安装 单件质量 50kg 以下	100kg	1.10	223.16	35.20	73.14	64.36	30.82	426.68	469.35

表 4-57 分部分项工程清单与计价表

项目编码	项目名称	项目特征	计量单位	工程量	金额（元）					备注
					综合单价	合价	其中			
							人工费	机械费	暂估价	
030703001001	碳钢阀门	1. 70℃防火阀（成品）安装 800mm×400mm 2. 设备支架制作 单件质量 50kg 以下 3. 设备支架安装 单件质量 50kg 以下	个	22	686.44	15101.68	2462.68	223.74		

4.4 通风空调工程招标控制价编制实例

4.4.1 工程概况

浙江省某办公楼通风空调工程（局部），一层层高为 5.1m，室内外地坪高差 0.7m。四楼楼顶结构标高为 13.07m，女儿墙标高为 14.60m。

1. 通风空调工程概况

由设计说明可知，该工程采用变制冷剂流量（VRF）中央空调系统。由设计说明可知，该工程夏季总冷负荷为632.857kW，总热负荷为488.250kW。

办公区和展厅均采用室内机加小风量VRF新风系统。展厅采用全热交换器实现排风与新风的热交换，以达到节能的效果。按功能和区域划分，一层空调系统共设两套系统（VRF-1-1和VRF-1-2），两套系统的室内机采用嵌入式四面出风型或内藏风管型；在办公区东南侧设置新风处理机组一个。办公区设防排烟分区（展区暂不计），采用自然防烟（楼梯间开启外窗）和机械排烟相结合的方式进行防排烟。VRF室外机和排烟风机设置在四层屋面。

各通风和空调系统的新风口均带空气过滤器，外墙新风吸入口均需做挡水百叶及网格。

新、送、回、排风口均采用铝合金风口，散流器采用铝合金制作。

（1）管材与厚度　空调矩形风管采用镀锌薄钢板（咬口连接），采用共板法兰工艺制作。钢板厚度按《通风与空调工程施工质量验收规范》（GB 50243—2016）中压系统选择。

防排烟系统风管采用镀锌薄钢板（咬口连接），采用角钢法兰工艺制作。钢板厚度按设计要求，风管长边长$b \leqslant 1000$mm时，风管与管件的板材厚度均为1mm；$b>1000$mm时，厚度均为1.5mm。

冷媒管道采用去磷无缝紫铜管，铜管管径及最小壁厚选择（R410A制冷剂）见表4-58（注：参照格力产品手册）。冷媒管与室内机采用喇叭口连接；冷媒管与室外机及分支器均采用钎焊连接，焊接过程中必须充入氮气进行保护。管件及分支接头按厂家标准，并应符合规范要求。

表4-58　冷媒管铜管管径及最小壁厚选择（R410A制冷剂）

序号	1	2	3	4	5	6	7	8	9	10	11	12	13
铜管外径/mm	6.35	9.52	12.7	15.9	19.05	22.2	25.4	28.6	31.8	34.9	38.1	41.3	44.5
铜管壁厚/mm	0.8			1.0		1.2						1.5	

冷凝水管采用UPVC管，坡度不宜小于1%。

（2）保温与耐火时间　空调系统的风管、冷媒管和冷凝水管均采用难燃型B1发泡橡塑保温，厚度为20mm。

设置在走道吊顶内的排烟风管，在镀锌薄钢板外包覆厚度为10mm的防火板，以满足规范耐火时间1h的要求；设置在排烟井道内和楼顶的排烟风管，采用镀锌薄钢板，即可满足规范耐火时间0.5h的要求。

（3）支吊架与间距　室内设备（新风机、全热交换器及其他空调器）均采用4根ϕ12圆钢和2根∟50×50×4的角钢组成支吊架，风阀用2根ϕ12圆钢和1根∟50×50×4的角钢组成支吊架。

（4）柔性接口与减振　风机（或静压箱）与风管的连接采用难燃软接（如帆布软接）。防排烟系统风机进、出口设不燃软接头（如硅钛耐高温软接）。

吊装新风机组、全热交换器均设减振吊架。VRF室内机采用减振橡胶圈，室外机底座均设减振橡胶垫。

（5）管道安装　所有梁下的风管、制冷剂管等管道应尽量紧贴梁底安装，管道的法兰应避开结构梁布置。

各种管道同一标高相碰时，一般按下列原则处理：首先保证排水管，风管和压力管让重力管；其次保证风管，小管让大管。

管道穿墙体或楼板处应设钢套管。

2. 主要设备与材料表

通风空调工程的主要设备与材料表见表 4-59。

表 4-59　通风空调工程的主要设备与材料表

序号	名称	图例	备注
1	矩形风管	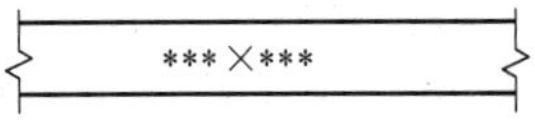 ***×***	宽×高，单位为 mm
2	圆形风管	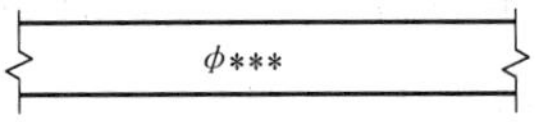 φ***	直径，单位为 mm
3	风管向上	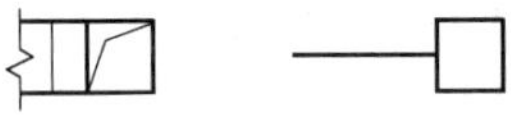	
4	风管向下		
5	风管上升摇手弯	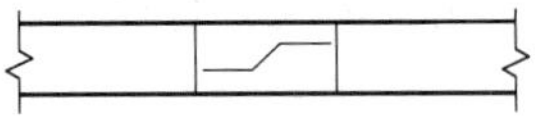	
6	风管下降摇手弯	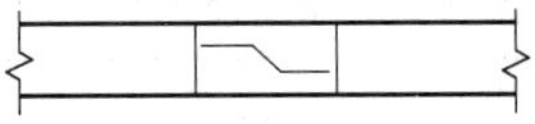	
7	天圆地方		左接矩形风管，右接圆形风管
8	风管软接头	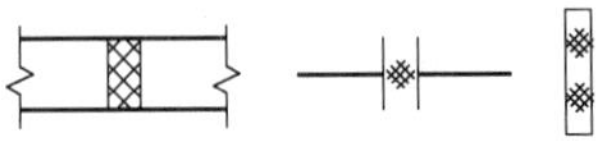	即帆布软接
9	软风管		
10	带导流叶片的矩形弯头		
11	消声弯头	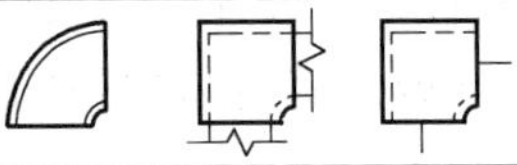	
12	消声器	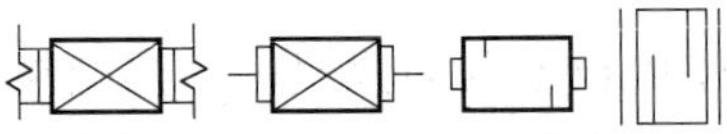	
13	消声静压箱	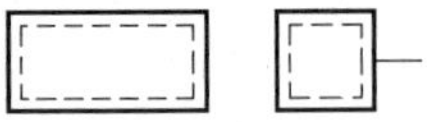	
14	对开多叶调节阀	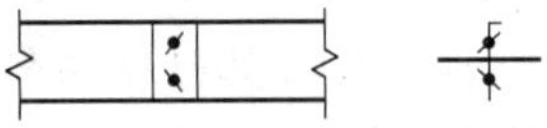	
15	蝶阀	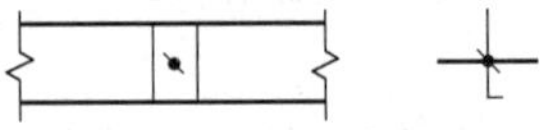	

（续）

序号	名称	图例	备注
16	插板阀	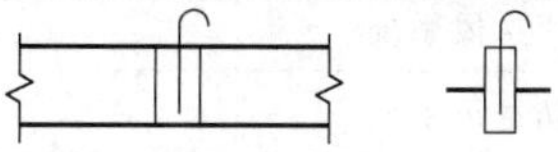	SD
17	止回风阀	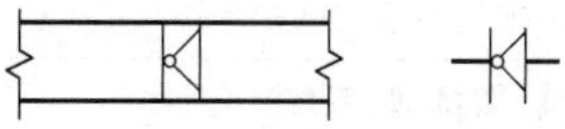	VD
18	防火阀(70℃)	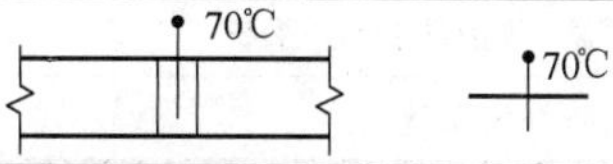 70℃ 70℃	
19	排烟防火阀(280℃)	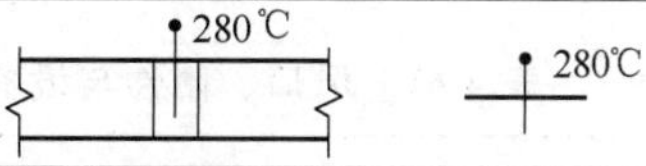 280℃ 280℃	
20	方形风口	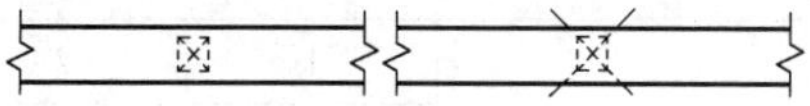	
21	矩形风口	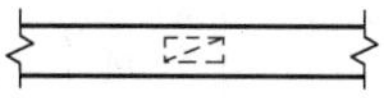	
22	条缝形风口	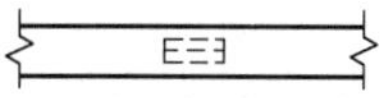	
23	圆形风口	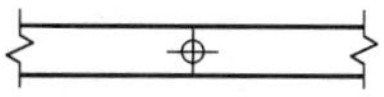	
24	侧面风口	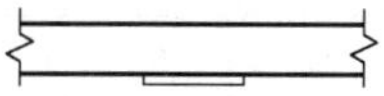	
25	下送风口		
26	防雨百叶	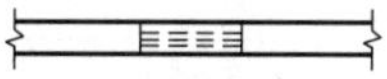	
27	检修门	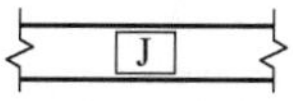 J	
28	排风扇	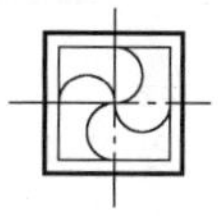	

3. 代号表与功能表

风道代号，风口、附件与设备代号，防烟阀及其功能分别见表4-60~表4-62。

表4-60 风道代号

序号	代号	管道名称	备注
1	SF	送风系统	
2	HF	回风系统	一、二次回风可附加1、2区别
3	PF	排风系统	
4	XF	新风系统	
5	PY	(消防)排烟系统	

（续）

序号	代号	管道名称	备注
6	JY	加压送风系统	
7	RS	人防送风系统	
8	RP	人防排风系统	
9	PF(Y)	排风(兼排烟)系统	
10	S(B)	送风(兼消防补风)系统	
11	XB	消防补风系统	

表 4-61　风口、附件与设备代号

风口标注	数字含义				
	1	2	3	4	5
1 2 3 AH/D 500×500 2 650 4 5	风口代号	附件	风口颈尺寸/mm	数量	风量/(m^3/h)

序号	风口代号示例		附件代号示例		设备代号示例	
1	AV	单层格栅风口,叶片垂直	D	带风阀	SEF	排风风机
2	AH	单层格栅风口,叶片水平	F	带过滤网	SF	送风风机
3	BV	双层格栅风口,前组叶片垂直	V	带风量调节	EAF	排烟风机
4	BH	双层格栅风口,前组叶片水平			SSF	消防补风风机
5	C *	矩形散流器,* 为出风面数量				
6	E *	条缝型风口,* 为条缝数				
7	F *	细叶型斜出风散流器,* 为出风面数量				
8	W	防雨百叶				
9	PS	板式排烟口				
10	GP	多叶送风口				
11	GS	多叶排烟口				
12	GF	防火风口				
13	G	CO 气体浓度传感器				

表 4-62　防烟阀及其功能

序号	阀体代号	1	2	3	4	5	6①	7②	8②	9	10	11③
		防烟防火	风阀	风量调节	阀体手动	远程手动	常闭	电动控制一次动作	电动控制反复动作	70℃自动关闭	280℃自动关闭	阀体动作反馈信号
1	FD	√	√		√					√		
2	FVD	√	√	√	√					√		

（续）

序号	阀体代号	1	2	3	4	5	6①	7②	8②	9	10	11③
		防烟防火	风阀	风量调节	阀体手动	远程手动	常闭	电动控制一次动作	电动控制反复动作	70℃自动关闭	280℃自动关闭	阀体动作反馈信号
3	FDS	√	√		√					√		√
4	FDVS	√	√	√	√					√		√
5	FDH	√	√		√						√	
6	FVDH	√	√	√	√						√	
7	PS	√			√	√	√	√			√	√
8	GS	√			√	√	√	√				√
9	GP	√			√	√	√	√		√		√
10	GF	√			√					√		

注：1. FDW：平时常开，战时关闭。

2. FDWA：平时常闭，战时开启。

① 除表中注明外，其余的均为常开型，且所有的阀体在动作后均可手动复位。

② 消防电源（24V DC），由消防中心控制。

③ 阀体需带符合信号反馈要求的接点。

4. 主要设备参数表

VRF室内机、室外机参数分别见表4-63和表4-64，VRF新风室内机、室外机参数分别见表4-65和表4-66，HRV全热交换器参数见表4-67。

表4-63　VRF室内机参数

序号	设备名称	型号	参数	连接管（气/液）/mm	排水管	备注
1	VRF室内机	天花板嵌入式（四面出风）GMV-NR45T/D	$L=750m^3/h$　LQ=4.5kW　RQ=5.0kW	ϕ12.7/6.35	DN32	
2	VRF室内机	天花板嵌入式（四面出风）GMV-NR71T/D	$L=780m^3/h$　LQ=7.1kW　RQ=8.0kW	ϕ15.9/9.52	DN32	
3	VRF室内机	天花板嵌入式（四面出风）GMV-NR90T/D	$L=1180m^3/h$　LQ=9.0kW　RQ=10.0kW	ϕ15.9/9.52	DN32	
4	VRF室内机	天花板嵌入式（四面出风）GMV-NR125T/D	$L=1600m^3/h$　LQ=12.5kW　RQ=14.0kW	ϕ15.9/9.52	DN32	
5	VRF室内机	天花板内藏风管式（中静压）GMV-NDR80PM(S)/A	$L=1250m^3/h$　LQ=8.0kW　RQ=9.0kW	ϕ15.9/9.52	DN25	宽×高×深=1159mm×736mm×260mm

注：额定参数的制冷工况为室内温度27℃、室外温度35℃；额定参数的制热工况为室内温度20℃、室外温度7℃。

表 4-64　VRF 室外机参数

序号	系统编号	VRF 室外机型号	冷量 /kW	热量 /kW	制冷额定耗电量 /kW	制热额定耗电量 /kW	连接支管（气/液）/mm	连接总管（气/液）/mm	服务区域	备注
1	VRF-1-1	GMV-1119WM/X	111.9	125.5	13.50+17.75	13.57+17.01	均为 ϕ28.6/15.9	ϕ38.1/19.05	一层东侧	
2	VRF-1-2	GMV-504WM/X	50.4	56.5	13.50	13.57	ϕ28.6/15.9	ϕ28.6/15.9	一层西侧	

注：额定参数的制冷工况为室内温度 27℃、室外温度 35℃；额定参数的制热工况为室内温度 20℃、室外温度 7℃。

表 4-65　VRF 新风室内机参数

设备名称	型号	参数	连接管（气/液）/mm	排水管	备注
VRF 新风室内机	GMV-NDX450P/A(X4.0)	$L=4000m^3/h$　LQ=45.0kW　RQ=32kW　$N=1.24kW$	ϕ28.6/12.7	DN32	宽×高×长=1700mm×650mm×1100mm

表 4-66　VRF 新风室外机参数

系统编号	VRF 室外机型号	冷量 /kW	热量 /kW	制冷额定耗电量 /kW	制热额定耗电量 /kW	连接总管（气/液）/mm	服务区域	备注
XF-1-1	GMV-450WM/X	45.0	50.0	12.09	12.10	ϕ28.6/12.7	一层东侧	

注：额定参数的制冷工况为室内温度 27℃、室外温度 35℃；额定参数的制热工况为室内温度 20℃、室外温度 7℃。

表 4-67　HRV 全热交换器参数

设备名称	型号	参数	备注
全热新风交换器	XFHQ-20DZ/S-C	$L=2000m^3/h$　$H=200Pa$　$N=1335W$	进、出风口尺寸均为宽×高=327mm×303mm

5. 图样识读

识读过程中需反复对照系统图与平面布置图，并结合材料表获取图样信息。可以按空气流动方向、分区域、逐楼层地识读各系统的图样。

（1）空调风管平面布置图（局部）识读　该工程的空调风管平面布置图（局部）主要集中在一层，如图 4-12 所示。该平面图中的分支管剖面图如图 4-13～图 4-16 所示。

1）办公区风管。由图可知，办公区的新风空调器［VRF 新风室内机，型号 GMV-NDX450P/A（X4.0），具体参数见表 4-65］与阻抗复合式消声器（型号 T701-6，尺寸为 800mm×250mm×1000mm）均吊装在东南角的机房内。机房⑬轴外墙上设置 1 个带过滤网的铝合金防雨百叶进风口（尺寸为 800mm×400mm），系统由此从室外吸入新鲜空气以补充室内人员消耗的氧气。新风经新风主管（尺寸为 800mm×400mm）进入空调器过滤、制冷（或制热）处理后，由阻抗复合式消声器（型号 T701-6）消声后进入送风主管（800mm×250mm）。送风主管分出两路 400mm×250mm 的干管（南侧干管后的风管未计入本工程）。北侧干管由南向北（风管干管尺寸依次为 400mm×250mm、320mm×200mm），分别接出支管

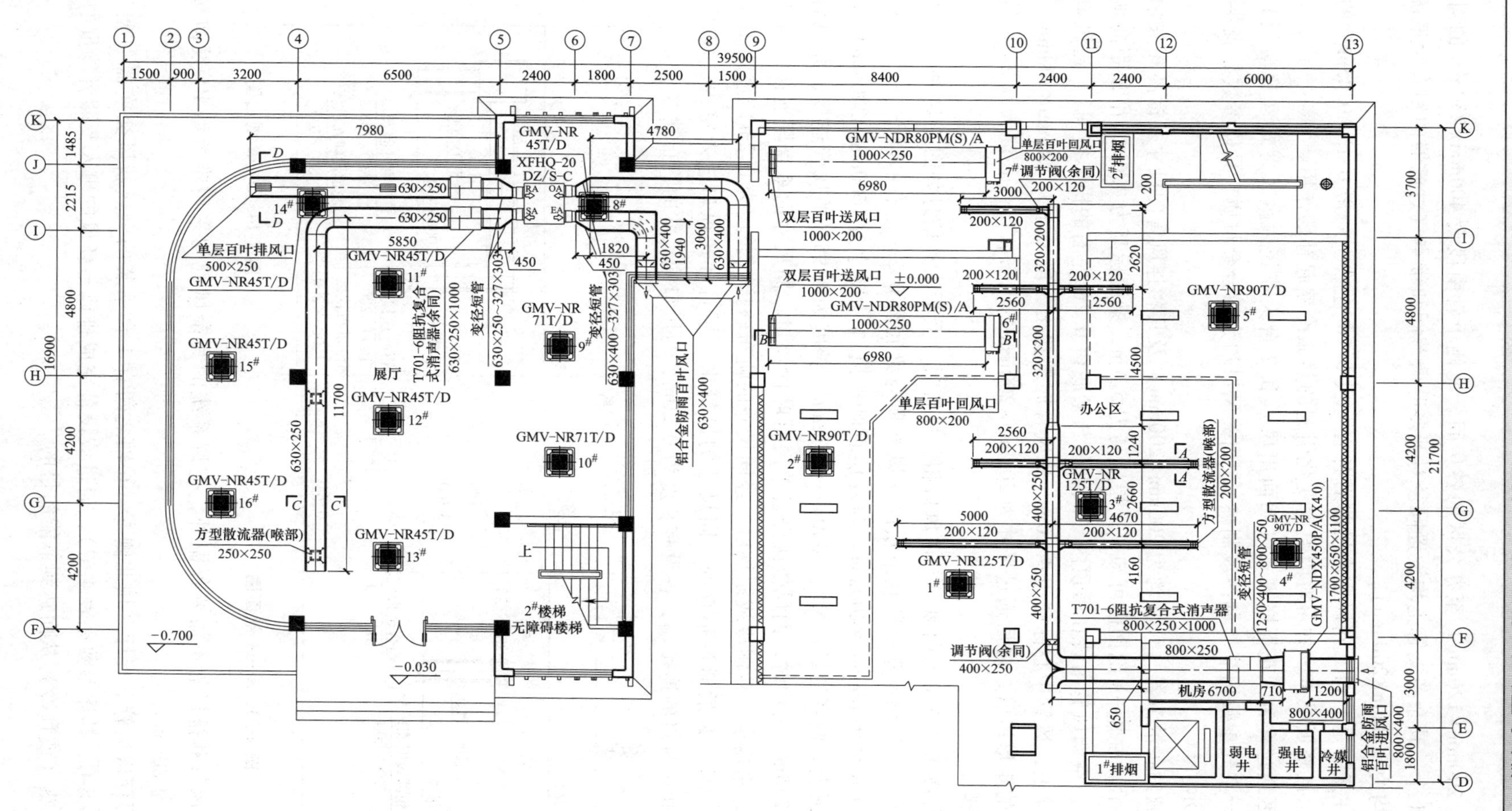

图 4-12　一层空调风管平面布置图（局部）

（尺寸均为 200mm×120mm）至办公区的各房间。北侧干管南段设 400mm×250mm 的对开多叶调节阀 1 个，其余各支管上均设置同径对开多叶调节阀和带空气过滤器的铝合金散流器 1 个（尺寸均为 200mm×200mm）。

需要注意的是，VRF 新风室内机前后各有一段 0.2m 左右（一般 0.15~0.25m）的帆布软接连接，以降低噪声，并可对因温度变化引起的热胀冷缩起补偿作用。

办公区通过 5 台天花板嵌入式（四面出风）和 2 台天花板内藏风管式（超薄型）VRF 室内机进行空气参数调节（制冷或制热），相关风口均为铝合金材质。具体参数如表 4-63 和图 4-12 所示。

该区域的各散流器（尺寸均为 200mm×200mm）及其相连风管的尺寸及标高相关信息如图 4-13 所示。由 *A—A* 剖面图可知，一层层高为 5.1m，梁底标高为 4.6m，吊顶距离地面高度为 3.3m。空调风管吊装在吊顶内（风管顶与梁底留 0.2m 左右的操作空间），送风口直接安装在吊顶上，风管中心标高为 4.20m。从风管底部接出一段尺寸为 200mm×200mm、长度为 0.64m 的矩形风管，之后通过尺寸为 200mm×200mm 的帆布软接（长度为 0.2m）接至铝合金散流器。

2 台内藏式风管机的回风口与送风口相关风管尺寸及标高等信息如图 4-14 所示。由 *B—B* 剖面图可知，空调风管吊装在吊顶内（风管顶与梁底留 0.2m 左右的操作空间），单层百叶回风口（尺寸为 800mm×200mm）与双层百叶送风口（尺寸为 1000mm×200mm）均直接安装在吊顶上。两者通过尺寸为 1000mm×250mm、长度为 6.95m 的风管连接，此风管中心标高为 4.275m。工作时，回风依次经过单层百叶回风口、同尺寸的垂直段连接管进入内藏式风管机，室内空气被制冷或制热后，经同尺寸的帆布软接（长度为 0.2m）进入 1000mm×250mm 的风管，最后通过垂直的、同尺寸的风管出双层百叶送风口进入室内。应当注意，在回风口和送风口的连接端，各设有长度为 0.20m、与风口同尺寸的帆布软接。

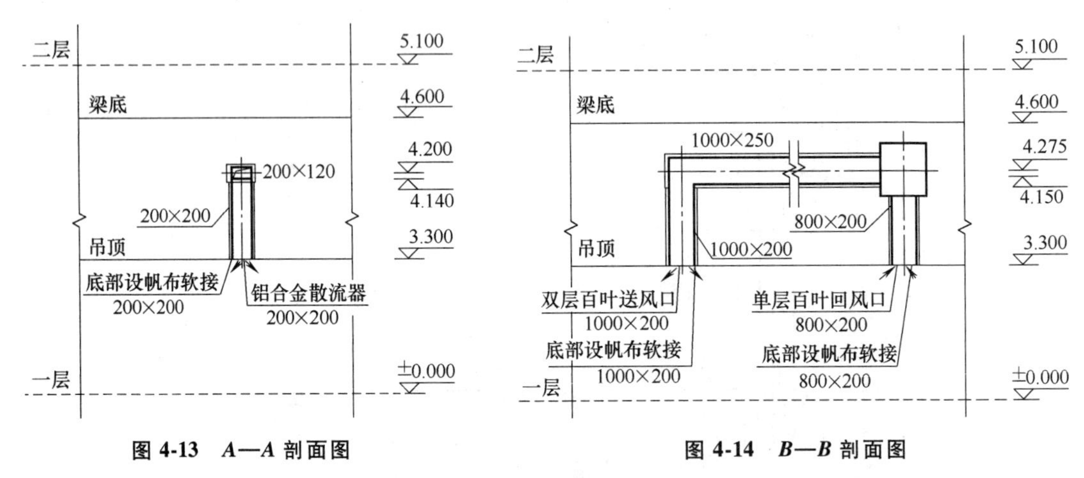

图 4-13 *A—A* 剖面图　　　　图 4-14 *B—B* 剖面图

除新风管和排风管不需要保温外，空调系统的其余风管均采用难燃型 B1 发泡橡塑保温，厚度为 20mm。

2）展厅区风管。展厅区域北侧⑤~⑥轴之间有 1 台吊装的全热新风交换器（型号 XF-HQ-20DZ/S-C，具体参数见表 4-67），通过该设备完成排风与新风的出入及两者能量的交换，新风被预热（或预冷）从而达到节能的目的。

排风管（尺寸为 630mm×250mm）上设铝合金单层百叶排风口（尺寸为 500mm×250mm）2个，经过阻抗复合式消声器（型号 T701-6，尺寸为 630mm×250mm×1000mm）消声后接至设备的 RA 端，以交叉方式流经换热芯体后通过 EA 端的排风管（尺寸为 630mm×400mm，设同径对开多叶调节阀 1 个；该风管拐弯处设带 4 片导流叶片的矩形弯头）排至室外，排风口设铝合金防雨百叶（尺寸为 630mm×400mm）。

室外新风经铝合金防雨百叶（尺寸为 630mm×400mm）、新风管（尺寸为 630mm×400mm，设同径对开多叶调节阀）后接至设备 OA 端，以交叉方式流经换热芯体后经 SA 端出设备，经过阻抗复合式消声器（型号 T701-6，尺寸为 630mm×250mm×1000mm）消声后进入送风干管，通过两个带空气过滤器的方形散流器（尺寸为 250mm×250mm）送至室内。

展厅区通过 9 台天花板嵌入式（四面出风）VRF 室内机进行空气参数调节（制冷或制热）。具体参数如表 4-63 和图 4-12 所示。

C—C 剖面图显示了该区域的方形散流器（尺寸均为 250mm×250mm）及其相连风管的尺寸及标高相关信息，如图 4-15 所示。由图 4-15 可知，层高为 5.1m，梁底标高为 4.6m，吊顶距离地面高度为 3.3m。空调风管吊装在吊顶内（风管顶与梁底留 0.2m 左右的操作空间），送风口直接安装在吊顶上，风管中心标高为 4.20m。从风管底部接出一段尺寸为 250mm×250mm、长度为 0.575m 的矩形风管，之后通过尺寸为 250mm×250mm 的帆布软接（长度为 0.2m），接至铝合金散流器。

D—D 剖面图显示了 2 个单层百叶排风口的相关风管尺寸及标高等信息，如图 4-16 所示。由图 4-16 可知，排风管吊装在吊顶内（风管顶与梁底留 0.2m 左右的操作空间），排风口直接安装在吊顶上，风管中心标高为 4.20m。从风管底部接出一段尺寸为 500mm×250mm、长度为 0.575m 的矩形风管，之后通过尺寸为 500mm×250mm 的帆布软接（长度为 0.2m），接至单层百叶排风口。

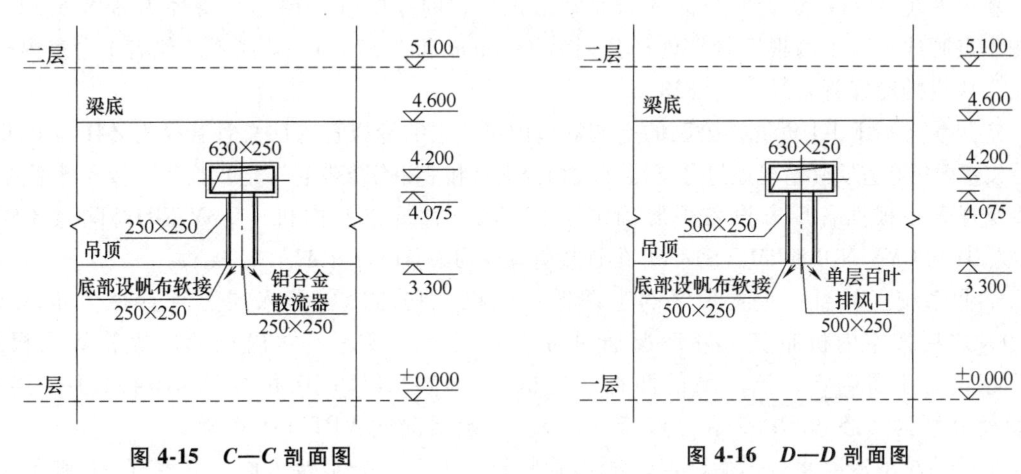

图 4-15　*C—C* 剖面图　　**图 4-16　*D—D* 剖面图**

除新风管和排风管不需要保温外，空调系统的其余风管均采用难燃型 B1 发泡橡塑保温，厚度为 20mm。

（2）空调冷媒管平面布置图（局部）识读　一层空调冷媒管系统图如图 4-17 所示。一层空调冷媒管平面布置图（局部）如图 4-18 所示；VRF 室外机和新风室外机的相关参数见表 4-64 和表 4-66，四层室外机平面布置图（局部）如图 4-19 所示。

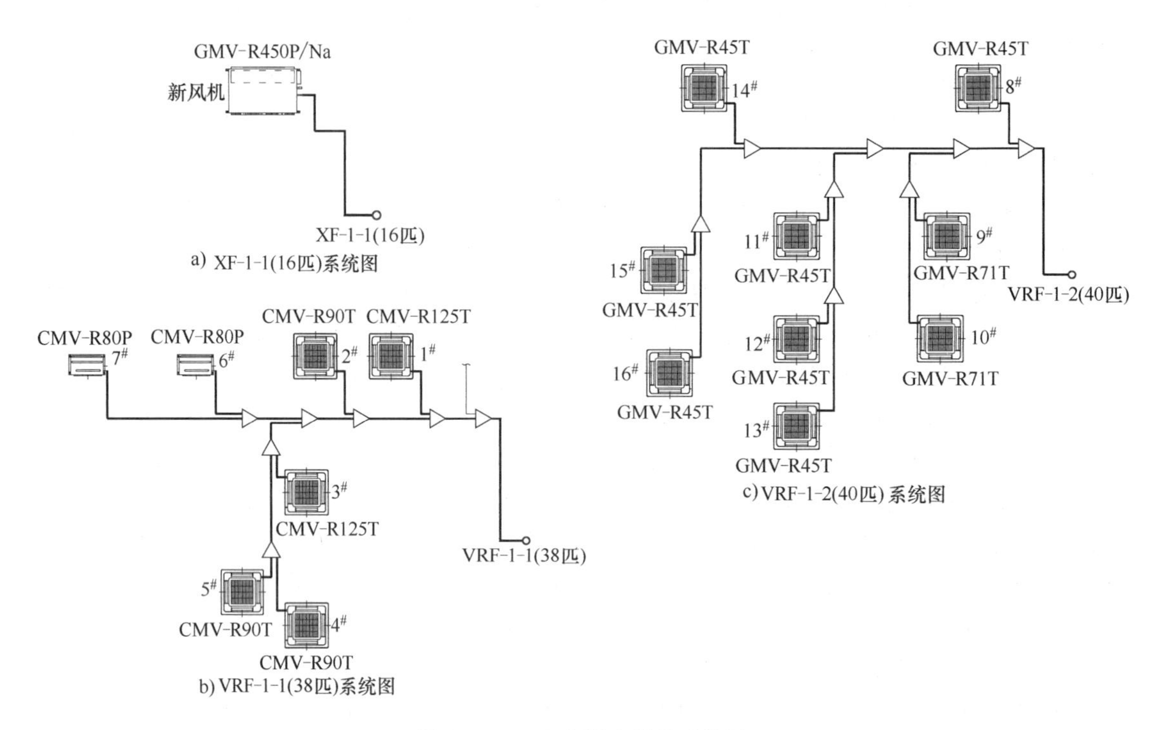

图 4-17 一层空调冷媒管系统图

一层空调冷媒系统的室外机组均设置在四层屋面，制冷剂均由室外机接出，经冷媒管接至冷媒井到一层办公区的相应室内机。

新风系统 XF-1-1 负责办公区的新风室内机，它的冷媒管入层总管管径为 ϕ28.6/12.7，即图中点画线代表了两根铜管，外径分别为 28.6mm 和 12.7mm。新风系统仅有 1 台室内机，故接入该机的冷媒管管径也为 ϕ28.6/12.7。

空调系统 VRF-1-1 负责办公区的空调器室内机，它的冷媒管入层总管管径为 ϕ41.3/19.05，之后按室内机布置实际情况通过分支器（气相分支器和液相分支器各 1 个）变径。接入各室内机的冷媒管管径根据各厂家设备手册确定，该区域三种规格室内机［GMV-NR125T/D、GMV-NR90T/D 和 GMV-NDR80PM（S）/A］的连接管管径均为 ϕ15.9/9.52。

空调系统 VRF-1-2 负责展区的空调器室内机，它的冷媒管入层总管管径为 ϕ28.6/15.9，之后按室内机布置实际情况通过分支器变径。接入各室内机的冷媒管管径根据各厂家设备手册确定，该区域的两种室内机（GMV-NR71T/D 和 GMV-NR45T/D）连接管管径分别为 ϕ15.9/9.52 和 ϕ12.7/6.35。其余情况同 VRF-1-1 系统。

上述系统的冷凝水排出后，经冷凝水管收集、汇总，分别接入雨水立管 YL-1 和 YL-2，最后排至室外。冷凝水管采用 UPVC 管，管径为 DN25～DN50。

空调系统的冷媒管和冷凝水管均采用难燃型 B1 发泡橡塑保温，厚度为 20mm。

（3）防排烟风管平面布置图（局部）识读　排烟风管系统如图 4-20 所示，*E*—*E* 剖面图如图 4-21 所示，一层防排烟风管平面布置图（局部）如图 4-22 所示，四层防排烟风管平面布置图（局部）如图 4-23 所示。

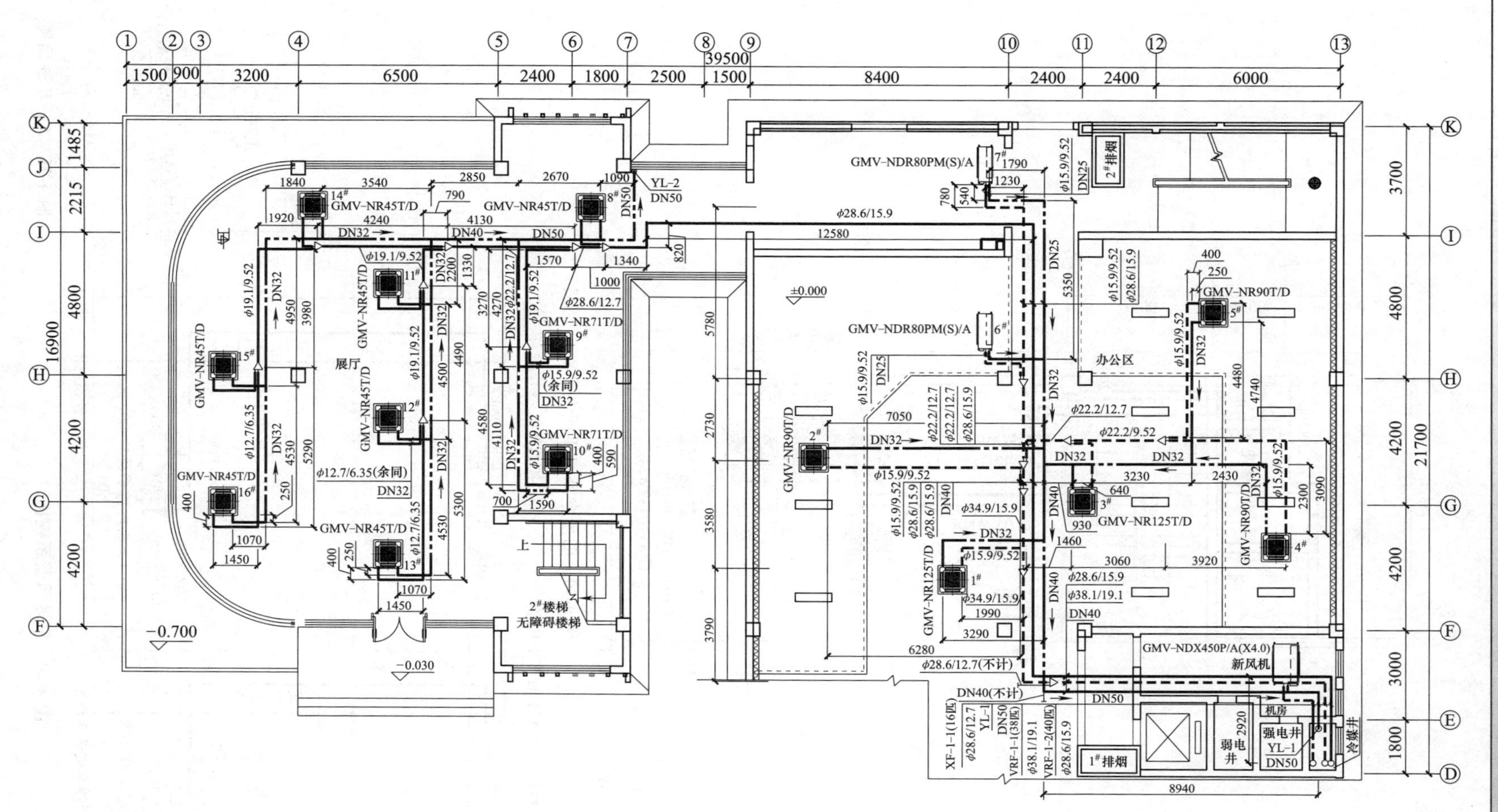

图 4-18　一层空调冷媒管平面布置图（局部）

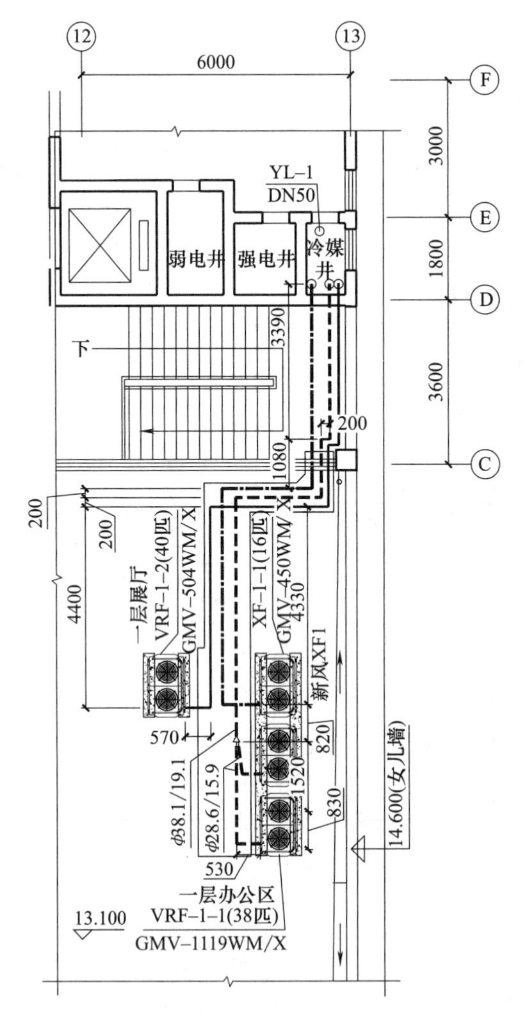

图 4-19 四层室外机平面布置图（局部）

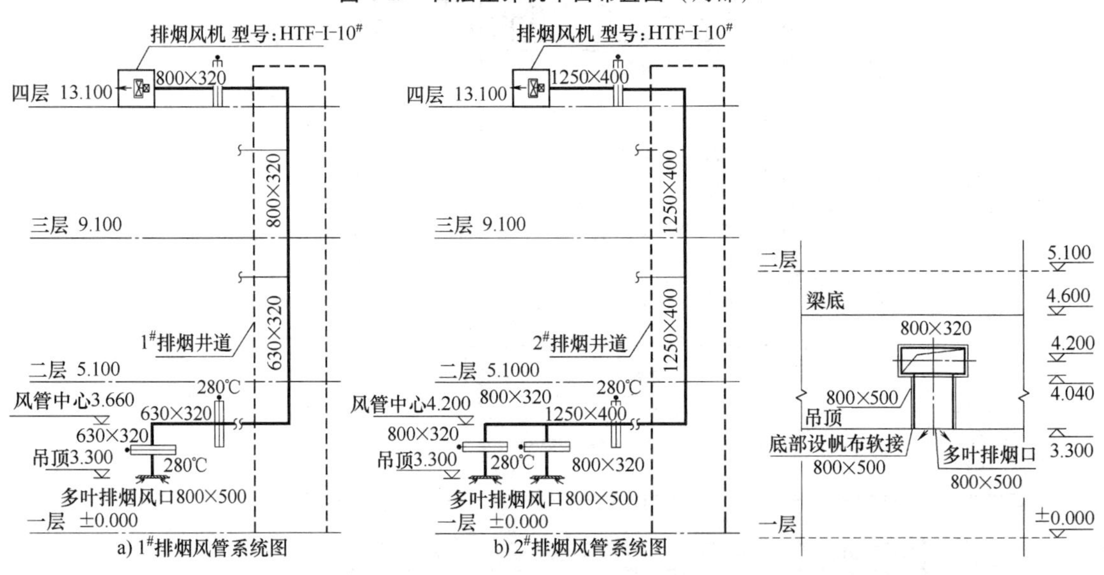

图 4-20 排烟风管系统图

图 4-21 *E*—*E* 剖面图

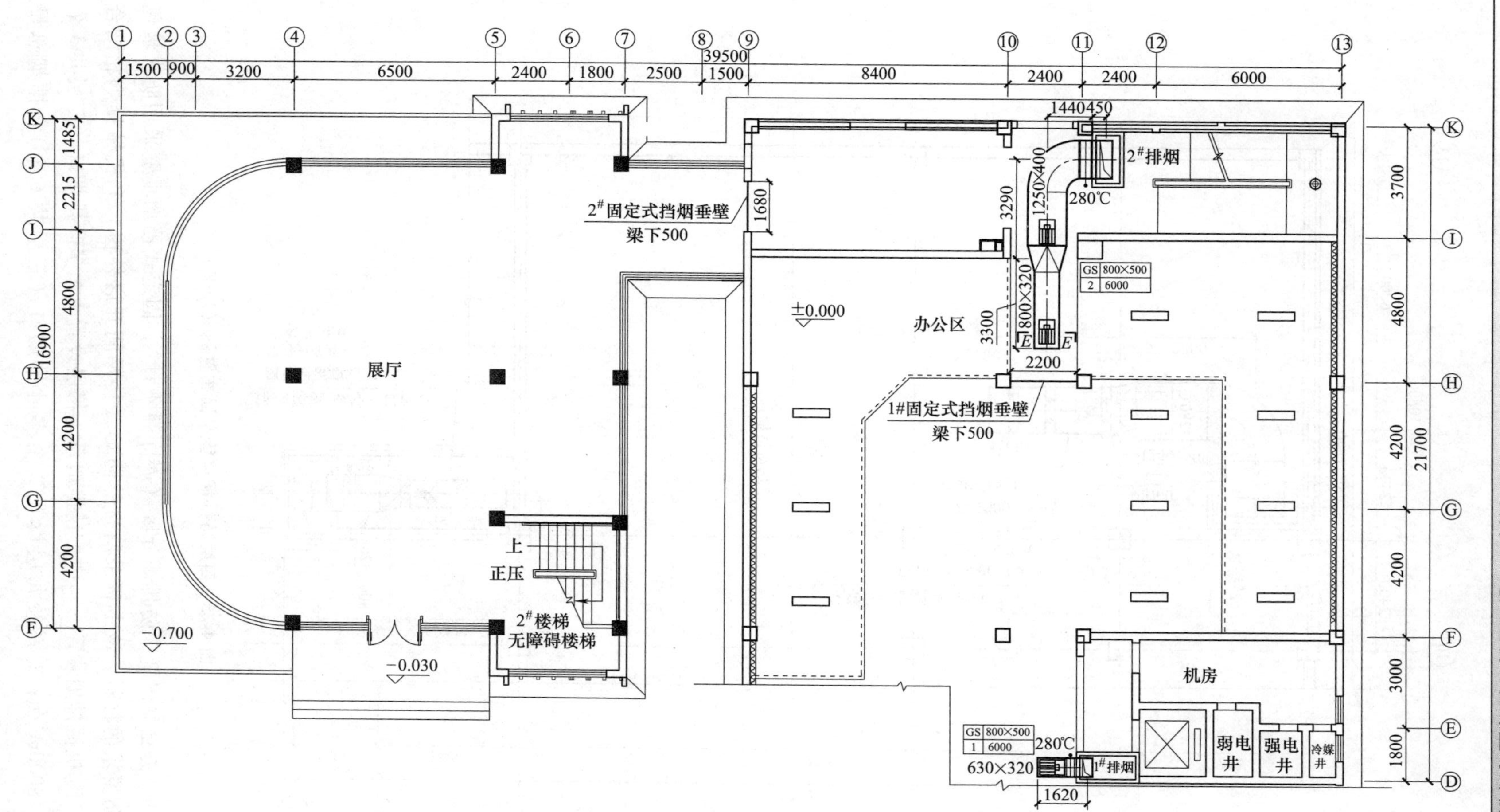

图 4-22 一层防排烟风管平面布置图（局部）

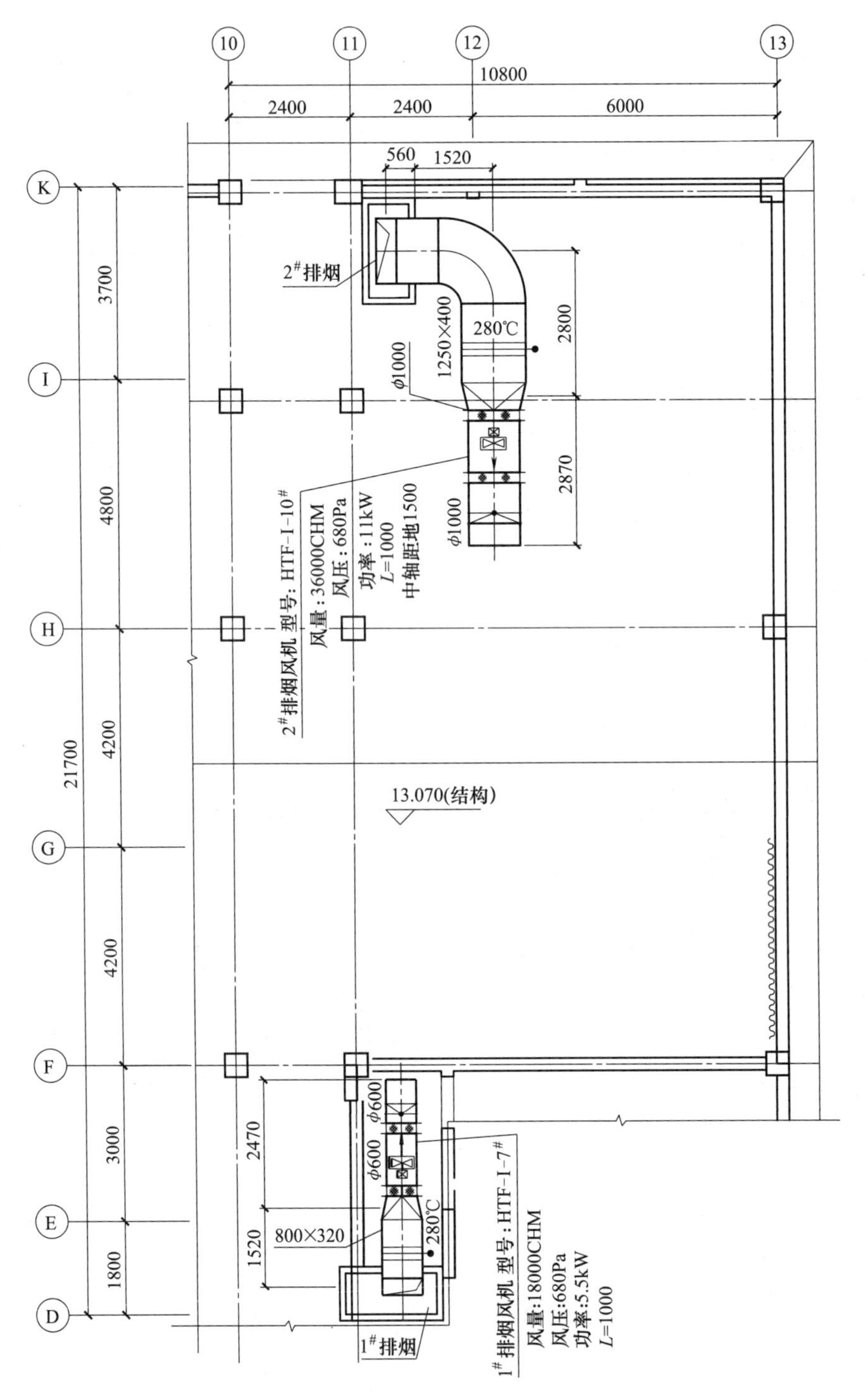

图 4-23　四层防排烟风管平面布置图（局部）

由图可知，办公区设 2 个防排烟分区（展厅暂不计），固定式挡烟垂壁采用防火玻璃或其他满足消防要求的材料。该工程采用自然防烟（楼梯间开启外窗）和机械排烟相结合的方式，设置 2 套机械排烟装置。其中，1# 排烟系统每层设置 1 个多叶排烟口（三层共 3 个），排烟总量为 18000m^3/h；2# 系统每层设置 2 个多叶排烟口（三层共 6 个），排烟总量为

36000m³/h。两个排烟系统的多叶排烟风口尺寸均为 800mm×500mm，其后各设置与风管同径的 280℃防火阀 1 个。

以 2#排烟系统为例。一层发生火灾时，2 个 800mm×500mm 的多叶排烟风口开启、楼顶的 2#排烟风机启动，通过各自 800mm×320mm 的排烟管道后，汇总接入楼层排烟水平干管（尺寸为 1250mm×400mm），再通过井道的立管依次连接二层、三层的排烟管道，最后连接到屋顶的排烟管道（尺寸为 1250mm×400mm）。之后接到 2#排烟风机（型号 HTF-I-10#，其余参数如图 4-23 所示）排出火灾烟气。

一层水平排烟风管接入井道立管前、楼顶排烟风管接入风机前各设置 1250mm×400mm 的 280℃防火阀 1 个。在排烟风机前后各设置天圆地方 1 个和 0.2m 长的 ϕ1000 的不燃帆布软接（硅钛软接）1 段。在排烟风机出口末端设置尺寸为 1250mm×400mm 的止回阀 1 个，以防止烟气倒流。

排烟风管均采用镀锌薄钢板材料。走道吊顶内的排烟风管外包覆厚度为 10mm 的防火板，排烟井道和屋顶的排烟风管可不设防火板。

4.4.2 编制依据与相关说明

1）编制依据。

①《建设工程工程量清单计价规范》（GB 50500—2013）及浙江省 2013 清单综合解释、补充规定和勘误。

②《浙江省建设工程计价规则》（2018 版）。

③《浙江省通用安装工程预算定额》（2018 版）及《浙江省通用安装工程预算定额》（2018 版）勘误表。

④《财政部 税务总局 海关总署关于深化增值税改革有关政策的公告》（财政部 税务总局 海关总署公告 2019 年第 39 号）。

⑤《关于增值税调整后我省建设工程计价依据增值税税率及有关计价调整的通知》（浙建建发〔2019〕92 号）、《关于颁发浙江省建设工程计价依据（2018 版）的通知》（浙建建〔2018〕61 号）。

⑥《省建设厅关于调整建筑工程安全文明施工费的通知》（浙建建发〔2022〕37 号）。

⑦ 与该工程有关的标准（包括标准图集）、规范、技术资料。

2）设备、消声器和静压箱的保温，风管及部件的刷油防腐及穿墙套管等暂不考虑。

3）通风空调工程量计算时，仅考虑 XF-1-1 新风机室内机和 400mm×250mm 多叶调节阀的支吊架制作、安装工程量（手工除轻锈、刷红丹防锈漆和调和漆各 2 遍），其余支吊架暂不计。

4）空调冷媒管仅计算办公区域（XF1-1 和 VRF1-1 两个系统），展厅区域暂不计；空调冷凝水管计算平面部分，立管工程量暂不计。

5）防排烟仅计算 2#排烟系统的排烟风管和屋顶排烟风机，其余（支吊架质量等）暂不计。

6）主要材料价格按当地信息价、浙江省信息价，无信息价的按市场价。

7）施工技术措施项目仅计取脚手架搭拆费。

8）施工组织措施项目仅计取安全文明施工费。

9）施工取费按一般计税法的中值费率取费，风险因素及其他费用暂不计。

4.4.3 工程量计算

计算通风空调工程量时，一般可分楼层、分区域、分系统，按气体流动方向进行。应当注意，新风管和排风管及这两种管道上面的阀门均不需要考虑保温；风管部件（如阀门等）在计算管道长度时需扣减，但在计算保温工程量时要考虑部件（如阀门等）的保温工程量；帆布软接的工程量需单独计算。

计算空调冷媒管工程量时，可以按室外机到室内机的顺序逐层计算，分别计算从室外机所在楼层到各楼层及该楼层的冷媒管工程量。冷凝水管计算时，可参照排水管计算要求，按水流方向进行。冷媒铜管（或冷凝水管）接入设备的垂直长度可按 0.2~0.5m 考虑。应当注意，计算保温工程量时，所用管径为管道的外径。

计算防排烟工程工程量时，也可以分楼层、分区域、分系统，按气体流动方向进行工程量的计算。应当注意，吊顶内风管及阀门应包覆防火板以满足设计对防火时间 1h 的要求；防排烟系统的帆布软接应采用不燃材料。具体见表 4-68~表 4-70。

表 4-68 通风空调工程量计算表

序号	项目名称	规格型号	计算式	单位	数量
一、	多联机系统设备工程量				
1	多联机室外机安装	XF-1-1 新风机室外机 GMV-450WM/X,制冷量为 45kW	新风机室外机组,共 1 台	台	1
2	多联机室外机安装	VRF-1-1 空调室外机 GMV-1119WM/X,制冷量为 111.9kW	空调室外机组,共 1 台	台	1
3	多联机室外机安装	VRF-1-2 空调室外机 GMV-504WM/X,制冷量为 50.4kW	空调室外机组,共 1 台	台	1
4	多联机室内机(吊式)安装	新风机室内机 GMV-NDX450P/A(X4.0),风量为 4000m^3/h,制冷量为 45kW	新风室内机,共 1 台	台	1
5	多联机室内机(嵌入式)安装	多联机室内机(四面出风天花板嵌入式)GMV-NR45T/D,风量为 750m^3/h,制冷量为 4.5kW	四面出风天井机,共 7 台	台	7
6	多联机室内机(嵌入式)安装	多联机室内机(四面出风天花板嵌入式)GMV-NR71T/D,风量为 780m^3/h,制冷量为 7.1kW	四面出风天井机,共 2 台	台	2
7	多联机室内机(嵌入式)安装	多联机室内机(四面出风天花板嵌入式)GMV-NR90T/D,风量为 1180m^3/h,制冷量为 9.0kW	四面出风天井机,共 3 台	台	3
8	多联机室内机(嵌入式)安装	多联机室内机(四面出风天花板嵌入式)GMV-NR125T/D,风量为 1600m^3/h,制冷量为 12.5kW	四面出风天井机,共 2 台	台	2

（续）

序号	项目名称	规格型号	计算式	单位	数量
9	多联机室内机（吊顶式）安装	多联机室内机（中静压天花板内藏风管式）GMV-NDR80PM(S)/A，风量为 $1250m^3/h$，制冷量为 8.0kW	风机盘管，共2台	台	2
二、	办公区域风系统工程量				
10	镀锌薄钢板矩形风管制作安装	(1)新风管 800mm×400mm	1)钢板厚度 $\delta=0.75mm$ 2)长度 $L=1.20$（新风室内机边缘至墙）$+0.24$（墙厚）-0.20（帆布软接长度）$=1.24m$ 注：帆布软接长度设计有规定时按设计，无规定时按0.20m计 3)风管周长 $C=(A+B)\times2=(0.80+0.40)\times2=2.40m$ 4)风管制作安装工程量 $F=CL=2.40\times1.24=2.98m^2$ 注：新风管不需保温	—	—
		(2)变径短管 1250mm×400mm～800mm×250mm	1)钢板厚度 $\delta=1.0mm$ 2)长度 $L=0.71$（消声器与空调器净距）-0.20（帆布软接长度）$=0.51m$ 3)平均周长 $C=[(1.25+0.40)\times2+(0.80+0.25)\times2]\div2=2.70m$ 4)风管制作安装工程量 $F=CL=2.70\times0.51=1.38m^2$ 5)风管保温工程量 $V=(C+4\delta')L'\delta'=(2.70+4\times0.02)\times0.51\times0.02=0.028m^3$	—	—
		(3)800mm×250mm	1)钢板厚度 $\delta=0.75mm$ 2)长度 $L=6.70$（消声器与送风干管中心线净距）-1.00（消声器长度）$=5.70m$ 3)风管周长 $C=(A+B)\times2=(0.80+0.25)\times2=2.10m$ 4)风管制作安装工程量 $F=CL=2.10\times5.70=11.97m^2$ 5)风管保温工程量 $V=(C+4\delta')L'\delta'=(2.10+4\times0.02)\times5.70\times0.02=0.249m^3$	—	—

（续）

序号	项目名称	规格型号	计算式	单位	数量
10	镀锌薄钢板矩形风管制作安装	(4)400mm×250mm	1)钢板厚度 $\delta=0.60$mm 2)长度 $L=0.65+4.16+2.66+1.24-0.21$(多叶调节阀长度)$=8.50$m 3)风管周长 $C=(A+B)\times2=(0.40+0.25)\times2=1.30$m 4)风管制作安装工程量 $F=CL=1.30\times8.50=11.05\mathrm{m}^2$ 5)风管保温工程量 $V=(C+4\delta')L'\delta'=(1.30+4\times0.02)\times(8.50+0.21)\times0.02=0.240\mathrm{m}^3$ 注：阀门需要保温	—	—
		(5)320mm×200mm	1)钢板厚度 $\delta=0.50$mm 2)长度 $L=4.50+2.62+0.20=7.32$m 3)风管周长 $C=(A+B)\times2=(0.32+0.20)\times2=1.04$m 4)风管制作安装工程量 $F=CL=1.04\times7.32=7.61\mathrm{m}^2$ 5)风管保温工程量 $V=(C+4\delta')L'\delta'=(1.04+4\times0.02)\times7.32\times0.02=0.164\mathrm{m}^3$	—	—
		(6)200mm×120mm	1)钢板厚度 $\delta=0.5$mm 2)长度 $L=5.00+4.67\times2+2.56\times3+3-0.21\times7$(7个多叶调节阀长度)$=23.55$m 3)风管周长 $C=(A+B)\times2=(0.20+0.12)\times2=0.64$m 4)风管制作安装工程量 $F=CL=0.64\times23.55=15.07\mathrm{m}^2$ 5)风管保温工程量 $V=(C+4\delta')L'\delta'=(0.64+4\times0.02)\times(23.55+0.21\times7)\times0.02=0.360\mathrm{m}^3$	—	—
		(7)散流器连接管200mm×200mm	1)钢板厚度 $\delta=0.50$mm 2)长度 $L=(4.20-3.30-0.20$ 帆布软接$)\times7=4.90$m 3)风管周长 $C=(A+B)\times2=(0.20+0.20)\times2=0.80$m 4)风管制作安装工程量 $F=CL=0.80\times4.90=3.92\mathrm{m}^2$ 5)风管保温工程量 $V=(C+4\delta')L'\delta'=(0.80+4\times0.02)\times4.90\times0.02=0.086\mathrm{m}^3$	—	—

（续）

序号	项目名称	规格型号	计算式	单位	数量
10	镀锌薄钢板矩形风管制作安装	（8）内藏式风管机主风管1000mm×250mm	1）钢板厚度 $\delta=0.75$mm 2）长度 $L=(6.98-0.20)\times2=13.56$m 3）风管周长 $C=(A+B)\times2=(1.00+0.25)\times2=2.5$m 4）风管制作安装工程量 $F=CL=2.50\times13.56=33.90$m² 5）风管保温工程量 $V=(C+4\delta')L'\delta'=(2.50+4\times0.02)\times13.56\times0.02=0.700$m³	—	—
		（9）内藏式风管机回风管800mm×200mm	1）钢板厚度 $\delta=0.75$mm 2）长度 $L=(4.275-3.30-0.74/2-0.20)\times2=0.81$m 3）风管周长 $C=(A+B)\times2=(0.80+0.20)\times2=2.0$m 4）风管制作安装工程量 $F=CL=2.00\times0.81=1.62$m² 5）风管保温工程量 $V=(C+4\delta')L'\delta'=(2.00+4\times0.02)\times0.81\times0.02=0.034$m³	—	—
		（10）内藏式风管机送风管1000mm×200mm	1）钢板厚度 $\delta=0.75$mm 2）长度 $L=(4.275-3.30-0.20)\times2=1.55$m 3）风管周长 $C=(A+B)\times2=(1.00+0.20)\times2=2.40$m 4）风管制作安装工程量 $F=CL=2.40\times1.55=3.72$m² 5）风管保温工程量 $V=(C+4\delta')L'\delta'=(2.40+4\times0.02)\times1.55\times0.02=0.077$m³	—	—
11	帆布软接口	注：接口长度设计有规定时按设计，无规定时按0.2m计 合计：$\sum F=F_1+F_2+F_3+F_4+F_5+F_6=0.48+0.66+1.12+1.00+0.80+0.96=5.02$m²		m²	5.02
		（1）800mm×400mm（新风室内机进风侧）	1）长度 $L_1=0.20$m 2）展开面积量 $F_1=(A+B)\times2L=(0.80+0.40)\times2\times0.20=0.48$m²	—	—
		（2）1250mm×400mm（新风室内机出风侧）	1）长度 $L_2=0.20$m 2）展开面积量 $F_2=(A+B)\times2L=(1.25+0.40)\times2\times0.20=0.66$m²	—	—
		（3）200mm×200mm（方形散流器）	1）长度 $L_3=0.20\times7=1.4$m 2）展开面积量 $F_3=(A+B)\times2L=(0.20+0.20)\times2\times1.40=1.12$m²	—	—

（续）

序号	项目名称	规格型号	计算式	单位	数量
11	帆布软接口	（4）1000mm×250mm（内藏式风管机主风管）	1）长度 $L_4=0.20\times2=0.4$m 2）展开面积量 $F_4=(A+B)\times2L=(1.00+0.25)\times2\times0.40=1.00\text{m}^2$	—	—
		（5）800mm×200mm（内藏式风管机回风管）	1）长度 $L_5=0.20\times2=0.4$m 2）展开面积量 $F_5=(A+B)\times2L=(0.80+0.20)\times2\times0.40=0.80\text{m}^2$	—	—
		（6）1000mm×200mm（内藏式风管机送风管）	1）长度 $L_6=0.20\times2=0.4$m 2）展开面积量 $F_6=(A+B)\times2L=(1.00+0.20)\times2\times0.40=0.96\text{m}^2$	—	—
12	矩形对开多叶调节阀安装（成品）	400mm×250mm	矩形对开多叶调节阀安装（成品）400mm×250mm，共1个	个	1
13	矩形对开多叶调节阀安装（成品）	200mm×120mm	矩形对开多叶调节阀安装（成品）200mm×120mm，共7个	个	7
14	铝合金防雨百叶风口安装（成品，带过滤网）	800mm×400mm	铝合金防雨百叶风口安装（成品，带过滤网）800mm×400mm，共1个	个	1
15	铝合金双层百叶风口安装（成品）	1000mm×200mm	铝合金双层百叶风口安装（成品）1000mm×200mm，共2个	个	2
16	铝合金方形散流器安装（成品，带过滤网）	200mm×200mm	铝合金方形散流器安装（成品，带过滤网）200mm×200mm，共7个	个	7
17	铝合金单层百叶回风口安装（成品）	800mm×200mm	铝合金单层百叶回风口安装（成品）800mm×200mm，共2个	个	2
18	铝合金双层百叶送风口安装（成品）	1000mm×200mm	铝合金双层百叶送风口安装（成品）1000mm×200mm，共2个	个	2
19	阻抗复合式消声器	阻抗复合式消声器 T701-6（800mm×250mm×1000mm）	T701-6 阻抗复合式消声器（800mm×250mm×1000mm），共1个	个	1
20	设备、风阀支架制作安装（以设计图为准）	注：空调器支吊架由4根长度均为1.2m的ϕ12圆钢吊杆、2根长度均为0.70m的∟50×50×4角钢组成；调节阀支吊架由2根长度均为1.2m的ϕ12圆钢吊杆、1根长度为0.5m的∟50×50×4角钢组成。 合计=8.55+3.66=12.21kg		kg	12.21
		（1）XF-1-1 新风机室内机减振吊架	吊架质量=0.888kg/m×1.2m/根×4根+3.059kg/m×0.7m/根×2根=8.55 kg	—	—
		（2）对开多叶调节阀（400mm×250mm）吊架	吊架质量=0.888kg/m×1.2m/根×2根+3.059kg/m×0.5m/根×1根=3.66 kg	—	—

（续）

序号	项目名称	规格型号	计算式	单位	数量
三、	展厅区域风系统工程量				
21	镀锌薄钢板矩形风管制作安装	（1）新风管 630mm×400mm	1）钢板厚度 δ=0.75mm 2）长度 L=3.06+4.78−0.21（多叶调节阀长度）=7.63m 3）风管周长 $C=(A+B)\times2=(0.63+0.40)\times2=2.06$m 4）风管制作安装工程量 $F=CL=2.06\times7.63=15.72\text{m}^2$	—	—
		（2）变径短管 630mm×400mm～327mm×303mm	1）钢板厚度 δ=0.75mm 2）长度 L=0.45−0.20=0.25m 3）平均周长 $C=[(0.63+0.40)\times2+(0.327+0.303)\times2]\div2=1.66$m 4）风管制作安装工程量 $F=CL=1.66\times0.25=0.42\text{m}^2$	—	—
		（3）排风管 630mm×400mm	1）钢板厚度 δ=0.75mm 2）长度 L=1.94+1.82−0.21=3.55m 3）风管周长 $C=(A+B)\times2=(0.63+0.40)\times2=2.06$m 4）风管制作安装工程量 $F=CL=2.06\times3.55=7.31\text{m}^2$ 5）风管弯头导流叶片面积 $S=0.14\times4=0.56\text{m}^2$	—	—
		（4）变径短管 630mm×400mm～327mm×303mm	1）钢板厚度 δ=0.75mm 2）长度 L=0.45−0.20=0.25m 3）平均周长 $C=[(0.63+0.40)\times2+(0.327+0.303)\times2]\div2=1.66$m 4）风管制作安装工程量 $F=CL=1.66\times0.25=0.42\text{m}^2$	—	—
		（5）排风管 630mm×250mm	1）钢板厚度 δ=0.75mm 2）长度 L=7.98−1.00（消声器长度）=6.98m 3）风管周长 $C=(A+B)\times2=(0.63+0.25)\times2=1.76$m 4）风管制作安装工程量 $F=CL=1.76\times6.98=12.28\text{m}^2$	—	—
		（6）变径短管 630mm×250mm～327mm×303mm	1）钢板厚度 δ=0.75mm 2）长度 L=0.45−0.20=0.25m 3）平均周长 $C=[(0.63+0.25)\times2+(0.327+0.303)\times2]\div2=1.51$m 4）风管制作安装工程量 $F=CL=1.51\times0.25=0.38\text{m}^2$	—	—

（续）

序号	项目名称	规格型号	计算式	单位	数量
21	镀锌薄钢板矩形风管制作安装	(7)单层百叶排风口连接管 500mm×250mm	1)钢板厚度 $\delta=0.75\text{mm}$ 2)长度 $L=(4.20-3.30-0.20)\times 2=1.40\text{m}$ 3)风管周长 $C=(A+B)\times 2=(0.50+0.25)\times 2=1.5\text{m}$ 4)风管制作安装工程量 $F=CL=1.50\times 1.40=2.10\text{m}^2$	—	—
		(8)送风管 630mm×250mm	1)钢板厚度 $\delta=0.75\text{mm}$ 2)长度 $L=5.85+11.7-1.00$(消声器长度)$=16.55\text{m}$ 3)风管周长 $C=(A+B)\times 2=(0.63+0.25)\times 2=1.76\text{m}$ 4)风管制作安装工程量 $F=CL=1.76\times 16.55=29.13\text{m}^2$ 5)风管保温工程量 $V=(C+4\delta')L'\delta'=(1.76+4\times 0.02)\times 16.55\times 0.02=0.609\text{m}^3$	—	—
		(9)变径短管 630mm×250mm～327mm×303mm	1)钢板厚度 $\delta=0.75\text{mm}$ 2)长度 $L=0.45-0.20=0.25\text{m}$ 3)平均周长 $C=[(0.63+0.25)\times 2+(0.327+0.303)\times 2]\div 2=1.51\text{m}$ 4)风管制作安装工程量 $F=CL=1.51\times 0.25=0.38\text{m}^2$ 5)风管保温工程量 $V=(C+4\delta')L'\delta'=(1.51+4\times 0.02)\times 0.25\times 0.02=0.008\text{m}^3$	—	—
		(10)送风散流器连接管 250mm×250mm	1)钢板厚度 $\delta=0.50\text{mm}$ 2)长度 $L=(4.20-3.30-0.20)\times 2=1.40\text{m}$ 3)风管周长 $C=(A+B)\times 2=(0.25+0.25)\times 2=1.0\text{m}$ 4)风管制作安装工程量 $F=CL=1.00\times 1.40=1.40\text{m}^2$ 5)风管保温工程量 $V=(C+4\delta')L'\delta'=(1.00+4\times 0.02)\times 1.40\times 0.02=0.030\text{m}^3$	—	—
22	帆布软接口	合计：$\sum F=F_7+F_8+F_9+F_{10}+F_{11}+F_{12}=0.33+0.33+0.30+0.30+0.60+0.40=2.26\text{m}^2$		m^2	2.26
		(1)新风变径短管 630mm×400mm～327mm×303mm	长度 $L_7=0.20\text{m}$ 展开面积量 $F_7=(A+B)\times 2L=[(0.63+0.40)\times 2+(0.327+0.303)\times 2]\div 2\times 0.20=0.33\text{m}^2$	—	—

（续）

序号	项目名称	规格型号	计算式	单位	数量
22	帆布软接口	(2)新风变径短管 630mm×400mm~327mm×303mm	长度 $L_8=0.20$m 展开面积量 $F_8=(A+B)\times2L=[(0.63+0.40)\times2+(0.327+0.303)\times2]\div2\times0.20=0.33\text{m}^2$	—	—
		(3)新风变径短管 630mm×250mm~327mm×303mm	长度 $L_9=0.20$m 展开面积量 $F_9=(A+B)\times2L=[(0.63+0.25)\times2+(0.327+0.303)\times2]\div2\times0.20=0.30\text{m}^2$	—	—
		(4)新风变径短管 630mm×250mm~327mm×303mm	长度 $L_{10}=0.20$m 展开面积量 $F_{10}=(A+B)\times2L=[(0.63+0.25)\times2+(0.327+0.303)\times2]\div2\times0.20=0.30\text{m}^2$	—	—
		(5)排风口连接短管 500mm×250mm	长度 $L_{11}=0.20\times2=0.40$m 展开面积量 $F_{11}=(A+B)\times2L=(0.50+0.25)\times2\times0.40=0.60\text{m}^2$	—	—
		(6)送风方形散流器 250mm×250mm	长度 $L_{12}=0.20\times2=0.40$m 展开面积量 $F_{12}=(A+B)\times2L=(0.25+0.25)\times2\times0.40=0.40\text{m}^2$	—	—
23	矩形对开多叶调节阀安装(成品)	630mm×400mm	矩形对开多叶调节阀安装(成品)630mm×400mm,共2个	个	2
24	铝合金防雨百叶风口安装(成品,带过滤网)	630mm×400mm	新风:铝合金防雨百叶风口安装(成品,带过滤网)630mm×400mm,共1个	个	1
25	铝合金防雨百叶风口安装(成品)	630mm×400mm	排风:铝合金防雨百叶风口安装(成品)630mm×400mm,共1个	个	1
26	铝合金单层百叶排风口(成品)	500mm×250mm	铝合金单层百叶排风口(成品)500mm×250mm,共2个	个	2
27	铝合金方形散流器安装(成品,带过滤网)	250mm×250mm	铝合金方形散流器安装(成品,带过滤网)250mm×250mm,共2个	个	2
28	全热交换器	XFHQ-20DZ/S-C	全热交换器(XFHQ-20DZ/S-C),共1台	台	1
29	阻抗复合式消声器	阻抗复合式消声器 T701-6(630mm×250mm×1000mm)	阻抗复合式消声器 T701-6(630mm×250mm×1000mm),共2个	个	2

表 4-69　空调冷媒与排水管（办公区域）工程量计算表

序号	系统名称	规格/mm	长度计算式	铜管规格/mm	铜管长度/m	分支器规格	分支器个数
1	新风系统 XF-1-1	ϕ28.6/12.7	屋顶水平(0.83+4.73+2.00+4.47)+立管(13.07-4.20)+一层水平(2.12+0.96+0.50)+垂直进设备 0.50=12.03+8.87+3.58+0.50=24.98m	ϕ28.6	24.98	—	—
				ϕ12.7	24.98	—	—
2	空调系统 VRF-1-1	ϕ28.6/15.9	屋顶外机连接管水平：1.12+2.77=3.89m	ϕ28.6	3.89	—	—
				ϕ15.9	3.89	—	—
3		ϕ38.1/19.05	屋顶水平(5.34+1.90+1.28+0.20+3.39)+立管(13.07-4.20)+一层水平(2.72+8.82)=12.11+8.87+11.54=32.52m	ϕ38.1	32.52	ϕ38.1mm×28.6×28.6	1
				ϕ19.05	32.52	ϕ19.05mm×15.9×15.9	1
4		ϕ34.9/15.9	北干管两段水平:0.89+6.33=7.22m	ϕ34.9	7.22	ϕ38.1mm×34.9×28.6	1
				ϕ15.9	7.22	ϕ19.05mm×15.9×12.7	1
5		ϕ15.9/9.52	连接 $1^{\#}$ 机水平 3.20+垂直进设备 0.50=3.70m	ϕ15.9	3.70	ϕ34.9mm×34.9×15.9	1
				ϕ9.52	3.70	ϕ15.9mm×15.9×9.52	1
6		ϕ15.9/9.52	连接 $2^{\#}$ 机水平 6.99+垂直进设备 0.50=7.49m	ϕ15.9	7.49	ϕ34.9mm×28.6×15.9	1
				ϕ9.52	7.49	ϕ15.9mm×15.9×9.52	1
7		ϕ28.6/15.9	干管水平 0.78m	ϕ28.6	0.78	ϕ28.6mm×22.2×22.2	1
				ϕ15.9	0.78	ϕ15.9mm×12.7×12.7	1
8		ϕ22.2/12.7	干管水平 2.61+$3^{\#}$~$5^{\#}$机连接管水平 2.02=4.63m	ϕ22.2	4.63	ϕ22.2mm×22.2×15.9	1
				ϕ12.7	4.63	ϕ12.7mm×9.52×9.52	1
9		ϕ15.9/9.52	连接 $3^{\#}$ 机水平 2.19+垂直进设备 0.50=2.69m	ϕ15.9	2.69	—	—
				ϕ9.52	2.69	—	—
10		ϕ22.2/9.52	至 $4^{\#}$~$5^{\#}$ 支管水平 2.96m	ϕ22.2	2.96	ϕ22.2mm×15.9×15.9	1
				ϕ9.52	2.96	ϕ9.52mm×9.52×9.52	1
11		ϕ15.9/9.52	连接 $4^{\#}$、$5^{\#}$ 机水平(5.60+7.03)+垂直进设备 0.50×2=13.63m	ϕ15.9	13.63	—	—
				ϕ9.52	13.63	—	—
12		ϕ15.9/9.52	连接 $6^{\#}$ 机水平 2.08+垂直进设备 0.50=2.58m	ϕ15.9	2.58	ϕ22.2mm×15.9×15.9	1
				ϕ9.52	2.58	ϕ12.7mm×9.52×9.52	1
13		ϕ15.9/9.52	连接 $7^{\#}$ 机水平 7.81+垂直进设备 0.50=8.31m	ϕ15.9	8.31	—	—
				ϕ9.52	8.31	—	—
14	冷凝水管	DN25	$7^{\#}$机(0.54+1.79+5.35)+$6^{\#}$机(0.25+1.79)+垂直接设备 0.50×2=10.72m	—	—	—	—
15		DN32	主干管 3.50+$2^{\#}$机 7.05+$3^{\#}$~$5^{\#}$机(7.23+0.78+5.00+2.3)+$1^{\#}$机(0.86+3.29)+新风机 0.20+垂直接设备 0.50×6=33.21m	—	—	—	—
16		DN40	干管 8.17m	—	—	—	—
17		DN50	主管:8.94+1.25=10.19m	—	—	—	—
18	空调水工程系统调试		按空调水工程人工总工日数计算(100 工日)				

表 4-70 2# 防排烟系统工程量计算表

序号	项目名称	规格型号	计算式	单位	合计
1	镀锌薄钢板矩形风管制作安装	(1)吊顶内 800mm×320mm	1)钢板厚度 $\delta=1.0$mm 2)长度 L=连接排烟口垂直(4.20−3.30)×2−防火阀(0.32+0.24)×2−硅钛软接 0.20×2+水平 3.30=3.58m 3)风管周长 $C=(A+B)\times2=(0.80+0.32)\times2=2.24$m 4)风管制作安装工程量 $F=CL=2.24\times3.58=8.02\text{m}^2$ 5)风管防火板工程量 $F'=(C+4\delta')L'=(2.24+4\times0.01)\times(3.58+1.12)=10.72\text{m}^2$	—	—
		(2)吊顶内 1250mm×400mm	1)钢板厚度 $\delta=1.5$mm 2)长度 L=水平至井道外壁水平(3.29+1.44)−防火阀(0.40+0.24)=4.09m 3)风管周长 $C=(A+B)\times2=(1.25+0.40)\times2=3.30$m 4)风管制作安装工程量 $F=CL=3.30\times4.09=13.50\text{m}^2$ 5)风管防火板工程量 $F'=(C+4\delta')L'=(3.30+4\times0.01)\times(4.09+0.64)=15.80\text{m}^2$	—	—
		(3)井道内 1250mm×400mm	1)钢板厚度 $\delta=1.5$mm 2)长度 L=水平 0.45+垂直(13.10+风机中心 1.50−4.20)+水平 0.56=11.41m 3)风管周长 $C=(A+B)\times2=(1.25+0.40)\times2=3.30$m 4)风管制作安装工程量 $F=CL=3.30\times11.41=37.65\text{m}^2$	—	—
		(4)楼顶 1250mm×400mm	1)钢板厚度 $\delta=1.5$mm 2)长度 L=(1.52+2.80)−防火阀 0.64=3.68m 3)风管周长 $C=(A+B)\times2=(1.25+0.40)\times2=3.30$m 4)风管制作安装工程量 $F=CL=3.30\times3.68=12.14\text{m}^2$	—	—
		(5)ϕ1000	1)钢板厚度 $\delta=1.0$mm 2)长度 L=2.87−止回阀 0.30−硅钛软接 0.20×2−1.0=1.17m 3)风管周长 $C=\pi D=3.14\times1.00=3.14$m 4)风管制作安装工程量 $F=CL=3.14\times1.17=3.67\text{m}^2$	—	—
2	不燃硅钛软接口	合计:$\sum F=F_1+F_2=0.90+1.26=2.16\text{m}^2$		m^2	2.16
		(1)800mm×320mm	1)长度 $L_1=0.20\times2=0.4$m 2)展开面积量 $F_1=(A+B)\times2L=(0.80+0.32)\times2\times0.40=0.90\text{m}^2$	—	—
		(2)ϕ1000	1)长度 $L_2=0.20\times2=0.40$m 2)展开面积量 $F_2=\pi DL=\pi\times1.00\times0.40=1.26\text{m}^2$	—	—

（续）

序号	项目名称	规格型号	计算式	单位	合计
3	多叶排烟口安装（成品）	800mm×500mm	多叶排烟口安装（成品）800mm×500mm，共2个	个	2
4	矩形排烟防火阀（280℃）安装（成品）	800mm×320mm	矩形排烟防火阀（280℃）安装（成品）800mm×320mm，共2个	个	2
5	矩形排烟防火阀（280℃）安装（成品）	1250mm×400mm	矩形排烟防火阀（280℃）安装（成品）1250mm×400mm，共2个	个	2
6	排烟止回阀安装（成品）	ϕ1000	排烟止回阀安装（成品）ϕ1000，共1个	个	1
7	屋顶2#轴流式排烟风机安装	HTF-I-10# 风量：36000m³/h 风压：680Pa 功率：11kW	屋顶2#轴流式排烟风机安装（HTF-I-10#），共1台	台	1
8	固定式挡烟垂壁	H=0.50m	1.68m	m	2
9	通风工程检测、调试		按通风空调系统工程人工总工日数计算	100工日	—

4.4.4 工程量汇总

将工程量进行汇总计算，并列出清单工程量。通风空调、空调冷媒与排水管（办公区域）和2#防排烟系统工程量汇总见表4-71～表4-73。

表4-71 通风空调工程量汇总

序号	项目名称	计算式	工程量	
1	多联机室外机安装 XF-1-1 新风机室外机 GMV-450WM/X 制冷量为45kW	新风机室外机组，共1台	台	1
2	多联机室外机安装 VRF-1-1 空调室外机 GMV-1119WM/X 制冷量为111.9kW	空调室外机组，共1台	台	1
3	多联机室外机安装 VRF-1-2 空调室外机 GMV-504WM/X 制冷量为50.4kW	空调室外机组，共1台	台	1
4	多联机室内机（吊式）安装 新风机室内机 GMV-NDX450P/A（X4.0）风量为4000m³/h 制冷量为45kW	新风室内机，共1台	台	1
	设备支架制作安装	8.55kg	kg	8.55
	减振器	4个	个	4
5	多联机室内机（嵌入式）安装 四面出风天花板嵌入式 GMV-NR45T/D 风量为750m³/h 制冷量为4.5kW	四面出风天井机，共7台	台	7
	设备支架制作安装	0	kg	0
	减振器	0	个	0

（续）

序号	项目名称	计算式	工程量	
6	多联机室内机（嵌入式）安装 四面出风天花板嵌入式 GMV-NR71T/D 风量为 780m^3/h 制冷量为 7.1kW	四面出风天井机，共2台	台	2
	设备支架制作安装	0	kg	0
	减振器	0	个	0
7	多联机室内机（嵌入式）安装 四面出风天花板嵌入式 GMV-NR90T/D 风量为 1180m^3/h 制冷量为 9.0kW	四面出风天井机，共3台	台	3
	设备支架制作安装	0	kg	0
	减振器	0	个	0
8	多联机室内机（嵌入式）安装 四面出风天花板嵌入式 GMV-NR125T/D 风量为 1600m^3/h 制冷量为 12.5kW	四面出风天井机，共2台	台	2
	设备支架制作安装	0	kg	0
	减振器	0	个	0
9	多联机室内机（吊顶式）安装 中静压天花板内藏风管式 GMV-NDR80PM(S)/A 风量为 1250m^3/h 制冷量为 8.0kW	内藏风管机，共2台	台	2
	设备支架制作安装	0	kg	0
	减振器	0	个	0
10	镀锌薄钢板共板法兰矩形风管制作安装 δ=1.0mm 长边长在 1250mm 以内	表 4-68 序号 10(2)＝1.38m^2	m^2	1.38
11	镀锌薄钢板共板法兰矩形风管制作安装 δ=0.75mm 长边长在 1000mm 以内	表 4-68 序号 10(1)+(3)+(8)+(9)+(10)＝ 2.98 + 11.97 + 33.90 + 1.62 + 3.72＝54.19m^2 表 4-68 序号 21(1)～(9)＝15.72+0.42+7.31+0.42+12.28+0.38+2.10+29.13+0.38＝68.14m^2 合计＝54.19+68.14＝122.33m^2	m^2	122.33
12	镀锌薄钢板共板法兰矩形风管制作安装 δ=0.6mm 长边长在 450mm 以内	表 4-68 序号 10(4)＝11.05m^2	m^2	11.05
13	镀锌薄钢板共板法兰矩形风管制作安装 δ=0.5mm 长边长在 320mm 以内	表 4-68 序号 10(5)+(6)+(7)+序号 21(10)＝7.61+15.07+3.92+1.40＝28.00m^2	m^2	28.00
14	帆布软接	表 4-68 序号 11+序号 22＝5.02+2.26＝7.28m^2	m^2	7.28
15	矩形对开多叶调节阀安装（成品）630mm×400mm	2个	个	2
	吊支架质量	0	kg	0
16	矩形对开多叶调节阀安装（成品）400mm×250mm	1个	个	1
	吊支架质量	3.66kg	kg	3.66

（续）

序号	项目名称	计算式	工程量	
17	矩形对开多叶调节阀安装（成品）200mm×120mm	7个	个	7
	吊支架质量	0	kg	0
18	铝合金防雨百叶风口安装（成品，带过滤网）800mm×400mm	1个	个	1
19	铝合金防雨百叶风口安装（成品，带过滤网）630mm×400mm	新风1个	个	1
20	铝合金防雨百叶风口安装（成品）630mm×400mm	排风1个	个	1
21	铝合金双层百叶风口安装（成品）1000mm×200mm	2+2=4个	个	4
22	铝合金单层百叶风口安装（成品）800mm×200mm	2个	个	2
23	铝合金单层百叶风口安装（成品）500mm×250mm	2个	个	2
24	铝合金方形散流器安装（成品，带过滤网）250mm×250mm	2个	个	2
25	铝合金方形散流器安装（成品，带过滤网）200mm×200mm	7个	个	7
26	全热交换器安装（成品）XFHQ-20DZ/S-C	1台	台	1
	吊支架质量	0	kg	0
27	阻抗复合式消声器安装（成品）T701-6　800mm×250mm×1000mm	1个	个	1
28	阻抗复合式消声器安装（成品）T701-6　630mm×250mm×1000mm	2个	个	2
29	弯头导流叶片	$S=0.14\times4=0.56\text{m}^2$	m^2	0.56
30	金属结构 刷油、防腐	设备吊架重8.55+对开多叶调节阀吊架质量3.66=12.21kg	kg	12.21
31	通风管道绝热（难燃型B1发泡橡塑保温，δ=20mm）	表4-68序号10(2)~(10)=0.028+0.249+0.240+0.164+0.360+0.086+0.700+0.034+0.077=1.938m^3 表4-68序号21/(8)~(10)=0.609+0.008+0.030=0.647m^3 合计=1.938+0.647=2.585m^3	m^3	2.585

表4-72　空调冷媒与排水管（办公区域）工程量汇总

序号	项目名称	冷媒铜管工程量		分支器规格与工程量			冷凝水管工程量		冷媒铜管保温工程量计算式	保温工程量	
1	铜管及分支器安装 $\phi38.1\times1.4$	m	32.52	$\phi9.52\times9.52\times9.52$	个	1	—	—	$\pi\times(38.10+1.40)/1000\times32.52\times0.02=0.081\text{m}^3$	m^3	0.081
2	铜管及分支器安装 $\phi34.9\times1.3$	m	7.22	$\phi12.7\times9.52\times9.52$	个	2	—	—	$\pi\times(34.90+1.30)/1000\times7.22\times0.02=0.016\text{m}^3$	m^3	0.016

（续）

序号	项目名称	冷媒铜管工程量		分支器规格与工程量			冷凝水管工程量		冷媒铜管保温工程量计算式	保温工程量	
3	铜管及分支器安装 φ28.6mm×1.0	m	29.65	φ15.9mm×12.7×12.7	个	1	—	—	$\pi\times(28.60+1.00)/1000\times29.65\times0.02=0.055m^3$	m^3	0.055
4	铜管及分支器安装 φ22.2mm×1.0	m	7.59	φ15.9mm×15.9×9.52	个	2	—	—	$\pi\times(22.20+1.00)/1000\times7.59\times0.02=0.011m^3$	m^3	0.011
5	铜管及分支器安装 φ19.05mm×1.0	m	32.52	φ19.05mm×15.9×12.7	个	1	—	—	$\pi\times(19.05+1.00)/1000\times32.52\times0.02=0.041m^3$	m^3	0.041
6	铜管及分支器安装 φ15.9mm×1.0	m	50.29	φ19.05mm×15.9×15.9	个	1	—	—	$\pi\times(15.90+1.00)/1000\times50.29\times0.02=0.053m^3$	m^3	0.053
7	铜管及分支器安装 φ12.7mm×0.8	m	29.61	φ22.2mm×15.9×15.9	个	2	—	—	$\pi\times(12.70+0.80)/1000\times29.61\times0.02=0.025m^3$	m^3	0.025
8	铜管及分支器安装 φ9.52mm×0.7	m	41.36	φ22.2mm×22.2×15.9	个	1	—	—	$\pi\times(9.52+0.70)/1000\times41.36\times0.02=0.027m^3$	m^3	0.027
9	—	—	—	φ28.6mm×22.2×22.2	个	1	—	—	—	—	—
10	—	—	—	φ34.9mm×28.6×15.9	个	1	—	—	—	—	—
11	—	—	—	φ34.9mm×34.9×15.9	个	1	—	—	—	—	—
12	—	—	—	φ38.1mm×28.6×28.6	个	1	—	—	—	—	—
13	—	—	—	φ38.1mm×34.9×28.6	个	1	—	—	—	—	—
小计	冷媒铜管保温工程量=0.081+0.016+0.055+0.011+0.041+0.053+0.025+0.027=0.309m^3									m^3	0.309
14	UPVC 管 DN25	—	—	—	—	—	m	10.72	$\pi\times32/1000\times10.72\times0.02=0.022m^3$	m^3	0.022
15	UPVC 管 DN32	—	—	—	—	—	m	33.21	$\pi\times40/1000\times33.21\times0.02=0.083m^3$	m^3	0.083
16	UPVC 管 DN40	—	—	—	—	—	m	8.17	$\pi\times50/1000\times8.17\times0.02=0.026m^3$	m^3	0.026
17	UPVC 管 DN50	—	—	—	—	—	m	10.19	$\pi\times63/1000\times10.19\times0.02=0.040m^3$	m^3	0.040
小计	冷凝水管保温工程量=0.022+0.083+0.026+0.040=0.171m^3									m^3	0.171
合计	0.309+0.171=0.48m^3									m^3	0.48
18	空调水工程系统调试	按空调水工程人工总工日数计算（100工日）									

表 4-73 2#防排烟系统工程量汇总

序号	项目名称	工程量计算式	清单工程量	
1	镀锌薄钢板角钢法兰矩形风管制作安装 δ=1.0mm 长边长在 1000mm 以内	表 4-70 序号 1(1)+(5)=8.02+3.67=11.69m²	m²	11.69
2	镀锌薄钢板角钢法兰矩形风管制作安装 δ=1.5mm 长边长在 1250mm 以内	表 4-70 序号 1(2)~(4)=13.50+37.65+12.14=63.29m²	m²	63.29
3	防火板制作安装 δ=10mm	表 4-70 序号 1(1)+(2)=10.72+15.80=26.52m²	m²	26.52
4	不燃硅钛软接	2.16m²	m²	2.16
5	矩形排烟防火阀(280℃)安装(成品)1250mm×400mm	2个	个	2
	吊支架质量	0	kg	0
6	矩形排烟防火阀(280℃)安装(成品)800mm×320mm	2个	个	2
	吊支架质量	0	kg	0
7	排烟止回阀安装(成品)ϕ1000mm	1个	个	1
	吊支架质量	0	kg	0
8	多叶排烟口安装(成品)800mm×500mm	2个	个	2
9	固定式挡烟垂壁(*H*=0.50m)	1.68m	m	1.68
10	屋顶 2#轴流式排烟风机安装(HTF-I-10#)风量:36000m³/h,风压:680Pa,功率:11kW	1台	台	1
11	通风工程检测、调试	按通风空调系统工程人工总工日数计算	100工日	—

4.4.5 招标控制价的确定

工程实例采用国标清单计价法，通过品茗胜算造价计控软件编制。

编制完成后，勾选导出 Excel 格式的招标控制价相关表格。主要包括招标控制价封面、招标控制价费用表、单位（专业）工程招标控制价费用表、分部分项工程清单与计价表、施工技术措施项目清单与计价表、分部分项工程清单综合单价计算表、施工技术措施综合单价计算表、施工组织（总价）措施项目清单与计价表、主要材料和工程设备一览表等。为了教学方便，按计算先后顺序对表格进行了排序调整，具体如下：

1）分部分项工程清单综合单价计算表。

2）分部分项工程清单与计价表。

3）施工技术措施综合单价计算表。

4）施工技术措施项目清单与计价表。

5）施工组织（总价）措施项目清单与计价表。

6）单位（专业）工程招标控制价费用表。

7）主要材料和工程设备一览表。

8）招标控制价封面。

4.5 小结

本项目主要讲述了以下内容：

1）通风空调工程相关基础知识。主要包括通风系统和空调系统的基础知识，以及相关施工图的组成、常用图例和图样识读方法与步骤等。

2）通风空调工程定额与应用。主要包括相关定额的组成与使用说明、各定额章节（包括通风空调设备及部件制作安装、通风管道制作安装、通风管道部件制作安装、人防通风设备及部件制作安装和通风空调工程系统调试等）的具体使用与注意事项，辅以具体例题对相关知识点、定额套用及定额综合单价的计算进行加深巩固。

3）通风空调工程国标清单计价。主要包括相关清单的设置内容、编制方法与应用；结合具体例题，以分部分项工程为对象，对清单综合单价的计算方法与步骤进行介绍。

4）通风空调工程招标控制价编制实例。通过源于实际的具体工程案例，对通风空调工程图识读、计量计价等进行具体讲解，理论与实践进一步结合，以帮助巩固相关知识点。

4.6 课后习题

一、单选题

1. 根据定额工程量计算规则，在计算镀锌薄钢板风管长度时，（　　）所占的长度不应扣除。

A. 天圆地方　　B. 消声器　　C. 防火阀　　D. 对开多叶调节阀

2. 某成品单面彩钢复合风管尺寸为400mm×200mm（设计图示内径尺寸），该风管长度为40m，厚度为25mm，则该复合风管的定额清单工程量为（　　）m^2。

A. 36　　B. 42　　C. 37.5　　D. 48

3. 根据《浙江省通用安装工程预算定额》（2018版），风管制作安装以施工图规格不同按展开面积计算，不扣除（　　）所占面积。

A. 消声器　　B. 风口　　C. 阀门　　D. 静压箱

4. 对于保冷的管道，外表面必须设置（　　）。

A. 防潮层　　B. 保护层　　C. 防腐层　　D. 防紫外线照射层

5. 根据《浙江省通用安装工程预算定额》（2018版），薄钢板风管仅内（或仅外）面刷油，执行第十二册定额基价乘以系数（　　）。

A. 0.9　　B. 1.1　　C. 1.0　　D. 1.2

6. 根据《浙江省通用安装工程预算定额》（2018版），圆弧形风管制作安装参照相应规格子目，人工费、机械费乘以系数（　　）。

A. 1.1　　B. 1.4　　C. 2.0　　D. 3.0

7. 根据《浙江省通用安装工程预算定额》（2018版），下列说法错误的是（　　）。

A. 风管导流叶片不分单叶片和香蕉形双叶片均执行同一子目

B. 净化圆形风管制作安装执行净化矩形风管制作安装子目

C. 净化风管及部件制作安装子目中，型钢包括镀锌费

D. 净化通风管道子目按室气洁净度 100000 级编制

8. 根据《浙江省通用安装工程预算定额》(2018 版),下列说法正确的是(　　)。

A. 风管制作安装子目规格所表示的直径为内径,边长为内边长

B. 风管制作安装子目规格所表示的直径为外径,边长为内边长

C. 风管制作安装子目规格所表示的直径为内径,边长为外边长

D. 风管制作安装子目规格所表示的直径为外径,边长为外边长

9. 根据《浙江省通用安装工程预算定额》(2018 版),关于通风空调工程,下列说法正确的是(　　)。

A. γ 射线报警器定额不包含探头安装孔孔底电缆套管的制作与安装

B. 密闭穿墙套管为成品安装时,按密闭穿墙套管制作安装定额乘以系数 0.2,穿墙管主材另计

C. 密闭穿墙管制作安装分类中Ⅰ型为薄钢板风管直接浇入混凝土墙内的密闭穿墙管

D. 密闭穿墙管按墙厚 0.2m 编制,如与设计墙厚不同,管材可以换算,其余不变;Ⅲ型穿墙管项目不包括风管本身

10. 根据《浙江省通用安装工程预算定额》(2018 版),通风空调工程中,设备的电气接线执行第(　　)册相应定额。

A. 一　　B. 四　　C. 六　　D. 七

11. 镀锌薄钢板风管($\delta=1.5$ 以内咬口,3000mm×1000mm)制作安装,应执行定额(　　),且其人工费、机械费乘以系数(　　)。

A. 7-2-11　1.1　　B. 7-2-11　1.2

C. 7-2-8　1.1　　D. 7-2-8　1.2

二、多选题

1. 通风空调系统中,下列哪些材料属于风管部件(　　)。

A. 管式消声器　　B. 天圆地方　　C. 风管弯头导流叶片

D. 静压箱　　E. 风量测量孔

2. 空调系统按空气处理设备设置的集中程度分类,分为(　　)。

A. 集中式系统　　B. 半集中式系统　　C. 混合式系统

D. 全分散式系统　　E. 封闭式系统

3. 在《浙江省通用安装工程预算定额》(2018 版)第七册《通风空调工程》定额中,净化通风管道制作安装子目中,包括(　　)的制作安装。

A. 弯头、三通　　B. 法兰、加固框　　C. 吊架

D. 三通调节阀　　E. 天圆地方

4. 通风空调工程中,下列(　　)属于管件。

A. 天圆地方　　B. 四通　　C. 消声器

D. 调节阀　　E. 三通

5. 根据《通用安装工程工程量计算规范》(GB 50856—2013),风管展开面积不扣除(　　)面积。

A. 管件　　B. 检查孔　　C. 测定孔

D. 送风口　　E. 吸风口

三、计算题

某通风空调工程，安装 1 台成品静压箱，尺寸为 1500mm×1500mm×800mm，设备支架每台质量为 50kg。设备支架考虑除轻锈、刷醇酸防锈漆两遍、刷银粉漆两遍，相关主材设备价格见表 4-74。根据《通用安装工程工程量计算规范》（GB 50856—2013）和浙江省现行计价依据的相关规定，利用表 4-75“综合单价计算表”完成静压箱安装的国标清单综合单价计算。其中，管理费费率为 21.72%，利润费率为 10.4%，风险不计。

表 4-74 相关主材设备价格

序号	名称	单位	除税单价(元)
1	成品静压箱 1500mm×1500mm×800mm	台	3000
2	型钢(综合)	kg	3.80
3	醇酸防锈漆	kg	8.19
4	银粉漆	kg	10.95

表 4-75 综合单价计算表

清单序号	项目编码(定额编码)	清单(定额)项目名称	计量单位	数量	综合单价(元)						合计(元)
					人工费	材料费	机械费	管理费	利润	小计	

消防工程计量与计价

知识目标：

1）掌握消防工程中的水灭火系统工程量计算的规则与方法。
2）掌握消防工程中的水灭火系统工程量清单及招标控制价的编制方法与步骤。
3）熟悉消防工程中的水灭火系统施工图识读的方法与注意点。

技能目标：

能够根据给定的简单消防工程图，完成招标控制价的编制。

5.1 消防工程基础知识与施工图识读

消防工程按火灾发生时系统所具备的功能可划分为三类，见表5-1。通过这三类系统的联动快速处置火灾，尽可能在灾情初期扑灭火灾。

表5-1 消防系统分类

序号	类别	系统名称	途径或媒介	作　用
1	第一类	灭火系统	液体、气体、干粉、泡沫及喷洒装置	直接用于扑灭火灾
2	第二类	灭火辅助系统	—	限制火势、防止灾害扩大
3	第三类	信号指示系统	声光报警	提示现场情况

其中，以水为灭火媒介的水灭火系统因最具经济性而应用最广泛。水灭火系统按功能不同可分为消火栓给水系统、自动喷水灭火系统、水喷雾和细水雾灭火系统三类。

本节主要学习消火栓给水系统和自动喷水灭火系统的计量计价相关知识。

5.1.1 消火栓给水系统

1. 室内消火栓给水系统的组成

室内消火栓给水系统一般是由水枪、水龙带、室内消火栓、消防卷盘（消防水喉设备)、消防管道（入户管、干管、立管和支管等），以及消防水池、消防水箱、水泵接合器、增压稳压设备等组成。其中，水枪、水龙带、室内消火栓、消防卷盘（消防水喉设备）一般安装在消火栓箱内。

室内消火栓给水系统的组成内容即为其计量计价范围。

2. 室内消火栓给水系统的给水方式

室内消火栓选择给水方式时，一定要满足最不利点消火栓所需的水量和水压。

常见室内消火栓给水系统的给水方式有设常高压的消火栓给水系统（直接给水方式）和设临时高压的消火栓给水系统（单设水箱给水方式，单设水泵给水方式，设水泵和水箱给水方式，设水池、水泵、水箱给水方式，设水池、水泵、气压给水装置给水方式等）。

3. 室内消火栓设置的要求

室内消火栓应布置在建筑物内各层明显、易于使用和经常有人出入的地方，如楼梯间、走廊、大厅和消防电梯的前室等处。消火栓栓口距地面 1.1m，出水方向宜向下或与设置消火栓箱的墙面成 90°。

同一建筑物内应采用统一规格的消火栓、水枪和水带，每根水带的长度不应超过 25m。消防电梯前室应设置消火栓，屋顶应设置试验消火栓。在北方寒冷地区，屋顶消火栓应设有防冻和泄水装置。

设有空调系统的旅馆、重要办公楼、展览楼、综合楼及超过 1500 个座位的剧院、会堂，宜增设消防水喉设备，以便一般操作人员扑灭初期火灾。

5.1.2　自动喷水灭火系统

自动喷水灭火系统是指在发生火灾时，能够发出火警信号且能同时自动打开喷头喷水灭火的给水系统，简称自喷系统。它由喷头、报警阀组、水流报警装置（水流指示器或压力开关）、末端试水装置等组件，以及管道、供水设施（消防水池、消防水箱、水泵接合器）等组成。

自动喷水灭火系统的组成内容即为其计量计价范围。

自动喷水灭火系统的分类与适用场所见表 5-2。

表 5-2　自动喷水灭火系统的分类与适用场所

序号	分类依据	一级分类	二级分类	适用场所	备注
1	喷头开启形式	闭式系统	湿式系统	常年室内温度 4℃ ≤ t ≤ 70℃	
2			干式系统	常年室内温度 t<4℃ 或 t>70℃	
3			预作用系统	严禁系统误喷、管道漏水，不允许有水渍损失的建筑物	
4		开式系统	雨淋系统	火灾蔓延快、危险性大的建筑物和建筑部位，需大面积喷水快速灭火的特殊场所	
5			水幕系统	主要起到阻火、冷却和隔离火源（非直接扑灭）的作用，适用于需防火隔离的部位（大型公共舞台与观众之间的隔离水帘、消防防火卷帘的冷却等）	
6			水喷雾系统	扑灭电气火灾、可燃性液体火灾	

常用玻璃球闭式喷头的安装方式及适用场所见表 5-3。

表 5-3　常用玻璃球闭式喷头的安装方式及适用场所

序号	喷头类别	安装方式	适用场所
1	直立型	安装在配水管上方	设置场所无吊顶、水管沿梁下布置，上、下方均需保护的场所
2	下垂型	安装在配水管下方	设置场所有吊顶、水管在吊顶内布置，吊顶下方均需保护的场所
3	隐蔽型	朝下隐蔽安装在吊顶内	设置场所有吊顶、水管在吊顶内布置，吊顶下方均需保护的、美观要求较高的建筑
4	上、下通用型	安装在配水管上、下方	设置场所无吊顶，上、下方均需保护的场所

5.1.3　消防水系统施工图识读

消防水系统的施工图属于给排水施工图范畴，该系统的图样构成与绘图特点与给排水的相同。

识图时，首先应对照图纸目录，确认图样是否完整，图名与目录是否一致。然后识读设计说明与图例材料表，了解设计内容，设计、施工使用的相关规范，标准图集和图例符号等，掌握使用的管材、附件、设施设备的类型与技术参数等。最后反复对照平面布置图与轴测图或展开原理图，并找出对应关系，获取管道、系统构件、加压贮水设备的平面位置，掌握管道系统的来龙去脉、附件设备等的安装位置等。

读图顺序一般可按水流方向进行。消火栓给水系统图识读的一般流程如图 5-1 所示，自动喷水灭火系统图样识读的一般流程如图 5-2 所示。

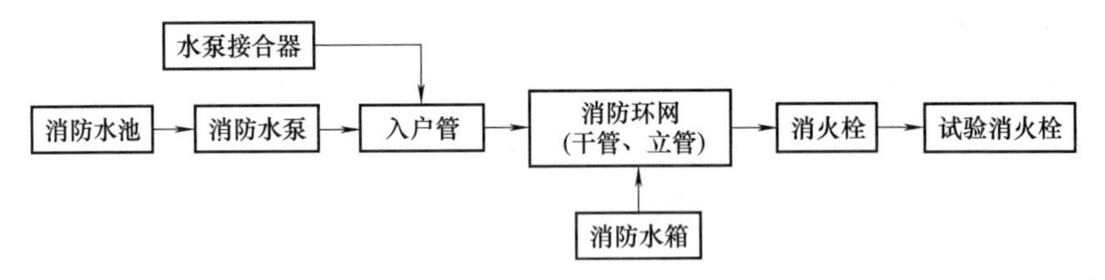

图 5-1　消火栓给水系统图识读的一般流程

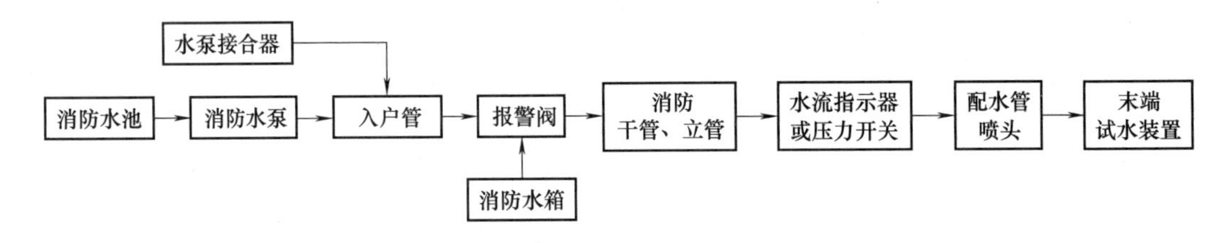

图 5-2　自动喷水灭火系统图识读的一般流程

5.2　消防工程定额与应用

本节以《浙江省通用安装工程预算定额》（2018 版）为基础，重点介绍水灭火系统的定额清单计价方法。水灭火系统主要执行第九册《消防工程》，该册定额适用于新建、扩建、改建项目中的消防工程。

5.2.1　定额内容与使用说明

1. 定额的组成内容

《浙江省通用安装工程预算定额》（2018版）第九册定额由5个定额章组成。消防工程预算定额组成内容见表5-4。

表5-4　消防工程预算定额组成内容

定额章	名称	项目编号	定额章	名称	项目编号
一	水灭火系统	9-1-1~9-1-96	四	火灾自动报警系统	9-4-1~9-4-35
二	气体灭火系统	9-2-1~9-2-47	五	消防系统调试	9-5-1~9-5-26
三	泡沫灭火系统	9-3-1~9-3-16			

2. 使用说明

定额使用时应注意消防工程执行其他册相应定额的内容，见表5-5。

表5-5　消防工程执行其他册相应定额的内容

序号	内容	执行相应定额		备注
1	阀门、稳压装置、消防水箱安装	第十册	给排水、采暖、燃气工程	
2	室外消防管道	第十册	给排水、采暖、燃气工程室外给水管道安装相应定额	
3	单个试火栓（试验消火栓）安装	第十册	给排水、采暖、燃气工程阀门安装相应定额	
4	各种消防泵安装	第一册	机械设备安装工程	
5	不锈钢管和管件、铜管和管件及泵房间管道安装，管道系统强度试验、严密性试验	第八册	工业管道工程	
6	刷油、防腐蚀、绝热工程	第十二册	刷油、防腐蚀、绝热工程	
7	电缆敷设、桥架安装、配管配线、接线盒、电动机检查接线、防雷接地装置等安装	第四册	电气设备安装工程	
8	各种仪表的安装	第六册	自动化控制仪表安装工程	
9	各种套管、支架的制作与安装	第十三册	通用项目和措施项目工程	

3. 界限划分

消防工程相关界限划分见表5-6，消防工程相关界限示意图如图5-3所示。

表5-6　消防工程相关界限划分

序号	界限内容	界限划分标准	备注
1	室内外消防管道	1）设阀门的，以（距外墙皮最近的）阀门为界 2）无阀门的，以距建筑物外墙皮1.5m为界	消火栓给水系统、自喷灭火系统均适用
2	消防泵房管道	泵房外墙皮为界	
3	与市政给水管道	以与市政给水管道碰头点（井）为界	

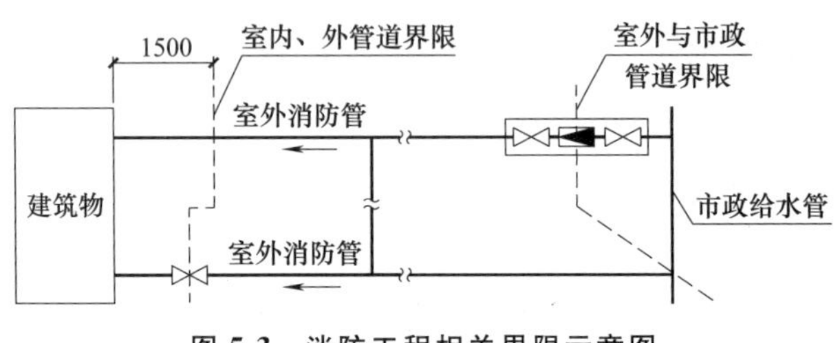

图 5-3 消防工程相关界限示意图

5.2.2 水灭火系统定额与计量计价

1. 定额使用说明

定额内容包括水喷淋管道、消火栓管道、水喷淋（雾）喷头、报警装置、水流指示器、温感式水幕装置、减压孔板、末端试水装置、集热板、消火栓、消防水泵接合器、灭火器、消防水炮等安装。

本章适用于工业和民用建（构）筑物设置的水灭火系统的管道、各种组件、消火栓和消防水炮等的安装。

水灭火系统管道安装相关规定见表 5-7。

表 5-7 水灭火系统管道安装相关规定

序号	类别	内容	备注
1	钢管相关内容	钢管(法兰连接)定额中包括管件及法兰安装,但管件、法兰数量应按设计图用量另行计算,螺栓按设计用量加3%损耗计算	
2		若设计或规范要求钢管需要热镀锌,则热镀锌及场外运输费用另行计算	
3		消火栓管道采用钢管(沟槽连接或法兰连接)时,执行水喷淋钢管相关定额项目	
4	定额内容	管道安装定额均包括一次水压试验、一次水冲洗,若发生多次试压及冲洗,执行《浙江省通用安装工程预算定额》(2018 版)第十册《给排水、采暖、燃气工程》相关定额	
5	安装场景	设置于管道间、管廊内的管道、法兰、阀门、支架安装,定额人工费×1.2	与第十册给排水定额相关规定一致
6		弧形管道安装执行相应管道安装定额,定额人工费、机械费×1.4	
7		管道预安装(即二次安装,指确实需要且实际发生管子吊装上去进行点焊预安装,然后拆下来,经镀锌后二次安装的部分),定额人工费×2.0	
8		喷头追位增加的弯头主材按实计算,安装费不另计	

水灭火系统其他有关说明见表 5-8。

表 5-8 水灭火系统其他有关说明

序号	类别	内容
1	自喷灭火系统	报警装置安装项目,定额中已包括装配管、泄放试验管及水力警铃出水管安装,水力警铃进水管按图示尺寸执行管道安装相应项目;其他报警装置适用于雨淋、干湿两用及预作用报警装置

（续）

序号	类别	内容
2	自喷灭火系统	水流指示器(马鞍形连接)项目,主材中包括胶圈、U形卡
3		喷头、报警装置及水流指示器安装定额均按管网系统试压、冲洗合格后安装考虑的,定额中已包括丝堵、临时短管的安装、拆除及摊销
4		温感式水幕装置安装定额中已包括给水三通至喷头、阀门间的管道、管件、阀门、喷头等全部安装内容,但管道的主材数量按设计管道中心长度另加损耗计算;喷头数量按设计数量另加损耗计算
5		末端试水装置安装定额中已包括2个阀门、1套压力表(带表弯、旋塞)的安装费
6		集热板安装项目,主材中应包括所配备的成品支架
7	室内消火栓	室内消火栓箱箱体暗装时,钢丝网及砂浆抹面执行《浙江省房屋建筑与装饰工程预算定额》(2018版)的有关定额
8		组合式消防柜安装,执行室内消火栓安装的相应定额项目,基价×1.1
9		单个试验消火栓安装参照《浙江省通用安装工程预算定额》(2018版)第十册《给排水、采暖、燃气工程》阀门安装相应定额项目,试验消火栓带箱安装执行室内消火栓安装定额项目
10	室外消火栓等	室外消火栓、消防水泵接合器安装,定额中包括法兰接管及弯管底座(消火栓三通)的安装,本身价值另行计算
11	消防水炮	消防水炮安装定额中仅包括本体安装,不包括型钢底座制作安装和混凝土基础砌筑。型钢底座制作安装执行《浙江省通用安装工程预算定额》(2018版)第十三册《通用项目和措施项目工程》设备支架制作安装相应项目,混凝土基础执行《浙江省房屋建筑与装饰工程预算定额》(2018版)的有关定额

2. 工程量计算规则

由工程量计算规则可知，水灭火系统的管道安装长度计算规则与给排水管道类似，即不管是消火栓给水系统管道，还是自喷灭火系统管道，管道安装均按设计图示管道中心线长度，以“m”为计量单位，不扣除阀门、管件及各种组件所占长度。

水喷淋镀锌钢管接头管件（丝接）含量表、消火栓镀锌钢管接头管件（丝接）含量表、消火栓钢管接头管件（焊接）含量表和成品产品包括内容表，具体见《浙江省通用安装工程预算定额》（2018版）第九册第一章第8~9页相关内容。

例如，成套室内消火栓包括消火栓箱、消火栓、水枪、水龙带、水龙带接扣、挂架等。

3. 消火栓钢管

（1）定额项目划分　消火栓给水系统管道安装执行《浙江省通用安装工程预算定额》（2018版）第九册第一章消火栓钢管安装相关项目。定额按消火栓钢管的不同连接方式、公称直径划分项目。

（2）计量单位　消火栓钢管安装均以“10m”为计量单位，接头管件以“个”为计量单位，法兰以“片”为计量单位，沟槽以“副”为计量单位。

（3）定额使用说明　消火栓钢管安装相关规定见表5-7。

4. 消火栓

（1）定额项目划分　室内消火栓按明装或暗装、是否带自救卷盘、单双栓划分定额项目，室外消火栓按地上式或地下式、公称直径划分定额项目。

（2）计量单位　消火栓安装均以“套”为计量单位。

（3）定额使用说明　消火栓安装相关规定见表 5-8。

5. 水喷淋钢管

（1）定额项目划分　自喷灭火系统的水喷淋钢管安装执行《浙江省通用安装工程预算定额》（2018 版）第九册第一章消火栓钢管安装相关项目。定额按水喷淋钢管的不同连接方式、公称直径划分项目。

（2）计量单位　水喷淋钢管安装均以“10m”为计量单位，接头管件以“个”为计量单位，法兰以“片”为计量单位，沟槽以“副”为计量单位。

（3）定额使用说明　水喷淋钢管安装相关规定见表 5-7。

6. 水喷淋（雾）喷头

（1）定额项目划分　水喷淋（雾）喷头安装定额按是否有吊顶及公称直径划分项目。

（2）计量单位　水喷淋（雾）喷头安装以“个”为计量单位。

（3）定额使用说明　定额辅材中已包含相应管配件，其余注意事项见表 5-7 和表 5-8。

7. 报警装置

（1）定额项目划分　报警装置安装定额按是否为湿式及公称直径划分项目。

（2）计量单位　报警装置安装以“组”为计量单位。

（3）定额使用说明　报警装置相关规定见表 5-8。

8. 水流指示器

（1）定额项目划分　水流指示器安装定额按连接方式（沟槽法兰、马鞍形或螺纹连接）及公称直径划分项目。

（2）计量单位　水流指示器安装均以“个”为计量单位。

（3）定额使用说明　水流指示器相关规定见表 5-8。

9. 末端试水装置

（1）定额项目划分　末端试水装置安装定额按公称直径划分项目。

（2）计量单位　末端试水装置安装以“组”为计量单位。

（3）定额使用说明　末端试水装置相关规定见表 5-8。

10. 消防水泵接合器

（1）定额项目划分　消防水泵接合器按安装方式（地下式、墙壁式或地上式）、公称直径（DN100、DN150）划分定额项目。

（2）计量单位　消火栓安装均以“套”为计量单位。

（3）定额使用说明　消防水泵接合器相关规定见表 5-8。

11. 灭火器

（1）定额项目划分　灭火器安装定额按室内灭火器（箱体暗装或支架安装）或推车式灭火器划分定额项目。

（2）计量单位　室内灭火器安装以“套”为计量单位，推车式灭火器安装以“组”为计量单位。

【例 5-1】 某工程自动喷水灭火系统中，地下室安装玻璃球直立型闭式喷头（68℃）ZST $K=80$ DN15 共计 200 个（设除税价为 13.30 元/个），地上楼层安装吊顶型隐蔽式玻璃球型洒水喷头（68℃）ZST $K=115$ DN20 共计 600 个（设喷头除税价为 43.40 元/个）。试按定额清单计价法列出该项目综合单价计算表。本题中安装费的人、材、机单价均按《浙江省通用安装工程预算定额》（2018 版）取定的基价考虑；管理费费率为 21.72%，利润费率为 10.40%，风险不计；计算结果保留两位小数。

【解】 地下室安装玻璃球直立型闭式喷头（68℃）ZST $K=80$ DN15，按无吊顶安装考虑，规格为 DN15，套用定额 9-1-34。查得该定额项目的人工费、材料费和机械费分别为 9.45 元/个、2.82 元/个、0.23 元/个。未计价主材（直立型闭式喷头）工程量为 1.01 个/个×200 个=202 个。

地下室直立型闭式喷头的未计价主材单位价值=1.01 个/个×13.30 元/个 =13.43 元/个，共计材料费为（2.82+13.43）元/个=16.25 元/个。

地上楼层安装吊顶型隐蔽式玻璃球型洒水喷头（68℃）ZST $K=115$ DN20，按有吊顶安装考虑，规格为 DN20，套用定额 9-1-38。查得该项目的人工费、材料费和机械费分别为 15.26 元/个、3.61 元/个、0.51 元/个。未计价主材（吊顶型隐蔽式喷头）工程量为 1.01 个/个×600 个=606 个。

地上楼层吊顶型隐蔽式喷头的未计价主材单位价值=1.01 个/个×43.40 元/个= 43.83 元/个，共计材料费为（3.61+43.83）元/个=47.44 元/个。

某自喷系统喷头定额综合单价计算结果见表 5-9。

表 5-9 某自喷系统喷头定额综合单价计算结果

项目编码（定额编码）	清单（定额）项目名称	计量单位	数量	综合单价（元）						合计（元）
				人工费	材料（设备）费	机械费	管理费	利润	小计	
9-1-34	地下室安装玻璃球直立型闭式喷头（68℃）ZST $K=80$ DN15 无吊顶	个	200	9.45	16.25	0.23	2.10	1.01	29.04	5808.00
主材	直立型闭式喷头	个	202		13.3					2686.60
9-1-38	地上楼层安装吊顶型隐蔽式玻璃球型洒水喷头（68℃）ZST $K=115$ DN20 有吊顶	个	600	15.26	47.44	0.51	3.43	1.64	68.28	40968.00
主材	吊顶型隐蔽式喷头	个	606		43.4					26300.40

5.2.3 管道支吊架定额与计量计价

管道支吊架是用于固定管道空间位置的构件，具体可分为支架、吊架、托架和管卡等。安装工程中的管道（包括给排水、雨水、消防管道和通风空调风管等）在自重、温度及外力作用下，会产生变形、位移和损坏，需要在水平和竖直管道上每隔一定距离设置支吊架将管道予以固定。

常用的支吊架有托钩式托架、单管托架、单管吊架和单管立式支架（或管卡）等。

如前所述，安装工程管道（如给排水管道和雨水管道）明敷或暗敷于管道井、吊顶或顶棚内时，通常需要设置管道支吊架。管道采用塑料管材时，常采用塑料管卡或塑料单管吊架。当采用金属管道（如消防系统），或者系统复杂、管径大、荷载重时，应按设计说明要求设置金属支吊架并对其进行除锈、刷油处理。

1. 项目划分与使用说明

按《浙江省通用安装工程预算定额》（2018版）第十三册第303页第一章通用项目工程章说明规定：管道支吊架制作安装适用于给排水、消防、工业管道工程中各类管道支吊架制作安装。

按《浙江省通用安装工程预算定额》（2018版）第十册第79页第一章管道安装章说明规定：管道安装项目中，除部分室内塑料管道（DN≤32）项目外，其余均不包括管道型钢支架、管卡、托钩等制作安装，发生时，执行《浙江省通用安装工程预算定额》（2018版）第十三册《通用项目和措施项目工程》相应定额。

管道支吊架按一般管架考虑（见定额项目13-1-31～13-1-32），包括支吊架制作和安装的全部工作内容，适用于常用的型钢支吊架。一般管架制作安装定额按单件质量列项，并包括所需螺栓、螺母及膨胀螺栓本身的价格。一般管道支架制作安装项目，当单件（单个管道支吊架）质量在100kg以上时，执行补充定额13-1-1～13-1-2。

木垫式管架及弹簧式管架制作安装不再区分单件质量大小，执行补充定额13-1-33～13-1-36项目，其中安装人工消耗量均调整为1.70工日。

管道支吊架的除锈、刷油，执行《浙江省通用安装工程预算定额》（2018版）第十二册《刷油、防腐蚀、绝热工程》一般钢结构相关定额。

2. 支吊架工程量计算

管道支吊架制作安装工程量应根据支架的结构形式、规格，以“kg”为计量单位。

工程量计算常用公式：管道支吊架工程量=Σ（某种结构形式的单个支吊架质量×该规格支吊架个数）。用该公式计算支吊架总质量时，应先明确支吊架的类型、规格、间距和个数。

（1）支吊架质量的确定　各种管道金属支吊架的质量，应根据支吊架结构的不同类型进行计算。当设计有附图时按图计算，无附图时可参照标准图集03S402选型并计算质量。单管立式支架质量、单杆吊架质量和沿砖墙安装单管托架质量分别见表5-10～表5-12。

表5-10　单管立式支架质量　（单位：kg/副）

支架类型	公称直径	DN15	DN20	DN25	DN32	DN40	DN50	DN65	DN80
钢筋混凝土墙（Ⅰ型）	保温	0.49	0.50	0.60	0.84	0.87	0.90	1.11	1.32
	不保温	0.17	0.19	0.20	0.22	0.23	0.25	0.28	0.38
砖墙（Ⅱ型）	保温	0.41	0.43	0.52	0.73	0.76	0.79	0.98	1.18
	不保温	0.12	0.13	0.14	0.16	0.17	0.19	0.22	0.31

注：本表数据综合自标准图集03S402第78页。

表5-11　单杆吊架质量　（单位：kg/副）

公称直径	DN15	DN20	DN25	DN32	DN40	DN50	DN65	DN80	DN100
保温	2.209	2.239	2.270	2.288	2.329	2.363	2.672	2.817	2.844
不保温	1.747	1.757	1.777	1.847	1.867	1.907	2.087	2.137	2.237

注：本表数据综合自标准图集03S402第11、27、28页；吊杆长度设为0.8m。

表5-12　沿砖墙安装单管托架质量　（单位：kg/副）

公称直径		DN15	DN20	DN25	DN32	DN40	DN50	DN65	DN80	DN100	DN150
保温	圆钢管卡	0.182	0.185	0.193	0.203	0.211	0.222	0.376	0.401	0.439	0.758
	支承角钢	1.18	1.18	1.23	1.23	1.26	1.29	1.34	1.40	2.04	3.43
	固定角钢	—	—	—	—	—	—	—	—	—	1.16
	合计	1.362	1.365	1.423	1.433	1.471	1.512	1.716	1.801	2.479	5.348

（续）

公称直径		DN15	DN20	DN25	DN32	DN40	DN50	DN65	DN80	DN100	DN150
非保温	圆钢管卡	0.06	0.06	0.07	0.08	0.09	0.10	0.19	0.21	0.25	0.49
	支承角钢	0.90	0.93	0.96	0.98	1.01	1.04	1.10	1.18	1.70	1.92
	固定角钢	—	—	—	—	—	—	—	—	—	1.16
	合计	0.960	0.990	1.030	1.060	1.100	1.140	1.290	1.390	1.950	3.570

注：本表数据综合自标准图集 03S402 第 33、34、51 页。

（2）支吊架个数的确定　支吊架个数=某规格的管道长度÷该规格管道支吊架的间距，得数有小数时向上取整。

在实际操作过程中，设计有明确说明时按设计说明，设计无明确说明时可按规范支架设置间距计算管道支架的个数。《建筑给水排水及采暖工程施工质量验收规范》（GB 50242—2002）中规定的钢管水平安装支吊架的最大间距见表 5-13，采暖、给水及热水供应系统的塑料管及复合管垂直或水平安装支吊架的最大间距见表 5-14；排水塑料管道立管支吊架最大间距见表 5-15。此外，采暖、给水及热水系统供应的金属管道立管管卡安装还应符合以下条件：①楼层高度≤5m，每层必须安装 1 个；②楼层高度>5m，每层不得少于 2 个；③管卡安装高度，距地面应为 1.5~1.8m，2 个以上管卡应匀称安装，同一房间管卡应安装在同一高度上。

表 5-13　钢管水平安装支吊架的最大间距

公称直径		DN15	DN20	DN25	DN32	DN40	DN50	DN70	DN80	DN100	DN125	DN150
最大间距/m	保温管	2.0	2.5	2.5	2.5	3.0	3.0	4.0	4.0	4.5	6.0	7.0
	非保温管	2.5	3.0	3.5	4.0	4.5	5.0	6.0	6.0	6.5	7.0	8.0

表 5-14　塑料管及复合管垂直或水平安装支吊架的最大间距

公称外径			De20	De25	De32	De40	De50	De63	De75	De90	De110
公称直径			DN15	DN20	DN25	DN32	DN40	DN50	DN65	DN80	DN100
最大间距/m	立管		0.9	1.0	1.1	1.3	1.6	1.8	2.0	2.2	2.4
	水平管	冷水管	0.6	0.7	0.8	0.9	1.0	1.1	1.2	1.35	1.55
		热水管	0.3	0.35	0.4	0.5	0.6	0.7	0.8	—	—

表 5-15　排水塑料管道立管支吊架最大间距

公称外径	De50	De75	De110	De125	De160
最大间距/m	1.2	1.5	2.0	2.0	2.0

水平管支吊架最少个数=某规格管道的长度/该规格管道支吊架的最大间距值

【例 5-2】　某消防工程的管道均采用内外壁热镀锌钢管，该工程明敷管道工程量统计见表 5-16，具体系统图与平面布置图如图 5-4~图 5-10 所示。管道支吊架均采用等边角钢∟40×4（理论质量为 2.422kg/m）制作而成。消火栓给水系统的屋顶水平管支架规格为 0.3m×0.3m×0.4m，其余水平管吊架规格为 0.5m×0.5m×0.4m，水平管支吊架间距均取 5m；自喷系统水平管吊架规格为 0.5m×0.5m×0.4m，DN≥65 水平管道吊架间距取 5m，DN40、DN50 管道间距取 4m，DN25、DN32 管道间距取 3m。消防工程的立管每层设一个 L 形管道支架，规格为0.3m×0.3m，安装高度距地面1.5m。设型钢除税价为4100元/t，试计算该消防工程的支吊架个数、总质量及管道支架制作安装的综合单价。本题中安装费的人、材、机单价均按《浙江省通用安装工程预算定额》（2018版）取定的基价考虑；管理费费率为21.72%，利润费率为10.40%，风险不计；计算结果保留两位小数。

表5-16 某消防工程明敷管道工程量统计

序号	管径	消火栓给水系统/m		自喷系统/m	
		水平	竖直	水平	竖直
1	DN150	—	—	0	7.4
2	DN100	屋顶水平22.0	24.6	18.9	3.9
		其余水平34.0			
3	DN80	—	—	10.2	0
4	DN65	7.5	8.2	9.65	0
5	DN50	—	—	19.49	0
6	DN40	—	—	3.4	0
7	DN32	—	—	65.66	0
8	DN25	—	—	83.81	0
9	DN20	—	0.3	—	0.3

【解】 按题意，所有明敷管道支吊架均采用等边角钢L 40×4（理论质量为2.422kg/m）做成U形或L形。

(1) 单个支吊架质量计算 消火栓给水系统的屋顶明敷水平管支架规格为0.3m×0.3m×0.4m，则支架质量m_1=2.422kg/m×(0.3+0.3+0.4)m/个=2.422kg/个；其他明敷水平管吊架规格为0.5m×0.5m×0.4m，则吊架质量m_2=2.422kg/m×(0.5+0.5+0.4)m/个=3.391kg/个。

自喷系统明敷水平管吊架规格为0.5m×0.5m×0.4m，支架质量m_3=m_2=3.391kg/个。

消防工程（消火栓+自喷）明敷立管支架规格均为0.3m×0.3m，支架质量m_4=2.422kg/m×0.3m/个×2=1.453kg/个。

(2) 支吊架数量计算 消火栓给水系统水平管支吊架间距均取5m，则屋顶水平管所需支架个数为（22/5）个=4.4个，取5个；其余明敷水平管吊架所需个数为（34/5）个=6.8个，取7个。

消火栓给水系统L形立管支架个数=[6（一层~三层主立管）+2(一层进户主立管)+1（屋顶试验消火栓立管)］个=9个。

自喷系统明敷水平管吊架个数=[(18.9+10.2+9.65)/5+(19.49+3.4)/4+(65.66+83.81)/3]个=(7.75+5.72+49.8）个=63.27个，取64个。

自喷系统L形立管支架个数=3个（一层~三层主立管)。

(3) 支吊架质量计算 消火栓给水系统支吊架质量=2.422kg/个×5个+3.391kg/个×7个+1.453kg/个×9个=48.92kg。

自喷系统支吊架质量=3.391kg/个×64个+1.453kg/个×3个=221.38kg。

支吊架总质量=(48.92+221.38)kg=270.30kg。

（4）定额套取与定额综合单价计算　由上知，该工程所有管道支吊架单件质量均未超过100kg。管道支吊架的制作安装分别套用《浙江省通用安装工程预算定额》（2018版）第十三册一般管架制作安装定额项目13-1-31、13-1-32。

查得支吊架制作定额项目的人工费、材料费和机械费分别为414.45元/100kg、62.19元/100kg、63.94元/100kg。未计价主材（型钢）的工程量为106kg/100kg×2.703(100kg)=286.518kg。

未计价主材单位价值=106kg/100kg×4.10元/kg=434.60元/100kg，共计材料费为（62.19+434.60）元/100kg=496.79元/100kg。

支吊架安装定额项目的人工费、材料费和机械费分别为224.10元/100kg、53.12元/100kg、26.95元/100kg。未计价主材单位价值为0，共计材料费为53.12元/100kg。

某消防工程管道支吊架制作安装定额综合单价计算结果见表5-17。

表5-17　某消防工程管道支吊架制作安装定额综合单价计算结果

项目编码（定额编码）	清单（定额）项目名称	计量单位	数量	综合单价（元）						合计（元）
				人工费	材料（设备）费	机械费	管理费	利润	小计	
13-1-31	一般管架制作	100kg	2.703	414.45	496.79	63.94	103.91	49.75	1128.84	3051.25
主材	型钢	kg	286.518		4.1					1174.72
13-1-32	一般管架安装	100kg	2.703	224.10	53.12	26.95	54.53	26.11	384.81	1040.14

5.2.4　管道支吊架除锈与刷油定额与计量计价

安装工程中，经常需要对金属管道、设备及管道的金属支吊架等进行除锈、刷油，以防止金属因外界介质影响，在表面发生化学或电化学反应而损坏。

1. 金属除锈

（1）锈蚀等级　锈蚀等级是指未涂装过的钢材表面原始程度按氧化皮覆盖程度和锈蚀程度评定的等级。钢材锈蚀等级可分为A、B、C、D四级，见表5-18。

表5-18　钢材锈蚀等级

序号	等级	具体表现	备注
1	A	钢材表面大面积地覆盖着氧化皮，几乎没有锈	微锈
2	B	钢材表面开始生锈，氧化皮开始脱落	轻锈
3	C	钢材表面氧化皮已经因锈蚀而脱落或者可以被刮除，但在正常目测下只能看到少量的点状锈斑	中锈
4	D	钢材表面氧化皮已经因锈蚀而脱落，正常目测下可以看到大量的锈斑	重锈

（2）除锈方法　除锈的方法主要分为四种：手工除锈、动力工具除锈、喷射除锈和化学除锈。除锈方法的工作原理与特点见表5-19。

（3）管道支吊架除锈　管道金属支吊架除锈套用《浙江省通用安装工程预算定额》（2018版）第十二册《刷油、防腐、绝热工程》第一章除锈工程中的手工除锈定额项目12-1-5（一般钢结构、除轻锈），计量单位为100kg。

表 5-19　除锈方法的工作原理与特点

序号	方法	工作原理	特　点	备注
1	手工除锈	由人工用一些比较简单的工具(如刮刀、砂轮、砂布、钢丝刷等),清除钢构件上的铁锈	速度较慢,工作效率低,劳动条件差,除锈不彻底	
2	动力工具除锈	利用电动(或风动)工具(如电动打磨机、气动打磨机等),带动砂轮、砂纸盘或钢丝盘等将钢材表面锈蚀和杂质除掉	适用于大面积除锈工程 除锈过程易产生大量粉尘,不利于环保和人员身体健康	
3	喷射除锈	利用压缩空气连续不断地喷射石英砂或铁砂,冲击、去除钢材表面的铁锈、油污等杂物	效率高,除锈彻底,较先进	
4	化学除锈	把需涂装的钢构件浸放在酸池内,用酸除去构件表面的油污和铁锈	效率较高,除锈较彻底;酸洗后必须用热水或清水冲洗构件,否则残酸会导致更厉害的锈蚀	

2. 金属刷油

(1) 油漆概述　油漆是金属防护应用最广泛的覆盖保护材料，除了防腐作用，还能起到装饰和标志作用。油漆的常用施工方法有刷涂、滚涂、喷涂和浸涂（大型涂装车间常用）等。

油漆的种类很多，主要是按照成膜树脂命名，如醇漆、氨基漆、过乙漆、基漆、聚氨酯漆、聚酯漆、丙漆和沥青漆等。按使用部位可分为墙漆（如乳胶漆）、木器漆（如硝基漆、聚氨酯漆）和磁漆（如醇酸磁漆、酚醛磁漆）等。

底漆是油漆系统的第一层，用于填平漆面，支撑面漆，提高面漆的附着力、丰满度和装饰性，提供耐碱性和反腐功能，保证面漆吸收均匀等。面漆是油漆系统的终涂层，具有装饰和保护功能（如颜色、光泽、质感等），以及对恶劣环境的抵抗性。

(2) 一般钢结构刷油　管道金属支吊架的刷油，按金属结构刷油中的一般钢结构刷油考虑套取定额。一般钢结构刷油所用油漆品种繁多，下面仅做简单介绍。

1）清漆又称为透明涂料（俗称凡立水），仅由树脂（成膜物质）和溶剂组成，是一种不含色素的无色或浅黄色透明涂料。常用的清漆有酚醛清漆、醇酸清漆、聚氨酯清漆和丙烯酸清漆等，主要用于家具、地板、门窗及汽车等的涂装。

2）红丹防锈漆（即樟丹防锈漆）是一种用红丹与干性油混合而成的油漆。它由松香改性树脂、多元醇松香酯、干性植物油、红丹、体质颜料、催干剂、溶剂油或松节油调制而成。该漆具有良好的缓蚀性，适用于钢铁表面的涂覆，作防锈打底之用。其中，C53-1 红丹醇酸防锈漆，由醇酸树脂、红丹粉、防锈颜料、溶剂、助剂，经研磨调制而成。该漆缓蚀性好，干燥快，附着力强。主要应用于钢结构表面，作为防锈打底漆。

3）酚醛防锈漆，由酚醛漆料、红丹粉、催干剂、助剂及溶剂等配制而成。它具有良好的缓蚀性和附着力，干燥较快，具有良好的施工性能，广泛应用于陆上钢结构或船舶水线以上部位的防锈，可与酚醛、醇酸等传统型面漆配套使用。

4）带锈底漆又称为锈面底漆或不去锈底漆，由油料、树脂、颜料、稀料和其他辅助材料等组成。它可以直接在一定锈蚀的金属表面上施工，获得防腐效果。该油漆涂刷于有残锈的金属表面时，能使残锈稳定、钝化或转化，使活泼的铁锈变成无害物质，能达到除锈和保护的双重目的。

5）银粉漆又称为铝粉漆，是将银粉（即铝粉）作为一种特殊颜料加入油漆里得到的，颜色为银白色。它可直接用于物件的表面涂刷或喷涂，也可作为面漆与底漆配合使用，刷涂或喷涂时需等底漆完全干透，适用于采暖设备、车辆、油罐、铁塔、金属管道和金属表面的防腐。

6）厚漆又称为铅油，是由大量的体质颜料和着色颜料与干性油经研磨制成的稠浆状物。使用时加入清油或清漆及催化剂，主要用于建筑工程或木制品的涂饰。

7）酚醛调和漆又称为磁性调和漆、磁性调和色漆，是由干性植物油、松香改性酚醛树脂经熬炼后的树脂液与颜料、填料研磨后再加入催干剂及松香水调制而成的有色调和漆。该漆具有漆膜光亮、色彩鲜艳等特点，并具一定的耐候性，适用于室内外金属和木材等表面的涂饰。

8）酚醛磁漆是以松香改性酚醛树脂和干性油为成膜物质的一类酚醛树脂漆。属低档油漆，它的耐水性、耐化学药品性和户外耐久性比酯胶类油基漆好，漆膜坚硬，光泽、附着力较好，但耐候性差，主要用于建筑、房屋门窗和金属物件的涂饰，也可用于各种车辆机械仪表及水上钢铁构件的涂饰。

9）灰色防锈漆由含铅氧化锌作为主要防锈颜料加入清漆调制而成。具有防锈和耐大气侵蚀的优良性能，但干性较慢，适用于涂刷室外钢铁构件。

（3）管道支吊架刷油　管道金属支吊架一般以红丹防锈漆或酚醛防锈漆为底漆刷两道，以酚醛调和漆或银粉漆为面漆刷两道，即通常所说的除锈后刷底漆和面漆各两道。具体以设计说明要求为准。

管道支吊架刷油套用《浙江省通用安装工程预算定额》（2018 版）第十二册《刷油、防腐、绝热工程》第二章刷油工程中的一般钢结构刷油定额相关项目，计量单位为 100kg。

【例 5-3】 接上题，对某消防工程的管道支吊架进行除锈、刷油工作。按设计要求除轻锈、刷红丹醇酸防锈漆（底漆）两道、刷酚醛调和漆（面漆）两道，设醇酸防锈漆除税价为 11.7 元/kg，酚醛调和漆除税价为 17.4 元/kg。试按定额清单计价法列出支吊架除锈、刷油的综合单价计算表。本题中安装费的人、材、机单价均按《浙江省通用安装工程预算定额》（2018 版）取定的基价考虑；管理费费率为 21.72%，利润费率为 10.40%，风险不计；计算结果保留两位小数。

【解】 管道支吊架除锈、刷油套用一般钢结构除轻锈、刷油定额相关项目，计量单位均为 100kg，工程量均为 2.703（100kg）。

查定额项目 12-1-5，得除轻锈人工费、材料费和机械费分别为 20.93 元/100kg、1.53 元/100kg、8.75 元/100kg。未计价主材单位价值为 0，共计材料费为 1.53 元/100kg。

查定额项目 12-2-53，得刷醇酸防锈漆（底漆）第一道的人工费、材料费和机械费分别为 16.20 元/100kg、1.62 元/100kg、4.38 元/100kg。未计价主材单位价值 = 1.16kg/100kg × 11.7 元/kg = 13.57 元/100kg，共计材料费为（1.62+13.57）元/100kg = 15.19 元/100kg。

查定额项目 12-2-54，得刷醇酸防锈漆（底漆）第二道的人工费、材料费和机械费分别为 15.66 元/100kg、1.40 元/100kg、4.38 元/100kg。未计价主材单位价值 = 0.95kg/100kg × 11.7 元/kg = 11.12 元/100kg，共计材料费为（1.40+11.12）元/100kg = 12.52 元/100kg。

查定额项目 12-2-62，得刷酚醛调和漆（面漆）第一道的人工费、材料费和机械费分别为 15.53 元/100kg、0.49 元/100kg、4.38 元/100kg。未计价主材单位价值 = 0.8kg/100kg×17.4 元/kg = 13.92 元/100kg，共计材料费为（0.49+13.92）元/100kg = 14.41 元/100kg。

查定额项目 12-2-63，得刷酚醛调和漆（面漆）第二道的人工费、材料费和机械费分别为 15.53 元/100kg、0.43 元/100kg、4.38 元/100kg。未计价主材单位价值 = 0.7kg/100kg×17.4 元/kg = 12.18 元/100kg，共计材料费为（0.43+12.18）元/100kg = 12.61 元/100kg。

某消防工程管道支吊架除锈、刷油定额综合单价计算结果见表 5-20。

表 5-20　某消防工程管道支吊架除锈、刷油定额综合单价计算结果

项目编码（定额编码）	清单（定额）项目名称	计量单位	数量	综合单价（元）						合计（元）
				人工费	材料（设备）费	机械费	管理费	利润	小计	
12-1-5	手工除锈 一般钢结构 轻锈	100kg	2.703	20.93	1.53	8.75	6.45	3.09	40.75	110.15
12-2-53	一般钢结构 红丹防锈漆第一遍	100kg	2.703	16.20	15.19	4.38	4.47	2.14	42.38	114.55
主材	醇酸防锈漆	kg	3.135		11.70					36.68
12-2-54	一般钢结构 红丹防锈漆增一遍	100kg	2.703	15.66	12.52	4.38	4.35	2.08	38.99	105.39
主材	醇酸防锈漆	kg	2.568		11.70					30.05
12-2-62	一般钢结构 调和漆第一遍	100kg	2.703	15.53	14.41	4.38	4.32	2.07	40.71	110.04
主材	酚醛调和漆	kg	2.162		17.40					37.62
12-2-63	一般钢结构 调和漆增一遍	100kg	2.703	15.53	12.61	4.38	4.32	2.07	38.91	105.17
主材	酚醛调和漆	kg	1.892		17.40					32.92

5.2.5　消防系统调试定额与计量计价

消防系统调试定额与计量计价见《浙江省通用安装工程预算定额》（2018 版）第九册第一章第 65~66 页的相关内容。

本章内容包括自动报警系统调试、水灭火控制装置调试、防火控制装置联动调试、气体灭火系统装置调试。

系统调试是指消防报警和防火控制装置灭火系统安装完毕且联通，并达到国家有关消防施工验收规范、标准，进行的全系统检测、调整和试验。

定额中不包括气体灭火系统调试试验时采取的安全措施，应另行计算。

本书主要介绍水灭火控制装置调试。

（1）定额项目划分　定额项目按不同水灭火系统（消火栓、自喷或水炮）控制装置进行划分。

（2）计量单位　均以“点”为计量单位。

（3）定额使用说明　自动喷水灭火系统调试按水流指示器数量以“点”为计量单位；消火栓灭火系统按消火栓启泵按钮数量以“点”为计量单位；消防水炮控制装置系统调试按水炮数量以“点”为计量单位。

5.3　消防工程国标清单计价

5.3.1　工程量清单的设置内容

消防工程工程量清单根据《通用安装工程工程量计算规范》（GB 50856—2013）附录J消防工程进行编制和计算。附录J中共有52种清单项目，包含了三种灭火系统、火灾自动报警系统和消防系统调试等内容。本节主要介绍水灭火系统（见GB 50856—2013第121~122页）和水灭火控制装置调试（见GB 50856—2013第127页）的工程量清单编制。

与其他专业一样，清单编码也是由12位组成的。一个清单项目也是由若干个定额项目组成的，这些定额项目组成了清单项目的综合单价。

5.3.2　工程量清单的编制

1. 工程量清单计算规则

消防工程的工程量清单计算规则与定额的基本相同。

例如，水灭火管道工程量计算同样是按设计图示管道中心线长度以延长米计算的，不扣除阀门、管件及各种组件所占长度。

2. 工程量清单的编制注意事项

工程量清单的编制应注意以下问题：

1）应注意划分室内外界限。与定额工程量规定相同，具体见GB 50856—2013第128页。

2）其他注意点具体见GB 50856—2013第121~122页中各表格后面的附注。

5.3.3　国标清单计价及其应用

【例5-4】　根据【例5-2】和【例5-3】的已知条件按国标清单计价法列出支吊架除锈、刷油的综合单价计算表。本题中安装费的人、材、机单价均按《浙江省通用安装工程预算定额》（2018版）取定的基价考虑；管理费费率为21.72%，利润费率为10.40%，风险不计；计算结果保留两位小数。

【解】　按题意，由已知条件和清单项目工作内容知，该项目应分别套用管道支吊架制作安装（清单编码为031002001001）和刷油防腐（清单编码为031201003001）两条清单。分别对这两条清单进行组价并计算费用，得到清单综合单价。

1. 定额综合单价计算

定额综合单价计算结果具体见表 5-17 和表 5-20。

2. 清单综合单价计算

(1) 管道支吊架制作安装清单综合单价

人工费清单综合单价=[(414.45+224.10)×2.703÷270.30]元/kg=6.39 元/kg。

材料费清单综合单价=[(496.79+53.12)×2.703÷270.30]元/kg=5.50 元/kg。

机械费清单综合单价=[(63.94 +26.95)×2.703÷270.30]元/kg=0.91 元/kg。

(2) 管道支吊架刷油防腐清单综合单价

人工费清单综合单价=[(20.93+16.20+15.66+15.53+15.53)×2.703÷270.30]元/kg=0.84 元/kg。

材料费清单综合单价=[(1.53+15.19+12.52+14.41+12.61)×2.703÷270.30]元/kg=0.56 元/kg。

机械费清单综合单价=[(8.75+4.38×4)×2.703÷270.30]元/kg=0.26 元/kg。

分部分项工程清单综合单价计算表、分部分项工程清单与计价表分别见表 5-21 和表 5-22。

表 5-21 分部分项工程清单综合单价计算表

清单序号	项目编码(定额编码)	清单(定额)项目名称	计量单位	数量	综合单价(元)						合计(元)
					人工费	材料(设备)费	机械费	管理费	利润	小计	
1	031002001001	管道支吊架:一般管道支架制作安装	kg	270.300	6.39	5.50	0.91	1.58	0.76	15.14	4092.34
	13-1-31	一般管架制作	100kg	2.703	414.45	496.79	63.94	103.91	49.75	1128.84	3051.25
	主材	型钢	kg	286.518		4.10					1174.72
	13-1-32	一般管架安装	100kg	2.703	224.10	53.12	26.95	54.53	26.11	384.81	1040.14
2	031201003001	金属结构刷油: 1. 支架除轻锈 2. 刷红丹防锈漆(底漆)二遍 3. 刷酚醛调和漆(面漆)二遍	kg	270.300	0.84	0.56	0.26	0.24	0.11	2.01	543.30
	12-1-5	手工除锈 一般钢结构轻锈	100kg	2.703	20.93	1.53	8.75	6.45	3.09	40.75	110.15
	12-2-53	一般钢结构 红丹防锈漆第一遍	100kg	2.703	16.20	15.19	4.38	4.47	2.14	42.38	114.55
	主材	醇酸防锈漆	kg	3.135		11.70					36.68
	12-2-54	一般钢结构 红丹防锈漆增一遍	100kg	2.703	15.66	12.52	4.38	4.35	2.08	38.99	105.39
	主材	醇酸防锈漆	kg	2.568		11.70					30.05
	12-2-62	一般钢结构 调和漆第一遍	100kg	2.703	15.53	14.41	4.38	4.32	2.07	40.71	110.04

（续）

清单序号	项目编码（定额编码）	清单（定额）项目名称	计量单位	数量	综合单价（元）						合计（元）
					人工费	材料（设备）费	机械费	管理费	利润	小计	
	主材	酚醛调和漆	kg	2.162		17.40					37.62
	12-2-63	一般钢结构 调和漆增一遍	100kg	2.703	15.53	12.61	4.38	4.32	2.07	38.91	105.17
	主材	酚醛调和漆	kg	1.892		17.40					32.92

表 5-22 分部分项工程清单与计价表

序号	项目编码	项目名称	项目特征	计量单位	工程量	金额（元）					备注
						综合单价	合价	其中			
								人工费	机械费	暂估价	
1	031002001001	管道支吊架	一般管道支架制作安装	kg	270.30	15.14	4092.34	1727.22	245.97		
2	031201003001	金属结构刷油	1. 支架除轻锈 2. 刷红丹防锈漆（底漆）二遍 3. 刷酚醛调和漆（面漆）二遍	kg	270.30	2.01	543.30	227.05	70.28		

5.4 消防工程招标控制价编制实例

本节以一幢综合办公楼消防工程为例进行招标控制价的编制，进一步说明国标清单计价方式的相关步骤和注意事项。

5.4.1 工程概况

1. 主体工程概况

该工程为浙江某职工食堂就餐区（局部）（共三层），为框架结构。一层层高为 4.2m；二层、三层为标准层，层高均为 3.9m，室内外地坪高差为 0.5m。

2. 消防工程概况

园区水泵房内设消火栓、喷淋合用加压消防水泵两台（$Q=40L/S$，$H=60m$，互为备用）。消火栓给水系统在园区内成环后供各建筑消防用水，火灾延续时间按 3h 考虑。自喷系统火灾相对简单，管网不成环，延续时间按 1h 考虑。在两系统入户管附近，设有 SQS-100A 消防水泵接合器各 2 套与室内管网相连。

消火栓给水系统和自动喷水灭火系统均采用国标内外壁热浸镀锌钢管，管径≥DN65 时采用卡箍连接，≤DN50 采用丝接，公称压力为 1.60MPa。

建筑内采用型号为 MF/ABC4 的磷酸铵盐干粉手提式灭火器。

（1）消火栓给水系统　在消防泵启动前，室内消火栓给水系统用水水源由位于毗邻建筑屋顶的消防水箱提供；屋面设稳压设备，以满足消防初期的灭火用水量。消防泵启动后，水源为消防水池。消防车到达后，还可以以市政消火栓的水为水源，经消防车水泵加压，通过水泵接合器接入消火栓管网。

室内消火栓选用薄型单栓带轻便水龙组合式消防柜（15S202/22），消火栓箱型号为 SG18D65Z-J，箱体尺寸宽×高×厚为 700mm×1600mm×180mm。箱内设Φ65×19 水枪 1 支，DN65 水龙带 1 条（长度为 25m），消防软管卷盘 1 套，轻便消防水龙（即消防卷盘，规格为 LQG16-30）1 条。消防柜内设有发出警报信号的消防按钮及报警装置 1 个。

屋顶试验用消火栓箱型号为 SG24A65-J（15S202/54），箱体尺寸宽×高×厚为 650mm×800mm×240mm。箱内设Φ65×19 水枪 1 支，DN65 水龙带 1 条（长度为 25m）。消防柜内设有发出警报信号的消防按钮及报警装置 1 个。

消火栓管除轻锈后刷红色调和漆二道。管道穿楼板和屋顶应设置刚性防水套管，套管管径按被套管管径考虑。

钢管支吊架所用材料为等边角钢∟40×4，理论质量为 2.422kg/m。屋顶水平管支架规格为 0.3m×0.3m×0.4m，其余水平管吊架规格为 0.5m×0.5m×0.4m，支吊架间距均取 5m；立管每层设一个 L 形管道支架，规格为 0.3m×0.3m，安装高度距地面 1.5m。支架刷红丹防锈漆（底漆）二道、酚醛调和漆（面漆）二道。

（2）自动喷水灭火系统　自动喷水灭火系统竖向分区供水。消防泵启动前，消防用水由屋顶消防水箱经湿式报警阀后供水。消防泵启动后，由消防水池经喷淋加压泵、湿式报警阀后直接供水。消防车到达后，还可以以市政消火栓的水为水源，经消防车水泵加压，通过水泵接合器接入自喷管网。

系统通过水流指示器和湿式报警阀处的压力开关报警。压力开关将信号传至消防控制中心，消防泵有压力开关直接连锁自动启动。消防泵在运行 1h 后手动停泵。

系统设置有 1 套 ZSS 型湿式报警阀（包括供水闸阀、报警阀、延迟器和压力开关等），为喷淋系统所用。供水管道经报警阀后接至保护区，保护区设水流指示器，火灾时喷头出水，水流指示器动作，报警阀压力开关动作，向消防控制中心发出信号，并同时启动自动喷水灭火系统水泵。水流指示器及报警阀前阀门均为信号阀。湿式报警阀压力开关的动作信号作为触发信号，直接控制启动喷淋泵，联动控制不应受消防联动控制器处于自动或手动状态影响。

自动喷水管刷红色黄环调和漆二道。管道穿楼板应设置刚性防水套管，套管管径按被套管管径考虑。

钢管支吊架所用材料为等边角钢∟40×4，理论质量为 2.422kg/m。水平管安装 U 形吊架，规格为 0.5m×0.5m×0.4m；DN≥65 水平管道吊架间距取 5m，DN40、DN50 管道间距取 4m，DN25、DN32 管道间距取 3m。立管每层设一个 L 形管道支架，规格为 0.3m×0.3m，安装高度距地面 1.5m。支架除轻锈后刷红丹防锈漆（底漆）二道、酚醛调和漆（面漆）二道。

设置 68℃直立型闭式喷头（厨房设置 93℃喷头），喷头距顶板底为 100mm。项目喷头类型为 DN15 标准覆盖面积洒水喷头。喷淋配水管最小管径可参照表 5-23 进行选用。

表 5-23 喷淋配水管最小管径

序号	最小公称管径/mm	控制的标准喷头数(只)	备注
1	25	1	
2	32	3	
3	40	4	
4	50	8	
5	65	12	
6	80	32	
7	100	64	
8	150	>64	

3. 主要设备与材料表

消火栓给水系统和自动喷水灭火系统的主要设备与材料见表 5-24。

表 5-24 消火栓给水系统和自动喷水灭火系统的主要设备与材料

序号	名称	图例		备注
		平面	立面	
1	闸阀		同左	
2	蝶阀		同左	
3	信号阀		同左	
4	安全阀		同左	
5	湿式报警阀组			
6	水流指示器	(L)	同左	
7	末端试水装置			
8	自动排气阀			
9	压力表		同左	
10	直立型闭式喷头			
11	下垂型闭式喷头			
12	水泵		同左	
13	室内消火栓单栓			
14	室内消火栓双栓			
15	室外消火栓		同左	

（续）

序号	名称	图例		备注
		平面	立面	
16	消防水泵接合器		同左	
17	手提式类灭火器		—	磷酸铵盐
18	管道补偿器		同左	

4. 图样识读

识图过程中需反复对照平面布置图与系统图，并结合材料表识读图样信息。首先要找到入户管位置及管道信息，然后通过系统图了解整个消防系统的管道走向、位置和标高，再与平面布置图相互对照，掌握消防系统施工图信息。

（1）消火栓给水系统　消火栓给水系统图如图 5-4 所示，平面布置图如图 5-5~图 5-7 所示。整体识图的顺序：消火栓管道入户管→干管→立管→支管。

园区水泵房消火栓泵出水管道，在园区内呈环状布置，管顶覆土厚度约为 0.8m。消火栓给水系统接自环状管网，从建筑物东西两侧分别引入室内，供室内消火栓给水系统用水。园区内设 2 套 DN100 的地上式消防水泵接合器与室内消火栓给水管网相连。水泵接合器 15~40m 范围内设有室外消火栓。

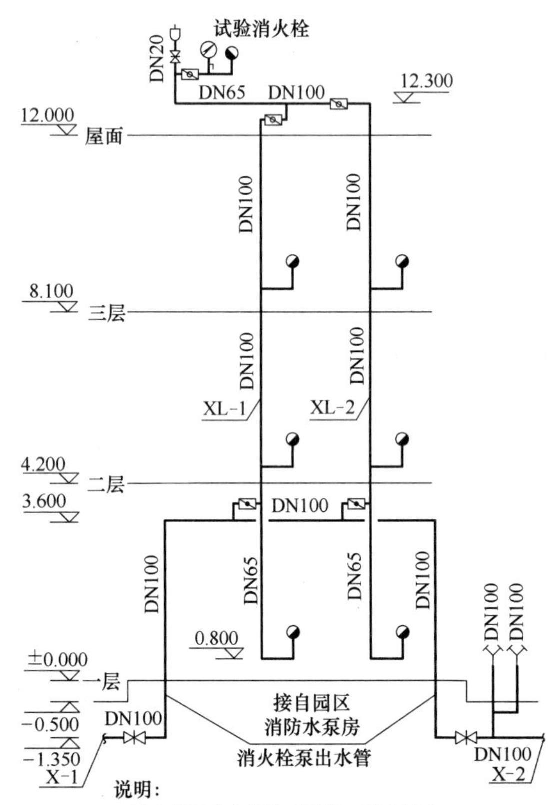

图 5-4　消火栓给水系统图

由图可知，建筑物西侧Ⓔ轴与Ⓕ轴之间、东侧Ⓒ轴与Ⓕ轴之间各有一条 DN100 的热镀锌钢管入户（管中心标高为 -1.35m）。之后，通过立管向上至一层顶板下方的 3.6m 处相互连通。连通管与②轴、⑤轴的交叉点附近分别接出 1 根 DN100 的支管。在②轴与Ⓒ轴、⑤轴与Ⓕ轴交叉点附近设置消防立管 XL-1、XL-2，贯穿一~三层，并伸出屋面后连接成环（此水平干管中心距屋面 0.3m）。一~三层每层各连接一个消火栓，支管管径为 DN65，距地 0.8m，栓口距地高度为 1.1m，支管水平管道长度约为 0.4m。

在系统管道适当位置设置与管道同径的蝶阀；系统最高点设有 DN20 的自动排气阀，其长度约为 0.3m（一般取 0.3~0.5m）；屋顶还设置了试验消火栓。

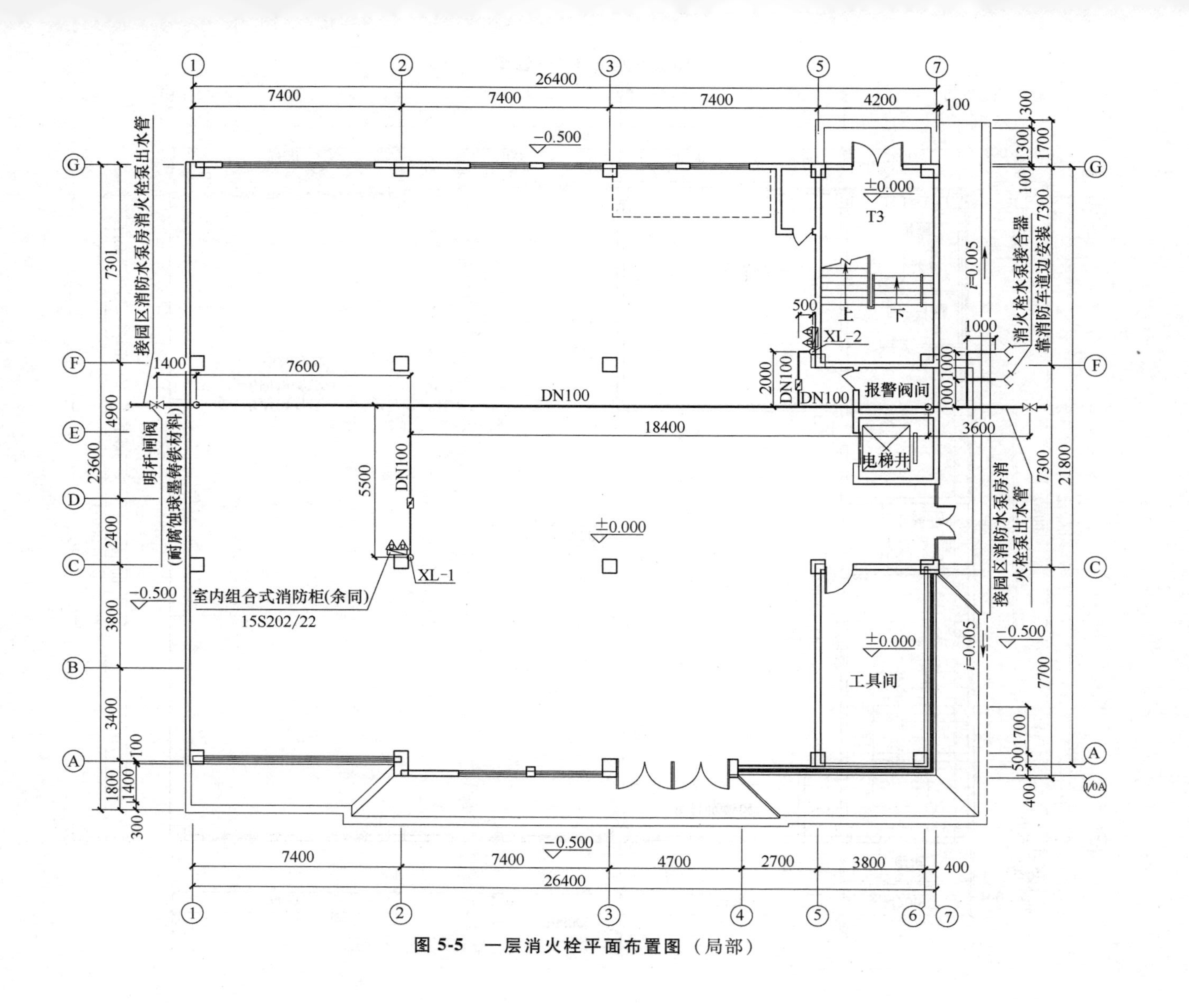

图 5-5　一层消火栓平面布置图（局部）

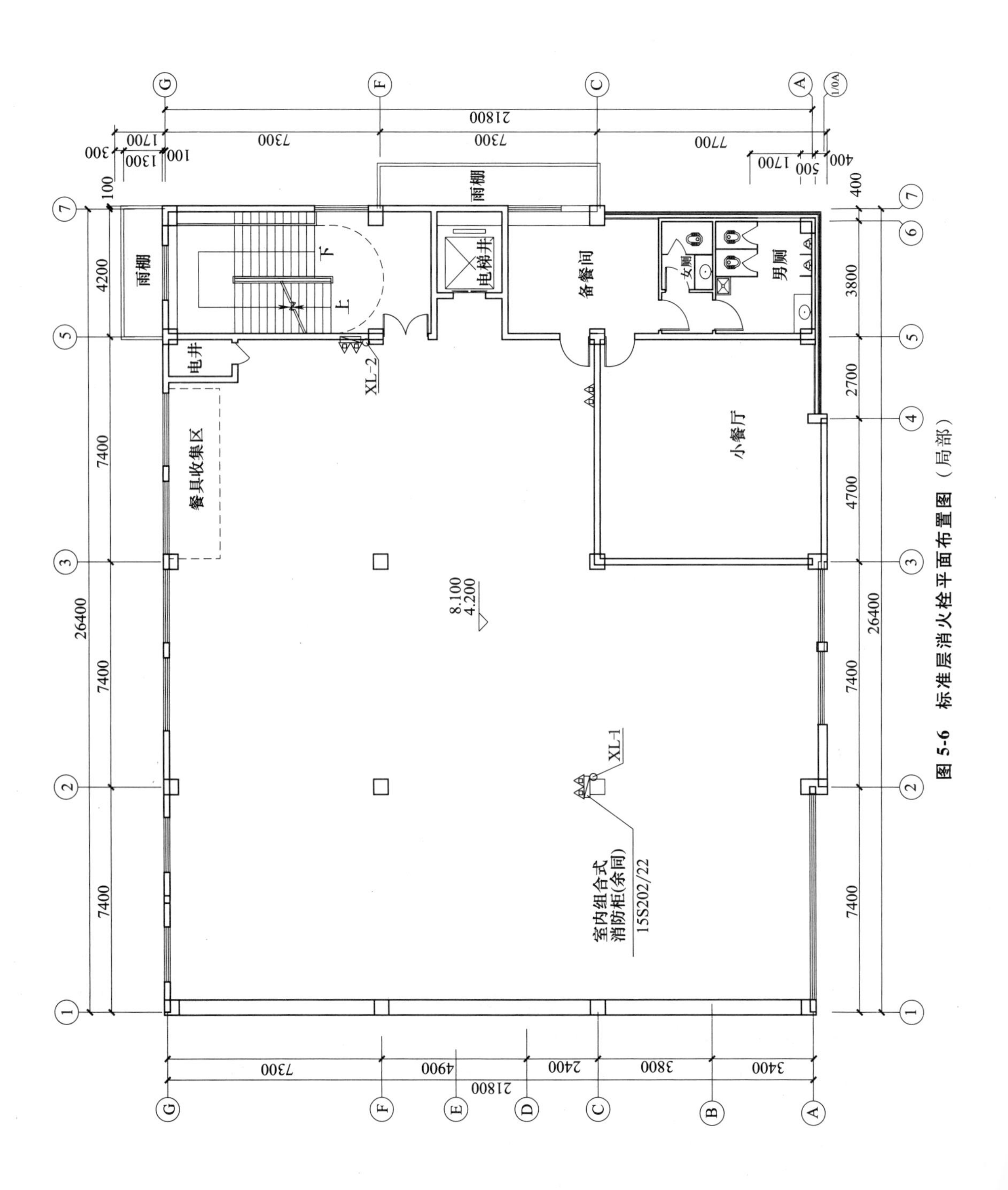

图 5-6 标准层消火栓平面布置图（局部）

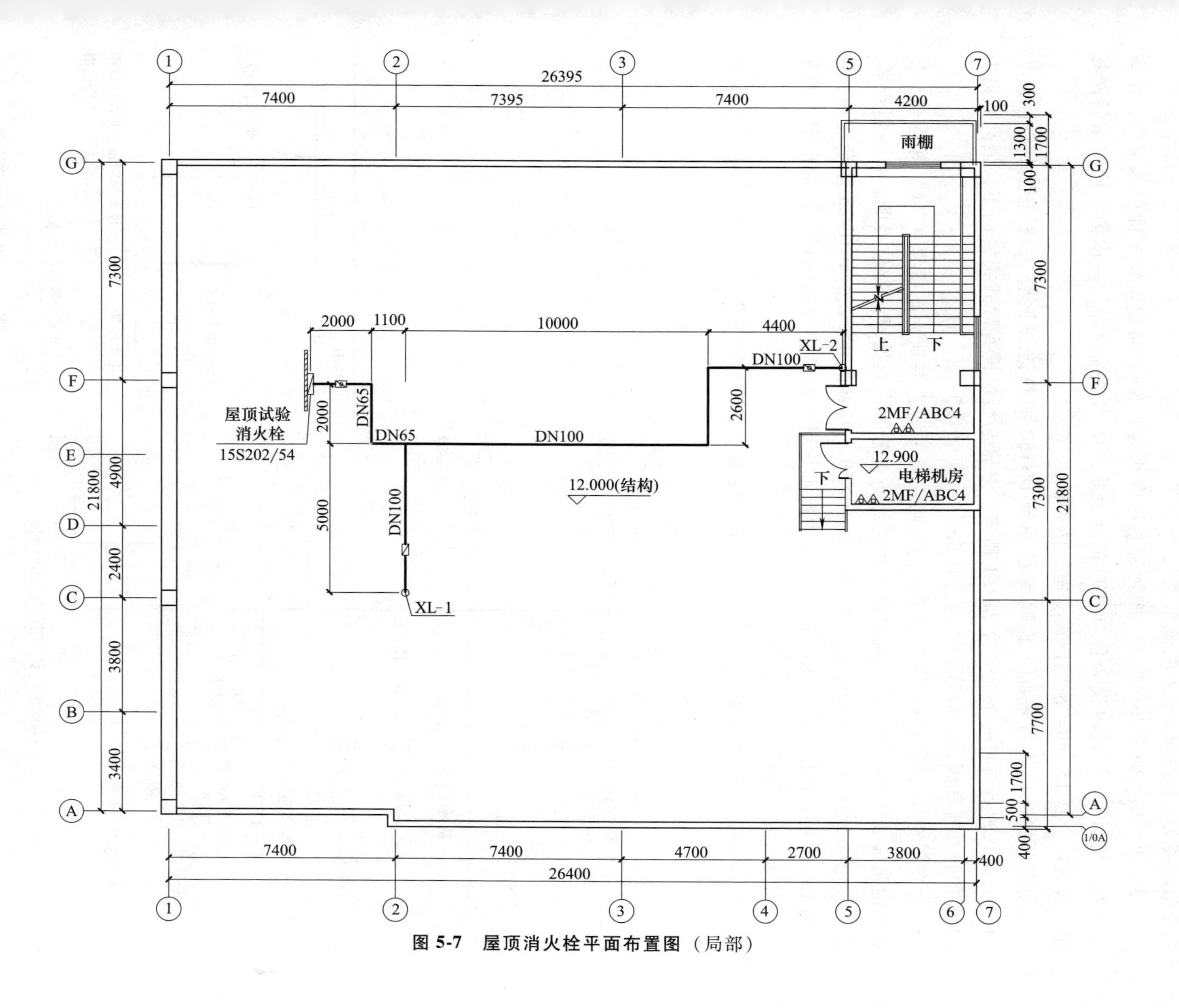

图 5-7　屋顶消火栓平面布置图（局部）

(2) 自动喷水灭火系统　自动喷水灭火系统的系统图如图 5-8 和图 5-9 所示，平面布置图如图 5-10 所示。整体识图的顺序：自喷管道入户管→干管→立管→各防火分区主管（以水流指示器为分区特征）→末端试水装置。

园区水泵房自喷泵出水管道，管顶覆土厚度约为 0.8m。从建筑物东面引入室内，供室内自喷系统用水。园区内设 2 套 DN100 的地上式消防水泵接合器与室内消火栓给水管网相连。水泵接合器 15~40m 范围内设有室外消火栓。

由图可知，建筑物东面、Ⓕ轴南有一条 DN150 的热镀锌钢管入户（管中心标高为 -1.4m），入户后与自喷系统立管 ZPL-1 相连。立管起始端设有湿式报警阀组，最高点设有 DN20 的自动排气阀，连接管长度约为 0.3m（一般取 0.3~0.5m）。

立管引至各层层顶后与沿梁底敷设的自喷主管（距上层地面高度为 0.7m）相连接，供各层的防火分区自喷用水。自喷主管（本楼层防火分区）起始段装有信号阀、水流指示器，管道管径从 DN150、DN100、DN80、DN65、DN50、DN40、DN32 直至 DN25 逐渐变小，最后与末端试水装置相连接。末端试水装置的排水与泄水阀排出的水一样，经排水漏斗收集后，均接入废水管排至地面散水。

区域内管道与喷头相连，其中左侧区域喷头间距为 3.2m，右侧区域喷头间距为 2.4m。

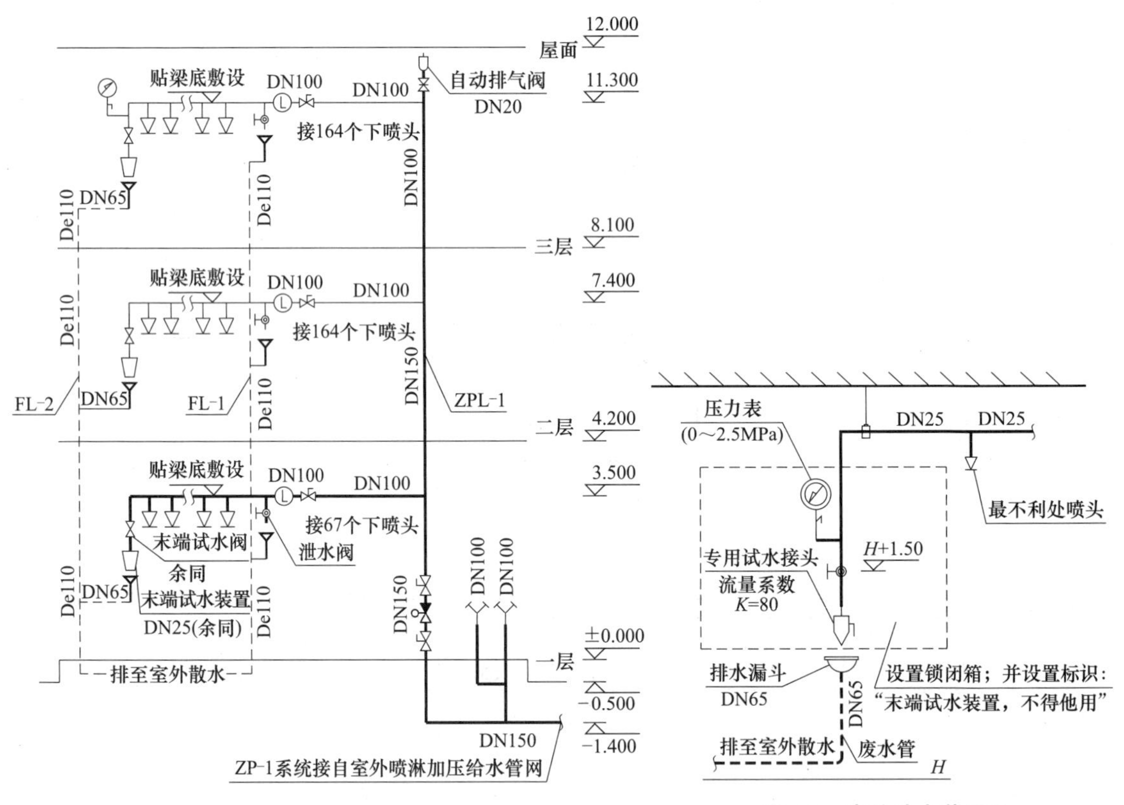

图 5-8　喷淋系统图

注：末端试水阀和试水装置应有标识，离地为 1.5m，设锁具保护。

图 5-9　末端试水装置图

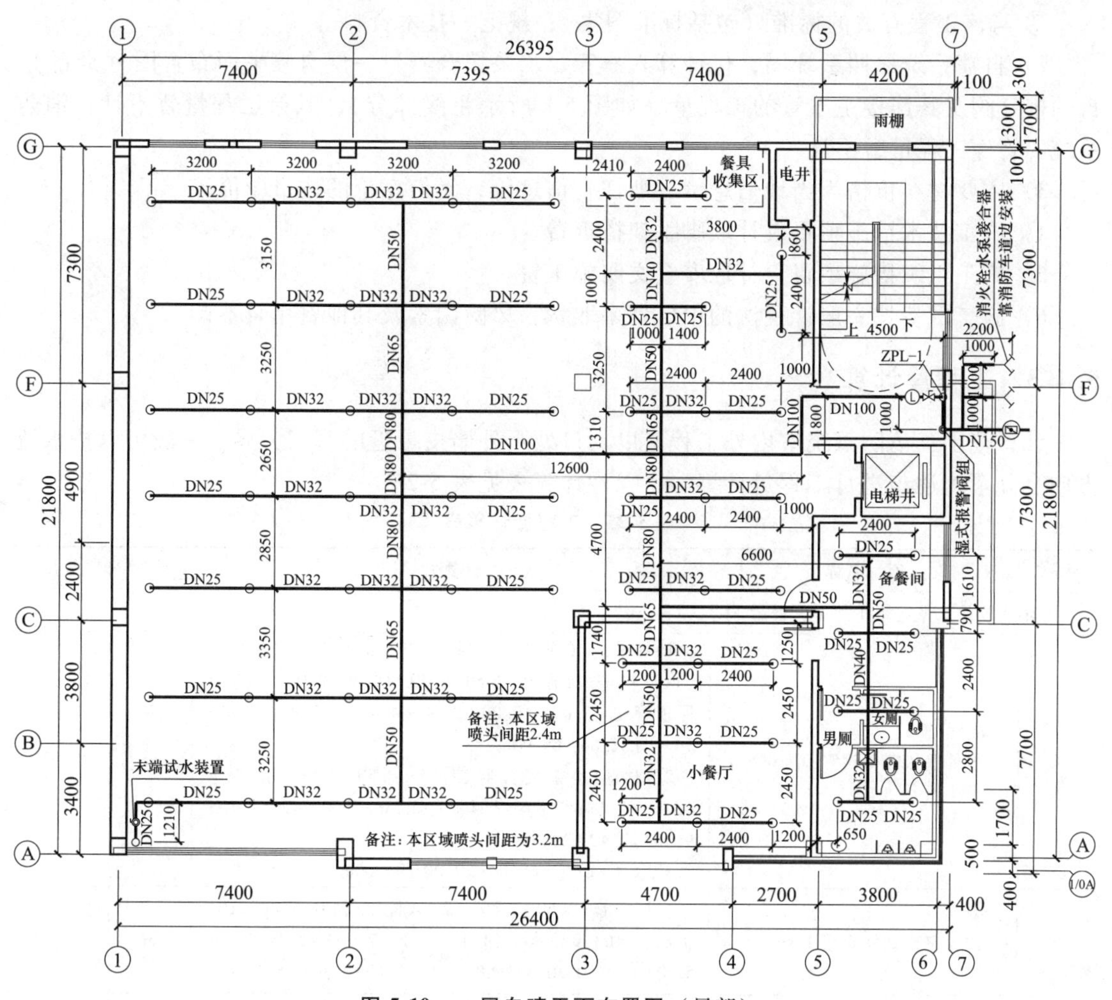

图 5-10　一层自喷平面布置图（局部）

5.4.2　编制依据与相关说明

1）编制依据。

①《建设工程工程量清单计价规范》（GB 50500—2013）及浙江省 2013 清单综合解释、补充规定和勘误。

②《浙江省建设工程计价规则》（2018 版）。

③《浙江省通用安装工程预算定额》（2018 版）及《浙江省通用安装工程预算定额》（2018 版）勘误表。

④《财政部 税务总局 海关总署关于深化增值税改革有关政策的公告》（财政部 税务总局 海关总署公告 2019 年第 39 号）。

⑤《关于增值税调整后我省建设工程计价依据增值税税率及有关计价调整的通知》（浙建建发〔2019〕92 号）、《关于颁发浙江省建设工程计价依据（2018 版）的通知》（浙建建〔2018〕61 号）。

⑥《省建设厅关于调整建筑工程安全文明施工费的通知》（浙建建发〔2022〕37 号）。

⑦ 与该工程有关的标准（包括标准图集）、规范、技术资料。

2）自喷系统参照系统图，仅计算入户管、水泵接合器、一层自喷平面布置图（局部）、自动排气阀及其连接主立管的工程量（如图 5-8 所示粗线部分），其余工程量暂不计；消防系统的管件工程量暂不计。

3）主要材料价格为当地信息价、浙江省信息价，无信息价的按市场价。

4）施工技术措施项目仅计取脚手架搭拆费。

5）施工组织措施项目仅计取安全文明施工费。

6）施工取费按一般计税法的中值费率取费，风险因素及其他费用暂不计。

5.4.3 工程量计算

计算范围：消防系统室内外工程量以入口处距外墙皮最近的阀门为界。一般可以按水流方向、分系统逐步进行工程量计算。工程量计算表见表 5-25。

表 5-25 工程量计算表

序号	项目名称	计算式	单位	数量
一、消火栓给水系统 X-1、X-2 工程量				
1	内外壁热镀锌钢管 DN100	1）水平：左右两侧入户管（1.40+3.60）+水泵接合器（1.0×4）+一层管道（7.60+5.50+18.40+2.00+0.50）+屋顶管道（5.00+10.00+2.60+4.40）=5.00+4.00+34.00+22.00=65.00m 2）垂直：水泵接合器（1.35−0.50）×2+一层两条（3.60+1.35）×2+立管两根（12.30−3.60）×2=1.70+9.90+17.40=29.00m 3）水平+垂直=65.00+29.00=94.00m	m	94.00
2	内外壁热镀锌钢管 DN65	一层立管（3.60−0.80）×2+入栓支管［0.40+（1.10−0.80）］×6+屋顶水平（1.10+2.00+2.00）+试验消火栓垂直（1.10−0.30）=5.60+4.20+5.10+0.80=15.70m	m	15.70
3	内外壁热镀锌钢管 DN20	自动排气阀管 0.30m	m	0.30
4	薄型单栓带轻便水龙组合式消防柜（含 2 具 MF/ABC4 灭火器）	6 套	套	6
5	屋顶试验用消火栓箱 SN65	1 套	套	1
6	地上式消防水泵接合器 DN100	2 套	套	2
7	明杆闸阀 DN100（沟槽式法兰）	2 个	个	2
8	蝶阀 DN100（沟槽式法兰）	4 个	个	4
9	蝶阀 DN65（沟槽式法兰）	1 个	个	1
10	自动排气阀 DN20（螺纹）	1 个	个	1
11	闸阀 DN20（螺纹）	1 个	个	1
12	镀锌钢管刷色漆（红色调和漆）	DN100 管：$3.14\times114\times10^{-3}\times94.00=33.67\mathrm{m}^2$ DN65 管：$3.14\times75.5\times10^{-3}\times15.70=3.72\mathrm{m}^2$ DN20 管：$3.14\times26.8\times10^{-3}\times0.30=0.03\mathrm{m}^2$ 管道刷漆工程量=（33.67+3.72+0.03）×2=37.41×2=$74.82\mathrm{m}^2$	m^2	74.82

（续）

序号	项目名称	计算式	单位	数量
13	管道支吊架工程量	(1)明敷DN100管支吊架个数： 1)屋顶水平管U形：(5.00+10.00+2.60+4.40)/5=22.00/5=4.40个，取5个 2)其他水平管U形：(7.60+5.50+18.40+2.00+0.50)/5=34/5=6.8，取7个 3)立管L形：6(一～三层主立管)+2(一层进户主立管)+1(屋顶试验消火栓立管)=9个 (2)管道支架总质量： 屋顶水平(0.30+0.30+0.40)×2.422×5+其他水平(0.50+0.50+0.40)×2.422×7+立管垂直(0.30×2)×2.4222×9=48.92kg	kg	48.92
14	刚性防水套管DN100制作安装	穿屋顶2个+穿楼板4个=6个	个	6
15	消火栓灭火系统调试	消火栓启泵按钮6+1=7点	点	7
二、自动喷水灭火系统ZP-1一层工程量				
16	内外壁热镀锌钢管DN150	入户管(2.20+1.00)+立管(7.40+1.40)=12.00m	m	12.00
17	内外壁热镀锌钢管DN100	支管(4.50+1.80+12.60)+立管(11.30−7.40)=18.90+3.90=22.80m	m	22.80
18	内外壁热镀锌钢管DN80	支管4.70+2.65+2.85=10.20m	m	10.20
19	内外壁热镀锌钢管DN65	支管1.31+1.74+3.25+3.35=9.65m	m	9.65
20	内外壁热镀锌钢管DN50	支管(3.25+6.60+0.79+2.45)+(3.15+3.25)=19.49m	m	19.49
21	内外壁热镀锌钢管DN40	1.00+2.40=3.40m	m	3.40
22	内外壁热镀锌钢管DN32	(2.40+3.80+1.40×3+1.20×3+2.45+1.61+2.80)+3.20×2×7=65.66m	m	65.66
23	内外壁热镀锌钢管DN25	2.40×7+(1.00+2.40)×3+(1.20+2.40)×3+(3.20×2×7+1.21)=83.81m	m	83.81
24	内外壁热镀锌钢管DN20	自动排气阀管0.30m	m	0.30
25	地上式消防水泵接合器DN100	2套	套	2
26	直立型闭式喷头(68℃)DN15	67个	个	67
27	湿式报警阀组DN150(沟槽式法兰)	1套	套	1
28	水流指示器DN100(沟槽式法兰)	1个	个	1
29	末端试水装置DN25	1个	个	1
30	信号蝶阀DN150(沟槽式法兰)	2个	个	2
31	信号蝶阀DN100(沟槽式法兰)	1个	个	1
32	自动排气阀DN20(螺纹)	1个	个	1
33	闸阀DN20(螺纹)	1个	个	1

（续）

序号	项目名称	计算式	单位	数量
34	镀锌钢管刷色漆（红色黄环调和漆）	DN150 管：$3.14\times165\times10^{-3}\times12.00=6.22m^2$ DN100 管：$3.14\times114\times10^{-3}\times22.80=8.17m^2$ DN80 管：$3.14\times88.5\times10^{-3}\times10.20=2.84m^2$ DN65 管：$3.14\times75.5\times10^{-3}\times9.65=2.29m^2$ DN50 管：$3.14\times60\times10^{-3}\times19.49=3.67m^2$ DN40 管：$3.14\times48\times10^{-3}\times3.40=0.51m^2$ DN32 管：$3.14\times42.3\times10^{-3}\times65.66=8.72m^2$ DN25 管：$3.14\times33.5\times10^{-3}\times83.81=8.82m^2$ DN20 管：$3.14\times26.8\times10^{-3}\times0.30=0.03m^2$ Σ刷漆工程量=(6.22+8.17+2.84+2.29+3.67+0.51+8.72+8.82+0.03)×2=41.28×2=82.56m^2	m^2	82.56
35	管道支架工程量	（1）自喷系统明敷水平管吊架工程量=(18.90+10.20+9.65)/5+(19.49+3.40)/4+(65.66+83.81)/3=7.75+5.72+49.8=63.27 个，取 64 个 （2）立管 L 形支架数量：3 个（一～三层主立管）； （3）管道支架总质量：(0.50×2+0.40)×2.422×64+(0.30×2)×2.422×3=3.391×64+1.453×3=221.38kg	kg	221.38
36	刚性防水套管 DN150 制作安装	穿二层楼板 1 个	个	1
37	刚性防水套管 DN100 制作安装	穿三层楼板 1 个	个	1
38	自喷灭火系统调试	水流指示器 1 点	点	1

5.4.4 工程量汇总

将工程量进行汇总，见表 5-26。

表 5-26 工程量汇总

序号	项目名称	计算式	工程量	
一、消火栓给水系统				
1	内外壁热镀锌钢管 沟槽连接 DN100	X-1、2 系统 94.00m	m	94.00
2	内外壁热镀锌钢管 沟槽连接 DN65	X-1、2 系统 15.70m	m	15.70
3	内外壁热镀锌钢管 丝扣连接 DN20	自动排气阀 0.30m	m	0.30
4	薄型单栓带轻便水龙组合式消防柜（含 2 具 MF/ABC4 灭火器）	6 套	套	6
5	屋顶试验用消火栓箱 SN65	1 套	套	1
6	地上式消防水泵接合器 DN100	2 套	套	2
7	明杆闸阀 DN100（沟槽式法兰）	2 个	个	2
8	蝶阀 DN100（沟槽式法兰）	4 个	个	4
9	蝶阀 DN65（沟槽式法兰）	1 个	个	1

（续）

序号	项目名称	计算式	工程量	
10	自动排气阀 DN20(螺纹)	1个	个	1
11	闸阀 DN20(螺纹)	1个	个	1
12	内外壁热镀锌钢管刷色漆(红色调和漆)	74.82m²	m²	74.82
13	管道支架制作安装	48.92kg	kg	48.92
14	刚性防水套管制作安装 DN100	穿屋顶 2+4=6个	个	6
15	消火栓灭火系统调试	7点	点	7
二、自喷给水系统				
16	内外壁热镀锌钢管 沟槽连接 DN150	ZP-1 系统 12.00m	m	12.00
17	内外壁热镀锌钢管 沟槽连接 DN100	ZP-1 系统 22.80m	m	22.80
18	内外壁热镀锌钢管 沟槽连接 DN80	ZP-1 系统 10.20m	m	10.20
19	内外壁热镀锌钢管 沟槽连接 DN65	ZP-1 系统 9.65m	m	9.65
20	内外壁热镀锌钢管 螺纹连接 DN50	ZP-1 系统 19.49m	m	19.49
21	内外壁热镀锌钢管 螺纹连接 DN40	ZP-1 系统 3.40m	m	3.40
22	内外壁热镀锌钢管 螺纹连接 DN32	ZP-1 系统 65.66m	m	65.66
23	内外壁热镀锌钢管 螺纹连接 DN25	ZP-1 系统 83.81+0.30=84.11m	m	84.11
24	内外壁热镀锌钢管 螺纹连接 DN20	自动排气阀 0.30m	m	0.30
25	地上式消防水泵接合器 DN100	2套	套	2
26	直立型闭式喷头(68℃)DN15	67个	个	67
27	湿式报警阀组 DN150(沟槽式法兰)	1套	套	1
28	水流指示器 DN100(沟槽式法兰)	1个	个	1
29	末端试水装置 DN25(螺纹)	1个	个	1
30	信号蝶阀 DN150(沟槽式法兰)	2个	个	2
31	信号蝶阀 DN100(沟槽式法兰)	1个	个	1
32	自动排气阀 DN20(螺纹)	1个	个	1
33	闸阀 DN20(螺纹)	1个	个	1
34	镀锌钢管刷色漆(红色黄环调和漆)	82.56m²	m²	82.56
35	管道支架制作安装	221.38kg	kg	221.38
36	刚性防水套管 DN150 制作安装	穿二层楼板 1个	个	1
37	刚性防水套管 DN100 制作安装	穿三层楼板 1个	个	1
38	自喷灭火系统调试	1点	点	1

5.4.5　招标控制价的确定

工程实例采用国标清单计价法，通过品茗胜算造价计控软件编制。

编制完成后，勾选导出 Excel 格式的招标控制价相关表格。主要包括招标控制价封面、招标控制价费用表、单位（专业）工程招标控制价费用表、分部分项工程清单与计价表、施工技术措施项目清单与计价表、分部分项工程清单综合单价计算表、施工技术措施综合单价计算表、施工组织（总价）措施项目清单与计价表、主要材料和工程设备一览表等。为了教学方便，按计算先后顺序对表格进行了排序调整，具体如下：

1）分部分项工程清单综合单价计算表。

2）分部分项工程清单与计价表。

3）施工技术措施综合单价计算表。

4）施工技术措施项目清单与计价表。

5）施工组织（总价）措施项目清单与计价表。

6）单位（专业）工程招标控制价费用表。

7）主要材料和工程设备一览表。

8）招标控制价封面。

5.5 小结

本项目主要讲述了以下内容：

1）消防工程相关基础知识。主要包括消火栓给水系统和自喷系统的基础知识，以及相关施工图的组成、常用图例和图样识读方法与步骤等。

2）消防工程定额与应用。主要包括相关定额的组成与使用说明、各定额章节（包括水灭火系统、管道支吊架及其除锈刷油和消防系统调试等）的具体使用与注意事项，辅以具体例题对相关知识点、定额套用及定额综合单价的计算进行加深巩固。

3）消防工程国标清单计价。主要包括相关清单的设置内容、编制方法与应用；结合具体例题，以分部分项工程为对象，对清单综合单价的计算方法与步骤进行介绍。

4）消防工程招标控制价编制实例。通过源于实际的具体工程案例，对消防工程图识读、计量计价等进行具体讲解，理论与实践进一步结合，以帮助巩固相关知识点。

5.6 课后习题

一、单选题

1. 自动喷水灭火系统中，同时具有湿式系统和干式系统特点的灭火系统为（　　）。

A. 自动喷水预作用系统　　B. 水喷雾灭火系统

C. 水幕系统　　D. 自动喷水雨淋系统

2. RVS 是指（　　）。

A. 铜芯聚氯乙烯绝缘线　　B. 铜芯聚氯乙烯绝缘平行软线

C. 铜芯聚氯乙烯绝缘绞型软线　　D. 铜芯聚氯乙烯绝缘软线

3. 根据《浙江省通用安装工程预算定额》（2018 版），消防喷淋工程中水流指示器 DN80 的检查接线、校线，应套用（　　）。

A. 9-1-58　　B. 9-1-58 基价×系数 0.4

C. 6-5-81 基价×系数 0.2　　D. 6-5-81 基价×系数 0.3

4. 根据《浙江省通用安装工程预算定额》（2018 版），感烟探测器（有吊顶）、感温探测器（有吊顶）安装执行相应探测器（无吊顶）安装定额，基价乘以系数（　　）。

A. 1.2　　B. 1.1　　C. 1.05　　D. 0.9

5. 根据《浙江省通用安装工程预算定额》(2018版)，组合式消防柜安装，执行室内消火栓安装的相应定额项目，基价乘以系数(　　)。

A. 1.5　　B. 1.2　　C. 1.1　　D. 0.8

6. 根据《浙江省通用安装工程预算定额》(2018版)，消防系统室内外管道无阀门的以建筑物外墙皮(　　)为界。

A. 1m　　B. 1.5m　　C. 2m　　D. 2.5m

7. 根据《浙江省通用安装工程预算定额》(2018版)，末端试水装置安装定额中已包括(　　)的安装费。

A. 1个阀门、1套压力表(带表弯、旋塞)　B. 1个阀门、2套压力表(带表弯、旋塞)

C. 2个阀门、1套压力表(带表弯、旋塞)　D. 2个阀门、2套压力表(带表弯、旋塞)

8. 根据《浙江省通用安装工程预算定额》(2018版)，关于消防工程定额，下列说法错误的是(　　)。

A. 厂区范围内的装置、站罐区的架空消防管道执行第八册定额相应子目

B. 若设计或规范要求钢管需要热镀锌，热镀锌及场外运输费用另行计算

C. 喷头追位增加的弯头主材按实计算，安装费不另计

D. 水流指示器(马鞍形连接)项目，主材中包括胶圈、U形卡

9. 根据《浙江省通用安装工程预算定额》(2018版)，自动喷水灭火系统调试按(　　)数量以"点"为计量单位。

A. 水流指示器　　B. 喷头　　C. 阀门　　D. 末端试水装置

10. 某消防工程，消火栓按钮8个，下垂式喷头DN15(有吊顶)100个，水流指示器2个，末端试水装置2组，则水灭火系统控制装置的调试费为(　　)元。

A. 448.8　　B. 705.6　　C. 856　　D. 13032

二、多选题

1. 根据定额计算规则，计算自动报警系统装置调试时，"点"数应不包括(　　)个数。

A. 防火卷帘门　　B. 手动报警按钮　　C. 烟感探测器

D. 消防风机　　E. 广播

2. 根据《浙江省通用安装工程预算定额》(2018版)，室外消火栓、消防水泵接合器安装，定额中包括(　　)，本身价值另行计算。

A. 法兰接管　　B. 弯管底座　　C. 消火栓三通

D. 管件　　E. 水龙带

3. 根据《浙江省通用安装工程预算定额》(2018版)，以下说法正确的有(　　)。

A. 感烟探测器(有吊顶)、感温探测器(有吊顶)安装执行相应探测器(无吊顶)安装定额，基价乘以系数1.1

B. 探测器模块执行消防专用模块安装定额项目

C. 泡沫灭火系统的管道、管件、法兰、阀门等的安装及管道系统试压和冲(吹)洗，执行第十册《给排水、采暖、燃气工程》相应定额

D. 二氧化碳称重检漏装置包括泄漏报警开关、配重及支架安装

E. 组合式消防柜安装，执行室内消火栓安装的相应定额项目，基价乘以系数 1.2

4. 根据《浙江省通用安装工程预算定额》(2018 版)，水流指示器（马鞍形连接）项目，主材中包括（　　）。

A. 胶圈　　B. 弯头　　C. U 形卡

D. 三通　　E. 减压器

5. 在套用安装定额时，遇下列（　　）情况时可对相应定额换算后使用。

A. 不锈钢保护层　　B. 砖墙及砌体墙钻孔　　C. 侧纵向支架

D. 因工程需要再次发生管道冲洗时　　E. 末端试水装置

三、计算题

某市区民用建筑消防工程，分部分项工程清单项目费用为 2100000 元，其中定额人工费为 181000 元（定额人工费 181000 元中满足超高条件的定额人工费为 22000 元，操作物高度为 5.5m），定额机械费为 30000 元。施工技术措施费仅考虑脚手架搭拆费和操作高度增加费，根据《通用安装工程工程量计算规范》(GB 50856—2013) 和浙江省现行计价依据的相关规定，利用表 5-27“综合单价计算表”完成施工技术措施项目清单的综合单价计算。管理费费率按 21.72%、利润率按照 10.4%计算，风险不计，计算结果保留两位小数。

表 5-27　综合单价计算表

清单序号	项目编码（定额编码）	清单（定额）项目名称	计量单位	数量	综合单价（元）						合计（元）
					人工费	材料费	机械费	管理费	利润	小计	

课后习题参考答案

项目 1

一、单选题

1	2	3	4	5	6	7	8	9	10
D	B	C	C	D	B	D	A	A	C
11	12	13	14	15	16	17	18	19	20
C	D	B	C	C	B	B	C	A	B
21									
D									

二、多选题

1	2	3	4	5	6	7	8	9	
ABCD	ABCE	ABCDE	ABCD	CD	BD	ABC	ABCE	ABCDE	

三、问答题（略）

四、计算题

序号	费用名称		计算公式	金额(元)
1	分部分项工程费		—	2190000
	其中	人工费+机械费	199000+34200	233200
2	措施项目费		21777+20889	42666
2.1	施工技术措施项目		—	21777
	其中	人工费+机械费	6965+4209	11174
2.2	施工组织措施项目		20254+(233200+11174)×0.26%	20889
	其中	安全文明施工基本费	(233200+11174)×5.92%×1.4	20254
3	其他项目费		20000+150000+5630	175630
3.1	暂列金额		20000+0	20000
	其中	工地标准化管理增加费暂列金额	—	20000
3.2	暂估价		150000+0	150000
	其中	专业工程暂估价	—	150000

（续）

序号	费用名称		计算公式	金额(元)
3.3	施工总承包服务费		4500+1130	5630
	其中	专业发包工程管理费	150000×3%	4500
		甲供材料设备管理费	100000×(1+13%)×1%	1130
4	规费		(233200+11174)×30.63%	74852
5	税金		(2190000+42666+175630+74852)×9%	223483
招标控制价合计			2190000+42666+175630+74852+223483	2706631

项目 2

一、单选题

1	2	3	4	5	6	7	8	9	10
B	A	C	B	A	D	B	A	A	B
11	12								
B	B								

二、多选题

1	2	3	4	5					
ADE	ABE	BCDE	ADE	ABC					

三、计算题

工程量计算表

序号	定额编码	项目名称	计算式	单位	定额工程量
1	4-9-43	避雷网安装 ϕ12mm 镀锌圆钢沿墙暗敷	【(26.20×2+11.90×2+3.40×4)+(4.20×2+9.00)+(29.50−27.00)×2】×(1+3.9%)=117.41m	100m	1.17
2	4-9-40	避雷引下线敷设利用 建筑物柱内2根主筋引下	(27.00−1.80)×3=75.60m	10m	7.56
3	4-9-41	断接卡子制作安装	3套	套	3
4	4-9-55	接地母线敷设 −50×5镀锌扁钢	【(1.80+0.70+3)×3+3.00×8】×(1+3.9%)=42.08m	10m	4.21
5	4-9-49	接地极制作安装 ∟50×50×5镀锌角钢 长度 L=2.5m/根	9根	根	9
6	4-14-47	独立接地装置调试	3组	组	3

项目 3

一、单选题

1	2	3	4	5	6	7	8	9	10
A	A	C	C	D	C	B	C	B	C
11	12	13	14	15					
C	A	D	A	C					

二、多选题

1	2	3	4	5					
ACDE	ABC	ABC	AB	ABC					

三、计算题

1)	2)	3)	4)	5)	6)
6	6	6	6	1	6

7）10.5m，[蹲便器中心至浴缸边沿距离 1.10+浴缸宽度一半 0.90/2+浴缸水龙头垂直管高差（1.00−0.80）]×6（6 层布局相同） m＝10.5m。

8）19.85m，[计算至外墙 1.5+至立管水平（2−0.05）+立管高度（16+0.4）]m＝19.85m。

9）分部分项工程清单与计价表

项目编码	项目名称	项目特征	计量单位	工程量	金额(元)					备注
					综合单价	合价	其中			
							人工费	机械费	暂估价	
031001007001	复合管	1)室内钢塑给水管安装(螺纹连接)DN15 2)给水管管道消毒、冲洗 DN15	m	10.50	—	—	—	—	—	—

项目 4

一、单选题

1	2	3	4	5	6	7	8	9	10	11
A	D	B	A	D	B	C	A	C	B	A

二、多选题

1	2	3	4	5					
AD	ABD	ABCE	ABE	BCDE					

三、计算题

提示：静压箱展开面积＝(1.5×1.5+1.5×0.8+1.5×0.8)×2m^2＝9.3m^2。

综合单价计算表

项目编码(定额编码)	清单(定额)项目名称	计量单位	数量	综合单价(元)						合计(元)
				人工费	材料费	机械费	管理费	利润	小计	
030703021001	静压箱： 1)成品静压箱(1500mm×1500mm×800mm)安装 2)支架制作安装(50kg/台)	个	1.000	427.69	3430.66	61.64	106.29	50.90	4077.18	4077.18

（续）

项目编码（定额编码）	清单（定额）项目名称	计量单位	数量	综合单价（元）						合计（元）
				人工费	材料费	机械费	管理费	利润	小计	
7-3-207	静压箱安装 展开面积≤$10m^2$	个	1.000	183.06	3205.71	6.42	41.16	19.71	3456.06	3456.06
主材	成品静压箱 1500mm×1500mm×800mm	台	1.000	/	3000.00					3000.00
13-1-39	设备支架制作 单件重量50kg以下	100kg	0.500	266.09	414.69	37.29	65.89	31.55	815.51	407.76
主材	型钢	kg	52.500		3.80					199.50
13-1-41	设备支架安装 单件重量50kg以下	100kg	0.500	223.16	35.20	73.14	64.36	30.82	426.68	213.34

项目5

一、单选题										二、多选题				
1	2	3	4	5	6	7	8	9	10	1	2	3	4	5
A	C	C	B	C	B	C	A	A	A	ADE	ABC	ABD	AC	ABCD

三、计算题

综合单价计算表

清单序号	项目编码（定额编码）	清单（定额）项目名称	计量单位	数量	综合单价（元）						合计（元）
					人工费	材料费	机械费	管理费	利润	小计	
1	031301017001	脚手架搭拆费	项	1	2262.94	7019.73	0	491.48	235.35	10009.49	10009.49
	13-2-9	脚手架搭拆费第九册	100工日	13.41	168.75	523.47	0	36.65	17.55	746.42	10009.49
2	Z031301019001	操作高度增加费	项	1	2200.50	0	0	477.95	228.85	2907.30	2907.30
	13-2-86	操作高度增加费第九册	100工日	1.63	1350.00	0	0	293.22	140.4	1783.62	2907.30

参考文献

[1] 中华人民共和国住房和城乡建设部. 建设工程工程量清单计价规范：GB 50500—2013［S］. 北京：中国计划出版社，2013.

[2] 中华人民共和国住房和城乡建设部. 通用安装工程工程量计算规范：GB 50856—2013［S］. 北京：中国计划出版社，2013.

[3] 蔡临申. 浙江省通用安装工程预算定额：2018 版［M］. 北京：中国计划出版社，2018.

[4] 汪亚峰. 浙江省建设工程计价规则：2018 版［M］. 北京：中国计划出版社，2018.

[5] 全国造价工程师职业资格考试培训教材编审委员会. 建设工程造价管理［M］. 北京：中国计划出版社，2021.

[6] 全国造价工程师职业资格考试培训教材编审委员会. 建设工程计价［M］. 北京：中国计划出版社，2021.

[7] 苗月季. 建设工程计量与计价实务：安装工程［M］. 北京：中国计划出版社，2019.

[8] 熊德敏，陈旭平. 安装工程计价［M］. 北京：高等教育出版社，2011.

[9] 郭卫琳. 黄弈沄，张宇，等. 建筑设备［M］. 北京：机械工业出版社，2010.

[10] 徐平平，郭卫琳. 建筑设备安装［M］. 北京：高等教育出版社，2014.

[11] 张雪莲，相跃进. 建筑水电安装工程计量与计价［M］. 3 版. 武汉：武汉理工大学出版社，2019.

[12] 汪海滨. 通风空调工程清单计价编制快学快用［M］. 北京：中国建材工业出版社，2014.

[13] 曾澄波. 安装工程计量与计价［M］. 北京：清华大学出版社，2020.

[14] 付峥嵘，冯锦. 安装工程计量与计价［M］. 北京：清华大学出版社，2019.

[15] 李海凌. 安装工程计量与计价［M］. 北京：机械工业出版社，2014.

[16] 中华人民共和国住房和城乡建设部. 建筑电气工程设计常用图形和文字符号：23DX001［S］. 北京：中国计划出版社，2009.

[17] 中国建筑标准设计研究院. 室内管道支架及吊架：03S402［S］. 北京：中国计划出版社，2003.

[18] 中华人民共和国住房和城乡建设部. 通风管道技术规程：JGJ/T 141—2017［S］. 北京：中国建筑工业出版社，2017.

[19] 中国建筑标准设计研究院. 多联式空调机系统设计与施工安装：07K506［S］. 北京：中国计划出版社，2007.

[20] 中华人民共和国住房和城乡建设部. 消防应急照明和疏散指示系统技术标准：GB 51309—2018［S］. 北京：中国计划出版社，2018.